WPS Office
办公应用案例教程

王代勇 李安强 张加青 主 编

张 佳 张 乐 杨 平 傅聿海 吴恩英 副主编

清華大學出版社

北京

内容简介

本书以国产软件WPS Office 2023为蓝本，应用项目式教学方式，详细介绍了WPS Office的应用技巧。

全书对常用的WPS演示、WPS文字、WPS表格三大主要功能进行了详细阐述，内容丰富实用、知识点循序渐进。项目案例来自日常教学，符合日常学习和工作实际，讲解细致，配合图示，深入浅出，通俗易懂。本书配套了丰富的学习资源，除了对应的源文件外，还有详细的同步教案和课程演示文稿，另外，以微课的形式对案例进行了详尽的视频讲解。学习者扫描对应的二维码即可轻松获得相应资源，便于随时学习和实训。

本书适合于广大中职和高职学生学习使用，对希望快速掌握WPS Office办公技能的用户也有相当的参考价值，适合从事办公、财务、会计、文秘、教育等工作人员选用，还可以作为相关培训机构的教材及参考用书。

图书在版编目(CIP)数据

WPS Office办公应用案例教程/王代勇，李安强，张加青主编. —北京：清华大学出版社，2024.3
ISBN 978-7-302-65292-2

Ⅰ.①W… Ⅱ.①王… ②李… ③张… Ⅲ.①办公自动化－应用软件－教材 Ⅳ.①TP317.1

中国国家版本馆CIP数据核字(2024)第038382号

责任编辑：田在儒
封面设计：刘 键
责任校对：袁 芳
责任印制：宋 林

出版发行：清华大学出版社
网 址：https://www.tup.com.cn，https://www.wqxuetang.com
地 址：北京清华大学学研大厦A座　　**邮 编**：100084
社 总 机：010-83470000　　**邮 购**：010-62786544
投稿与读者服务：010-62776969，c-service@tup.tsinghua.edu.cn
质量反馈：010-62772015，zhiliang@tup.tsinghua.edu.cn
课件下载：https://www.tup.com.cn，010-83470410
印 装 者：三河市龙大印装有限公司
经 销：全国新华书店
开 本：185mm×260mm　　**印 张**：19.75　　**字 数**：475千字
版 次：2024年4月第1版　　**印 次**：2024年4月第1次印刷
定 价：59.00元

产品编号：098212-01

FOREWORD

前 言

一、写作背景

我们早就打算写一本关于 WPS Office 的职业教材，因为发现在不知不觉间，身边大部分同事和朋友，包括我们自己，都将自用的办公软件由 Microsoft Office 换成了 WPS Office 套装。不仅因为它是国产办公软件，更符合国人的操作习惯，还在于它具有运行速度快、占用内存低、体积小巧、随时升级的优势，更有强大插件平台支持、海量在线存储空间、模板丰富多样等特点，可以做到一个软件基本满足所有的办公需求。现在又在 WPS 办公应用职业技能等级证书方面有所突破，对中职、高职、应用型本科学生、社会人员都具有很强的吸引力。

在党的二十大胜利召开以后，党和国家对教育更加重视，我们从“坚持为党育人、为国育才，全面提高人才自主培养质量”入手，在“办好人民满意的教育”方针的指导下，分模块进行规划，结合实际项目编写了本书。

二、内容结构与特色

1. 项目引领，活学活用

本书精心安排了 3 个模块，共 11 个项目，涉及校园、办公、职场等常见应用领域。采用项目式教学，更能引起读者的学习兴趣，使读者带着目的去学习操作，做到理论与实践相结合，活学活用。

2. 结构分析，事半功倍

本书通过“项目描述”对所学项目进行整体阐述，使读者了解制作的目的。通过“项目分解”及其思维导图帮助读者对所学项目的结构有所了解，厘清项目思路，做到有针对性地学习，做到“磨刀不误砍柴工”，这其实也是无形中对读者思维方式的一种培养。

3. 技巧提示，查漏补缺

在项目的实现过程中，不只是简单的步骤操作讲解，还对一些需要专门说明的知识点通过“技巧提示”和“知识链接”的方式进一步解释或拓展，查漏补缺，拓宽读者知识面，解决读者在操作过程中遇到的疑问和获取知识不全面的苦恼。

4. 闯关检测，巩固所学

在每个项目的最后，我们都安排了一个“闯关检测”。其中，理论题用于解决读者一些基本概念和实际操作中的模糊认识；上机实训题则偏重于实际操作，对所学知识进行深入巩固和拓展训练，令读者在实训中对本项目的相关知识点加深理解。

5. 丰富套装，超值减负

本书配套了大量图书之外的内容，成为一套综合学习套装，对教学有极大的帮助。本书包括同步学习素材、同步教学微课视频、同步教案、同步教学演示文稿，学习者通过扫描书中的二维码，即可轻松获得相关教学资源，轻松学习，真正做到实用超值。

三、阅读建议及其他

本书可作为中职、高职、应用型本科等大中专院校的教材使用，对计算机培训班和社会人员也具有较强的吸引力。在学习中，可单独根据本书进行学习，如果配合素材和微课进行学习，会取得更好的效果。教师在教学过程中可借鉴配套的教案和演示文稿，大大节省备课时间，将更多的精力用在实际教学中。

本书由于光明进行总体策划，WPS 演示部分由李安强、张乐编写，WPS 文字部分由王代勇、张佳、傅聿海、吴恩英编写，WPS 表格部分由张加青、杨平编写。

由于编者经验和精力均有限，且计算机技术发展又日新月异，书中疏漏和不足之处在所难免，敬请广大读者批评、指正。

编　者

2024 年 1 月

教学资源及勘误

CONTENTS

目 录

模块一 WPS 演 示

模块二 WPS 文 字

模块三 WPS 表格

Module 1

模 块 一

WPS 演 示

在学习和工作中，人们通常会把幻灯片和演示文稿混为一谈，其实它们有一定的区别。在制作演示文稿时，习惯上把其中的某一页叫作幻灯片，每张幻灯片都是演示文稿中既独立又联系的内容，当多张幻灯片组合在一起表达某个主题时，就组成了一个完整的演示文稿。也就是说，演示文稿更广泛，它是幻灯片、演讲备注、大纲等多种元素的组合。

WPS 演示组件是金山办公软件有限公司及其相关公司出品的 WPS Office 办公软件系列中的重要组件之一，简称演示文稿。演示文稿应用广泛，可以制作教学课件、竞聘述职、毕业答辩、企业宣传、企业培训、产品介绍、项目演示、工作计划、营销策略、总结汇报、咨询方案等，甚至在音乐动画、电子相册、节日庆典等方面也能胜任。

本模块围绕三个大项目，对 WPS 演示组件的基本操作、文本型幻灯片、图片和图形的应用、表格和图表的应用、多媒体素材的应用、动画效果的使用、演示文稿的发布等内容进行逐一讲解，同时也穿插进行一些演示文稿排版方面的探讨，以求使读者在学完本部分的内容后，在较短时间内制作出内容更具吸引力、艺术美感更强的演示文稿作品。

项目一

开学第一课

教学视频

项目素材

项目描述

本项目是针对学生升入一个新的学校或在新学期开学后，在进行“开学第一课”班会时所需要设计的演示文稿。在学习演示文稿制作基本知识和进行基本操作的同时，提高学生的集体意识、遵纪守法意识，使学生具有积极向上的精神面貌。效果如图 1-1 所示。

图 1-1　演示文稿效果图

项目分解

本项目分四个任务完成。任务一是演示文稿的提前设置，根据播放设备和演示对象为演示文稿设置大小、母版设计等提前设置内容；任务二是标题页和目录页设计，在演示文稿中加入文字和图像图标等常用元素；任务三是章节页设计；任务四是正文页和结束页设计。具体制作思路如图 1-2 所示。

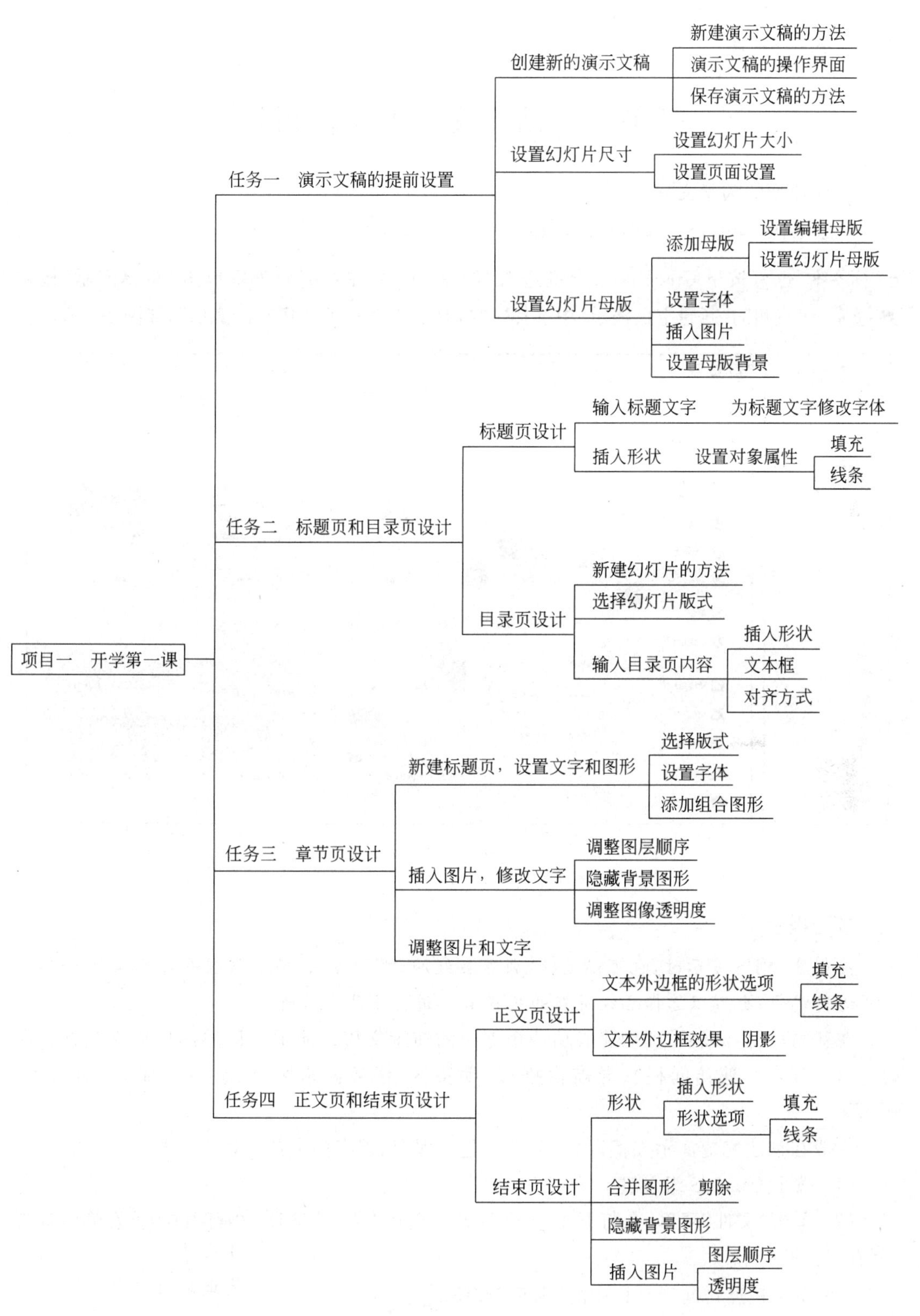

图 1-2　“开学第一课”项目制作思路

项目实施

任务一 演示文稿的提前设置

1. 创建新的演示文稿

启动 WPS Office 后，在“首页”选项卡中单击“新建”按钮 新建 或“首页”选项卡右侧的“新建”标签＋，也可按下 Ctrl＋N 组合键进入“新建”页面，在左侧列表中单击“新建演示”按钮 新建演示 ，在右侧的“新建空白演示”中选择“以‘白色’为背景色新建空白演示”，如图 1-3 所示。

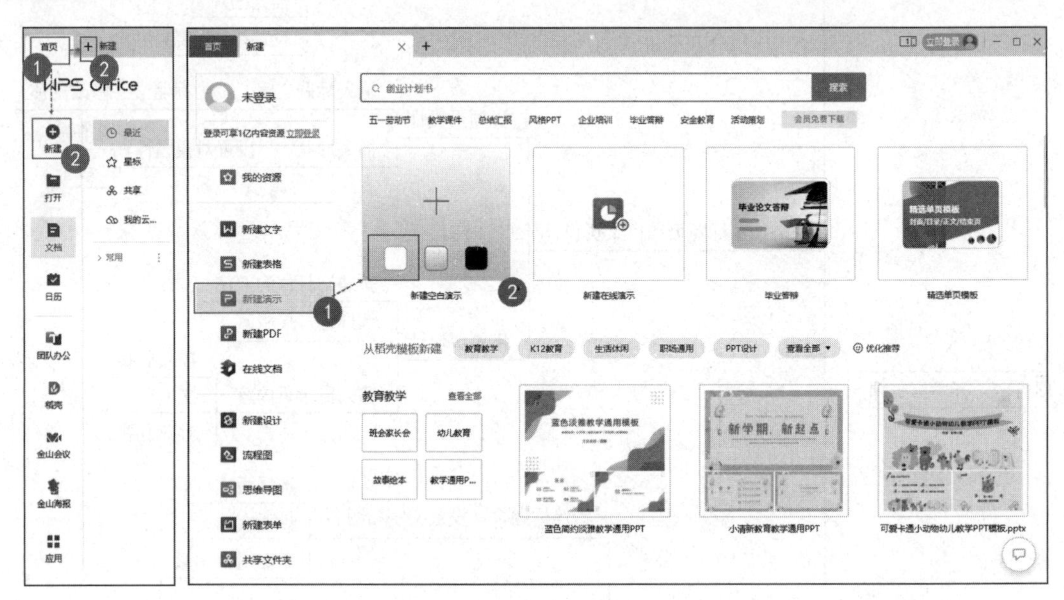

图 1-3 创建一个演示文稿

技巧提示

要创建 WPS 演示时，也可以选择“新建在线演示”的方法，将其链接分享给其他合作者共同进行编辑；也可以选择已经存在的模板直接进行下载和编辑。

在新窗口打开以后，即创建成功一个空白的演示文稿。演示文稿的操作界面包括标题栏、菜单栏（含快速访问栏）、导航窗格区、编辑区、任务窗格区、状态栏六部分，如图 1-4 所示。

一般在创建完成演示文稿以后，会马上进行保存，保存的方法有以下几种。

（1）按下 Ctrl＋S 组合键。

（2）单击“文件”菜单，在打开的下拉菜单中选择“文件”选项，在打开的子菜单中选择“保存”选项。

（3）单击快速访问工具栏中的“保存”按钮。

在打开的“另存文件”选项卡中选择合适位置保存文档即可。演示文稿可命名为“开学第一课.pptx”。

图 1-4　WPS 演示界面

技巧提示

在打开的“另存文件”选项卡中，在“保存类型”选项中可选择多种类型，如“WPS 演示文件”，其后缀名为.dps，但一般会将演示文稿保存为“Microsoft PowerPoint 文件”，其后缀名为.pptx，这也是为了方便更多软件打开并编辑使用而设置的。

2. 设置幻灯片尺寸

首先要考虑好将要设计的 WPS 演示文稿在什么设备上放映，其宽高比应该是多少，即需要选定一个合适的幻灯片页面大小。单击“设计”选项卡中的“幻灯片大小”按钮，在其下拉菜单中可快速选择幻灯片尺寸，是标准的 4∶3 屏幕还是 16∶9 的宽屏；若想设置特殊尺寸的幻灯片，可在其下拉菜单中选择“自定义大小”选项，也可直接单击“设计”选项卡中的“页面设置”按钮，在弹出的“页面设置”对话框中进行更多的幻灯片设置，如图 1-5 所示。在本项目中，将幻灯片大小设置为“宽屏(16∶9)”。

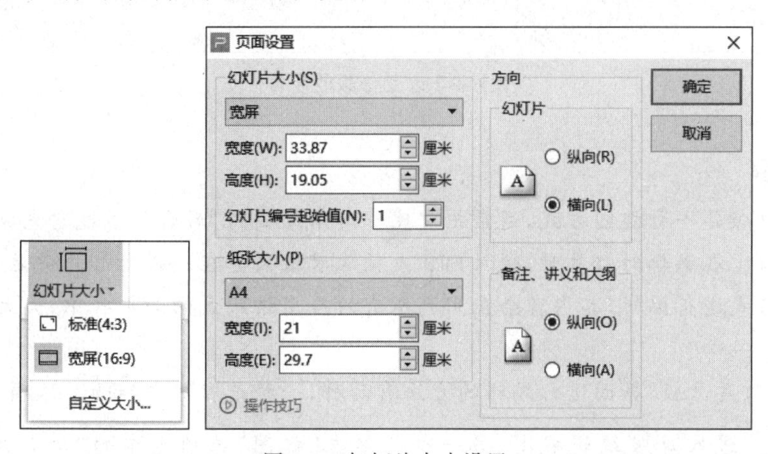

图 1-5　幻灯片大小设置

技巧提示

在制作每一个WPS演示文稿之初,建议不要一开始就直接设计幻灯片。原因很简单,如果没有考虑将来WPS演示文稿在哪里展示,那么很可能会出现问题。例如,当制作的幻灯片尺寸适应的是标准的4∶3屏幕时,如果放到16∶9的屏幕上播放,两边很可能有空白区域。有些展示型的幻灯片可能更适应一些特殊的屏幕,例如,一些手机发布会上使用的幻灯片尺寸和我们平时的设计显然是不一样的,它的宽高比更大。因此,在这些细节性的地方,最好是提前考虑全面,不然在演示文稿完成以后,改动时,工作量有可能很大,尤其是一些版面微调的工作,多得很可能让人崩溃。

3. 设置幻灯片母版

(1) 单击"设计"选项卡中的"编辑母版"按钮,打开"幻灯片母版"视图。单击"幻灯片母版"选项卡中的"插入母版"按钮,添加新的母版样式。单击"重命名"按钮,将其命名为"思源主题",然后将第一张母版中的"单击此处编辑母版标题样式"的字体设置为"思源黑体 CN Heavy",其字体颜色可设置为暗石板灰(33,78,102),而将其余文本样式均设置为"思源黑体 CN Medium",如图1-6所示。

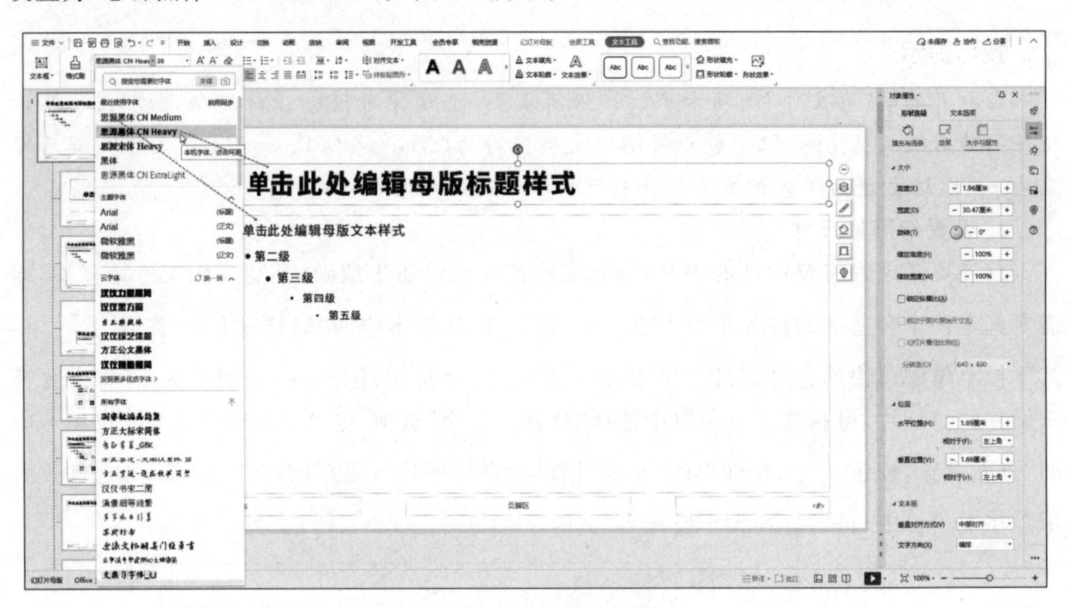

图1-6 改变母版的字体

技巧提示

幻灯片母版是一种视图方式,通常把它比作演示文稿的"后台",通过它完成对幻灯片各种版式的编辑。在编辑幻灯片时,输入内容或插入对象只会在一张幻灯片中显示,而通过幻灯片母版对版式进行编辑,其内容会应用到所有的应用该版式的幻灯片中,大大提高了效率和准确性。

打开"幻灯片母版"界面进行编辑的方法有两种,一种是在单击"设计"选项卡中的"编辑母版"按钮进入母版编辑视图,另一种是单击"视图"选项卡中的"幻灯片母版"按钮

幻灯片母版 进入幻灯片母版编辑视图。在编辑结束后，直接单击“关闭母版视图”按钮 关闭 返回演示文稿编辑模式，也可单击状态栏中的“普通视图”按钮返回演示文稿编辑模式。

知识链接

一般制作人都不会太在意演示文稿的字体，很多字体属于版权字体，如果随意商用，有可能产生版权纠纷。因此在非商用场合，微软雅黑是一个不错的选择。在商用时，尽量提前支付版权费用或使用自由字体。这些非商用的字体包括谷歌推出的思源黑体、思源宋体、华为推出的鸿蒙字体等，这类字体也是非常丰富的，可以在网络上查询并下载。

(2) 单击“插入”选项卡中的“图片”按钮，在打开的“插入图片”对话框中选择“校标.png”导入幻灯片中，将其移动到相应位置，在选中图像的前提下，单击右侧的“对象属性”按钮，打开任务窗格区的“对象属性”面板，在选中“大小与属性”选项卡的“锁定纵横比”复选项的前提下，将“缩放高度”修改为“40%”，如图 1-7 所示。

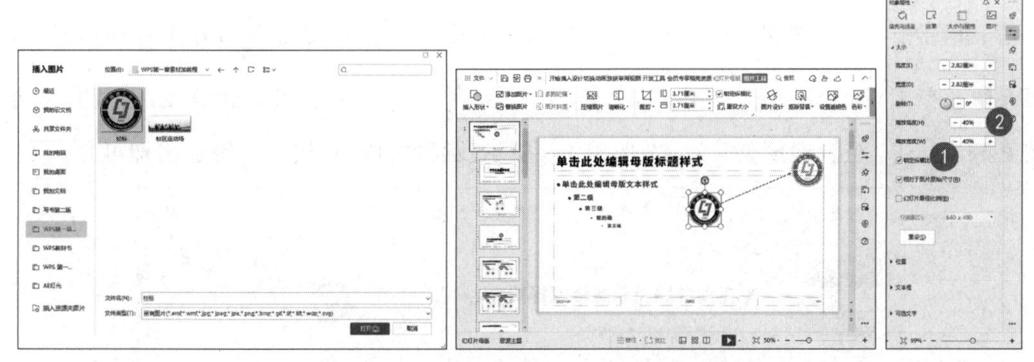

图 1-7　插入图片并调整其大小和位置

技巧提示

有时候，任务窗格区处于隐藏状态，无法显示。这时候就需要单击右上角的“更多操作”按钮，在其下拉菜单中选中“显示任务窗格”选项，任务窗格按钮区就显示出来了。单击相应按钮，其对应的面板就可以在界面右侧打开。

(3) 在空白处单击，在右侧的“对象属性”任务窗格区中的“填充与线条”选项卡中选择“填充”一栏的“渐变填充”，在“渐变样式”后面单击“线性渐变”按钮，在其列表中选择“向下”样式，选择渐变色条的第一个停止点，将其“色标颜色”设置为白色，选择第二个停止点，单击“色标颜色”右侧的色块，选择“取色器”，使用吸管在校标的颜色上吸一下，其色值为(33,78,102)，所有母版都完成了渐变色背景填充，如图 1-8 所示。

技巧提示

在演示文稿的配色中，首先要确定幻灯片的主色调，最简单的主色调选取方法是从学校或企业的 logo 中寻找灵感，从其 logo 的颜色中选取一种即可。

(4) 单击“插入”选项卡中的“图片”按钮 图片，在打开的“插入图片”对话框中选择“校区运动场.png”图片，单击“打开”按钮 打开(O)，导入图片，图片处于居中位置，将其位置移动

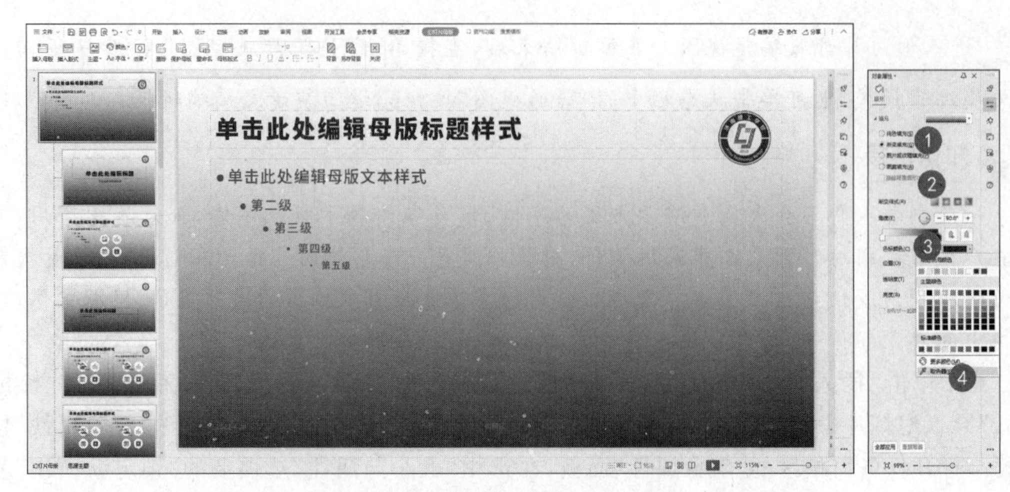

图 1-8　为母版背景进行渐变填充

到偏下稍微溢出显示框外，单击“图片工具”选项卡中的“裁剪”按钮 裁剪，在图片四周显示需要保留的范围，调整其边框，再次单击“裁剪”按钮 裁剪，图片多余部分被剪掉，微调其位置。按下 Shift+F5 组合键预览其效果，如图 1-9 所示，预览完成后，按 Esc 键退出即可。

图 1-9　为母版插入图片后的效果

导入的两张图片格式都是PNG格式，它们都存有透明信息。PNG格式是一种目前最常见的无损压缩图像格式，它的优点是能够拥有透明背景，主要用于线条图、徽标、图标和颜色较少的图像，当然，对于复杂的图片，仍然可以存储为PNG格式，以保存它的透明信息。正因如此，“校标.png”才能有清晰的圆形轮廓，“校区运动场.png”也才能很平滑地与后面的渐变背景融合在一起。

（5）单击“幻灯片母版”选项卡中的“保护母版”按钮 保护母版 后，保证其在未使用的情况下也能保留在演示文稿中。单击“关闭母版视图”按钮 关闭 ，返回演示文稿编辑模式。

任务二　标题页和目录页设计

1. 标题页设计

（1）回到演示文稿编辑模式后，显示的第一张幻灯片是标题页，单击标题处输入文字“追逐梦想　携手前行”，标题会以母版中设置好的字体“思源黑体 CN Heavy”显示，并按照母版中的颜色显示；在副标题处单击，输入文字“新学校开学第一课主题班会”。不同的文字感染力不同，如图1-10所示。

图1-10　输入标题和副标题文字

（2）此时，感觉画面还是有点单薄，不妨让它多一点变化，可以想象既然是追逐梦想，可以有一束光从手指向的地方照射下来，这样更有期待感。单击“插入”选项卡中的“形状”按钮 形状 ，在其下拉列表中选择“基本形状”中的“平行四边形”，在编辑区按下鼠标拖动，画出一个平行四边形，调整其大小，在右侧“对象属性”任务窗格区中的“形状选项”选项中继续选择“填充与线条”子选项卡，在“填充”列表中选择“纯色填充”，将其“颜色”设置为“白色”，“透明度”调整为“80%”，“线条”列表中选择“无线条”，效果如图1-11所示。

如果对标题字体不满意，可以修改字体，如可以把字体重新设置为“文鼎习字体_U”或“逐浪文征明吴门狂草书”（注意：这两种字体均为WPS稻壳字体，需要是稻壳会员才能使用），如图1-12所示。

2. 目录页设计

1）新建幻灯片

新建幻灯片的方法有以下五种。

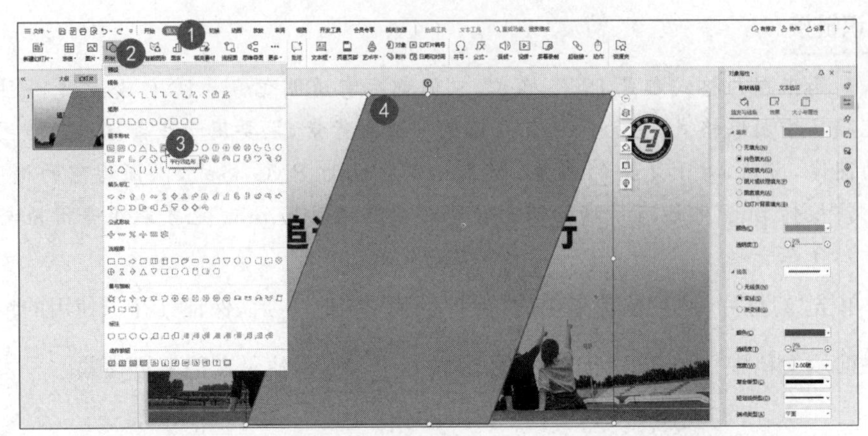

图 1-11　绘制形状

(1) 单击“插入”选项卡中的“新建幻灯片”按钮 新建幻灯片。

(2) 单击幻灯片右下方的“新建幻灯片”按钮 ⊕。

(3) 单击“开始”选项卡中的“新建幻灯片”按钮 新建幻灯片。

(4) 在导航窗格区某页幻灯片被选中的前提下，直接按下 Enter 键。

(5) 按下 Ctrl+M 组合键。

新建幻灯片的创建方法不同，后续的操作方法也稍有不同，有时候是直接创建一张新的幻灯片，有时候是进入“新建幻灯片”对话框，进行幻灯片版式的选择后再创建。

新幻灯片创建后，如果版式不合适，可单击“开始”选项卡中的“版式”按钮 版式，在下拉菜单中进行更多的选择，既可以在“母版版式”中进行选择，也可以在“推荐排版”选项卡中选择。在这里选择“母版版式”选项卡中的“带标题的幻灯片”版式，如图 1-13 所示。

2) 设计目录页内容

将标题修改为“目录”，然后选中“目录”文本框，并按下 Ctrl+C 组合键复制，连续按下 Ctrl+V 组合键进行四次粘贴，将最后一个拖动到画面底部，按下 Ctrl+A 组合键全部选中，在出现的“排列”快捷菜单中分别选中“左对齐”按钮和“纵向分布”按钮，效果如图 1-14 所示。

3) 插入形状，在形状中输入文本

修改文本及其大小，详调其位置。单击“插入”选项卡中的“形状”按钮 形状，在“基本形

图 1-12　使用书法字体增强画面美感

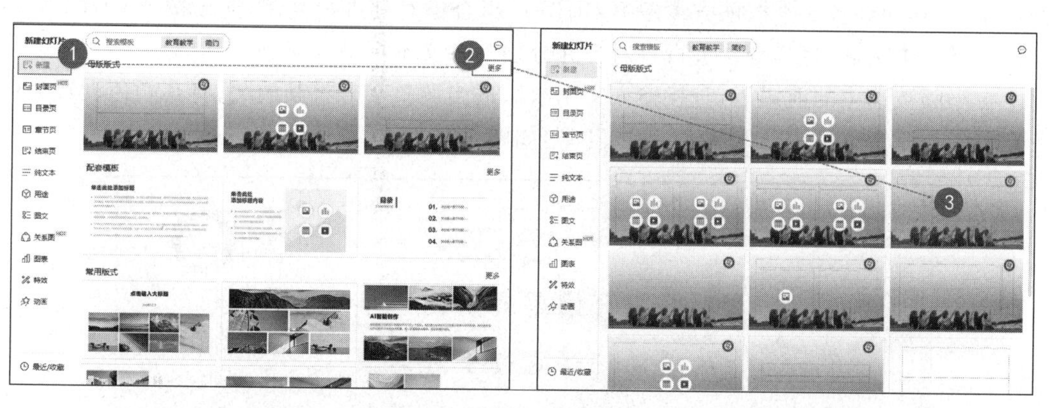

图 1-13　选择目录页母版版式

状”中选择“椭圆”，在编辑区按下鼠标拖动的同时按下 Shift 键，绘制一个正圆，对其进行“属性设置”，其参数设置如图 1-15 所示。

设置完成后，按下 Ctrl+C 组合键对其进行复制，按下 Ctrl+V 组合键进行粘贴，然后将其适当缩小，角度由 45.0°变为 225.0°，其余参数保持不变。框选两个圆形，在出现的快捷菜单中选择“中心对齐”按钮和“组合”按钮，将两个图形进行对齐并组合，将其进行适

图 1-14 将文本框对齐

图 1-15 绘制并设置渐变圆形

当地缩放，移动到各文本框前方。按下 Ctrl+C 组合键对其进行复制，连续按下 Ctrl+V 组合键进行三次粘贴，将其分别进行自对齐并分别与各文本框横向对齐。

在小圆被选中的前提下，直接输入文字“1”，适当调整字号将其放大，将其颜色设置为白色。在另外三个小圆中分别输入“2”“3”“4”，如图 1-16 所示。

图 1-16 将按钮与文字对齐并组合

4）调整位置

调整各分目录的位置，将文本标题“目录”进行字号缩放，适当改变字体，调整其位置，直到自己满意为止，如图 1-17 所示。

图 1-17　目录页最终效果

任务三　章节页设计

1. 新建标题页，设置文字和图形

单击目录页下方的“新建幻灯片”按钮，在打开的对话框中选择一个标题类版式。在标题文本框中输入“好的开始是成功的一半”，在副标题中输入“WELL BEGUN IS HALF DONE”，将其字体设置为“Times New Roman”（新罗马字体）。在目录页中选中“按钮 1”组合，将其复制到本页，调整其大小和位置，利用参考线，确定其处于纵向居中位置，高低位置感觉画面协调即可，如图 1-18 所示。

2. 插入图片，修改文字

单击“插入”选项卡中的“图片”按钮 图片，在打开的对话框中选择“图 2.jpg”，将其移动到幻灯片左侧，右击图片，在打开的快捷菜单中选择“置于底层”按钮 置于底层，我们发现图中的文字并不明显。分别选中这部分文字，将字体颜色设置为“白色”，这种反色显示效果非常明显，如图 1-19 所示。

3. 调整图片和文字

现在存在的问题是在幻灯片中两幅图片是重叠的，冲淡了主体强调的内容，因此，要把下面的背景图片去掉，修改母版费时又费力，只需要在空白处单击，显示没有选中任何对象，在右侧的“对象属性”选项卡中选中“隐藏背景图形”复选框，背景中的校标和图像便可去掉，此时背景是单纯的渐变色，如图 1-20 所示。

再次观察幻灯片，已经足够漂亮，但感觉关注重点会放在图片上，而真正要关心的重点显然不是图片，而是标题。

选择图片，在右侧的“对象属性”任务窗格区的“图片”选项卡中的“图片透明度”选项中，将“透明度”设置为“50%”，就得到如图 1-21 所示的效果。

技巧提示

在本章节页的设计过程中，如果将背景设置为“纯色填充”，将颜色设置为“白色”，整个

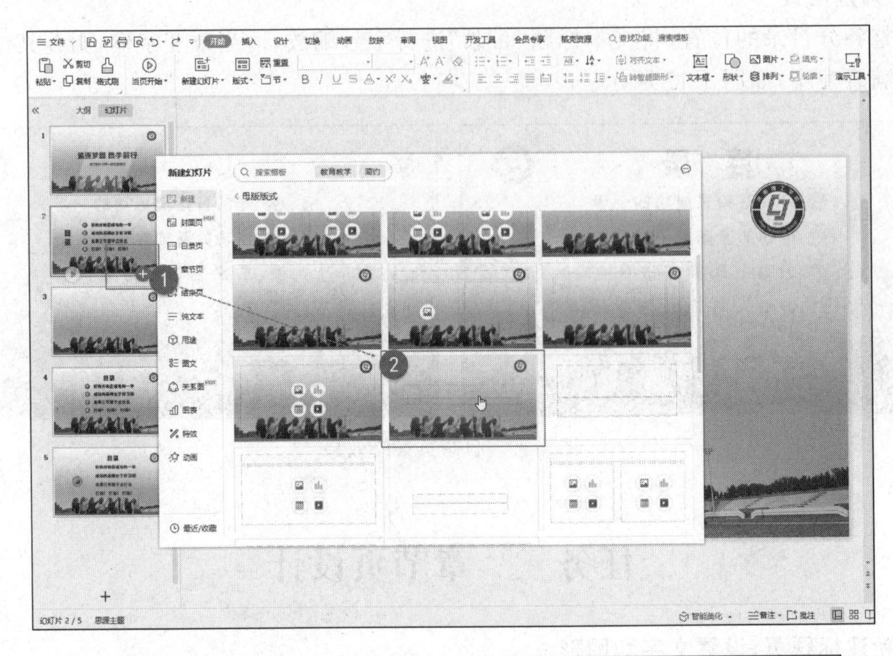

图 1-18　确定章节页的大致位置

图 1-19　插入图片并调整相交部分字体颜色

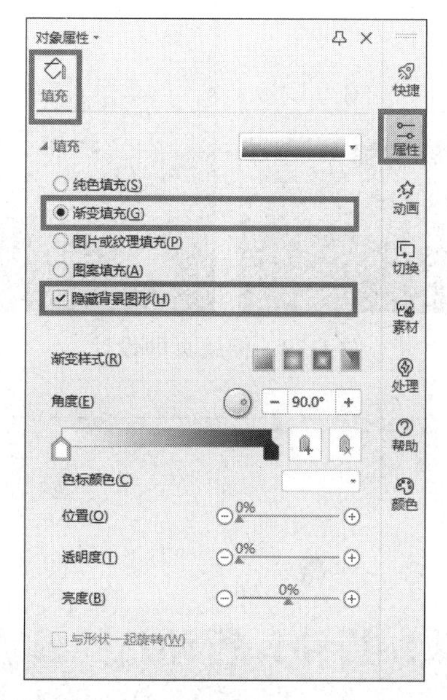

图 1-20　将背景图形隐藏

图 1-21　设置图片透明度

画面也很干净，也和整个演示文稿的风格统一，效果也是相当不错的。按 Shift＋F5 组合键播放当前幻灯片，发现导入的图片只能看到一部分，虽然在编辑区能看到全部，但这里不显示。这种情况很正常，因为图像本来就有一部分移动到屏幕外，而作为幻灯片的演示，只演示处于幻灯片中的内容。

其他章节页按照相似的风格自我设计即可，如图 1-22 所示。

有时候一些小的改变，可能使画面给人的感觉不一样，比如，图 1-23 只是改变了渐变色填充的角度，就获得了不一样的效果。

图 1-22　标题页的设计

图 1-23　改变渐变填充的角度获得不同的效果

任务四　正文页和结束页设计

1. 正文页设计

在某章节页被选中的前提下，按 Enter 键，创建一张新的幻灯片，其版式选择为只有标题文本的母版版式，输入文本“开学新起点新目标”，将其设置为分散对齐，文本框拉窄一些。在右侧“对象属性”导航窗格区的“形状选项”中单击“填充与线条”选项卡，在“填充”选项中选中“纯色填充”，单击“颜色”后面的色块，在下拉列表中选择“暗石板灰”中较浅的一种。再打开“效果”选项卡，为文本框添加内阴影。两者设置如图 1-24 所示。

图 1-24　为文字设置“填充与线条”和“效果”

在任意一个章节页中选择一个圆形按钮图标，按下 Ctrl+C 组合键复制，然后在正文页按下 Ctrl+V 组合键粘贴，按住 Shift 键将其放大，然后在按 Ctrl 键的同时，用鼠标按住圆形按钮也向右下拖动，会复制一个按钮图形。连续复制两次。将三个按钮图形全部选中，对其进行“垂直居中对齐”和“横向分布”，在将它们的位置对齐的同时保持间隔相等，在里面加入图形和文本框，其颜色均设置为白色，并进行必要的对齐。最终效果当然也可以做成没有三维效果的画面，对比如图 1-25 所示。

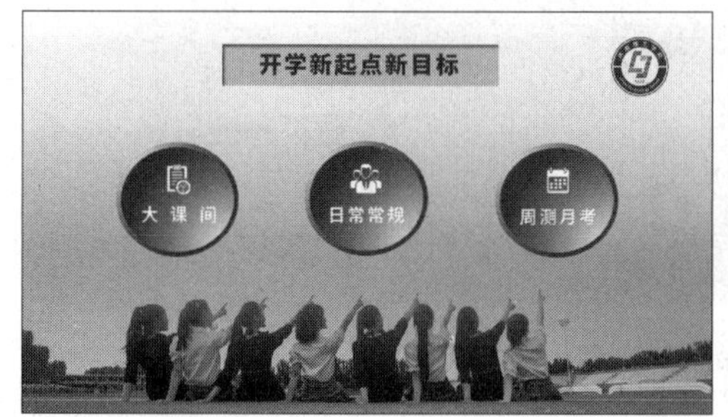

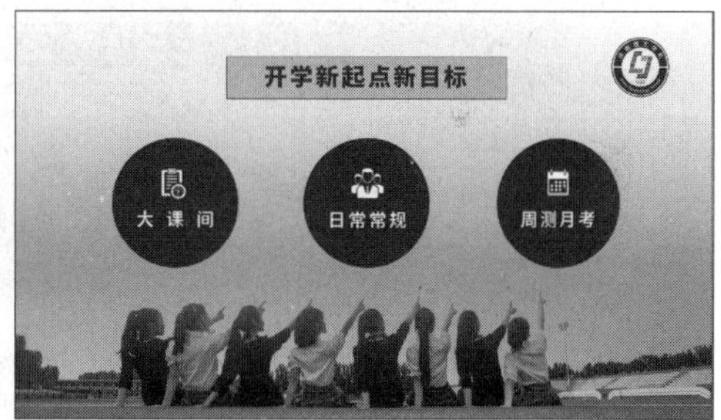

图 1-25　正文页设计效果

2. 结束页设计

在一个演示文稿即将完成时，一般会展示一张专门的结束页，告诉观众本演示文稿到此已经全部讲完，即可以结束。当然，许多演示者到此会对观众表示感谢后再结束。

在本项目中，因为针对的是刚考入本校的学生，本班会的目的也是对学生进行思想统一教育，对将来三年里的学习和生活状态提出要求，所以在结束页中，不是用感谢的话来结束，而是用一句“让我们携手追逐梦想吧”完成整个演示文稿的制作。

按下 Enter 键创建新幻灯片，将其版式设置为结束页。复制标题页中的菱形到本页，使画面与标题页有相似效果。输入好文字后，单击“插入”选项卡中的“形状”按钮，在其下拉菜单中选择“基本形状”中的“菱形”，在编辑区绘制菱形，将其调整到居中对齐位置，再次插入一个矩形，设置如菱形。先后选中两个形状，单击“绘图工具”选项卡中的“合并形状”按钮 合并形状 下拉菜单中的“剪除”选项 剪除(S)，得到新的形状，如图 1-26 所示。

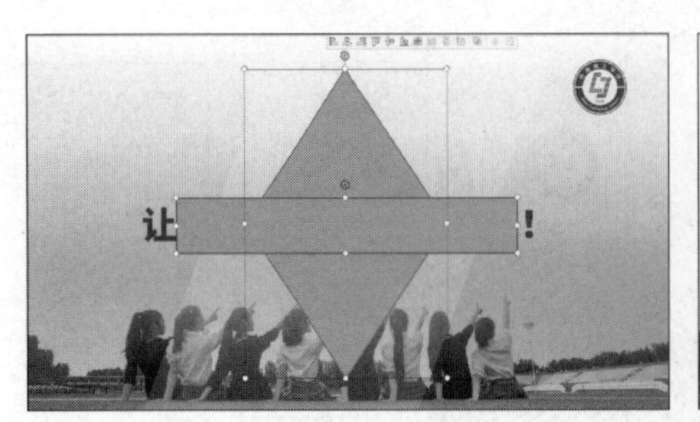

图 1-26 绘制组合图形

技巧提示

在执行“剪除”操作时,一定要注意先选择菱形,再选择矩形,因为是要用后一个图形来剪除前一个图形的部分。

在形状被选中的前提下,在右侧“对象属性”任务窗格区中选择“形状选项”选项卡,在“填充与线条”选项卡的“填充”列表中选择“无填充”选项,“线条”列表中选择“实线”选项,“线条”列表中设置“颜色”为(33,78,102),“宽度”设置为1磅,如图1-27所示。

图 1-27 对图形进行设置

选择空白处单击,在右侧“对象属性”任务窗格区中单击“形状选项”选项卡,并在“填充与线条”选项卡的“填充”列表中选择“隐藏背景图形”,如图1-28所示。

图 1-28 对幻灯片背景进行设置

单击“插入”选项卡中的“图片”按钮，在打开的对话框中，选择“校标.png”插入，调整其大小和位置，如图1-29所示。再次执行相同操作，插入“图片6.jpg”，并将其“置于底层”，调整其透明度为80%，效果如图1-29所示。

图1-29 结束页效果

按下Ctrl+S组合键保存文件。

项目评价

评价指标	评价要素及权重	自评 30%	组评 30%	师评 40%
学习任务完成情况	了解WPS演示界面(10分)			
	使用不同的方法创建空白演示文稿并设置宽高比(10分)			
	会用不同的格式保存演示文稿(10分)			
	能够设置幻灯片母版(30分)			
	能够完整地设计并制作标题页和目录页(20分)			
	能够完整地设计并制作索引页(10分)			
	能够完整地设计并制作结束页(10分)			
合计				
总分				

闯关检测

1. 理论题

(1) 下列选项中，可在WPS Office中创建一个以“灰色渐变”为背景色的新建空白演示文稿的方法是(　　)。

A. 单击“首页”菜单中的“新建”按钮，在打开的页面中单击“新建演示”按钮，在“新建空白演示”中选择“以‘灰色渐变’为背景色新建空白演示”

B. 按下Ctrl+N组合键进入“新建”页面，在左侧列表中选择“新建演示”按钮，在右侧的“新建空白演示”中选择“以‘灰色渐变’为背景色新建空白演示”

C. 单击“首页”选项卡右侧的“新建”标签，在左侧列表中选择“新建演示”按钮，在“新建空白演示”中选择“以‘灰色渐变’为背景色新建空白演示”

D. 直接按下 Ctrl+N 组合键，在“新建空白演示”中选择“以‘灰色渐变’为背景色新建空白演示”

(2) 下面可以将幻灯片大小设置为 4∶3 的横向画面的方法是(　　)。

A. 作为演示文稿，幻灯片都可以在 4∶3 的画幅上完整播放，直接进行幻灯片制作即可

B. 单击“设计”选项卡中的“页面设置”按钮，在打开的对话框中，“幻灯片大小”选择“全屏显示(4∶3)”，“方向”选择“横向”，单击“确定”按钮，在“最大化”和“确保适合”中选择，完成设置

C. 单击“设计”选项卡中的“幻灯片大小”按钮，在其下拉菜单中选择“标准(4∶3)”选项，在“最大化”和“确保适合”两个选项中继续选择，完成设置

D. 单击“设计”选项卡中的“幻灯片大小”按钮下拉菜单中的“自定义大小”，在打开的对话框中，“幻灯片大小”选择“全屏显示(4∶3)”，“方向”选择“横向”，单击“确定”按钮，在“最大化”和“确保适合”中继续选择，完成设置

(3) 下面对于母版的操作正确的是(　　)。

A. 单击“设计”选项卡中的“编辑母版”按钮进入母版编辑视图

B. 单击“视图”选项卡中的“幻灯片母版”按钮进入母版编辑视图

C. 在母版编辑结束后，直接单击“关闭母版视图”按钮返回演示文稿编辑模式

D. 在母版编辑结束后，单击状态栏中的“普通视图”按钮返回演示文稿编辑模式

(4) 要在幻灯片中导入一张带有透明信息的图片，可以使用(　　)格式。

A. JPG　　B. PNG　　C. BMP　　D. PSD

(5) 在幻灯片中要插入一个文字批注，下面操作正确的是(　　)。

A. 单击“插入”选项卡中的“图片”按钮，在打开的文本框中选择

B. 单击“插入”选项卡中的“形状”按钮，在打开的下拉列表中选择

C. 单击“插入”选项卡中的“图标”按钮，在打开的下拉列表中选择

D. 单击“插入”选项卡中的“批注”按钮，直接插入一个批注

2. 上机实训题

根据提供的文档“金山办公简介.docx”，创建一个完整的演示文稿，并对其进行一定的修整和美化。

操作提示

项目二

《祖国　我为您骄傲》

教学视频

项目素材

项目描述

本项目是WPS演示文稿的演讲型PPT制作的典型项目，让学习者在国庆节前夕制作一个为祖国庆祝生日的演讲型PPT，可配备演讲稿使用。在学习本项目相关PPT知识的同时，可提高学生的美育修养，也可培养学生热爱祖国、热爱党的政治情感，对努力学习、将来报效祖国有很好的引导作用。效果如图2-1所示。

图2-1　演讲型PPT效果图

项目分解

本项目分四个任务完成。任务一是创建演示文稿，根据播放设备和演示对象为演示文稿设置大小、母版等，提前设置内容；任务二是在演示文稿中加入文字和图像图标等常用元素；任务三是在任务二的基础上对演示文稿进行美化；任务四是对演示文稿进行切换设置。具体制作思路如图 2-2 所示。

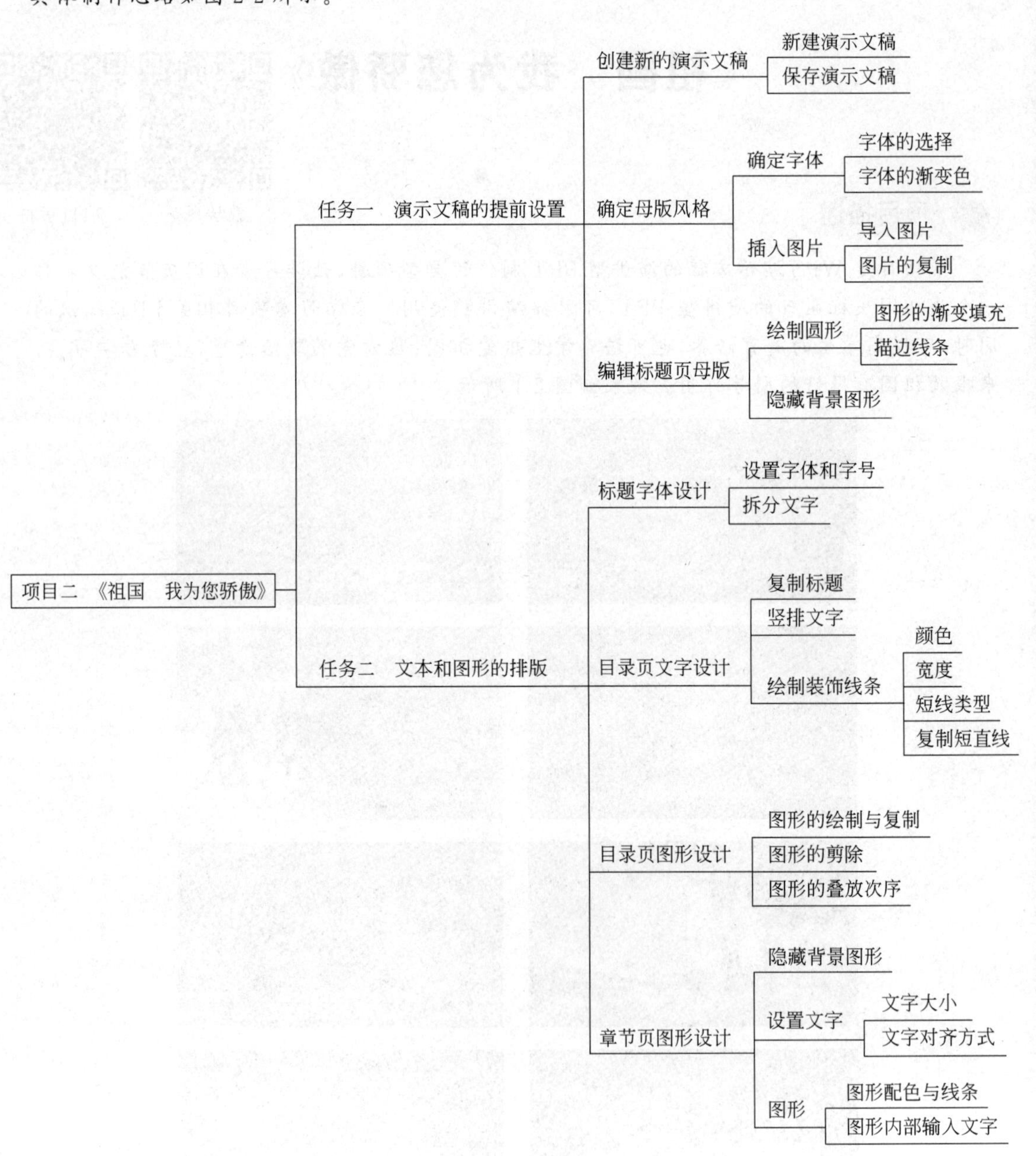

图 2-2 《祖国 我为您骄傲》项目制作思路

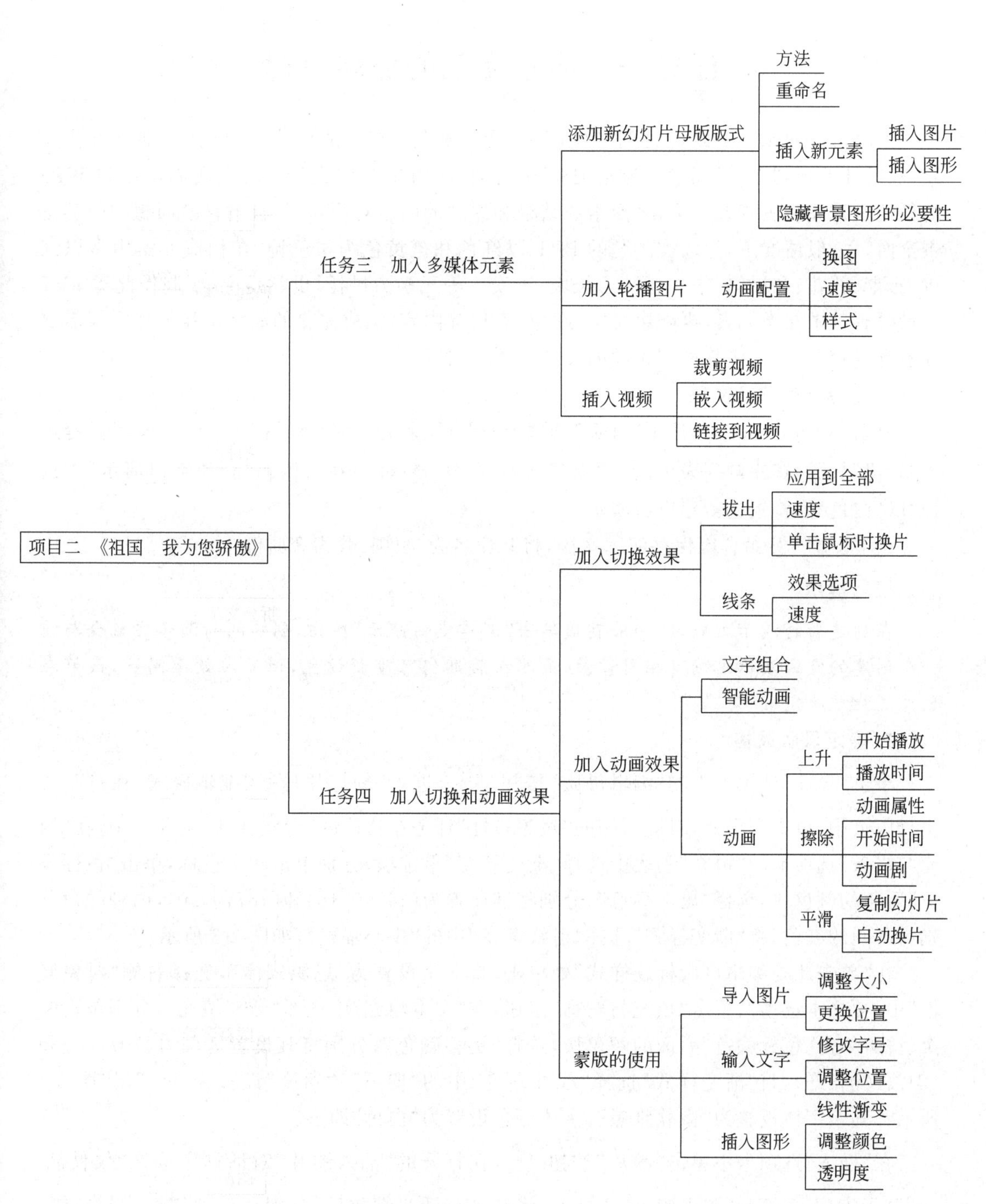
项目二 《祖国 我为您骄傲》
任务三 加入多媒体元素
添加新幻灯片母版版式
方法
重命名
插入新元素
插入图片
插入图形
隐藏背景图形的必要性
加入轮播图片
动画配置
换图
速度
样式
插入视频
裁剪视频
嵌入视频
链接到视频
任务四 加入切换和动画效果
加入切换效果
拔出
应用到全部
速度
单击鼠标时换片
线条
效果选项
速度
加入动画效果
文字组合
智能动画
动画
上升
开始播放
播放时间
擦除
动画属性
开始时间
动画剧
平滑
复制幻灯片
自动换片
蒙版的使用
导入图片
调整大小
更换位置
输入文字
修改字号
调整位置
插入图形
线性渐变
调整颜色
透明度

图 2-2(续)

项目实施

任务一 演示文稿的提前设置

大家可以回想一下以前见到的党政类、爱国类的 PPT，都是什么颜色的，都有哪些元素，然后开始规划要制作的“我为祖国骄傲”主题的 PPT 如何设计。首先我们可以到 WPS 的稻壳素材库中去查找一下，将搜索的结果和想到的内容对照一下，检查自己回想的内容是否全面。一般情况下，党政类主题的 PPT 以红色和橙黄色为主色调，在构成元素中多以红旗、彩带、礼花、和平鸽、华表、狮子、长城、天安门等元素为衬托，也就是说，要制作此类 PPT 尽量要有其中几类元素，再配以文字、图像、表格等内容，构成完整的演示文稿。那么就需要提前查找相关元素，将其放到相同的文件夹，作为备用。

1. 创建新的演示文稿

启动 WPS Office 后，按下“首页”选项卡右侧的“新建”标签＋或按下 Ctrl＋N 组合键进入“新建”页面，在左侧列表中选择“新建演示”按钮 新建演示，在右侧的“新建空白演示”中选择“以‘白色’为背景色新建空白演示”。

按下 Ctrl＋S 组合键保存演示文稿，将其命名为“祖国，我为您骄傲.pptx”。

技巧提示

在创建新的演示文稿时，如果直接单击“新建空白演示”按钮，创建的新演示文稿会与前一个创建的空白演示文稿有相同背景，虽然在后期仍可重新设置，但考虑效率问题，最好在创建之初就确定好。

2. 确定母版风格

单击“设计”选项卡中的“编辑母版”按钮 编辑母版，进入“幻灯片母版”编辑模式，在打开的主母版页中，单击空白处，对应右侧的“对象属性”任务窗格区的“形状选项”选项卡中，在“填充与线条”选项卡的“填充”列表中选择“渐变填充”单选项，分别单击两个色标，单击“色标颜色”后面的颜色块，选择“更多颜色”，分别将其设置为(240,0,18)和(167,0,20)，两种颜色分别为不同的红色，将“渐变样式”选择“射线渐变”中的“中心辐射”，如图 2-3 所示。

在“单击此处编辑母版标题样式”处单击，将文字设置为“思源宋体”，选择右侧“对象属性”中的“文本选项”，单击“填充与轮廓”按钮，在“文本填充”中选择“渐变填充”，分别单击两个色标，单击“色标颜色”后面的颜色块，选择“更多颜色”，分别将其设置为(251,207,64)和(247,200,126)，将“渐变样式”选择“线性渐变”中的“向下”，“角度”设置为“90°”，如图 2-4 所示。其余字体设置为“微软雅黑”，字体颜色设置为“白色”即可。

在“插入”选项卡中单击“图片”按钮 图片，在打开的“插入图片”对话框中选择“仪仗队.png”“天安门.png”和“和平鸽.png”导入，将其进行适当缩放后，分别移动到幻灯片的左侧、右下角和右上角。

继续单击“插入”选项卡中的“图片”按钮 图片，在打开的对话框中选择“绸带.png”插入，将其分别移动到幻灯片的下方，在绸带被选中的前提下，按住 Ctrl 键的同时进行稍微拖动，

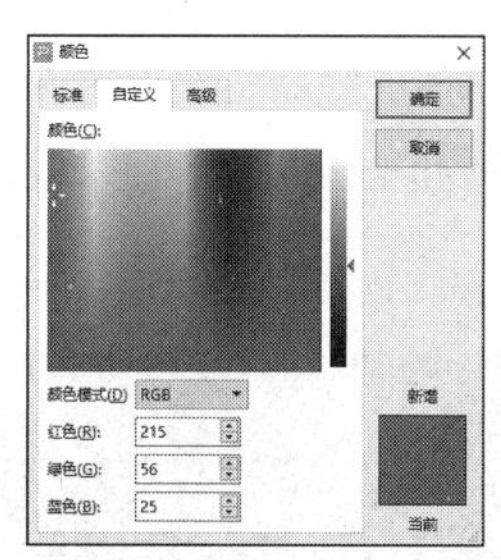

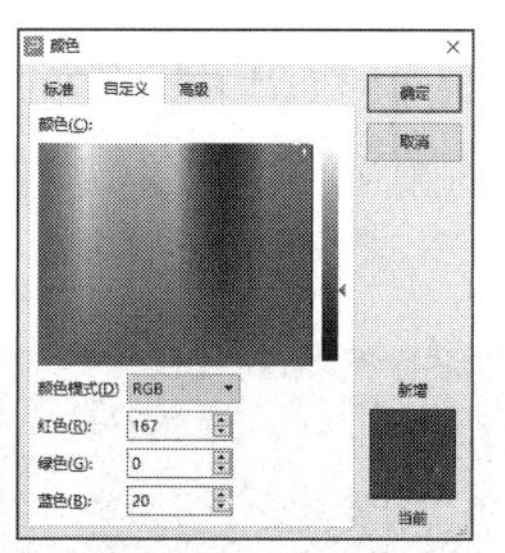

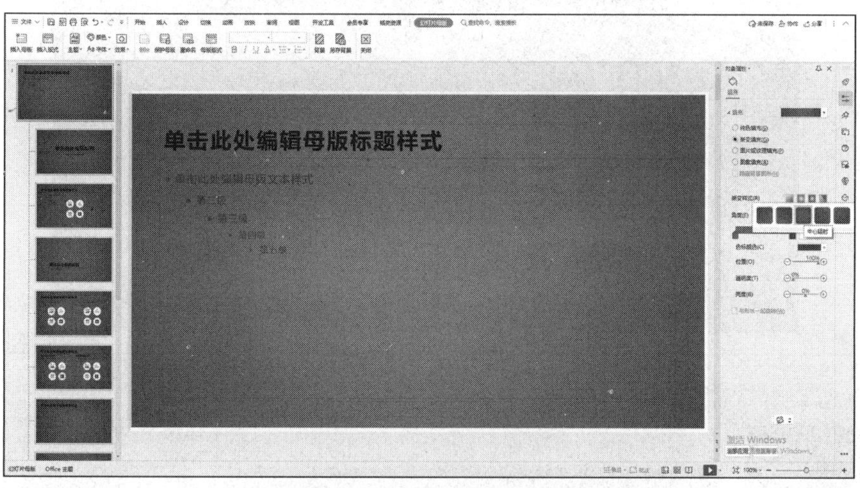

图 2-3 设置母版背景色

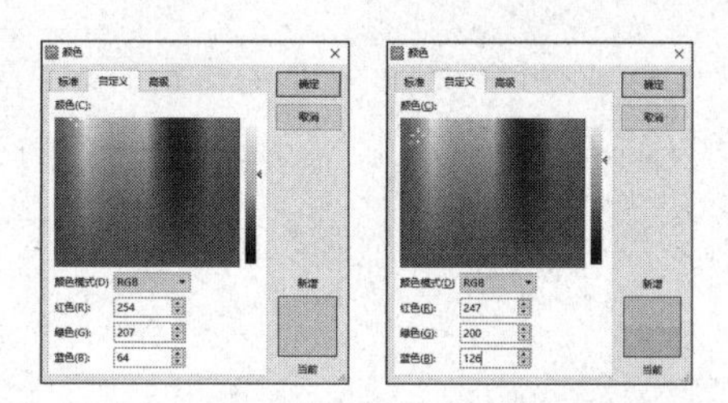

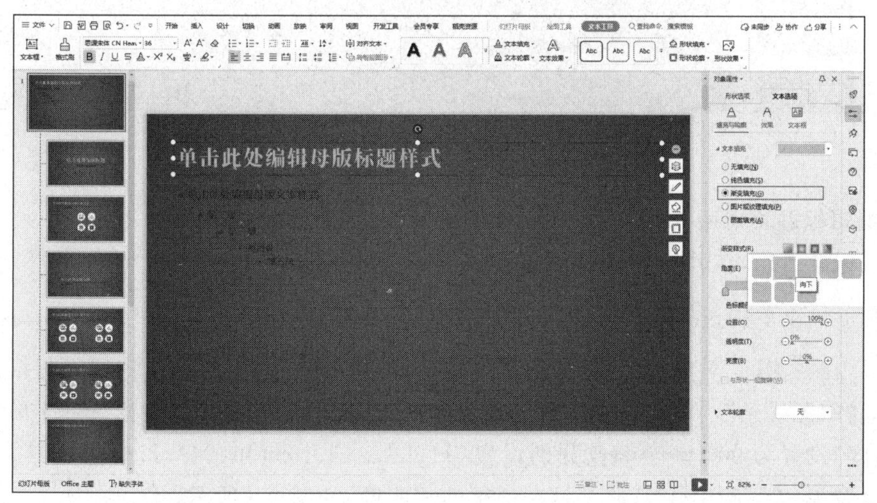

图 2-4 设置标题颜色

复制一张，单击“图片工具”选项卡中的“旋转”按钮，在其下拉菜单中选择“水平翻转”选项，在下方加入两条对称的绸带。为防止绸带中间有漏出的部分，可以将部分绸带调整出画面，结果如图 2-5 所示。

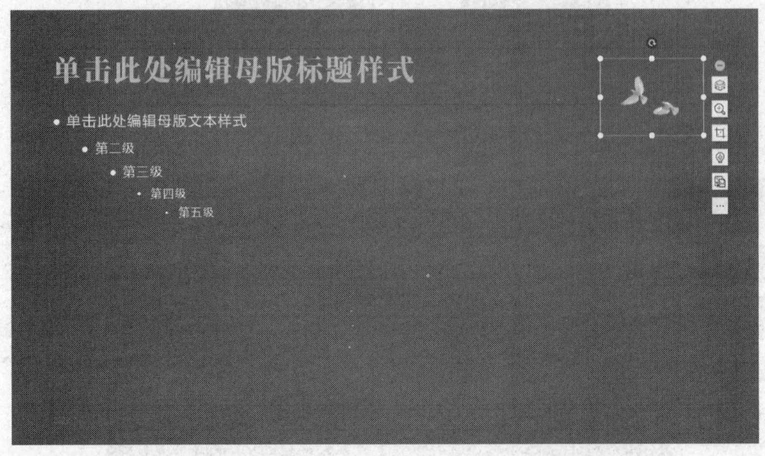

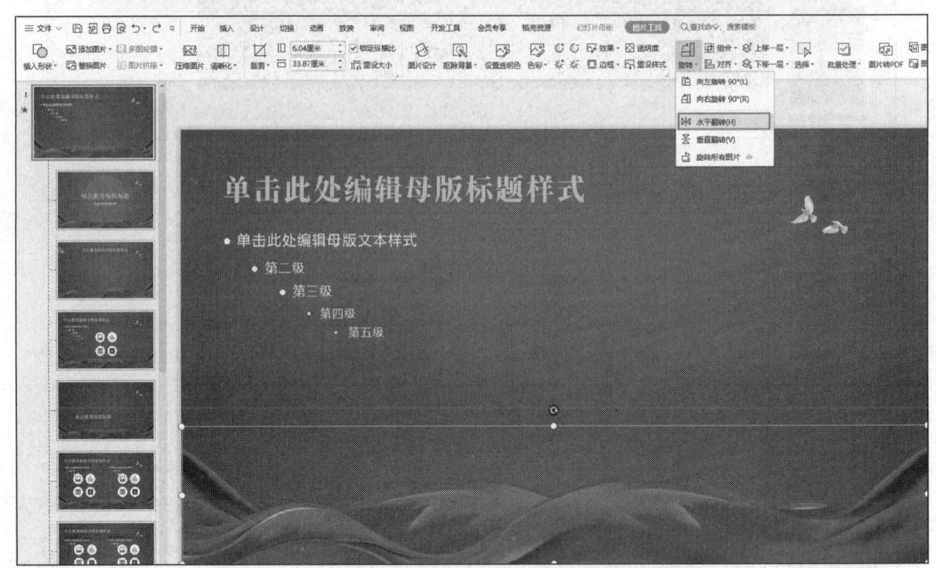

图 2-5　插入透明 PNG 图片

3. 编辑标题页母版

进入标题母版，在其中绘制一个圆形作为太阳。单击“插入”选项卡中的“形状”按钮，在其下拉菜单中选择“基本图形”中的“椭圆”，在按住 Shift 键的同时，在中心位置绘制一个正圆，在右侧的“对象属性”任务窗格区中选择“形状选项”选项卡，将“填充与线条”中的“线条”选择“无线条”，“填充”选择“渐变填充”，“渐变样式”选择“线性渐变”的方向为“向下”，“角度”设置为 90°，渐变颜色分别设置为(255，235，169)和(243，176，95)，其对应透明度分别设置为 65％和 100％，使其具有一定的透明度，如图 2-6 所示。

单击“关闭母版视图”按钮回到普通视图。

图 2-6　绘制太阳

技巧提示

作为母版主图，在上面加入的图像和形状等元素都会影响其所属的所有母版，因此要慎重加入元素。除非在后面各分母版的使用过程中，将除背景外的其他元素隐藏，也就是在右侧的选中“对象属性”任务窗格区的“填充”下拉选项中勾选“隐藏背景图形”复选项，这样不会影响背景色，但其中加入的一个或多个图像或形状都会被隐藏，隐藏前后的效果如图 2-7 所示。

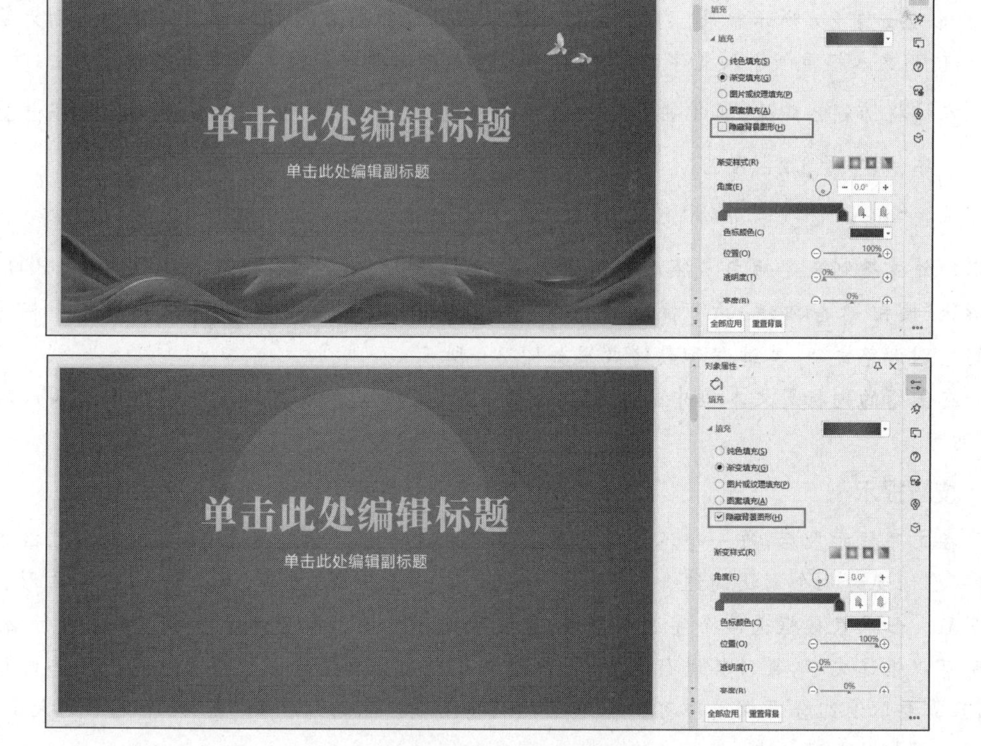

图 2-7　是否隐藏背景图形的对照效果

对于所有分母版，可以任意加入元素，不会影响其他母版和主母版。

任务二　文本和图形的排版

设计好母版后，为我们以后的幻灯片设计节省了大量的时间，也减小了文件的占用空间。而在实际的幻灯片设计当中，只需要适当调用模板的内容，增加适量的说明性元素就可以了。

在本任务的标题页设计中，希望将标题用手写体效果表现出来，所以用了书法字体，在此基础上对书法文字进行打散，变为形状，再适当地变形。在目录页设计中，用线条配合文字、形状对页面进行适当美化。在标题页设计中，加入适当的形状，利用图形、文字的透明度变化，配合标题文字进行美化，这些都是一个尝试学习的过程。

1. 标题字体设计

首先进行标题页的设计。在退出母版设计后，自动进入普通视图，此时在普通视图中已经自动有了一张标题页的幻灯片。

单击“空白演示”标题，输入文字“祖国　我为你骄傲”，将其字体设置为“方正字迹—逸龙快书 简”，字号设置为88。

技巧提示

在这里首先想到的是标题使用书法字体，以增加画面的感染力，于是就将设置好的母版中的“思源宋体”重新设置为书法字体“方正字迹—逸龙快书 简”，同样大小的字体动感不足，可以把字体打散，改变其单个文字的位置。但在实际操作中，会发现对于标题文字并不能真正实现，会出现如图2-8所示结果。其原因是如果使用已经提前设置好的母版文字形式则无法实现，而使用文本框重新输入文字，则没有问题。于是就需要重新改变标题页的设计方法。

直接将标题栏删除，再单击“插入”选项卡中的“文本框”按钮 文本框，重新输入文字并重新设置其字体、字号、颜色即可。

单击“插入”选项卡中的“形状”按钮 形状，在打开的下拉菜单中选择“矩形”（任意形状都可以），随意绘制一个矩形。然后先选中文字，再选中矩形，单击“绘图工具”选项卡中的“合并形状”按钮 合并形状 的下拉菜单中的“拆分”选项，就可以将文字打散，按照大小相间的原则分别调整文字，其过程和最终效果如图2-9所示。

在保留的副标题文本框中输入相应的文字“××级××系迎国庆歌唱祖国校园庆典活动”即可。

技巧提示

在文字被打散后，每一个不连接的笔画都会成为一个单独的元素，其实此时它已经不是文字，已经变为几个形状的组合，如果是一些正体字（如宋体、楷体、黑体等），则笔画形状更加明显。如果直接框选单个字进行调整，会发现文字已经不能全部像原字体一样进行缩放，这时可以框选文字，再对其进行组合，再调整大小就可以了，如果要单独对某一笔画进行调整，只需要取消组合再调整即可。在这里就调整了“我”字的“撇”和“点”两个笔画的大小，将其调整得相对大了一点。

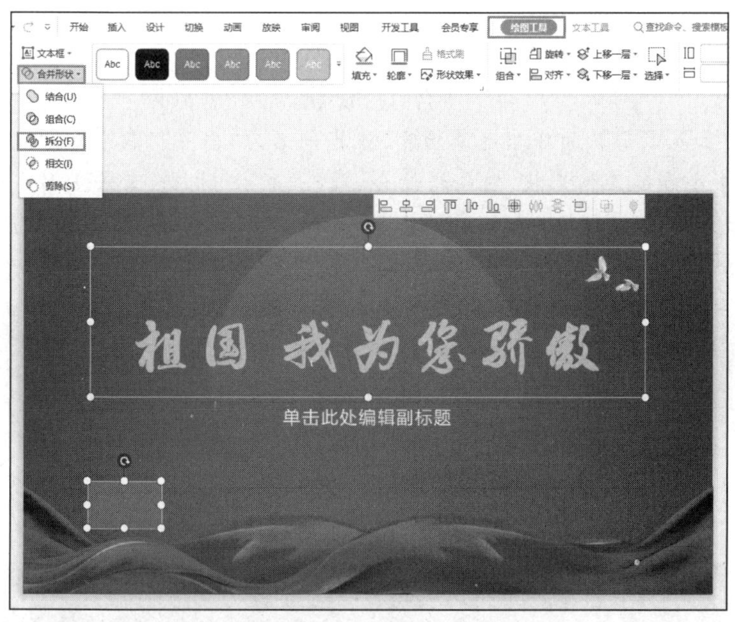

图 2-8 使用母版标题文字与形状进行拆分

图 2-9 对文字进行打散重构

合并形状

在 WPS 中加入了形状的布尔运算功能，将其命名为“合并形状”，其意思为将所选形状合并到一个或多个新的几何形状，它包括结合、组合、拆分、相交、剪除五种。它只有在选中两个以上的形状、图像、文本框、表格时才会被激活。“合并形状”功能在 WPS 的演示文稿中使用非常广泛，通常会得到意想不到的效果。

这里绘制一个渐变蓝色的圆形、一个绿色的圆角矩形，以两个形状进行讲解，在研究的过程中，要注意形状选择的先后顺序带来的不同改变，如图 2-10 所示。

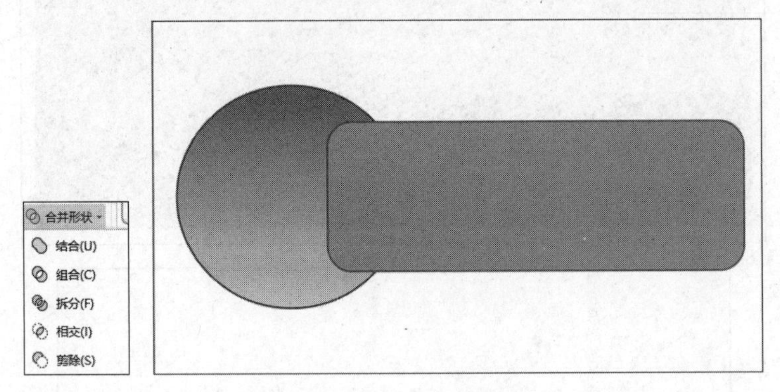

图 2-10　合并形状的类型

(1) 结合。结合就是将选中的两个形状进行组合，这种组合不只是形状上的合并，还包括颜色、描边线条等对象属性的融合，它和对象的选择先后有关系。如果先选中的是渐变蓝色圆形，则结合后的新形状颜色则为渐变蓝色形状，如果先选中的是绿色圆角矩形，则结合后的新形状为绿色形状，如图 2-11 所示。

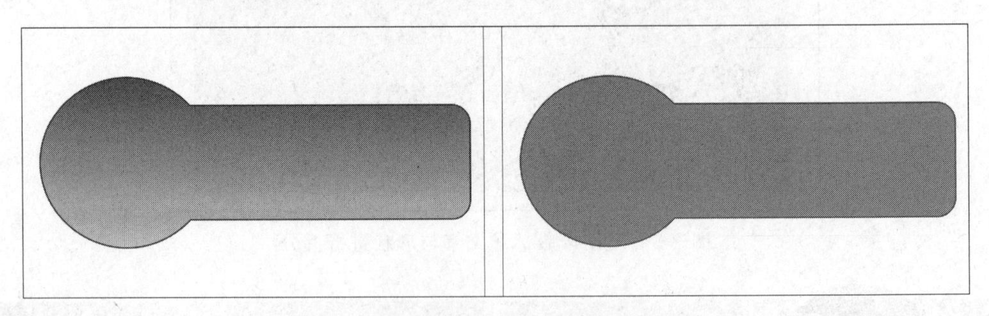

图 2-11　不同选择顺序下形状结合的不同效果

(2) 组合。组合就是将选中的两个形状组合在一起，但两个形状的公共部分会被删除，形状的选择顺序对颜色、线条等对象属性仍然具有重要作用，如图 2-12 所示。

(3) 拆分。拆分就是将选中的形状分解为多个形状，除各自的不相交部分分别生成分开的形状外，相交的部分也会生成新的形状，其对象属性也会根据选择形状的顺序进行保留，如图 2-13 所示。

(4) 相交。相交就是将两个形状的公共部分保留，而将其他部分删除。即使这样，形状的选择顺序仍然很重要，其直接决定了形状的颜色和线条等属性，如图 2-14 所示。

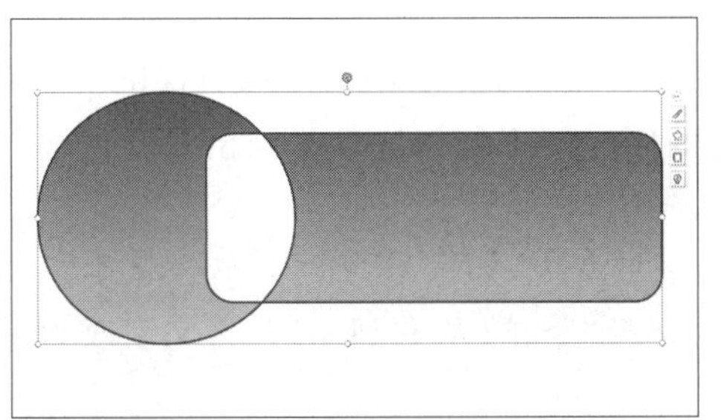
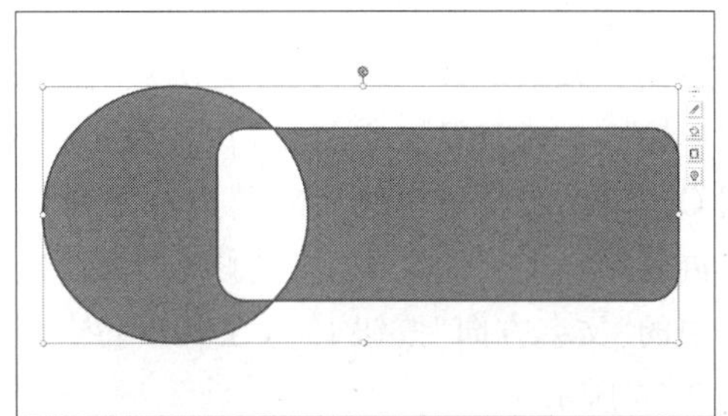

图 2-12 不同选择顺序下形状组合的不同效果

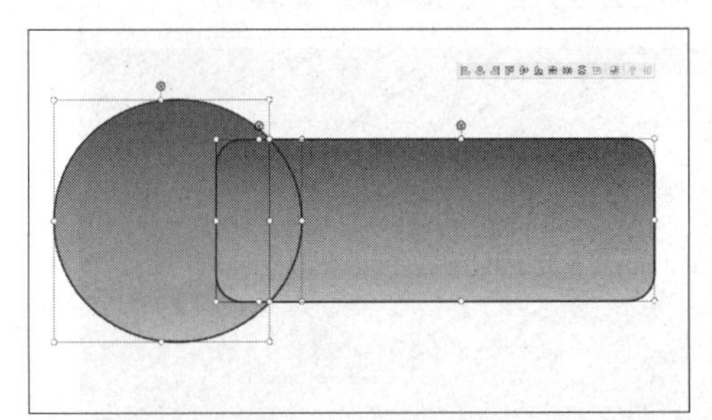

图 2-13 对形状进行拆分后变为的新形状

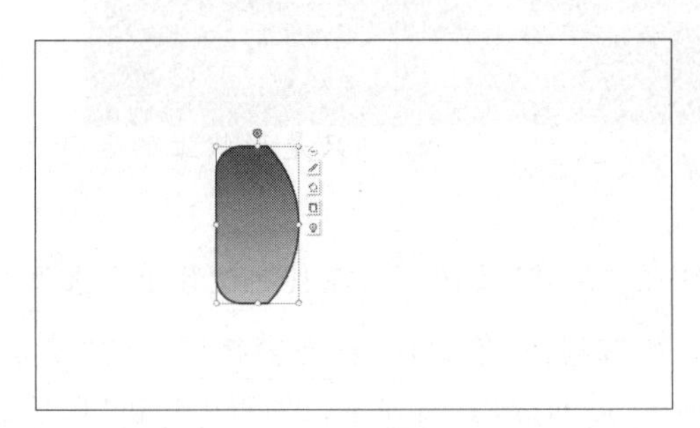
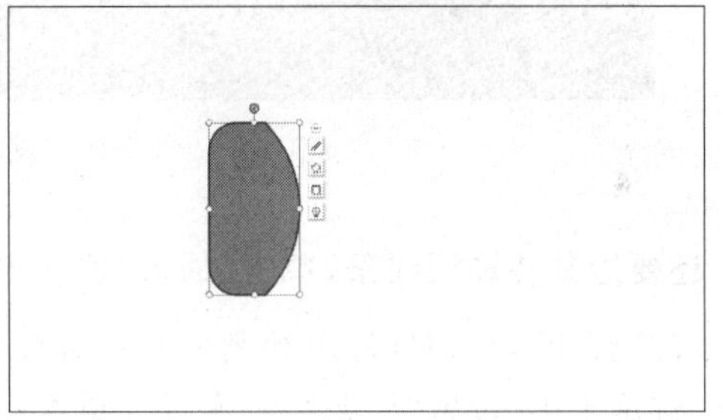

图 2-14 对形状进行相交处理后的新形状效果比较

(5) 剪除。剪除就是将首先选中形状与其他形状的相交部分和其他形状一并删除,只保留原形状的不相交部分,同时保留形状的形状属性,如图 2-15 所示。

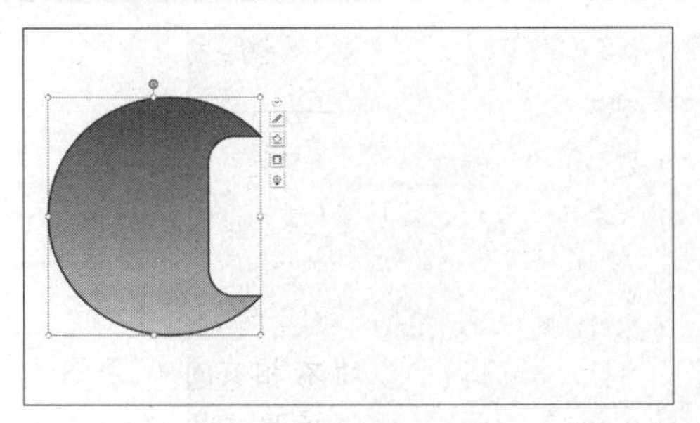
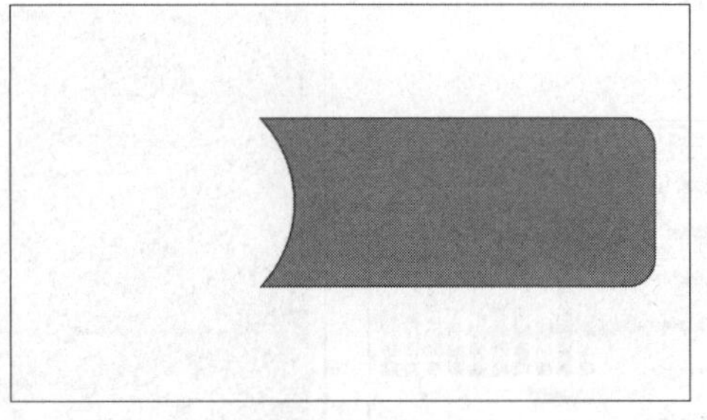

图 2-15 对首先选中形状进行剪除处理后的不同效果

2. 目录页文字设计

新建一张幻灯片，其版式设置为只有标题的正文版式，删除副标题框，只保留主标题框，在其中输入一行目录文字，然后在按住 Ctrl 键的同时使用鼠标拖动复制出几行目录文本，使用 Ctrl＋A 组合键全选后对其进行排列和对齐操作。

再复制一个标题文本，将其修改为“目录”，字号变大，如字号为 80，单击“文本工具”选项卡中的“文字方向”按钮，在其下拉菜单中选择“竖排(从右到左)”，将文字改为纵向，如图 2-16 所示。

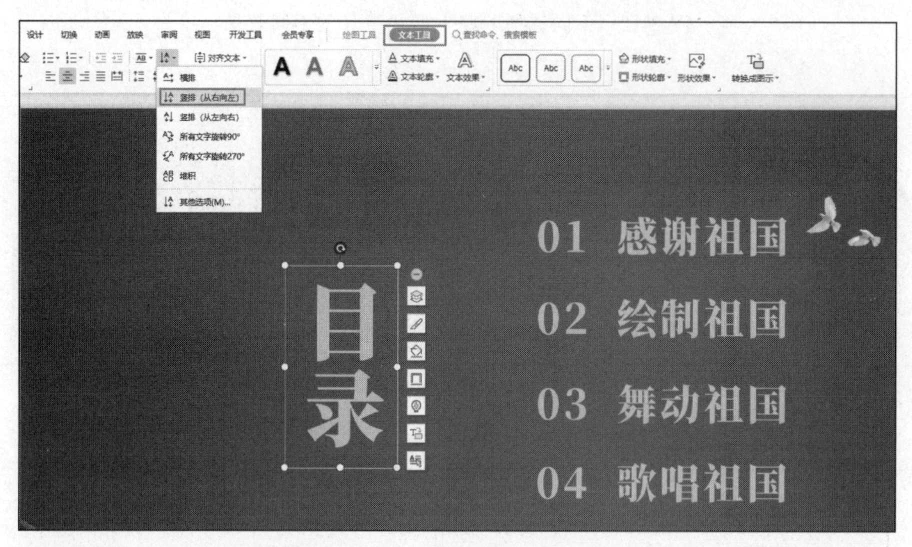

图 2-16 目录页文字排版

还要绘制装饰用线条，单击“插入”选项卡中的“形状”按钮，在其下拉菜单中选择“线条”中的“直线”，在幻灯片上绘制一条短直线。在右侧“对象属性”任务窗格区中的“填充与线条”选项卡中，设置“线条”为“实线”，单击“颜色”后面的色块，在下拉列表中单击“取色器”选项，在文字上吸取颜色，其值为(250,202,123)。设置“宽度”为“1 磅”，“短线类型”为“短划线”，如图 2-17 所示。在按住 Ctrl 键的同时，拖动鼠标，复制几条直线，将其和文字交叉排列。

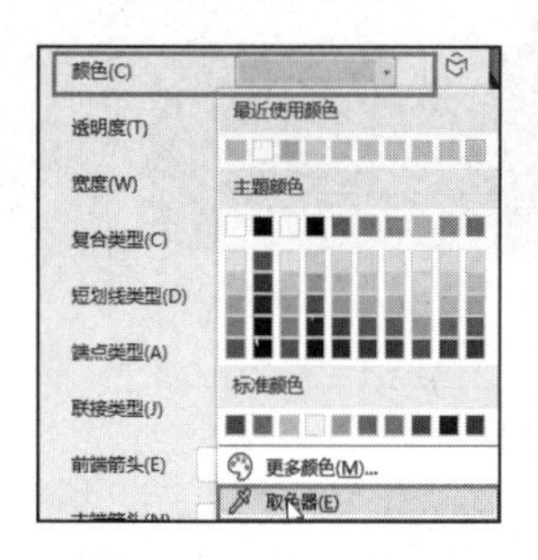

图 2-17 设置装饰性短划线

3. 目录页图形设计

单击“插入”选项卡中的“形状”按钮 形状，在其下拉列表中选择“基本形状”中的“椭圆”，在按住 Shift 键的同时拖动鼠标，在幻灯片上侧绘制一个圆形，将文字“目录”覆盖，其颜色可用与文字颜色相同或近似的颜色，在按住 Ctrl 键的同时拖动鼠标复制一个圆，将其适当缩小，将两个圆形进行中心对齐。先选中大圆，再按住 Shift 键的同时选择小圆，单击“绘图工具”选项卡中的“合并形状”按钮 合并形状，在其下拉列表中选择“剪除”选项，将两个圆合并为一个同心圆环。在“对象属性”任务窗格区选择“形状选项”选项卡，在“大小与属性”子选项卡中将“缩放宽度”与“缩放高度”均设置为“400%”，如图 2-18 所示。

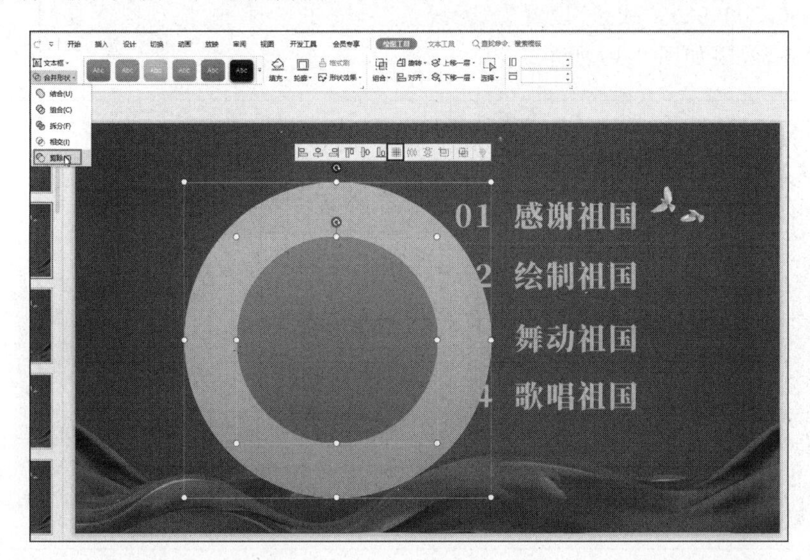

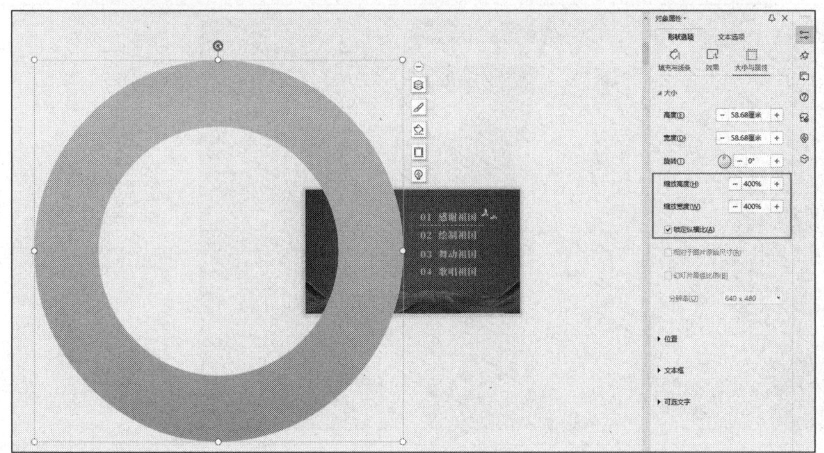

图 2-18　加入装饰用形状

再绘制一个与幻灯片页面同大小的矩形，将圆环和矩形按次序同时选中，单击“绘图工具”选项卡中的“合并形状”按钮 合并形状，在其下拉列表中选择“相交”选项，只保留幻灯片中显示部分。在右侧“对象属性”任务窗格区中的“形状选项”选项卡中，将“线条”设置为“无”，重新调整其颜色为(253,206,92)，设置其“透明度”为“20%”，在形状的快捷菜单中，单击“叠放次序”按钮，在其子菜单中选择“置于底层”按钮 置于底层。重新设置文字“目录”的颜色为红色，其他几个标题数字也改为红色。

技巧提示

其实在本部分绘制矩形与圆环的相交，多少有点多余。之所以这么做，除了练习相关操作外，还为了在制作幻灯片时能够更好地显示全部页面内容。

单击“插入”选项卡中的“形状”按钮 形状，在其下拉列表的“基本形状”中选择“椭圆”，在按住 Shift 键的同时，在编辑区拖动鼠标绘制一个圆形，将其“填充”设置为“纯色填充”，颜色设置为(253,206,92)，“线条”设置为“无线条”。按住 Ctrl 键，拖动鼠标复制三个圆，将其与各数字对齐，效果如图 2-19 所示。

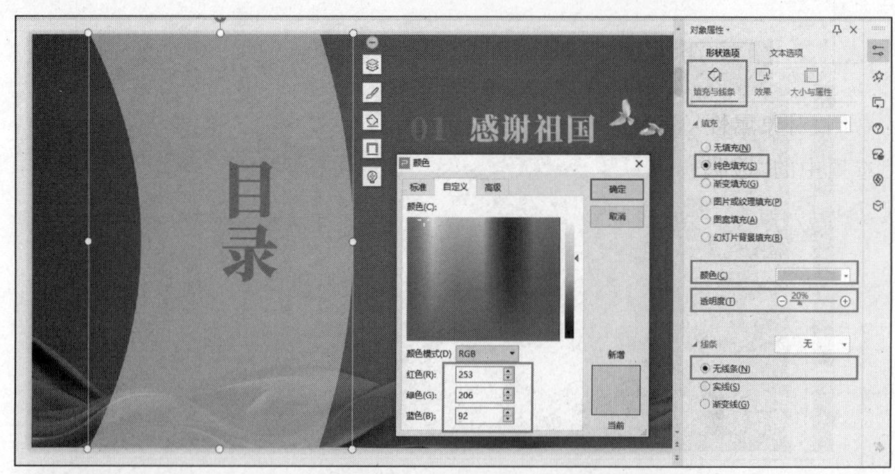

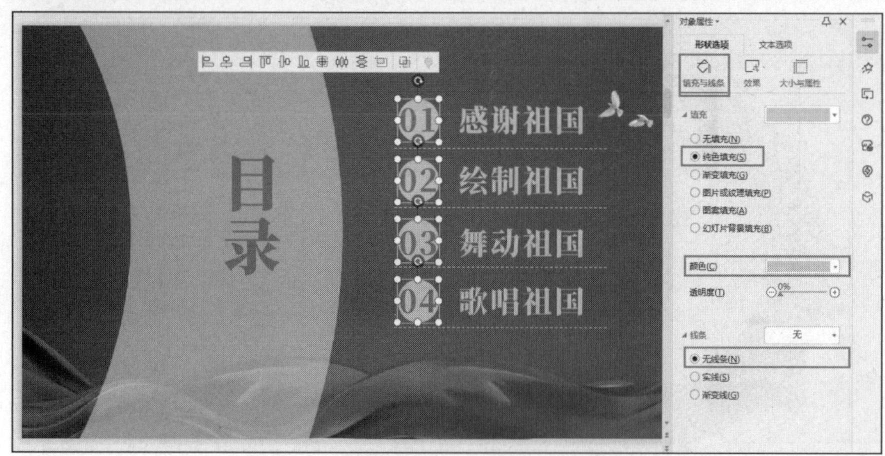

图 2-19　设置目录页装饰形状

4. 章节页图形设计

按下 Ctrl+M 组合键，新建一张新幻灯片，将其版式设置为“末尾幻灯片”版式。在空白处右击，在打开的右键菜单中单击“设置背景格式”，在打开的右侧“对象属性”任务窗格区的“填充”选项卡中勾选“隐藏背景图形”复选框，整个画面中只剩下背景颜色，其他图形都被隐藏了。在两个文本框中，分别输入章节名称和副标题说明文字。将标题文字大小设置为

“96”，分别调整两个文本框的宽度，将文本设置为“分散对齐”。

单击“插入”选项卡中的“图片”按钮图片，在打开的列表框中选择“绸带.png”图片插入，将其放在编辑区下方。

技巧提示

在这里因为已经把幻灯片母版中的“隐藏背景图形”选中，所以该页面中所有的背景图形都已被隐藏，要想再显示部分背景图形，需要重新插入。当然，也可以在母版中专门设计一页章节页母版，只加入部分图形。但像图 2-20 中加入的带文字的圆形就无法在后期幻灯片设计中加入文字了。

在目录页中选择圆形，按下 Ctrl+C 组合键复制，然后回到本章节页，按下 Ctrl+V 组合键粘贴，调整其大小至页面大约一倍半，移动到画面右上角，在圆形被选中的前提下，直接输入文字“01”，文字就可以在形状中出现，将文字设置为红色，文本大小为“400”。选中圆形，在其快捷菜单中单击“形状填充”按钮，在其打开的对应菜单中选择“更多样式”选项，在打开的右侧“对象属性”任务窗格区的“形状选项”选项卡中，打开“填充与线条”子选项卡，将“填充”选项中的“透明度”设置为“70%”。在其快捷菜单中单击“叠放次序”按钮，在其子快捷菜单中单击“置于底层”按钮置于底层，最终效果如图 2-20 所示。

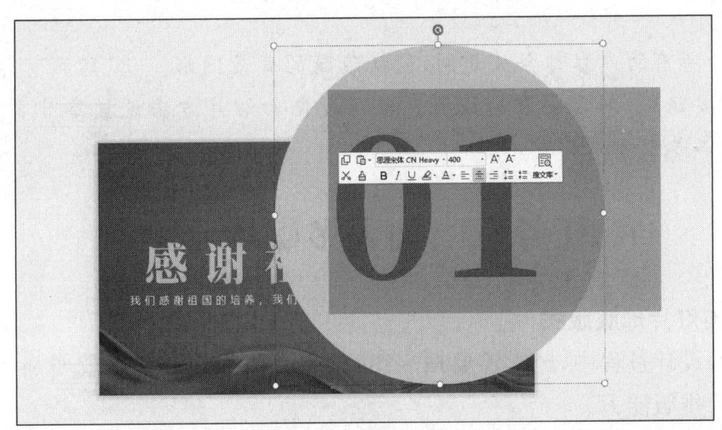

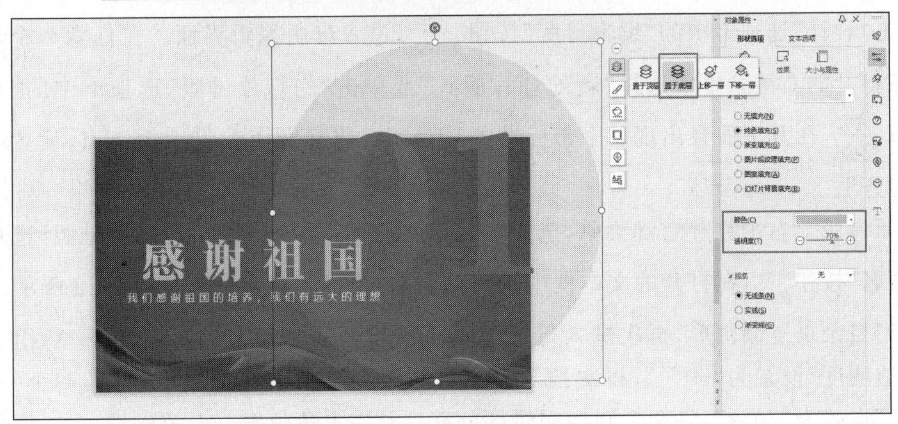

图 2-20 章节页文本和形状排版设计

选中目录页的短直线，按 Ctrl+C 组合键复制，回到本章节页，按下 Ctrl+V 组合键粘贴，将其调整到标题“感谢祖国”下方，拖动其调节点对其进行缩放。

其他章节页，只需在左侧导航窗框区的幻灯片缩略图上右击，在打开的右键菜单中执行“复制幻灯片”命令，即可直接复制出一张相同的幻灯片，修改相应文字即可，如图 2-21 所示。

图 2-21 复制并修改章节页

技巧提示

在这里因为所有的内容都会被复制，包括隐藏的背景图形。但“隐藏背景图形”的设置会失效，如果需要隐藏，则需要重新设置。使用复制幻灯片方法设置章节页，有两个好处：一是风格统一，二是节省工作量。

任务三 加入多媒体元素

1. 添加新幻灯片母版版式

在幻灯片的设计过程中，经常需要插入图片，有时一张幻灯片中就要加入多张图片，这需要一定的图片排版能力。

单击“设计”选项卡中的“编辑母版”按钮，进入母版编辑界面。在任意一个母版上右击，在打开的右键菜单中选择“新幻灯片版式”或单击“幻灯片母版”选项卡中的“插入版式”按钮，在其下面会出现一个带标题的新母版。将标题点位符缩短一点，设置文字为“居中对齐”。

在新母版上右击打开右键菜单，选择“重命名版式”选项或单击“幻灯片母版”选项卡中的“重命名”按钮，在打开的文本框中将其命名为“带标题正文页”，如图 2-22 所示。

回到目录页复制圆形，再次进入母版编辑页面打开新母版页，按下 Ctrl+V 组合键粘贴，将“透明度”设置为“50%”，再次按下 Ctrl+V 组合键粘贴一个圆形，将其调小一点，将“透明度”设置为“30%”，将两个圆形交错部分移动到左上角位置。

打开主母版，按住 Shift 键选中和平鸽和一条绸带，按下 Ctrl+C 组合键复制两图，回到新母版，按下 Ctrl+V 组合键粘贴，调整位置与原位置相同，然后打开右侧“对象属性”任务

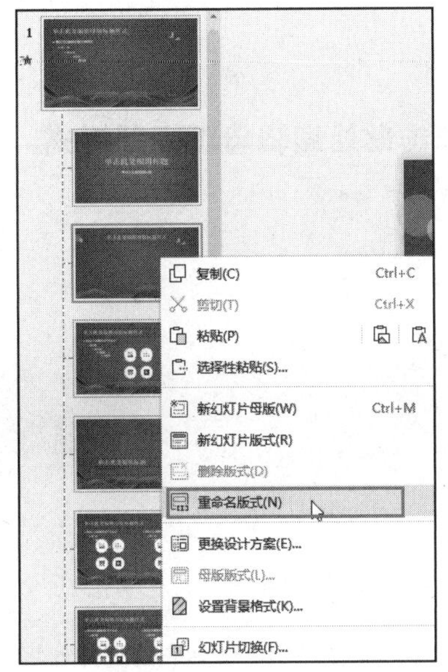

图 2-22　加入新幻灯片版式的母版

窗格区的“填充”选项卡，在“填充”列表中勾选“隐藏背景图形”复选框，如图 2-23 所示。

图 2-23　设计新母版

单击“关闭母版视图”按钮，回到普通视图。

知识链接

如果在幻灯片母版的编辑过程中，需要制作一个新的幻灯片母版，可在其右键菜单中选中“新幻灯片母版”选项或按下 Ctrl＋M 组合键，也可直接单击“幻灯片母版”选项卡中的“插入母版”按钮，创建一套全新的幻灯片母版，但原母版仍然存在，如图 2-24 所示。

2. 加入轮播图片

在“绘制中国”章节页下方加入新幻灯片，将版式设置为新设计的母版版式。在标题文

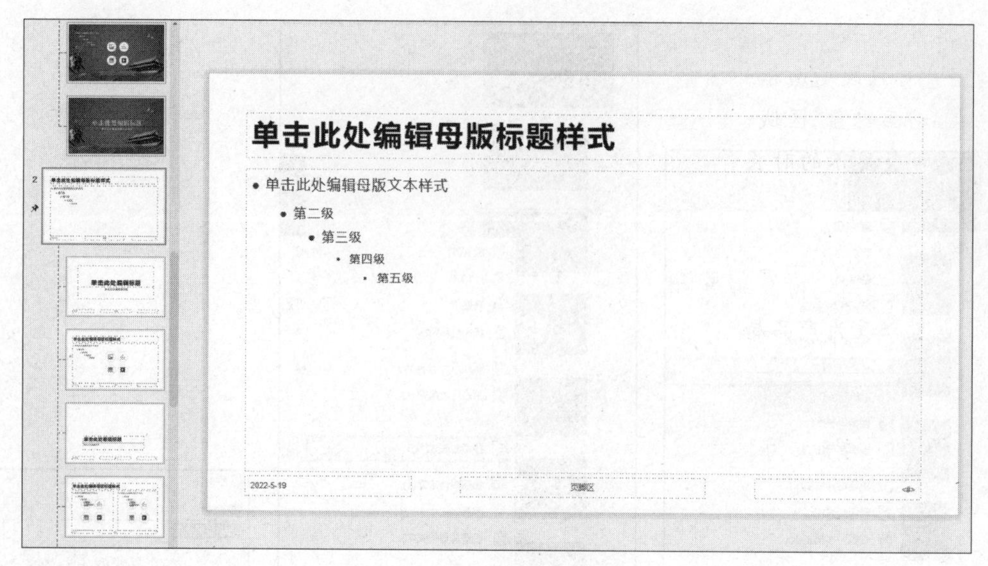

图 2-24　添加新幻灯片母版

本框中输入“绘制中国”，再在下方加入一条虚线作为装饰。

单击“插入”选项卡中的“图片”按钮，在打开的对话框中选择多张图片，一起将多张插入幻灯片中，因为这些图片此时都是被选中的，单击“图片工具”选项卡中的“多图轮播”按钮，在下拉菜单中选择“水平”选项卡中的“中心展示对齐轮播”，单击“套用轮播”按钮。

单击幻灯片中的图片，调整整个图片组的位置，单击下方出现的“智能特性”展开按钮，出现“多图轮播”按钮组，包括“换图”“速度”“样式”三个按钮，单击某个按钮，可在右侧打开“多图轮播”智能特性窗格区，设置“动画配置”，如图 2-25 所示。

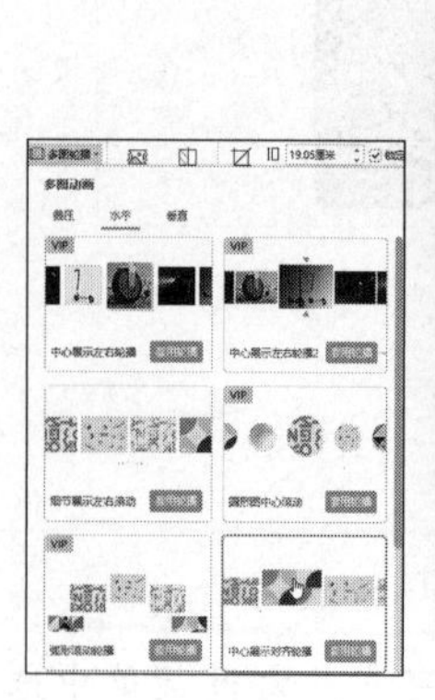

图 2-25　设置多图轮播

技巧提示

在“多图轮播”的设置中，在“更改图片”的设置中，单击图片右上角的“—”标志可以删除图片；单击图片上的“⇌”按钮可以在打开的“选择图片文件”对话框中重新选择需要替换的图片；单击“打开”按钮 打开(O) 可以在打开的“选择图片文件”对话框中添加图片；拖动选中的图片可以改变演示的顺序。

在“动画配置”区域，可以改变轮播的“速度”“切换”和“次数”，这个设置是较重要的，“速度”可以调整显示的时长和改换图片的速度，“切换”可以设置在播放中是自动播放还是手动播放，“次数”用于显示在PPT播放过程中整个图片组显示几次，这些对于时长的控制还是很有效的。

而“其他轮播”对应的是“样式”，可以重新定义图片轮播的样式，如可以改为圆形图中心滚动，也可以改为产品局部缩略图轮播等，如图2-26所示。

图2-26 可替换为多种轮播样式

知识链接

有时需要很详细地展示每一张图，甚至需要对其进行较详细的讲解，可以单击“插入”选项卡中“图片” 图片 按钮下面的小三角，在其下拉列表中选择“分页插图”，一次性选择多张图片，插入多张幻灯片中，每张图会占用一张幻灯片，一次性完成多张幻灯片中图片的插入，可以大大节省时间，如图2-27所示。

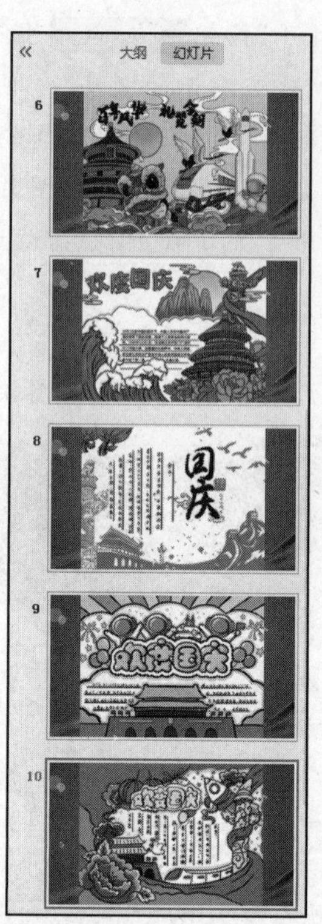

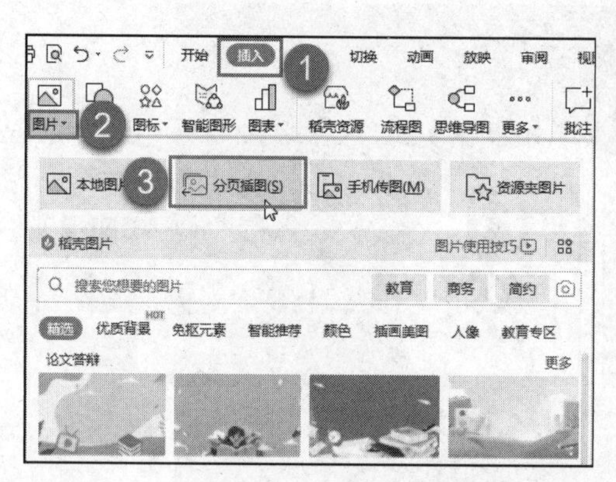

图 2-27　插入分页插图

3. 插入视频

选中“03 舞动祖国”章节页，按下 Ctrl+M 组合键，创建新幻灯片，选择名称为“标题和内容”的版式，单击窗口中的“插入媒体”占位符就可以在打开的“插入视频”对话框中直接选择视频添加了，这里导入视频的名称为“舞动祖国.mp4”。在按住 Shift 键的同时，调整视频四个角上的调整句柄。

技巧提示

无论是视频还是图片，一般在调整大小的过程中都不要改变其宽高比，以免引起比例失调。在视频宽高比的调整过程中，要在按住 Shift 键的同时对四个角进行调整，而在图片的调整过程中，可以直接对四个角进行调整，不会改变其宽高比。

在视频导入后被选中的前提下，单击“视频工具”选项卡中的“裁剪视频”按钮 裁剪视频，在打开的对话框中对视频的开始和结束时间进行设置，如图 2-28 所示。

在单击“确定”按钮回到幻灯片后，可以继续对视频进行设置，最简单的方法是利用菜单里的“视频工具栏”进行设置，如图 2-29 所示。

技巧提示

在视频工具栏中，除视频的大小和位置外，其余设置基本可都在此处完成。

（1）使用“播放”按钮 播放 对视频进行预览。

（2）使用“音量”按钮 音量 对视频音量大小进行设置，包括“高|中|低|静音”四挡。

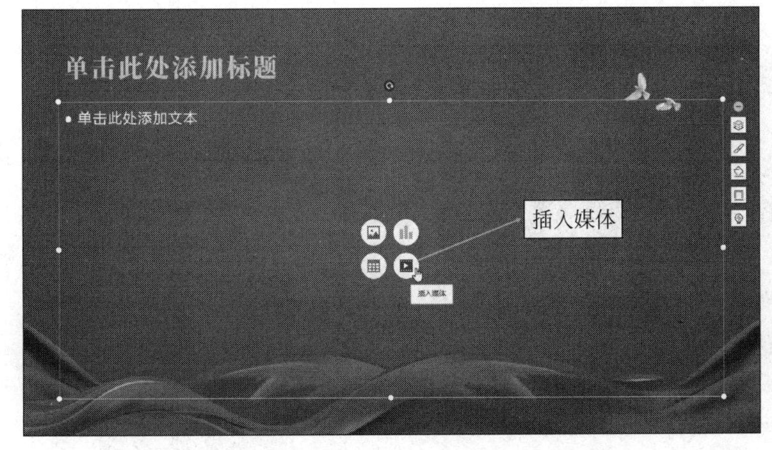

图 2-28 选择“标题和内容”版式并裁剪视频

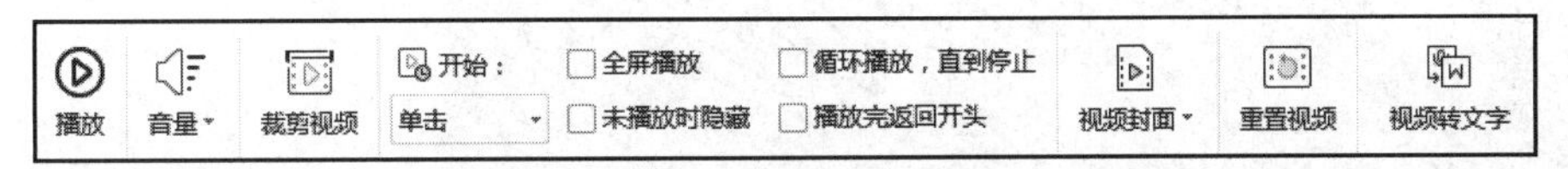

图 2-29 视频工具栏

(3) 使用“裁剪视频”按钮可在打开的对话框中设置视频的“开始时间”和“结束时间”。

(4) 可在“开始”选项中选择视频播放的方式是“单击”还是“自动”。

(5) 对于“全屏播放”“未播放时隐藏”“循环播放，直到停止”和“播放完返回开头”四个复选框，用来设置视频播放的一些播放方式，还是比较直观和简便的。

(6) 单击“视频封面”按钮可在其下拉列表中进行封面样式和封面图像的选择。

(7) 单击“重置视频”按钮可回到视频刚导入的状态，进行重新设置。

(8) 单击“视频转文字”按钮可打开“音视频转文字”对话框，在里面选择“音频转文字”或“视频转文字”选项卡，选择“是否开启声纹识别”选项，选择“转写语言”和“转写领域”，单击“开始转写”按钮，对音视频进行转写，完成后确认是否保存即可。

在视频上单击将其选中，在其上方或下方会出现一个进度条，在播放过程中暂停时，会出现是否“将当前画面设为视频封面”的提示按钮。在进度条右侧，可快捷设置音量，获取视频时长和位置信息，修改封面样式、按钮、文字等，如图 2-30 所示。

技巧提示

在本实例中“插入视频”使用的是在特殊母版版式中的占位符图标进行操作的，但这种方法在使用过程中并不普遍，原因是在幻灯片中还可能加入一些其他元素，并不一定使用这种版式。一般会单击“插入”选项卡中的“视频”按钮，在其下拉菜单中继续选择不同方式对视频进行导入，如图 2-31 所示。

值得注意的是，“嵌入视频”和“链接到视频”区别是很大的。比如，本实例中导入的视频

图 2-30 设置视频封面

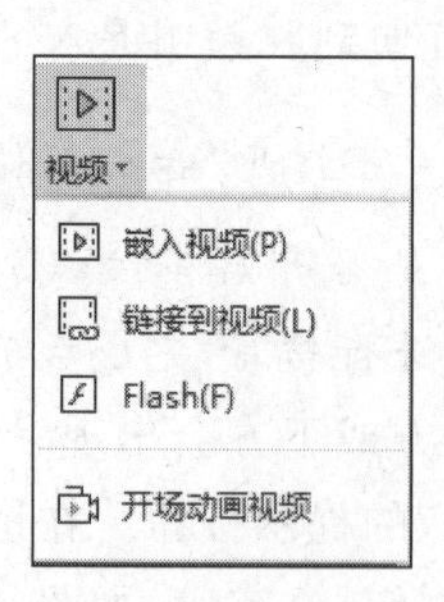

图 2-31 插入视频

就是“链接到视频”的结果，在将来 PPT 复制到别的计算机进行播放时，必须专门将视频也复制过去，一旦没有这样做，播放时会找不到链接视频。而如果选择“嵌入视频”的方法进行导入，则视频会集成到 PPT 当中。两者各有优劣，需要制作者自行把握。链接的方法不能忘记将视频进行复制，嵌入的方法会增大 PPT 的占用空间。

另外，还可以导入 Flash 文件或利用模板自由制作开场动画视频，如图 2-32 所示。

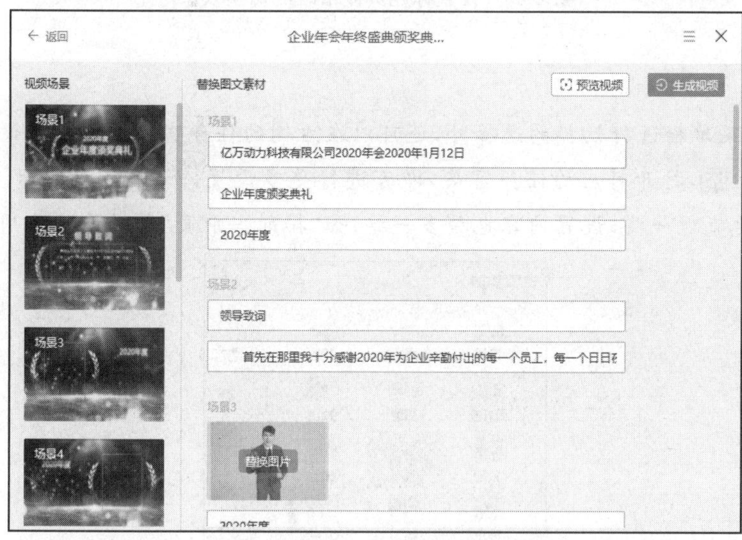

图 2-32 设计开场动画视频

任务四 加入切换和动画效果

在演示文稿中，可以使用切换和动画两种效果使画面动起来。切换和动画的区别在于其是用于幻灯片之间还是用在某幻灯片的元素之间。一般情况下，会采用先大后小的原则来调整，因此会先加入幻灯片间的切换效果，然后精调单张幻灯片中元素的动画。

1. 加入切换效果

切换属于幻灯片之间的动画效果。一般情况下，会选择一种幻灯片切换模式，将其应用到全部幻灯片，然后修改单张幻灯片的特殊切换模式。比如一个党政类的 PPT，不能做得太花哨，一般会使用比较大气或简单的切换效果来表现。

所有幻灯片页面可以先用“淡出”进行切换，将“速度”设置为 0.7 秒，勾选“单击鼠标时换片”复选框，如图 2-33 所示。如果确认各幻灯片切换都使用这一种切换模式，可单击“应用到全部”按钮。

图 2-33 设置其他页的切换效果

标题页是很重要的，可以为其单独设置切换效果。选中标题页，单击“切换”选项卡中的“线条”按钮，用于模拟帷幕拉开的效果。然后单击“效果选项”按钮，在其下拉菜单中选择“垂直”，“速度”设置为 1 秒，勾选“单击鼠标时换片”复选框，如图 2-34 所示。单击最前面的“预览效果”按钮或按下 Shift＋F5 组合键就可以预览了。

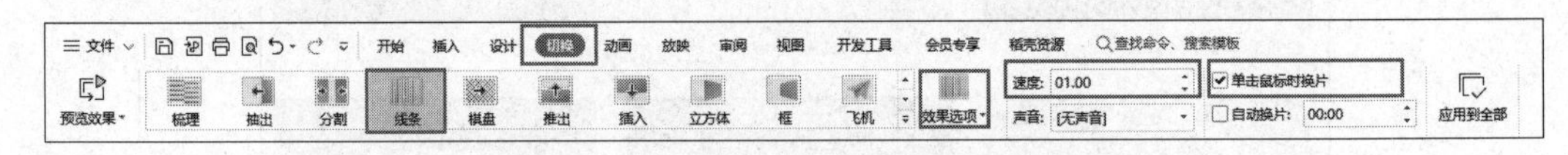

图 2-34 设置标题页显示时的切换效果

技巧提示

除了使用菜单栏进行切换的选择外，还可以在右侧的任务窗格区中进行设置。单击“幻灯片切换”按钮，打开对应的任务窗格，即可进行更多设置，如图 2-35 所示。在任务窗格中进行设置，更直观一些，设置内容也稍多一些，如“排列当前页”等功能的使用。

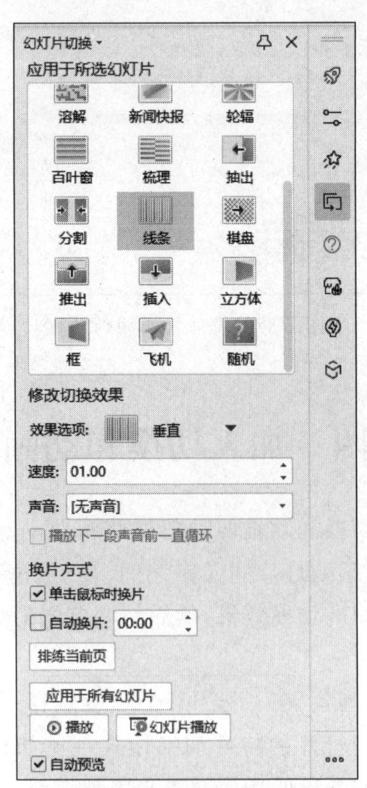

图 2-35 在“幻灯片切换”任务窗格区中进行设置

2. 加入动画效果

“动画”效果属于单张幻灯片中各元素的移动动画。它不仅能让幻灯片中的元素动起来,提升整体视觉观感,还能让观众耳目一新。

标题幻灯片中元素显示得虽然较多,其实大部分都是在幻灯片母版中设计好的,真正可以编辑的也就是标题和副标题两部分。标题在前面曾经被打散过,再次选择时发现它已经变为多个元素,有的文字甚至由多个元素组成。可以对这些元素中的单个元素进行动画设置,也可以将它们组合在一起进行动画设置。在这里是将其组合后再进行动画设置的。

(1) 逐个框选标题文字,在其快捷菜单中执行“组合”命令,将每个字都组合为一个小的整体。

(2) 框选所有标题文字,单击“动画”选项卡中的“智能动画”按钮 智能动画 ,出现“智能动画”下拉列表,选择“智能聚拢”选项,设置其“开始播放”的时机为“在上一动画之后”,调整其播放时间为 00.25 秒,如图 2-36 所示。

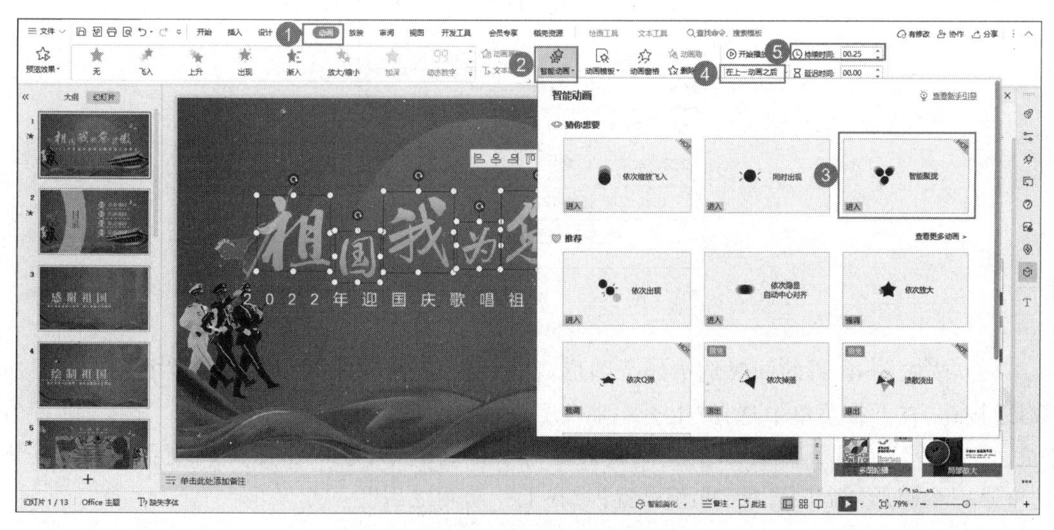

图 2-36 智能动画的设置

知识链接

“智能聚拢”这个动画属于 VIP 下载的动画,但也有很多免费的智能动画,如“依次缩飞入”等,为非 VIP 会员提供了更多选择。

(3) 选中副标题,单击“动画”选项卡中的“上升”按钮,设置其“开始播放”的时机为“在上一动画之后”,调整其播放时间为 1 秒,如图 2-37 所示。

图 2-37 设置副标题动画

(4) 单击目录页导航图,选择圆弧形,单击“动画”选项卡中的“擦除”按钮,设置“动画属性”为“自左侧”,设置“开始播放”的时机为“在上一动画之后”,调整其播放时间为 0.5 秒,如图 2-38 所示。

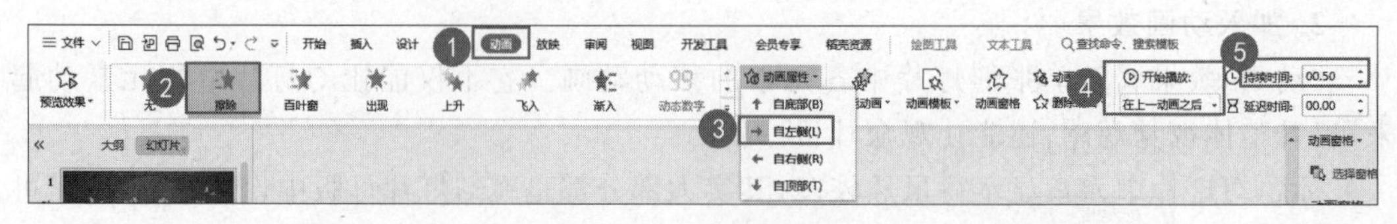
图 2-38 设置圆弧形动画

(5) 单击“动画刷”按钮 动画刷,在幻灯片中单击“目录”标题,将圆弧形的擦除动画属性复制到该标题,然后在其右侧的“动画窗格”中将“开始”设置为“与上一动画同时”,如图 2-39 所示。

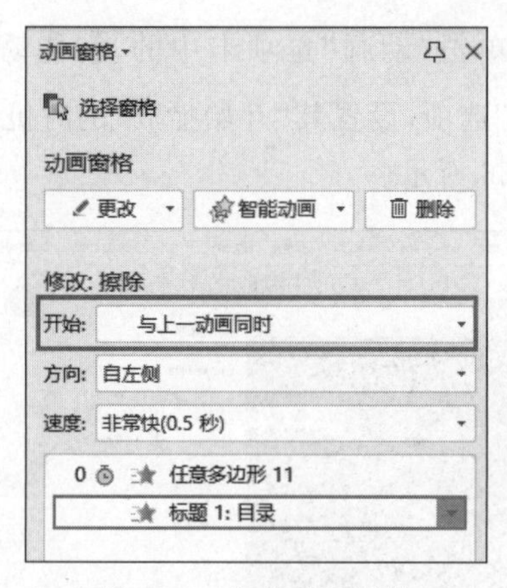

图 2-39 修改动画属性

(6) 按住 Shift 键的同时选中四个圆形,在右侧任务窗格区的“动画窗格”中,单击“添加效果”按钮,在下拉菜单中选择“上升”,将“开始”设置为“与上一动画同时”,“速度”设置为“快速(1 秒)”,如图 2-40 所示。这样做只是为了提高效率,逐一设置太烦琐。因此要重新选中第一个圆形,将其“开始”重新设置为“在上一动画之后”。

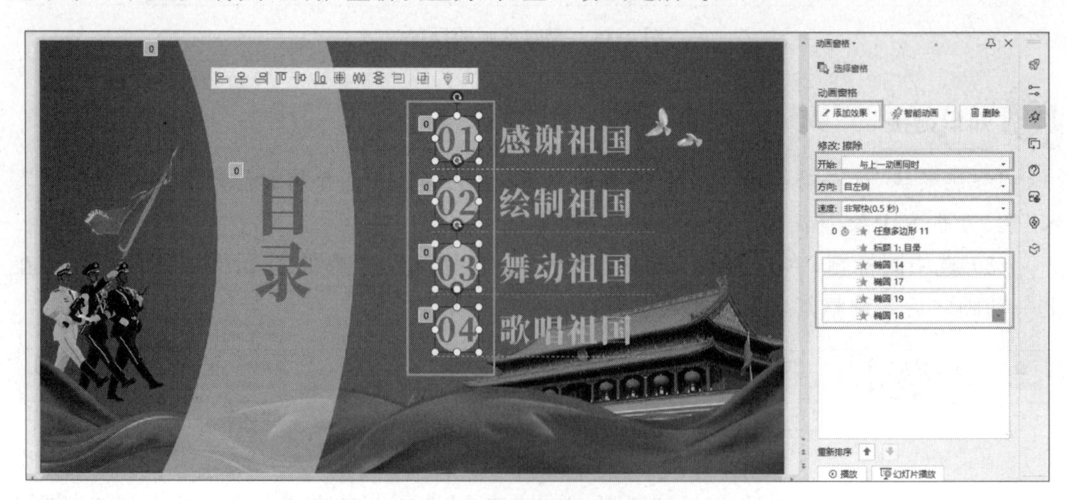

图 2-40 设置圆形动画属性

(7) 重新选中“目录”标题,单击“动画”选项卡,出现该标题的动画效果,双击“动画刷”

按钮 动画刷，分别单击四行文字和四段线条，设置其动画效果。

(8) 分别选中第一行文字、第一段线条，将“开始”重新修改为“在上一动画之后”。如果顺序不对，调整其顺序，最终顺序如图 2-41 所示。

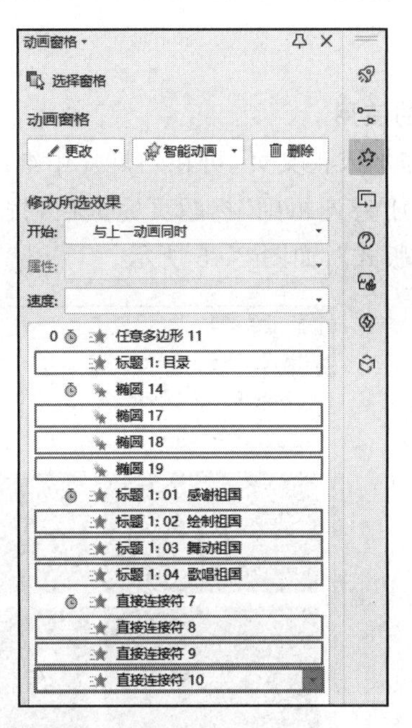

图 2-41 调整某些动画的开始与顺序

(9) 右击章节页中的“01 感谢祖国”，在其右键菜单中执行“复制幻灯片”命令，将上面的幻灯片各元素调整位置并进行相应缩放，上下两图元素和位置对比如图 2-42 所示。

图 2-42 标题 1 两张幻灯片位置大小对比

(10) 选中两张幻灯片中的下面一张，单击“切换”选项卡中的“平滑”按钮，将“效果选项”设置为“对象”，“速度”设置为 2 秒，勾选“单击鼠标时换片”复选框，如图 2-43 所示。

图 2-43 重新设置幻灯片切换

值得注意的是，这样并不能使幻灯片具有丝滑的效果，仍需要单击鼠标才能有动画效果。这就需要选择两张幻灯片中的上面一张幻灯片，其对应的转换效果仍为“淡出”，已经设置好的各属性均不用改变,只需勾选“自动换片”复选框,设置其时间为 0 秒即可,如图 2-44 所示。

图 2-44 设置幻灯片的自动换片

3. 蒙版的使用

如果仍需加入正文页,可在幻灯片中继续加入。

(1) 在“01 感谢祖国”标题页完成后,按下 Ctrl+M 组合键新建幻灯片,设置其页面为“图片与标题版式”,如图 2-45 所示。

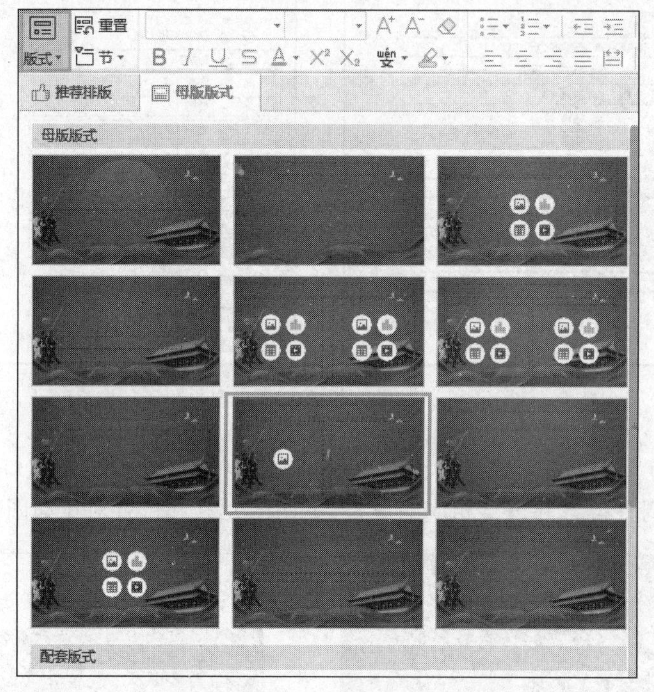

图 2-45 设置新幻灯片的版式

(2) 在标题区中输入文本“青春献礼——祖国,我爱你”,再单击文本框,输入一段文本。单击占位符导入图片,如图 2-46 所示。

将图片适当放大,将其移动到右侧位置,将图片高度与幻灯片高度设置为基本相同,如图 2-47 所示。

(3) 单击“插入”选项卡中的“形状”按钮 形状,在其下拉列表中选择“矩形”,在幻灯片中绘制一个矩形,覆盖幻灯片左侧,高度与幻灯片高度相同,如图 2-48 所示。

(4) 单击右侧“对象属性”窗格,在“形状选项”选项卡中的“填充与线条”子选项卡中选择“填充”列表中的“渐变填充”,在“渐变样式”下拉列表中选择“线性渐变”中的“到右侧”,两个“色标颜色”都设置为(234,0,20),修改色标的位置,将右侧色标的“透明度”设置为“100%”,如图 2-49 所示。将文本拖动到幻灯片左侧,设置其字号为 20,如图 2-50 所示。

图 2-46 通过占位符导入图片

图 2-47 将图片适当放大

图 2-48 插入一个矩形

图 2-49　改变矩形为渐变填充

图 2-50　改变文本的位置

(5) 按同样的方法创建或修改其他幻灯片，最终完成整个项目的制作。单击“放映”选项卡中的“从头开始”按钮 从头开始 或按下 F5 键观看整个演示文稿的播放效果。

项目评价

评价指标	评价要素及权重	自评 30%	组评 30%	师评 40%
学习任务完成情况	了解本项目的学习目的和流程(10 分)			
	较熟练地进行演示文稿创建时的母版设计(10 分)			
	较熟练地对文本进行打散重构(10 分)			
	对合并形状的五种类别有较深入的了解并会操作(10 分)			
	较熟练地对目录页进行排版和动画设计(10 分)			
	对章节页的平滑切换有较熟练的理解和操作(10 分)			

续表

评价指标	评价要素及权重	自评 30%	组评 30%	师评 40%
学习任务完成情况	能够较熟练地进行图片轮播操作(10分)			
	熟练进行视频的插入和剪辑操作,并能精确区分嵌入视频和链接到视频两种方式(10分)			
	了解智能动画功能,并能够操作(10分)			
	能够较熟练地使用蒙版进行图片的优化(10分)			
合计				
总分				

闯关检测

1. 理论题

(1) 作为母版主图,下列说法正确的是(　　)。

A. 作为母版主图,加入的图像和形状等元素会影响其所属的所有母版,因此要慎重加入元素

B. 在各分母版的使用过程中,可以将除背景外的其他元素隐藏

C. 在各分母版的使用过程中,在右侧的"对象属性"任务窗格区的"填充"选项卡中勾选"隐藏背景图形"复选框,这样不会影响背景色,但其中加入的一个或多个图像或形状都会被隐藏

D. 对于各分母版,可以任意加入元素,不会影响其他母版和主母版,但在分母版的设计中,无法对主母版各元素产生影响

(2) 如果想把一行文字打散,进行重新设计,可以对其进行(　　)操作。

A. 先选择文字,再选择任意一个形状,单击"绘图工具"选项卡中的"合并形状"按钮,在其下拉菜单中选择"组合"命令

B. 先选择文字,再选择任意一个形状,单击"绘图工具"选项卡中的"合并形状"按钮,在其下拉菜单中选择"拆分"命令

C. 先选择文字,再选择任意一个形状,单击"绘图工具"选项卡中的"合并形状"按钮,在其下拉菜单中选择"相交"命令

D. 先选择文字,再选择任意一个形状,单击"绘图工具"选项卡中的"合并形状"按钮,在其下拉菜单中选择"剪除"命令

(3) 下列对幻灯片中的视频操作中,错误的是(　　)。

A. 在幻灯片中加入视频,可单击"插入"选项卡中的"视频"按钮,在其下拉菜单中选择"链接到视频"

B. 在幻灯片中加入视频,无论是"嵌入视频",还是"链接到视频",换了计算机都能够正常播放

C. 为了减小演示文稿的占用空间,一般会使用"链接到视频"的方法加入视频

D. 在插入视频后,可以在 WPS 中对视频的音量进行调整

(4) 下列关于幻灯片间的切换操作,说法正确的是(　　)。

A. 幻灯片的切换和动画是一回事,可以进行选择性使用

B. 为了保证演示文稿的统一性,可以将幻灯片间的切换设置为一种切换模式

C. 幻灯片切换只能使用切换菜单进行设置

D. 幻灯片的切换既能使用切换菜单进行设置,又能在幻灯片切换窗格中进行设置

(5) 幻灯片间要进行平滑切换时,设置需要(　　)。

A. 直接单击“切换”选项卡中的“平滑”按钮进行设置即可

B. 先设计两张具有相似元素的幻灯片,然后在后一张幻灯片中单击“切换”选项卡中的“平滑”按钮进行设置

C. 在平滑切换时,要注意各元素间的对应关系

D. 如果要使幻灯片自动显示平滑切换效果,需要在前一张幻灯片中勾选“自动换片”复选框

2. 上机实训题

根据提供的素材,创作一个关于苏轼《赤壁赋》的演示文稿,如图 2-51 所示,要求如下。

(1) 创作前要设计好幻灯片母版,并在演示文稿制作过程中不断修改。

(2) 嵌入音乐并进行设置。

(3) 在各幻灯片中插入缺角矩形进行装饰,在缺角矩形中输入文字。

(4) 在各幻灯片之间使用擦除效果进行切换。

(5) 插入朗诵视频和书法图片。

(6) 插入超链接,使其能跳转到相应页面。

图 2-51 《赤壁赋》演示文稿

操作提示

项目三

《祖国　我向您汇报》

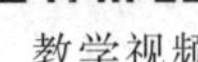

教学视频　　项目素材

项目描述

本项目是WPS演示文稿制作的汇报型PPT的典型项目，是通过在国家统计局的数据，汇报近年来我国经济和人口的相关知识。通过本项目的学习，可以学习数据和图表在PPT中的使用，同时也对国家的发展情况有所了解。然后通过播放和打包输出，保证PPT在不同计算机上的播放正常。效果如图3-1所示。

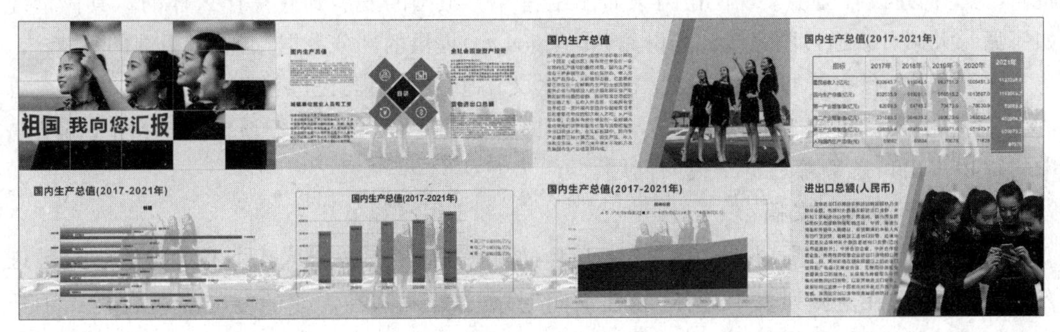

图3-1　汇报型PPT效果图

项目分解

本项目分三个任务完成。任务一是让学生初步了解数据类表格和图表怎样插入PPT中；任务二是如何进行演示文稿的播放和录制；任务三是如何将PPT进行打包和保存为特殊格式。具体制作思路如图3-2所示。

- 项目三《祖国　我向您汇报》
  - 任务一　在演示文稿中插入表格和图表
    - 创建新的演示文稿
    - 确定母版风格
    - 利用表格设计标题页
    - 利用稻壳资源设计目录页
    - 直接从WPS表格文档中获取已有表格
    - 对表格进行美化
    - 将表格转化为图表

图3-2《祖国　我向您汇报》项目制作思路

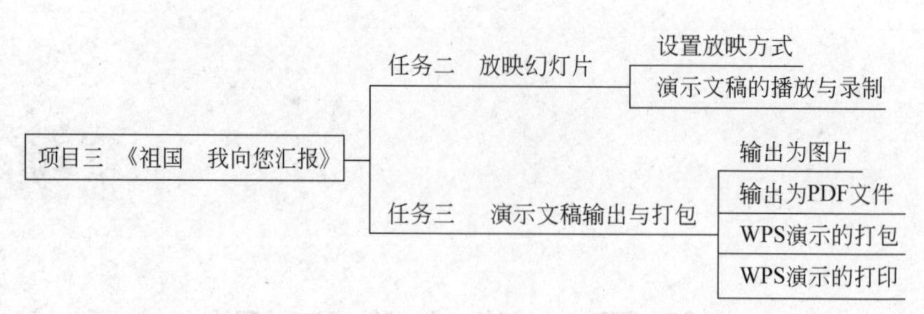

图 3-2(续)

任务一 在演示文稿中插入表格和图表

2020 年后,我国已经全面进入了小康社会,人民对国家的高速发展也充满了信心,尤其是在中国共产党的二十大胜利召开以后,全国人民在党的领导下正高举中国特色社会主义伟大旗帜,为全面建设社会主义现代化国家而团结奋斗。祖国的发展到底是什么样的?具体情况如何呢?大家可以通过国家统计局网站(stats.gov.cn)提供的部分数据,加深对祖国的了解。

在网站中,有完整的国家数据。在本演示文稿中只使用国民经济核算中的国民生产总值、人口中的人口年龄结构和抚养比、就业人员和工资、全社会固定资产投资、对外经济贸易中的货物进出口总额等数据来说明问题。

1. 创建新的演示文稿

启动 WPS Office 后,按下"首页"选项卡右侧的"新建"标签➕或按下 Ctrl+N 组合键进入"新建"页面,在左侧列表中选择"新建演示"按钮,在右侧的"新建空白演示"中选择"以'白色'为背景色新建空白演示",单击"设计"选项卡中的"幻灯片大小"按钮,在其下拉列表中选择"宽屏(16∶9)"选项。按下 Ctrl+S 组合键,将其保存为名称为"祖国 我向您汇报.pptx"的演示文稿。

技巧提示

如果想另存文件,可以单击"文件"菜单,在其下拉列表中选择"另存为"选项,在其下一级列表中选择保存格式,如果选择的是后缀名是.pps、.ppsm 或.ppsx 的 PowerPoint 放映文件,在关闭文件后,重新打开会直接进入演示模式。另存文件的快捷键是 F12。

2. 确定母版风格

本演示文稿的配色可以借鉴国家统计局网站的用色。单击"设计"选项卡中的"编辑母版"按钮,进入母版编辑页面,将主母版中的标题字体设置为"微软雅黑",字体颜色设置为(32,90,167);其余各级文本样式均设置为"微软雅黑",字体颜色设置为(0,123,192)。在空白处右击,在打开的快捷菜单中选择"设置背景格式",在右侧的"对象属性"窗格中打开"形状选项"选项卡,在其子选项卡"填充与线条"中选择"填充"中的"图片或纹理填充"选项,在"图片填充"中选择"本地文件",选择"图片 3.jpg",将其插入,设置其"透明度"为 80%,"放置方式"为"拉伸",如图 3-3 所示。

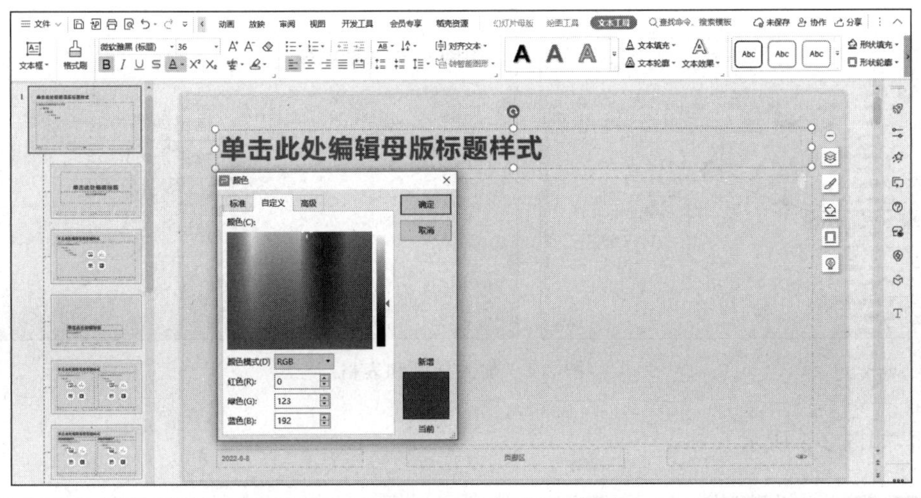

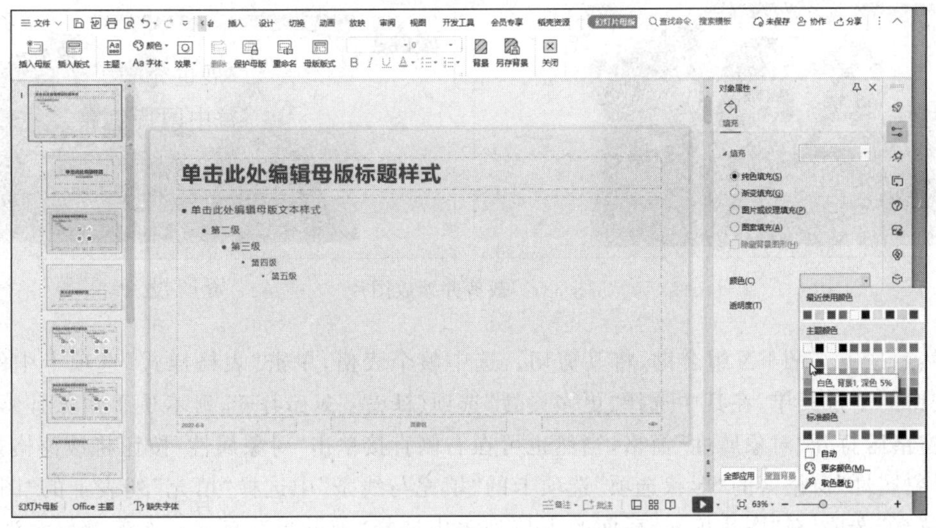

图 3-3　设置母版字体和背景颜色

技巧提示

在设置背景为“图片或纹理填充”时，一定要选择和幻灯片比例相同的照片，不然会产生变形。一般情况下，不要选择变形的照片或形状进行填充，在填充前可进行图片的剪切。

3. 利用表格设计标题页

关闭母版编辑视图，进入普通视图。第一页默认为“标题页”版式，在预览图上右击，在打开的右键菜单中选择“版式”，选择“标题和内容”版式。在标题处添加“祖国　我向您汇报”文字，单击内容中的“插入表格”占位符，插入一个 5×5 的表格，如图 3-4 所示。选中整个表格，拖动表格四角，使表格大小与整个幻灯片页面大小相同。

单击“插入”选项卡中的“图片”按钮，在打开的对话框中选择“图片 1.jpg”，将其插入幻灯片中，发现其宽高比不是 16∶9，单击其出现的快捷工具栏中的“裁剪”工具，在打开的快捷菜单中选择“按比例裁剪”，在其下拉列表中选择“16∶9”，移动其位置，到合适的位置单击完成裁切，发现图片比整个画面显示要小一些，拖动图片四角进行缩放，将其放大到充满整

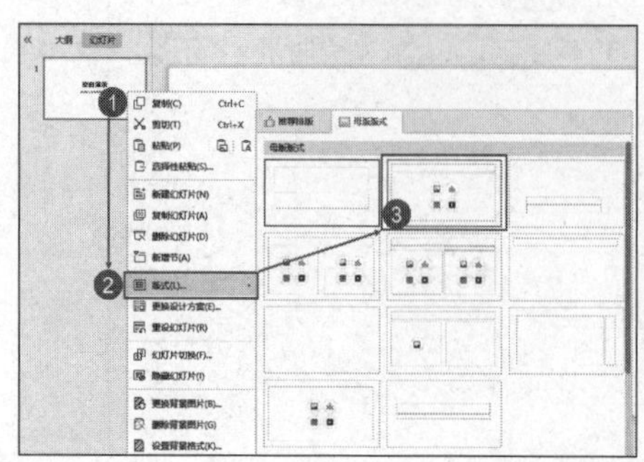

图 3-4　加入标题和表格

个画面，如图 3-5 所示。

图 3-5　裁剪并缩放图片

然后按下 Ctrl＋X 组合键，将其剪切。选中整个表格，单击“表格样式”选项卡中的“填充”按钮的下拉菜单，在其中选择“更多设置”选项（注意：如已打开，则不使用该操作），可在右侧窗格区打开“对象属性”窗格，当然也可在右侧直接单击“对象属性”按钮将该窗格打开。在“对象属性”窗格区的“形状选项”选项卡的“填充与线条”中选择“填充”列表下的“图片或纹理填充”选项，在“图片填充”后面的下拉列表中选择“剪贴板”（注意：在剪贴板上没有图片时，是没有“剪贴板”选项的），此时会发现每一个单元格中都有一幅图片，在“放置方式”下拉列表中将“拉伸”修改为“平铺”，前后效果对比如图 3-6 所示。

单击其中某一个单元格，使其进入编辑状态，在“对象属性”任务窗格区的“形状选项”选项卡的“填充与线条”子选项卡中，选择“纯色填充”单选项，在“颜色”下拉列表中选择“白色，背景 1，深色 5%”，其色值即为(242,242,242)。选择多个单元格进行相同纯色填充操作，效果如图 3-7 所示。

选中整个表格，单击“表格工具”选项卡中的“下移一层”按钮，原来设置的标题文字就显示出来了，将其移动到多个连续纯色填充的表格位置，在选中的前提下，单击“文本工具”选项卡中的“文本效果”按钮，打开其下拉菜单，在“转换”选项对应的列表中选择“朝鲜鼓”，操作如图 3-8 所示。

4. 利用稻壳资源设计目录页

按下 Ctrl＋M 组合键新建一张幻灯片，将其版式设置为空白版式。单击“插入”选项卡中的“稻壳资源”按钮，在打开的“稻壳资源”对话框中左侧选择“关系图”选项，在打开的列表上面选择“总分”，在其上部选择“4 项”，在列表中选择一个合适的图表，将其插入空白幻灯

图 3-6　在表格中填充图片的设置

图 3-7　对单元格填充颜色

片中，如图 3-9 所示。

去除不需要的标题栏，将整个图形上移。单击右侧的“智能图形处理”快捷按钮，在打开的列表中可以进行“项目个数”“更改颜色”“演示动画”“更改样式”等操作，在这里将“演示动画”设置为“智能聚拢”，如图 3-10 所示。

图 3-8 为标题文字添加文本效果

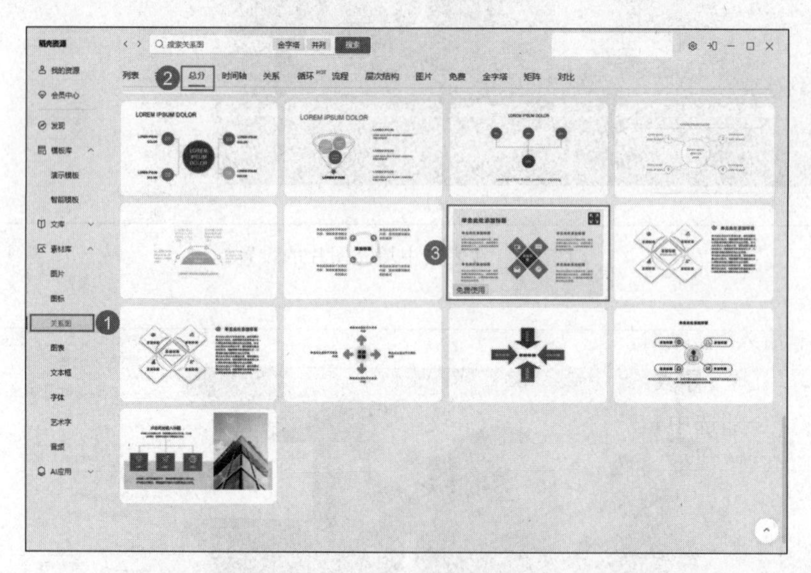

图 3-9 在稻壳资源中选择合适的关系图插入幻灯片中

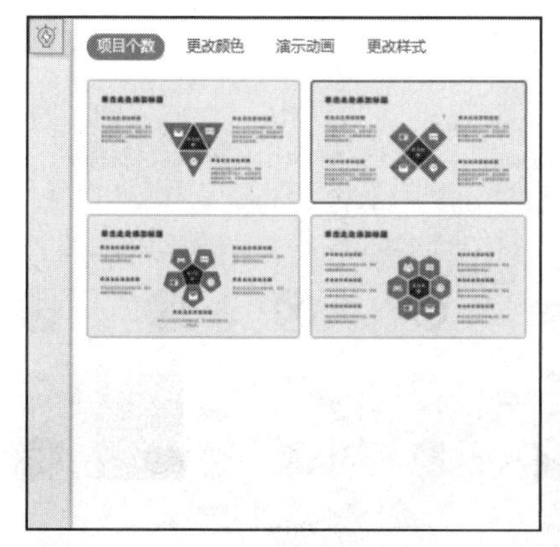

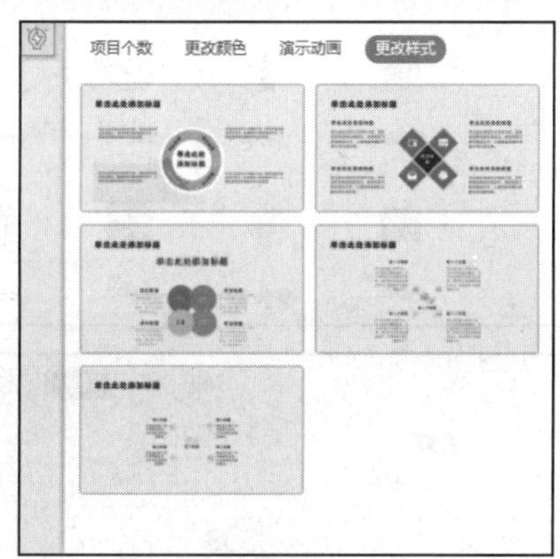

图 3-10 利用“智能图形处理”快捷按钮进行设置

单击“插入”选项卡中的“图标”按钮，选中“查看更多稻壳图标”选项，在打开的“稻壳资源”对话框中输入“金融”进行查找，选择一个图标，然后选择“查看同组图标”，在选中的同风格图标中选择几个，导入幻灯片中，如图 3-11 所示。

然后将其全部选中，在右侧“对象属性”窗格的“填充与线条”选项卡中的“填充”列表中勾选“纯色填充”单选框，将其颜色设置为“白色”，再进行适当缩放，然后放到相应的位置，将原智能图形中的图标删除。修改智能图形中的标题和文字，如图 3-12 所示。

5. 直接从 WPS 表格文档中获取已有表格

在“首页”列表中单击“新建”按钮（新建），单击“新建表格”选项，然后单击“新建空白表格”，创建一个名称为“工作簿 1”的表格。

进入国家统计局官网，获得国民经济核算中的国民生产总值年数据，将其粘贴到 WPS 表格文件中，效果如图 3-13 所示。按下 Ctrl+S 组合键，将其保存为“国民生产总值.xlsx”（注意：之所以要对 WPS 表格进行保存，取决于它将来在进行粘贴时是否进行“粘贴链接”的操作）。框选表格中所有数据，按下 Ctrl+C 组合键进行复制。

回到 WPS 演示，在导航窗格区的空白处单击，按下 Enter 键，新建一页幻灯片，将其版式设置为“仅标题”，在标题区输入“国民生产总值(2017—2021 年)”，然后在空白处单击，按下 Ctrl+V 组合键粘贴，将图表粘贴到幻灯片中，此时幻灯片会保持在表格文档中的原格式。

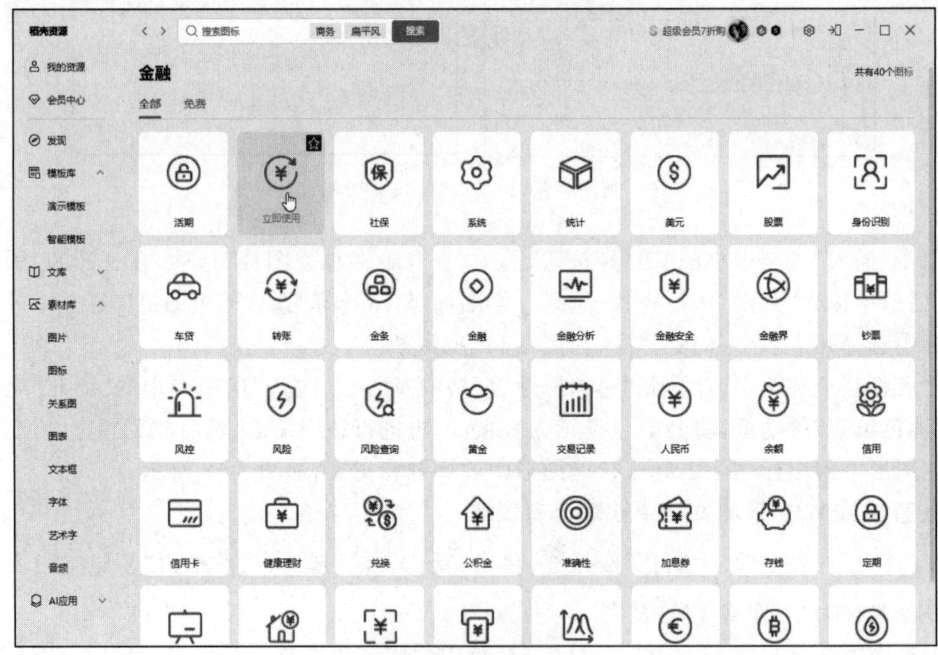

图 3-11 插入图标

知识链接

其实，在这里的粘贴默认使用的是“粘贴”下拉列表里面的“选择性粘贴”选项，在其打开的对话框中选中“粘贴”单选框，然后在其列表中选择“带格式文本(HTML)”。使用这种方法，表格内的数据在幻灯片中继续进行修改，表格可以进行进一步美化。除此以外，还有很多粘贴方式，如“粘贴为图像”“只粘贴文本”和各种选择性粘贴，包括“粘贴”单选项对应的

图 3-12 目录页效果

指标	2017年	2018年	2019年	2020年	2021年
国民总收入(亿元)	830945.7	915243.5	983751.2	1005451.3	1133239.8
国内生产总值(亿元)	832035.9	919281.1	986515.2	1013567	1143669.7
第一产业增加值(亿元)	62099.5	64745.2	70473.6	78030.9	83085.5
第二产业增加值(亿元)	331580.5	364835.2	380670.6	383562.4	450904.5
第三产业增加值(亿元)	438355.9	489700.8	535371.0	551973.7	609679.7
人均国内生产总值(元)	59592	65534	70078	71828	80976

图 3-13 在表格文件中插入数据

“WPS 表格 对象”和“粘贴链接”单选项对应的“WPS 文字 文件 对象”等，如图 3-14 所示。

有时候，在粘贴过程中会专门选择“粘贴链接”单选项对应的“WPS 文字 文件 对象”，原因是当 WPS 表格中的数字修改以后，在 WPS 演示文稿中的数字也会做相应的修改。其原因是此时的粘贴是将剪贴板内容作为 OLE 对象插入。粘贴链接将创建一个到源文件的快捷方式，对源文件的更改将反映到幻灯片中。但需要注意的是，这种方式的粘贴链接，虽然数据在 WPS 表格文件中可以更新，但在演示文稿中表格已经不能再进行美化，其就像图像一样显示在幻灯片中。因此在粘贴过程中要根据需要进行粘贴方式的选择。

另外，作为表格数据，当然也可以直接在幻灯片中单击“插入”选项卡中的“表格”按钮，

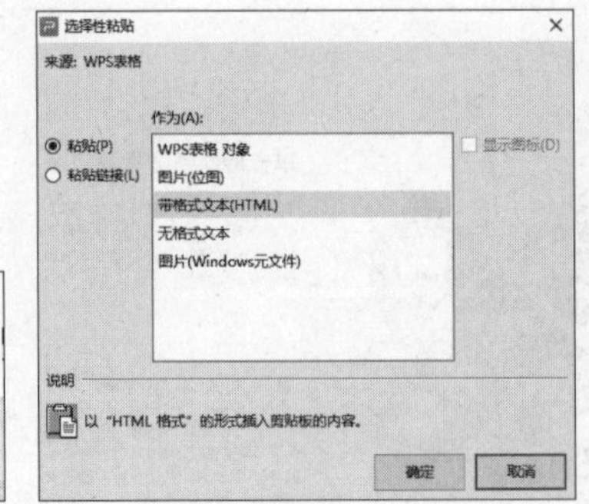

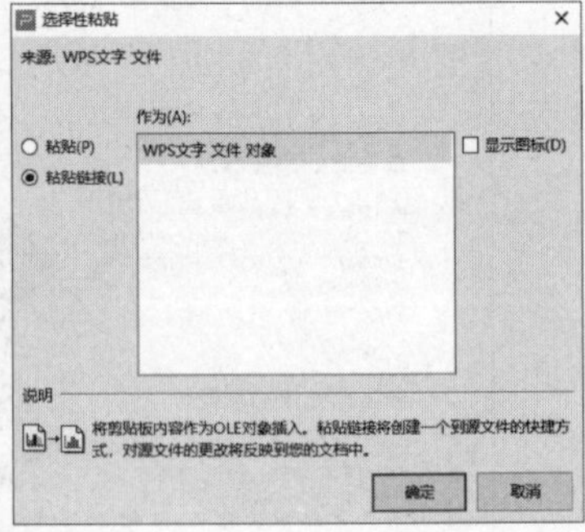

图 3-14　WPS 演示文稿中的各种粘贴方式

先插入事先设计好的表格或对表格进行绘制，然后输入数据，但相对来说不如在 WPS 表格中将表格文档完成好以后再直接粘贴到幻灯片中更直接。

6. 对表格进行美化

选中表格，先对其大小进行调整，使其外部适合整张幻灯片。单击“表格工具”选项卡中的“水平居中”按钮，使所有单元格文字内容在各自单元格中垂直方向居中对齐；选择第一行所有单元格，单击“表格工具”选项卡中的“居中对齐”按钮，使本行单元格文字内容在各自单元格中水平方向居中对齐；选择所有数据单元格，单击“表格工具”选项卡中的“右对齐”按钮，使这些单元格数据在各自单元格中水平方向右对齐；选中第 2～6 列全部，单击“表格工具”选项卡中的“平均分布各列”按钮。效果如图 3-15 所示。

国内生产总值(2017—2021年)

指标	2017年	2018年	2019年	2020年	2021年
国民总收入(亿元)	830945.7	915243.5	983751.2	1005451.3	1133239.8
国内生产总值(亿元)	832035.9	919281.1	986515.2	1013567.0	1143669.7
第一产业增加值(亿元)	62099.5	64745.2	70473.6	78030.9	83085.5
第二产业增加值(亿元)	331580.5	364835.2	380670.6	383562.4	450904.5
第三产业增加值(亿元)	438355.9	489700.8	535371.0	551973.7	609679.7
人均国内生产总值(元)	59592	65534	70078	71828	80976

图 3-15　将文字和数据分别对齐

技巧提示

在这一部分，主要目的是美观，另外数据右对齐是为了相互对照，在“第三产业增加值(亿元)”对应的 2019 年的数据专门精确到小数点后一位，也是为了直观地进行比较。而最后一行“人均国内生产总值(元)”，因为和其他数据单位不一样，所以并没有小数点后的数据。

选中表格，单击“表格样式”选项卡中的“无样式 无网格”选项，将所有风格删除，此时表格无边框并且底色是透明的。先选中第一行，按下 Ctrl+]组合键，将文本字号增大。选中表格，单击“表格样式”选项卡中的“文本填充”“其他字体颜色”，设置其色值为(32,90,167)。

将其边框颜色设置为(32,90,167)，外侧框线设置为“实线”“2.25 磅”，内部竖框线设置为“虚线”“1 磅”，效果如图 3-16 所示。

国内生产总值(2017—2021年)

指标	2017年	2018年	2019年	2020年	2021年
国民总收入(亿元)	830945.7	915243.5	983751.2	1005451.3	1133239.8
国内生产总值(亿元)	832035.9	919281.1	986515.2	1013567.0	1143669.7
第一产业增加值(亿元)	62099.5	64745.2	70473.6	78030.9	83085.5
第二产业增加值(亿元)	331580.5	364835.2	380670.6	383562.4	450904.5
第三产业增加值(亿元)	438355.9	489700.8	535371.0	551973.7	609679.7
人均国内生产总值(元)	59592	65534	70078	71828	80976

图 3-16 为表格设置边框

单击右侧的“表格美化”快捷工具，在打开的快捷菜单中选择“突出重点”对应选项中的“选择强调样式”选项中的“底色填充”“列”，在“选择强调列数”中选择“第 6 列”，如图 3-17 所示。需要强调的是最后一列，已经对其进行了底色填充、边框描边、适当放大、反色显示等方面的操作。在右侧的“对象属性”窗格区中仍可对其进行修改。

图 3-17 对表格进行适当美化和强调

知识链接

如果对以上操作仍不满意，可以对数据进行单独操作。例如，将第一行的标题文字与其他行的数据分开，可以绘制直线添加在幻灯片中将其隔开。如果强调的内容不满意，可以手工加形状进行背景色设置，然后将需要强调的行或列单独复制一层到背景色上，重新对其进行放大、边框描边、颜色填充等操作，可以获得想要的效果，这种方式更加自由，但操作时间会更长。

7. 将表格转化为图表

常言道“文不如字，字不如表，表不如图”，其实这是由使用目的决定的。例如，我们需要数据的准确性时，表格中数字的准确性是最重要的，但在 PPT 中，不需要观众对数据感兴趣，只需要观众对结果或发展性感兴趣，此时用图表来显示能让观众更快地理解。

很多初学者喜欢使用模板来解决问题，这好像是众人的共识。有人会说：“你看，金山公司为大家准备了那么多的模板，多好用啊！”“唉，这么多的模板，我怎么就做不好一个 PPT 呢？”因为不同的 PPT 在使用模板方面的效果是不一样的。在设计数据类 PPT 时，使用模板会碰到很大的麻烦，发现无从下手。究其原因就是数据是严谨的，不同的岗位、不同的公司、不同的行业使用的数据都不一样，侧重点也不一样。

在本实例中，虽然使用表格说明了一些问题，但在观众看来可能太过单调，无法在较短时间内理解设计者的用意，此时就需要设计者很好地从观众的视角来设计幻灯片，但需要兼顾数据的准确性和严谨性。

回到“国家数据.xlsx”表格文件，只保留“国内生产总值”和三个产业增加值，将其余两项删除，仍保留五年数据，而三个产业的增加值正好是国内生产总值。

将各数据选中，单击“插入”选项卡中的“柱形图”按钮，在下拉列表中任意选择一种“簇状柱形图”，经过多次尝试，发现同样是“簇状柱形图”，其结果是不一样的，也就是说，它们的坐标轴会发生变化，从而获得不同的视觉效果，如图 3-18 所示。当然，在后期复制到演示文稿中仍然能够调整。

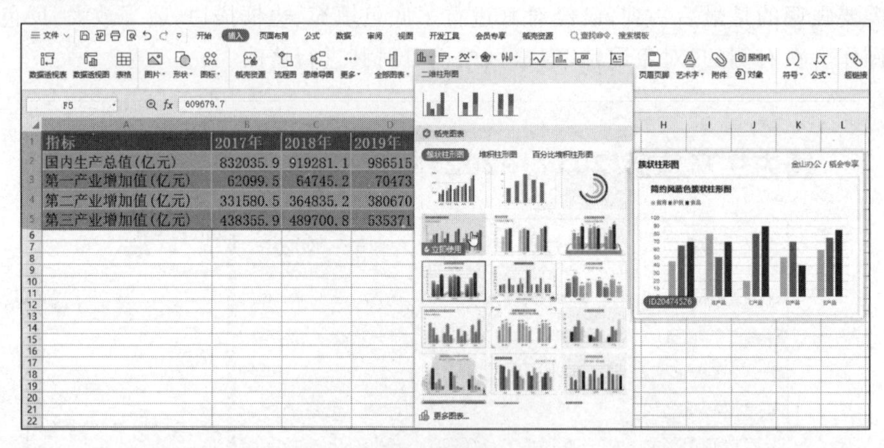

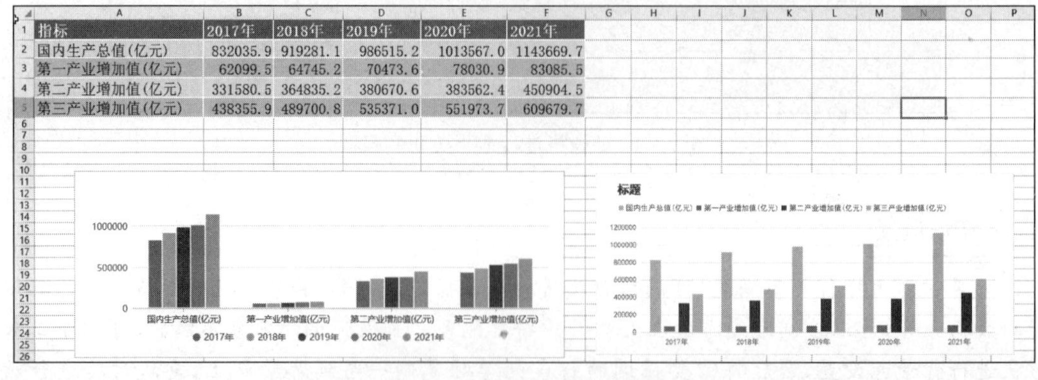

指标	2017年	2018年	2019年	2020年	2021年
国内生产总值(亿元)	832035.9	919281.1	986515.2	1013567.0	1143669.7
第一产业增加值(亿元)	62099.5	64745.2	70473.6	78030.9	83085.5
第二产业增加值(亿元)	331580.5	364835.2	380670.6	383562.4	450904.5
第三产业增加值(亿元)	438355.9	489700.8	535371.0	551973.7	609679.7

图 3-18　插入簇状柱形图

本例选择以年为横坐标的柱形图，按下 Ctrl+C 组合键复制。进入演示文稿界面，在导航窗格区的表格页上右击，在打开的右键菜单中选择“复制幻灯片”，然后按 Delete 键将表格删除，只保留标题。按下 Ctrl+V 组合键粘贴图表，适当调整大小。单击右侧的快捷菜单中的“图表元素”，在打开的快捷菜单中选择需要选择的项，一般会选择“坐标轴”“网格线”“图例”和“图表标题”，选择“数据表”的不多。因为每次“趋势线”只能选择一条，但可以重复选择多次，如图 3-19 所示。

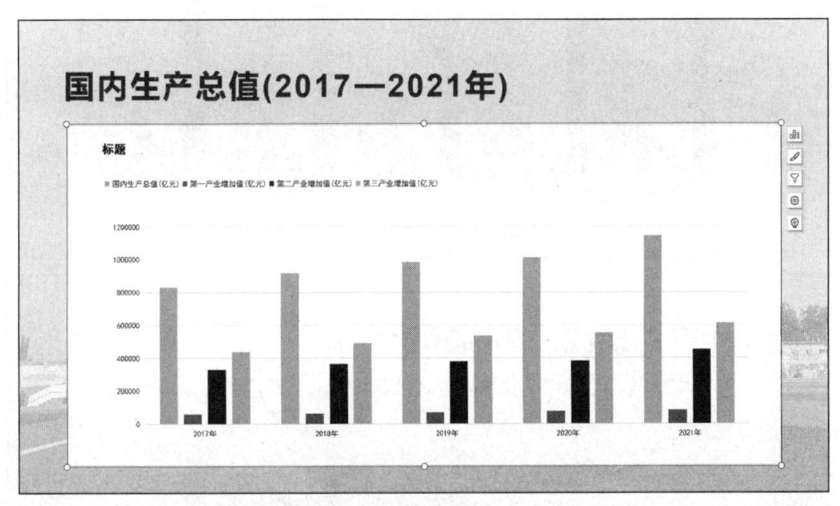

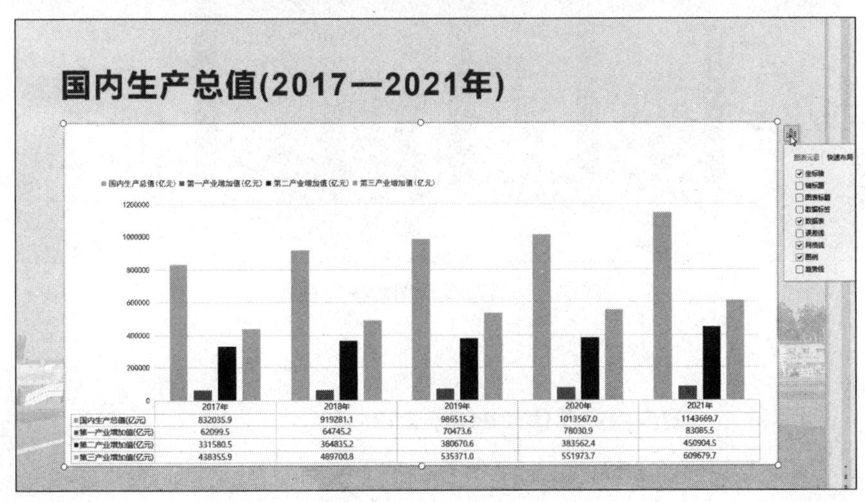

	2017年	2018年	2019年	2020年	2021年
国内生产总值(亿元)	832035.9	919281.1	986515.2	1013567.0	1143669.7
第一产业增加值(亿元)	62099.5	64745.2	70473.6	78030.9	83085.5
第二产业增加值(亿元)	331580.5	364835.2	380670.6	383562.4	450904.5
第三产业增加值(亿元)	438355.9	489700.8	535371.0	551973.7	609679.7

图 3-19　选择图表元素

继续单击快捷菜单中“图表样式”按钮，选择图表样式和配色方案，选择预置的效果 6 即可，然后将图例设置在上方，如图 3-20 所示。

单击快捷菜单中的“设置图表区域格式”按钮，可以打开右侧的“对象属性”窗格区，设置图表和文本选项。

单击快捷菜单中的“在线图表”按钮，可以对图表进行修改，在打开的列表中选择“条形图”中的任意一个，然后回到“图表样式”快捷菜单中进行重新选择即可，如图 3-21 所示。

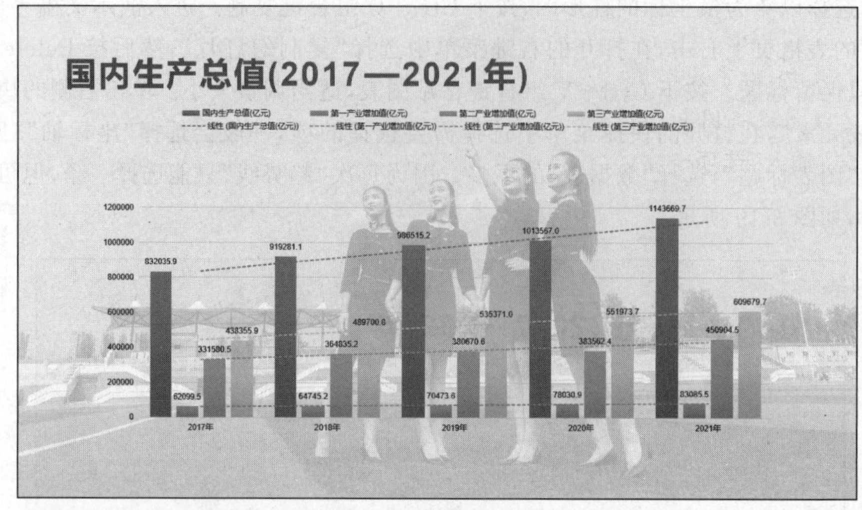

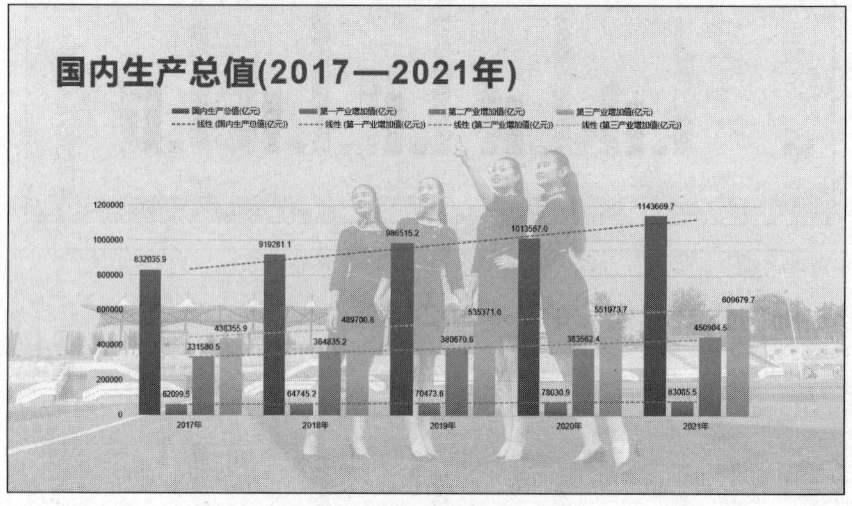

图 3-20 设置条形图的图表样式

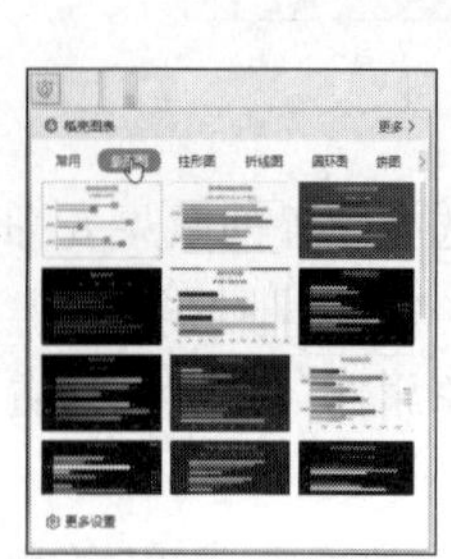

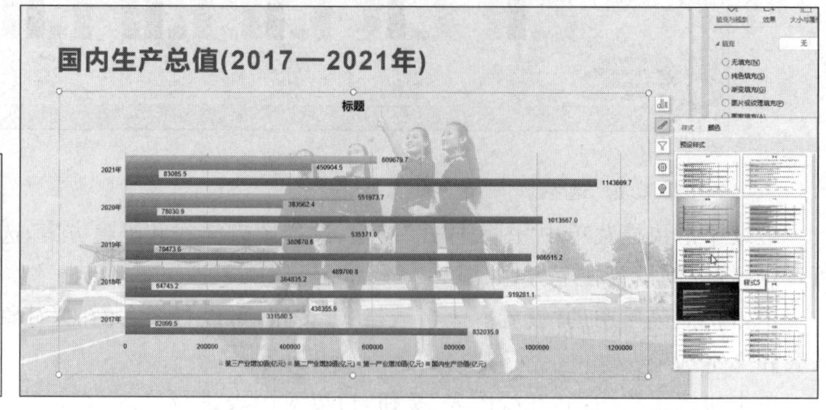

图 3-21 修改图表类型

知识链接

在幻灯片中，除了采用复制的方法将使用WPS表格生成的图表粘贴到幻灯片中以外，还有多种方法完成将图表插入幻灯片的工作。

1. 单击“插入”选项卡中的“图表”按钮的方法

单击“插入”选项卡中的“图表”按钮，在打开的“图表”对话框中选择“柱形图”选项，在对应的分类型“堆积柱形图”中选择“预设图表”中的一种，在幻灯片中插入一个图表，如图3-22所示。

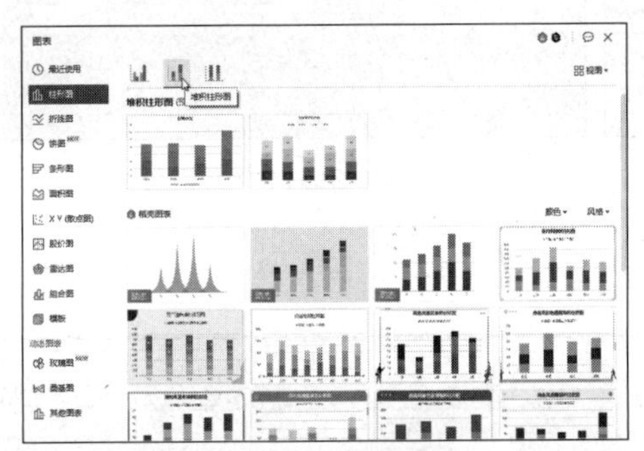

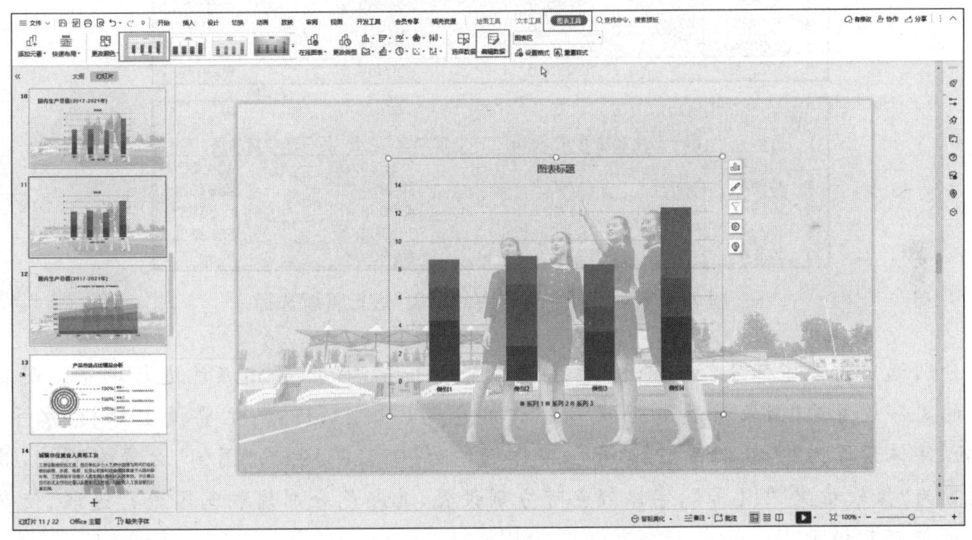

图3-22 插入默认堆积柱形图

单击“图表工具”选项卡中的“编辑数据”按钮 编辑数据，打开一个新的WPS图表界面中的“WPS演示中的图表”，获得原始数据。

回到“国家数据.xlsx”表格文件，只选择三个产业增加值，将其余两项删除，仍保留五年数据，而三个产业增加值正好是国内生产总值。将其复制，再回到“WPS演示中的图表”进行粘贴，此时数据会多一行。直接回到WPS演示中的幻灯片，发现数据和图表已经修改，但缺少2021年的数据，如图3-23所示。

在幻灯片中选中图表的前提下，回到WPS表格文件“WPS演示中的图表”中，发现2021年的数据没被选中，只需要将没有选中的数据重新选中，回到幻灯片中就可以看到数

	A	B	C	D
1		系列 1	系列 2	系列 3
2	类别 1	4.3	2.4	2
3	类别 2	2.5	4.4	2
4	类别 3	3.5	1.8	3
5	类别 4	4.5	2.8	5

	A	B	C	D
1	指标	第一产业增加值(亿元)	第二产业增加值(亿元)	第三产业增加值(亿元)
2	2017年	62099.5	331580.5	438355.9
3	2018年	64745.2	364835.2	489700.8
4	2019年	70473.6	380670.6	535371
5	2020年	78030.9	383562.4	551973.7
6	2021年	83085.5	450904.5	609679.7

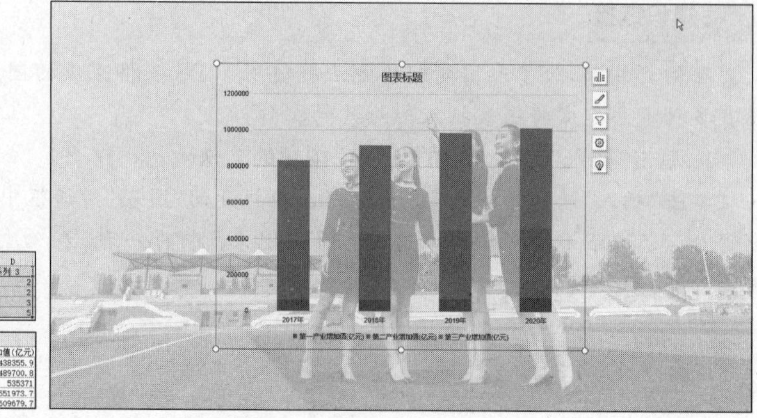

图 3-23　修改图表对应表格数据

据已经完整,如图 3-24 所示。

	A	B	C	D
1	指标	第一产业增加值(亿元)	第二产业增加值(亿元)	第三产业增加值(亿元)
2	2017年	62099.5	331580.5	438355.9
3	2018年	64745.2	364835.2	489700.8
4	2019年	70473.6	380670.6	535371
5	2020年	78030.9	383562.4	551973.7
6	2021年	83085.5	450904.5	609679.7

	A	B	C	D
1	指标	第一产业增加值(亿元)	第二产业增加值(亿元)	第三产业增加值(亿元)
2	2017年	62099.5	331580.5	438355.9
3	2018年	64745.2	364835.2	489700.8
4	2019年	70473.6	380670.6	535371
5	2020年	78030.9	383562.4	551973.7
6	2021年	83085.5	450904.5	609679.7

图 3-24　对“WPS 演示中的图表”进行重新选择

分别选中各文字部分,使用“开始”选项卡中的字体、字号、字体颜色进行调整。图表标题中的文字设置为“微软雅黑”“32 号”,字体颜色为(0,123,192);主要横坐标轴[水平(类别)轴]字体设置为“微软雅黑”“14 号”,字体颜色为(0,123,192);“图例”放置在右侧,其字体设置为“微软雅黑”“14 号”,字体颜色可分别设置,其颜色分别用取色器进行选取,使其颜色与对应颜色相同。

技巧提示

修改字号,可以通过快捷键迅速完成。将选中的文本增大字号,使用 Ctrl+]组合键;减小字号,使用 Ctrl+[组合键;字体加粗,使用 Ctrl+B 组合键;字体倾斜,使用 Ctrl+I 组合键;为字体添加下划线,使用 Ctrl+U 组合键。

单击快捷菜单中的“设置图表区域格式”按钮,打开右侧的“对象属性”窗格,在“图表选项”下拉菜单中选择“图表区”,选择“填充与线条”选项卡中的“实线”,“颜色”设置为(0,123,192),“宽度”设置为“1 磅”。单击快捷菜单中的“图表元素”选项中的“数据标签”按钮,在其下一级菜单中选择“数据标签内”选项,设置数据显示在数据标签内,如图 3-25 所示。

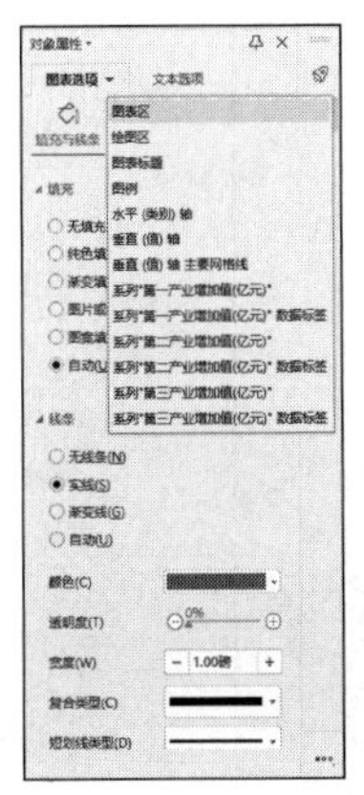

图 3-25 美化图表

技巧提示

这里会打开一个新的 WPS 表格界面，而不是在原窗口中直接创建表格。这种图表只能有一个，如果有打开的这种图表数据，则必须将其关闭后才能编辑一个新的图表数据，不然会出现如图 3-26 所示的警告对话框。

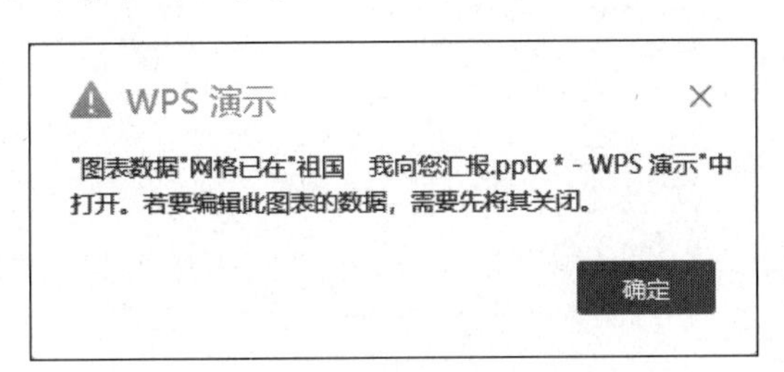

图 3-26 图表数据的警告对话框

2. 借用占位符的方法

在一页新的 PPT 中，将其设置为“标题和内容”版式。单击“图表”占位符，打开“图表”对话框，选择“折线图”，折线图有 6 种，选择第一种“折线图”的第一个预设图表，如图 3-27 所示。

将折线图插入幻灯片中。显然没有修改过的原始折线图不满足要求。在保证图表被选中的前提下，单击“图表工具”选项卡中的“编辑数据”按钮，仍将准备好的三大产业年度数据复制到“WPS 演示中的图表”中，操作方法与图 3-23 相同，并对数据选区进行修改，将所有数据项选中。回到幻灯片，整个折线图就修改好了，对各部分文字和边框进行修改和调整，如图 3-28 所示。

如果认为折线图不足以说明问题，可为折线图添加数据标签，其方法是单击快捷菜单中的“图表元素”图标，在打开的快捷菜单中勾选“数据标签”复选框，选择其显示位置为“上方”，如图 3-29 所示。

如果感觉线条太平滑，可单击“图表工具”选项卡中的“更改类型”按钮，在打开的“更改图表类型”对话框中选择“折线图”选项卡中的“带数据标记的折线图”子选项卡中的第一个“预置图表”，这样会在每一个数据标签对应的位置添加一个线条的同色小圆点标记，如图 3-30 所示。

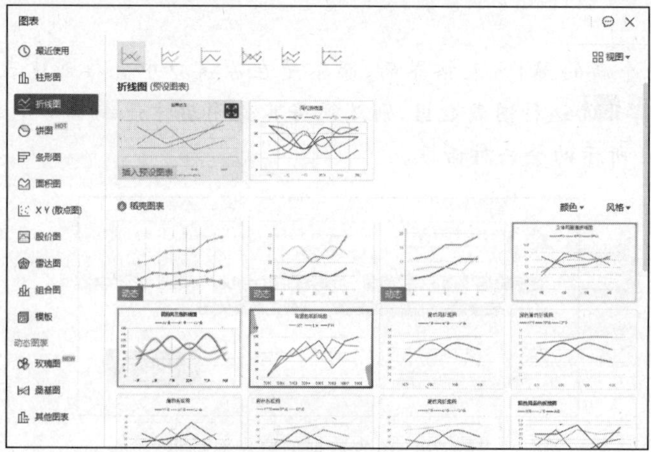

图 3-27 借用占位符添加折线图

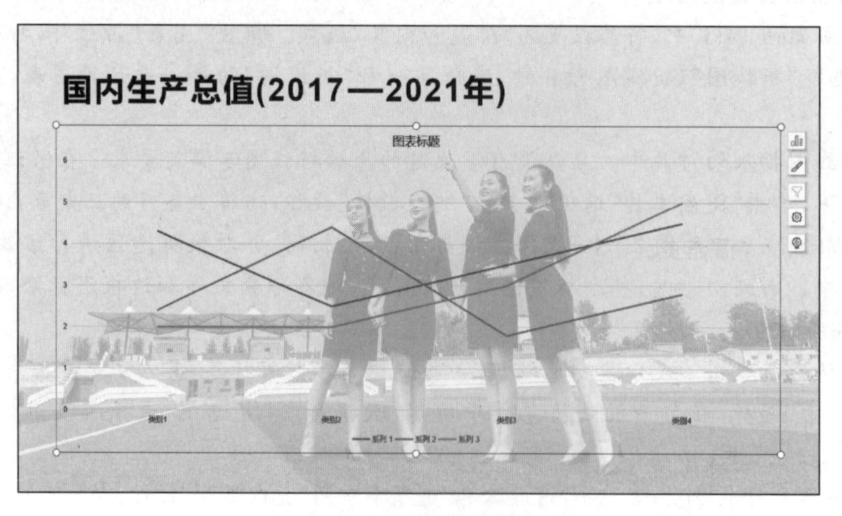

图 3-28 为幻灯片添加并修改折线图

图 3-28(续)

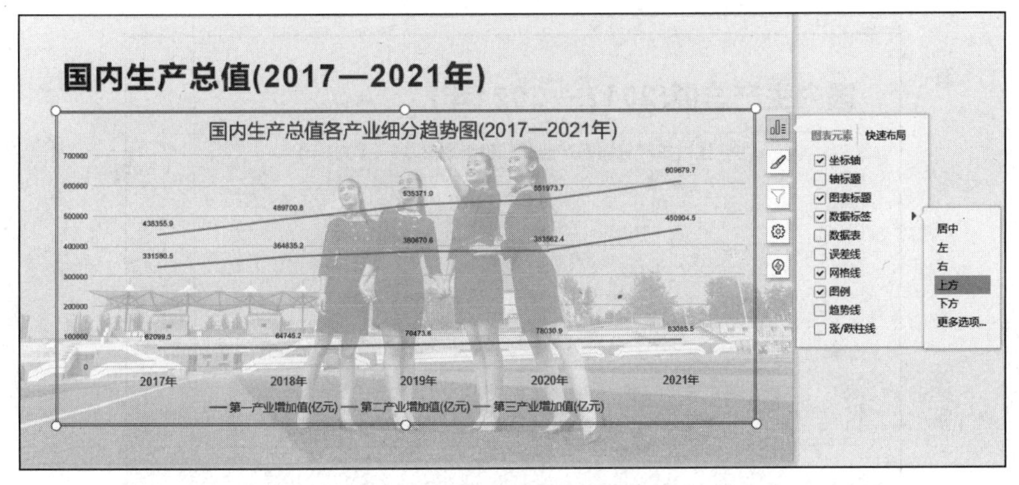

图 3-29 为图表添加数据标签

当然,也可以将折线图修改为“堆积折线图”或“带标记百分比折线图”。在“堆积折线图”中,虽然含有数据,但只是纵向上一个终点向上开始算起的数据,而不是相加得来的数据。在“带标记百分比折线图”中,添加数据没有意义,因为其纵坐标是按百分数来标注的,主要看三大产业的比例变化,如图 3-31 所示。

3. 使用插入“稻壳资源”的方法

使用稻壳资源,也可以进行图表的插入。单击“插入”选项卡中的“稻壳资源”按钮,打开“稻壳资源”对话框,选择“图表”选项卡,再选择“面积图”选项,选择“蓝色简约面积图”,将该面各图插入幻灯片中,如图 3-32 所示。

单击“图表工具”选项卡中的“编辑数据”按钮,打开一个新的 WPS 图表界面中的“WPS 演示中的图表”,获得原始数据。

回到“国家数据.xlsx”表格文件,选择三个产业五年增加值,将其复制,再回到“WPS 演示中的图表”中 A1 位置进行粘贴,然后将选择范围全部覆盖,如图 3-33 所示。

回到幻灯片,发现只有第三产业增加值的面积图。但在“图例”中显示的三个产业增加

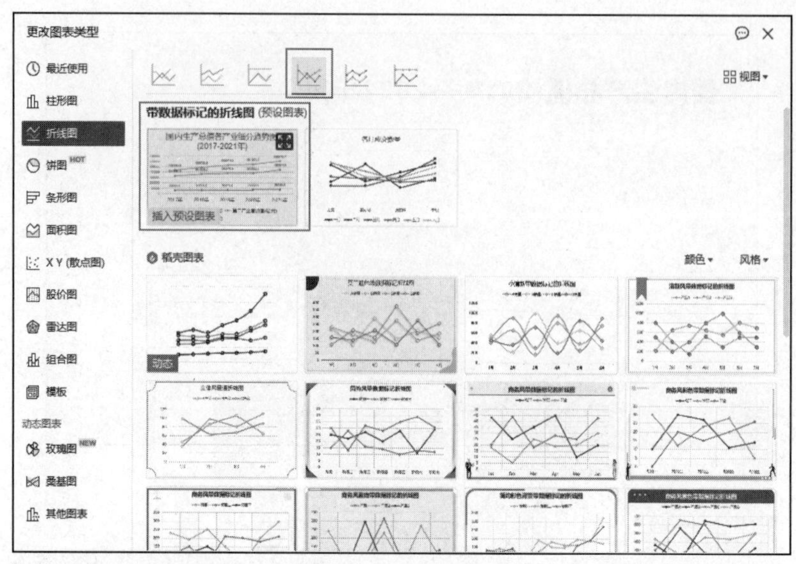

图 3-30 为折线图修改类型

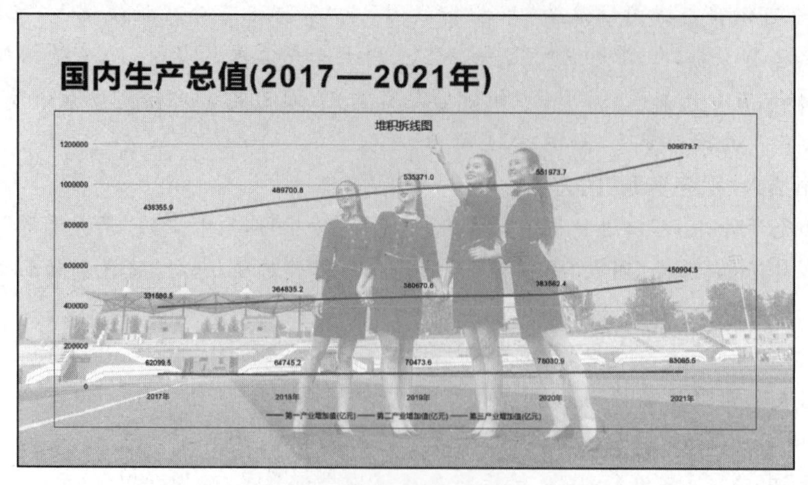

图 3-31 使用不同的折线图表示三大产业的变化情况

图 3-31(续)

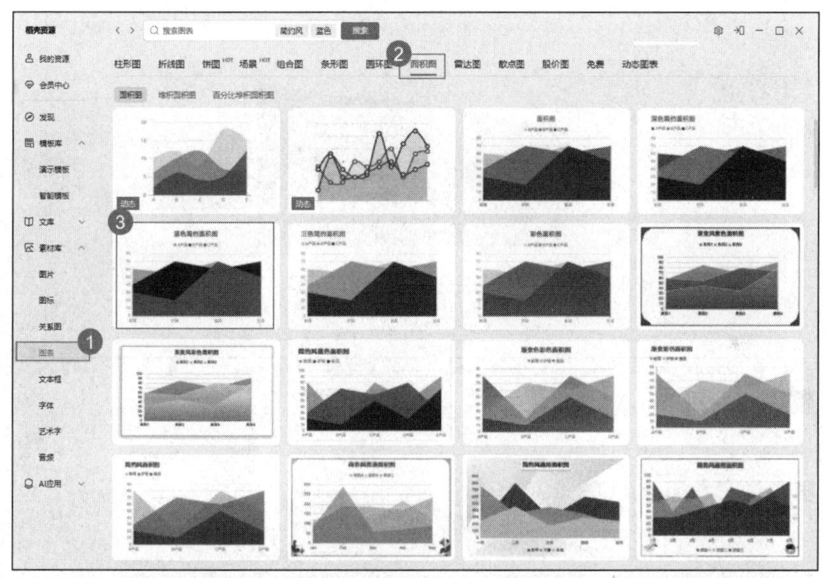

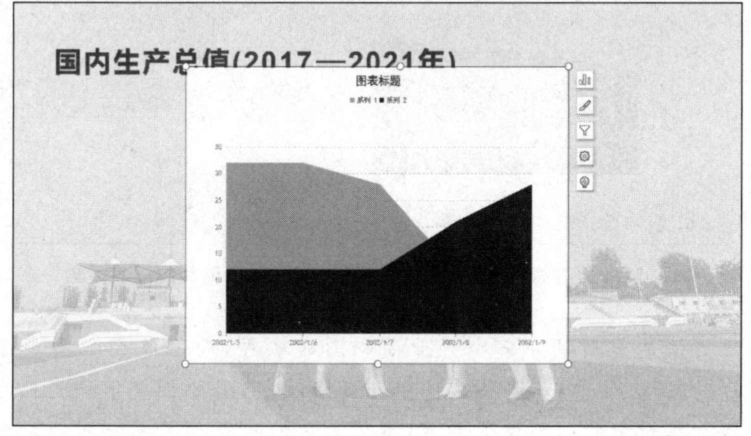

图 3-32 插入面积图

	A	B	C	D
1		系列 1	系列 2	
2	2002/1/5	32	12	
3	2002/1/6	32	12	
4	2002/1/7	28	12	
5	2002/1/8	12	21	
6	2002/1/9	15	28	
7				

	A	B	C	D
1	指标	第一产业增加值(亿元)	第二产业增加值(亿元)	第三产业增加值(亿元)
2	2017年	62099.5	331580.5	438355.9
3	2018年	64745.2	364835.2	489700.8
4	2019年	70473.6	380670.6	535371.0
5	2020年	78030.9	383562.4	551973.7
6	2021年	83085.5	450904.5	609679.7
7				

图 3-33　对面积图进行编辑数据操作

值都应该存在。究其原因是第三产业增加值比较大，它又在最上面一层，所以把其他两个产业增加值的面积图都覆盖了。有两个解决办法：第一个解决办法是将其面积图对应的透明度进行修改，就能显现出来，如图 3-34 所示。

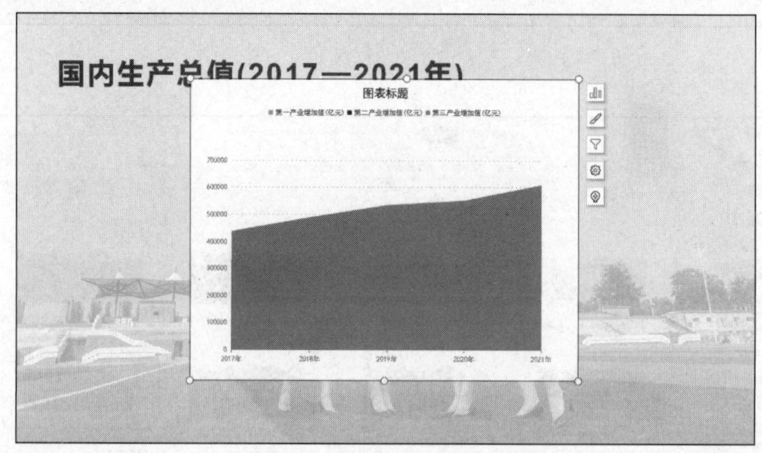

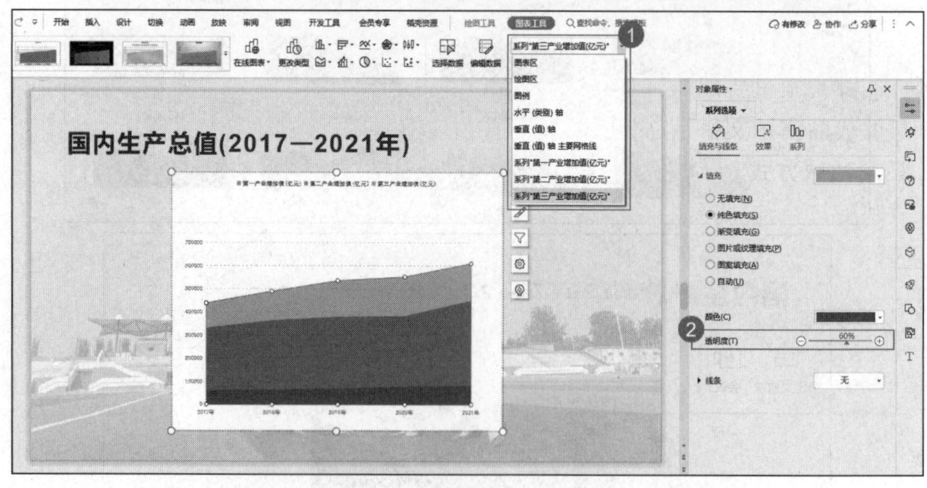

图 3-34　通过修改某一“图表元素”的透明度显现其他图表元素

第二个解决办法是重新调整三个产业面积图的顺序，而修改面积图顺序的方法是在“WPS 演示中的图表”这个 WPS 表格文件中进行修改，只需要调整第一产业增加值和第三产业增加值两组数据对应的列的位置即可（原因：它们的顺序是第三产业增加值>第二产业增加值>第一产业增加值），如图 3-35 所示。

指标	第三产业增加值(亿元)	第二产业增加值(亿元)	第一产业增加值(亿元)
2017年	438355.9	331580.5	62099.5
2018年	489700.8	364835.2	64745.2
2019年	535371.0	380670.6	70473.6
2020年	551973.7	383562.4	78030.9
2021年	609679.7	450904.5	83085.5

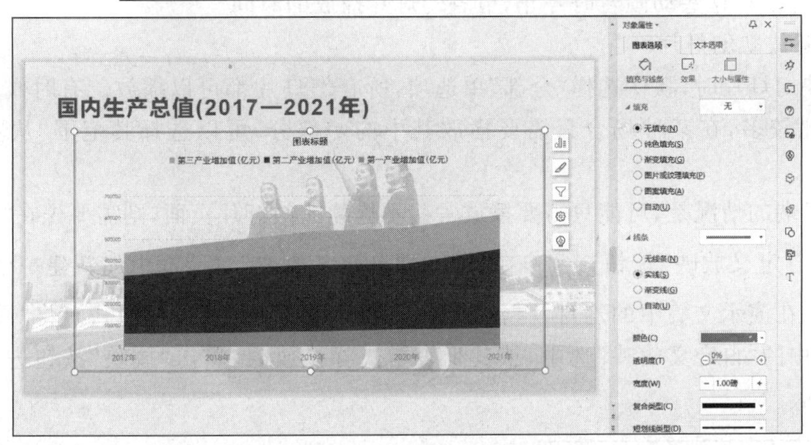

图 3-35 修改列序后的图表

任务二 放映幻灯片

演示文稿制作的最后环节是放映幻灯片。无论是什么类型的演示文稿，对幻灯片放映的精确控制都是很重要的。在成片之前，要仔细调试，不满意的地方应不断修改，直至得到最终满意的成品演示文稿。

1. 设置放映方式

在放映幻灯片前，需要对放映选项进行设置。单击“放映”选项卡中的“放映设置”按钮，打开“设置放映方式”对话框，进行放映的相关设置，如图 3-36 所示。

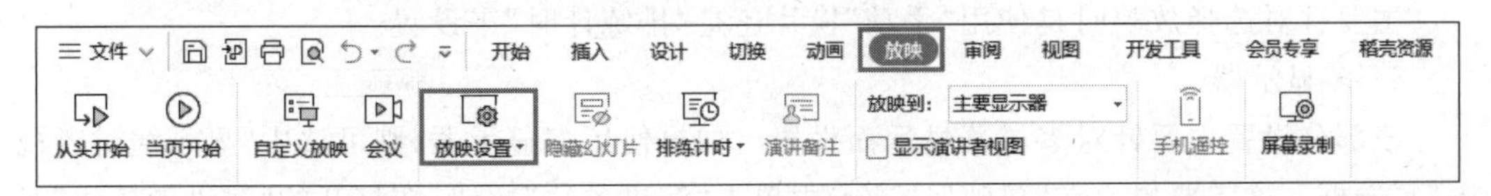

图 3-36 放映设置

1) 设置放映类型

按幻灯片放映的操作者不同，可将放映类型分为“演讲者放映”和“展台自动循环放映”两种。

演讲者放映(全屏)：这是常规的放映方式，用于演讲者自己播放演示文稿。演讲者对播放具有绝对的控制权，可以自行切换幻灯片以控制节奏。

展台自动循环放映(全屏)：这是一种自动运行的全屏放映方式，放映线束后将自动重新放映，观众不能自行切换幻灯片，但可以单击超链接或动作按钮。在宣传和演示场合这种放映类型非常适合。

2）设置放映选项

循环放映，按 Esc 键终止：相对来讲，循环放映多用于展台自动循环放映。选择本选项，可以按 Esc 键终止放映。

放映不加动画：在幻灯片中可能会加入动画或在幻灯片切换过程中存在切换效果。选择本选项，可以将这些动画暂时停止，节省幻灯片播放的时间。

3）设置放映幻灯片

在放映幻灯片时，默认选择“全部”单选项，所有幻灯片都可以播放。有时候，制作的幻灯片页数比较多，在某种场合只需要播放其中的一部分，可以选择其范围“从□到□”复选项。

而更极端的情况是，可能只需要播放一些不连续的幻灯片页面，则需要先在“放映”选项卡中单击“自定义放映”按钮 自定义放映，在打开的“自定义放映”对话框中先新建一个自定义放映，然后将“在演示文稿中的幻灯片”添加到“在自定义放映中的幻灯片”。将“设置放映方式”对话框中的“自定义放映”选中，从其列表中选择该放映，单击“放映”按钮进行放映，如图 3-37 所示。

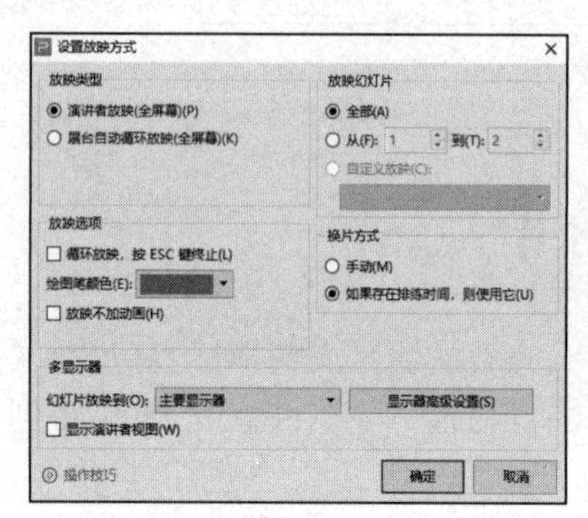

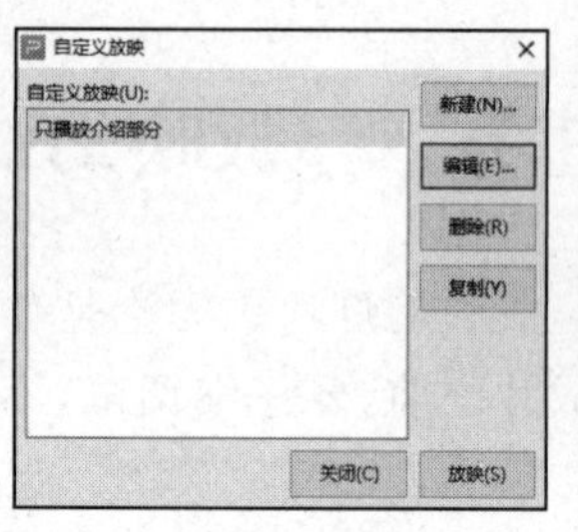

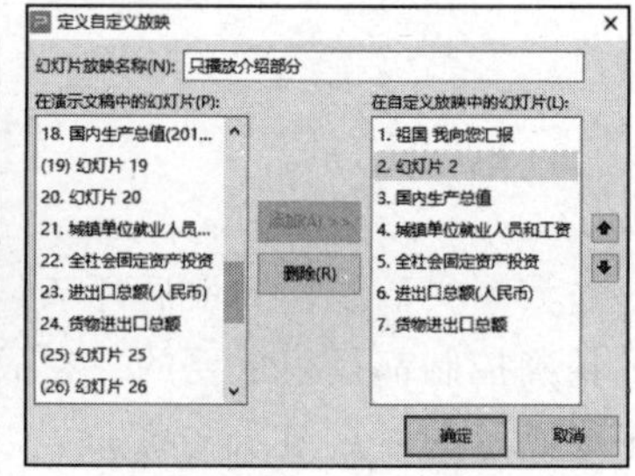

图 3-37 设置放映方式

4）换片方式

主要针对选择放映时是使用“手动”换片还是“排练计时”来设置。

5）多显示器

该部分设置主要针对多屏幕显示而设置。如果使用多显示器，则可选中“显示演讲者视图”复选框。这需要提前在“放映”选项卡中单击“演讲备注”按钮，在打开的“演讲者备注”对话框中输入本页备注。当然也可在状态栏中单击“隐藏或显示备注面板”按钮 备注，在备注面板中提前加入幻灯片页的备注，如图 3-38 所示。

2. 演示文稿的播放与录制

设置完成后，使用“放映”选项卡中的按钮进行各种播放操作，如“从头开始”“当页开始”和“自定义放映”等按钮进行操作。

单击“手机遥控”按钮可以打开“手机遥控”对话框，通过手机版的 WPS 扫码，可以遥控幻灯片的播放，如图 3-39 所示。

图 3-38 演讲者备注

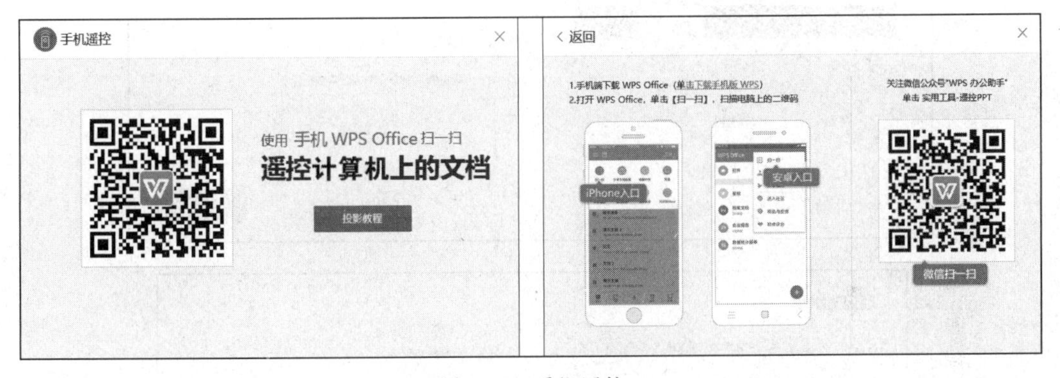

图 3-39 手机遥控

单击“屏幕录制”按钮，打开“屏幕录制”操作界面，可进行录屏幕、录应用窗口、录摄像头的相关操作，如图 3-40 所示。

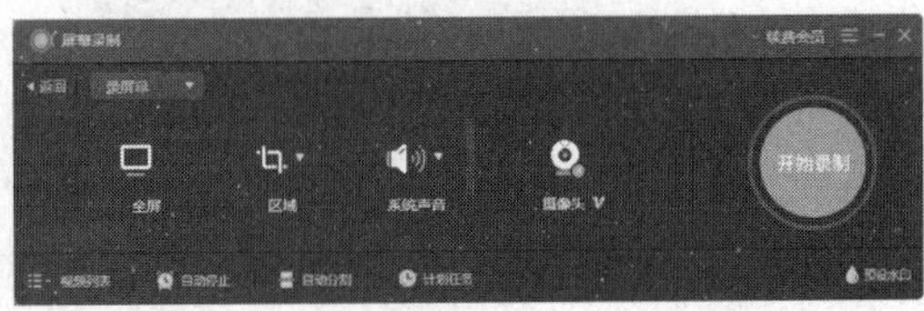

图 3-40 屏幕录制

任务三 演示文稿输出与打包

放映完演示文稿后，确认已经保存，可以根据需要将演示文稿进行输出与打包。

1. 输出为图片

单击“文件”菜单，在其下拉列表中选择“输出为图片”选项，打开“输出为图片”对话框，对输出各项进行设置。一般会采用“逐页输出”的输出方式进行输出，但有时也会以“合成长图”的方式进行输出，在使用长图输出时，会根据“输出尺寸”的不同，合成为 15 页一张或 25 页一张。

可勾选“自定义水印”单选框，单击“编辑水印”按钮，打开“自定义水印”对话框，对水印进一步进行设置，完成后单击“确定”按钮回到上一级对话框，单击“输出”按钮后即可输出图片，图片会输出到以演示文稿名称命名的文件夹中，如图 3-41 所示。

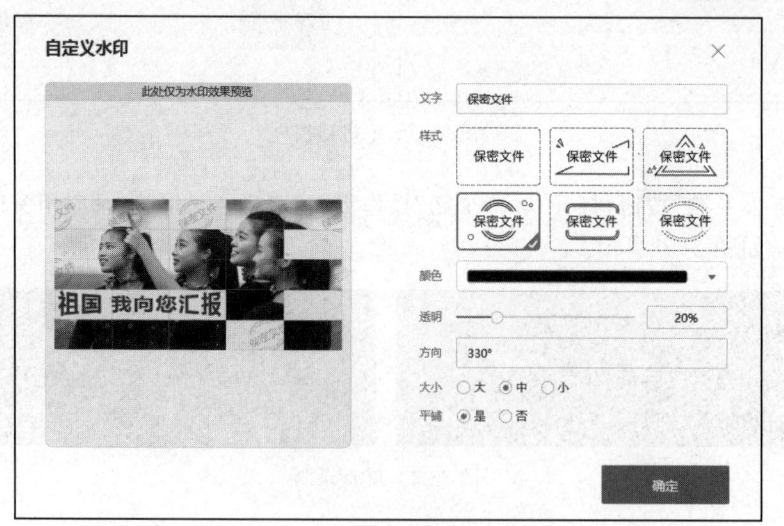

图 3-41 将演示文稿输出为图片

2. 输出为 PDF 文件

单击“文件”菜单，在其下拉列表中选择“输出为 PDF”选项，或直接在“快速访问工具栏”中单击“输出为 PDF”按钮，打开“输出为 PDF”对话框，选择需要输出的 PPT 文件和“输出范围”，在下面“输出类型”中选择“PDF”，设置好“保存位置”，单击“开始输出”按钮，稍等片刻,即可完成 PDF 文件的输出。在转换为 PDF 文件以后,用 PPT 打开,仍可在预览区对其页面前后位置进行拖动调整,然后单击“开始”选项卡中的“播放”按钮或按下 Ctrl+F5 组合键进行全屏幕播放,如图 3-42 所示。

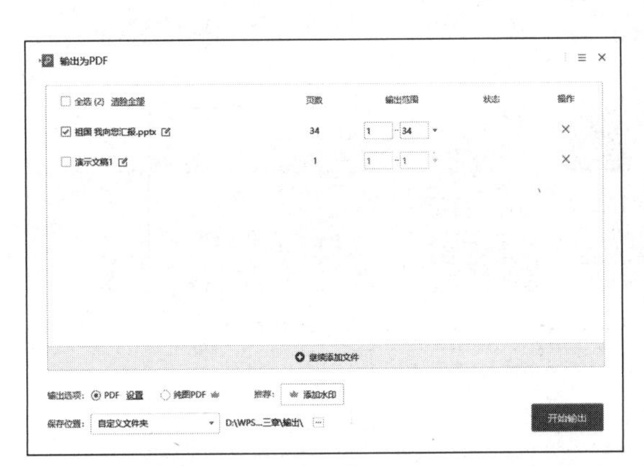

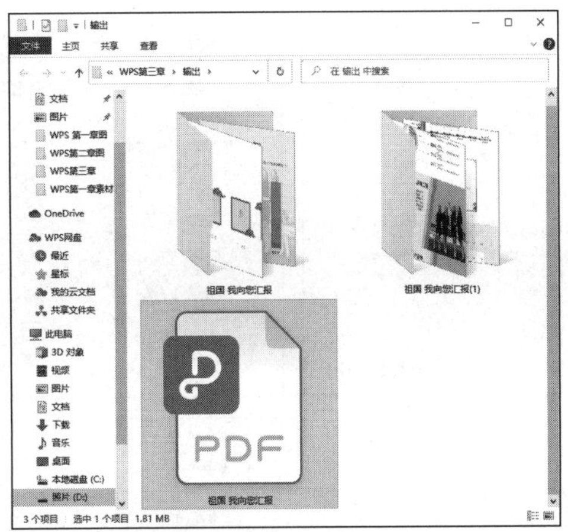

图 3-42 将演示文稿输出为幻灯片型 PDF 文件

单击“输出类型”后面的“设置”选项,可打开“设置”对话框。发现前面的输出只是使用了默认的输出内容“幻灯片”,此外,还可以将其设置为“讲义”“备注图”和“大纲视图”等。即使已经输出为 PDF 文件,使用 WPS 软件打开以后,仍然可单击右上角的“PDF 转换”浮动按钮,打开“金山 PDF 转换”对话框,重新转换为 PPT 文件或其他形式的文件,如图 3-43 所示。

技巧提示

无论是输出图片还是输出 PDF 文件,文件的整体画面都得以保存,尤其是在使用不同的计算机进行 PPT 播放时,对于缺失的字体和文本格式都不会改变。但有些内容是无法输出的,如插入的音频和视频、切换和动画等。

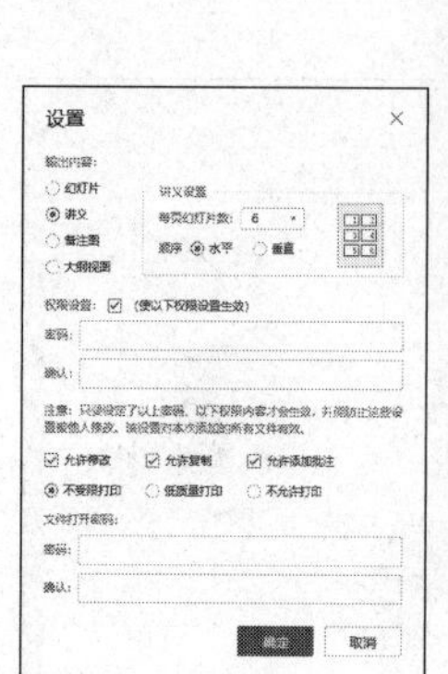

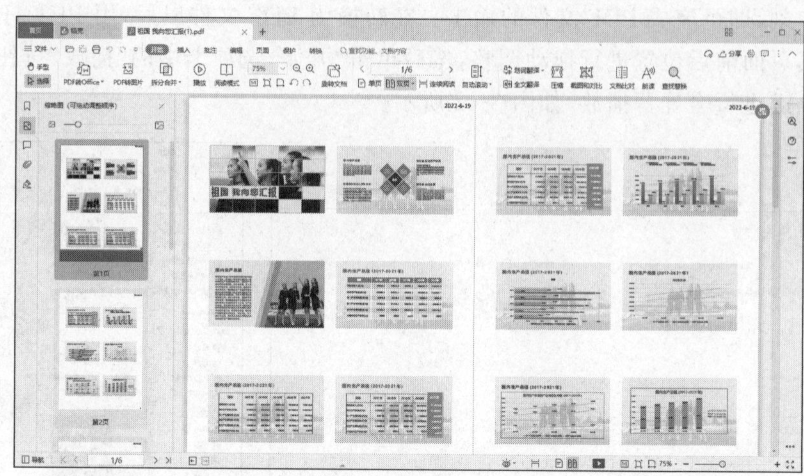

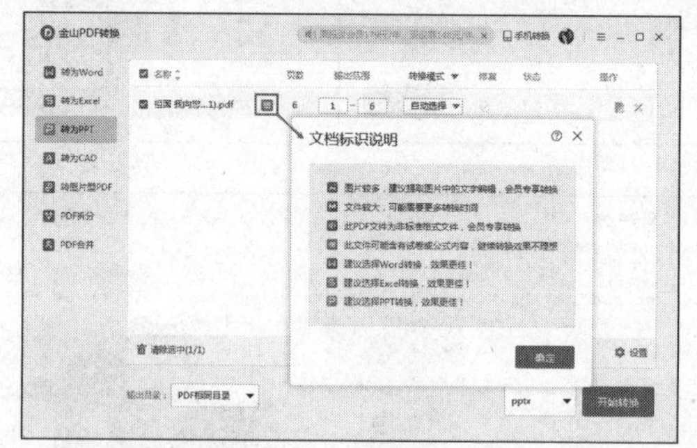

图 3-43 输出为讲义型 PDF 文件和使用金山 PDF 转换工具

3. WPS 演示的打包

演示文稿设计制作完成以后，感觉画面很满意，于是将其复制到其他计算机上进行播放，发现好多 PPT 使用的字体都无法显示，这些字体变为了计算机默认的宋体或黑体；而有些视频和音频的链接也丢失了，无法播放。因此需要对演示文稿进行打包来避免这些问题。

1）打包前的设置

单击“文件”按钮打开菜单，选择“选项”选项，在打开的“选项”对话框中单击“常规与保存”按钮，在其右侧选中“将字体嵌入文件”复选项，其下面的单选项可根据是否还需要在其他计算机上进行编辑进行选择。同时选中“提醒我保存文档中的所有字体”复选项，单击“确定”按钮关闭对话框，如图 3-44 所示。

技巧提示

在实际操作中，并不是每一种字体都能够嵌入成功的。例如，项目一中的“开学第一课”使用了一款商业字体，在打包时就会弹出提示对话框，不允许嵌入文档。如果制作的演示文稿不是用于商业，可以考虑选中整个带字体的文本框，按下 Ctrl+X 组合键将其剪切到剪贴板，然后在“开始”选项卡中打开“粘贴”按钮下拉列表，选择“粘贴为图片”，即可将文字转换为背景透明的图片，便于排版使用。在如图 3-45 所示的幻灯片中，文字转换为图片后，其快捷菜单已经成为图片的快捷菜单。

图 3-44 打包前的设置

图 3-45 某些无法打包的商业字体可以转换成图片

2）对 WPS 演示文件进行打包

单击“文件”按钮打开菜单，在其下拉菜单中选择“文件打包”选项，在其下一级菜单中选择“将演示文档打包成文件夹”选项，在打开的“演示文件打包”对话框中选择合适的保存位置，并确定是否勾选“同时打包成一个压缩文件”复选框，单击“确定”按钮，打包成功，即可打开文件查看，如图 3-46 所示。

4. WPS 演示的打印

执行菜单“文件”→“打印”命令或按下 Ctrl＋P 组合键，打开“打印”对话框，选择好打印机后，在“打印内容”下拉菜单中选择需要打印的内容，设置其他选项，然后单击“确定”按钮即可进行打印，如图 3-47 所示。

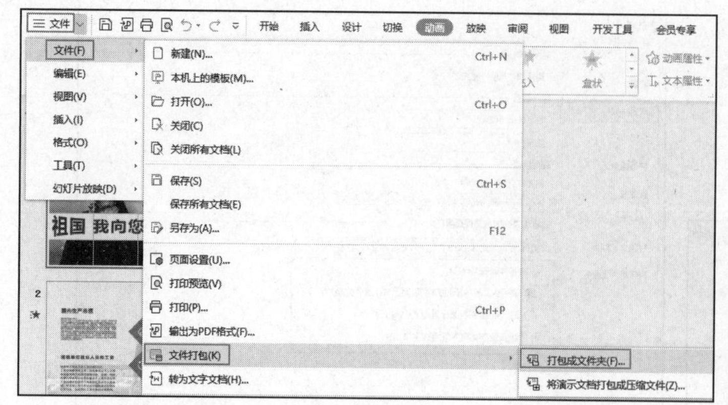

图 3-46　演示文件打包

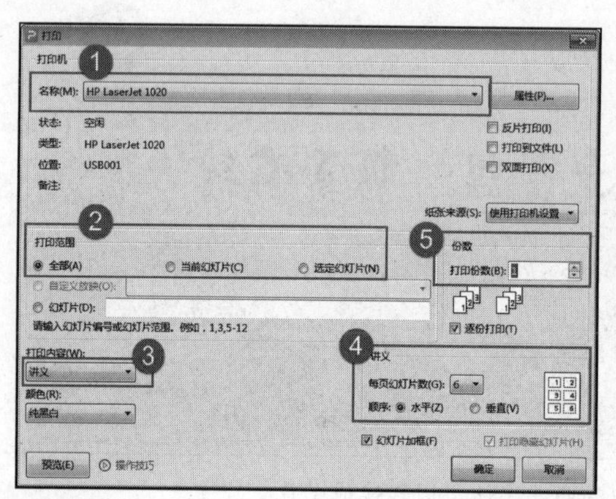

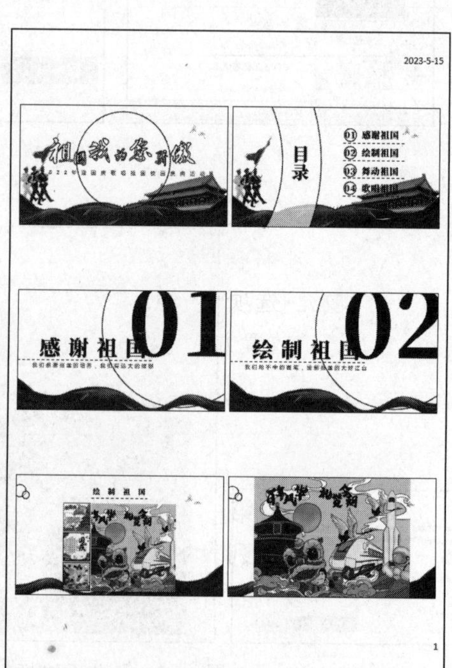

图 3-47　设置打印选项

项目评价

评价指标	评价要素及权重	自评 30%	组评 30%	师评 40%
学习任务完成情况	了解本项目的学习目的和流程，明白如何获取公共数据(10 分)			
	了解背景设置为“图片或纹理填充”时，为什么要选择和幻灯片大小比例相同的照片(10 分)			
	较熟练掌握使用表格设计页面的方法和技巧(10 分)			
	较熟练使用为标题文字添加文本效果的技巧(10 分)			

续表

评价指标	评价要素及权重	自评 30%	组评 30%	师评 40%
学习任务完成情况	能够较熟练地插入稻壳资源(10 分)			
	对于直接从表格文档中获取已有表格有较熟练的理解和操作(10 分)			
	对于选择性粘贴的各项有较深入的了解(10 分)			
	能够较熟练地进行表格美化(10 分)			
	较熟练地掌握将表格转化为图表的方法(10 分)			
	对于演示文件的打包有较深入的了解 (10 分)			
合计				
总分				

闯关检测

1. 理论题

(1) 将整幅图片填充满整个表格,下列(　　)操作方法是正确的。

A. 将图片缩放至和表格相同大小,剪切图片,选择整个表格,在“对象属性”窗格的“填充”选项卡中选择“图片或纹理填充”,在“图片填充”下拉菜单中选择“剪贴板”,“放置方式”选择“拉伸”

B. 将图片缩放至和表格相同大小,剪切图片,选择整个表格,在“对象属性”窗格的“填充”选项卡中选择“图片或纹理填充”,在“图片填充”下拉菜单中选择“剪贴板”,“放置方式”选择“平铺”

C. 选中表格第一个单元格,在“对象属性”窗格的“填充”选项卡中选择“图案填充”,在其列表中选择填充图案,并设置好“前景色”和“背景色”

D. 选中整个表格,在“表格样式”选项卡中单击“填充”按钮的下拉菜单,选择“图片或纹理填充”选项,在其下一级菜单中选择“本地图片”,在打开的对话框中选择需要填充的图片,单击“打开”按钮,完成填充

(2) 在幻灯片中插入一个 5 行 6 列的表格,下列操作正确的是(　　)。

A. 在“插入”选项卡中单击“表格”按钮,在其下拉菜单中选择最上面的“插入表格”,在其区域范围内选择一个 5 行 6 列的表格区域

B. 在“插入”选项卡中单击“表格”按钮,在其下拉菜单中选择“插入表格...”,在弹出的“插入表格”对话框中,输入“行数”为“5”,“列数”为“6”,单击“确定”按钮

C. 在“插入”选项卡中单击“表格”按钮,在其下拉菜单中选择“插入表格...”,直接在编辑区绘制一个 5 行 6 列的表格

D. 在具有占位符版式的幻灯片中,单击表格占位符,在弹出的“插入表格”对话框中,输入“行数”为“5”,“列数”为“6”,单击“确定”按钮

(3) 下列在幻灯片中插入图表的方法正确的是(　　)。

A. 从 WPS 表格中直接复制图表,回到 WPS 演示文稿的幻灯片,按下 Ctrl+V 组

合键进行粘贴完成图表的加入

B. 单击“插入”选项卡中的“图表”按钮，打开“图表”对话框，按类型选择图表，将其插入幻灯片中

C. 在具有占位符的幻灯片版式中，单击“图表”占位符，打开“图表”对话框，按类型选择图表，将其插入幻灯片中

D. 单击“插入”选项卡中的“稻壳资源”按钮，打开“稻壳资源”对话框，选择“图表”选项卡，按类型选择图表，将其插入幻灯片中

(4) WPS 演示可以输出或转存为(　　)。

A. PDF 文件　　B. 图片

C. 后缀名为.doc 的 WPS 文档　　D. 后缀名为.wps 的 WPS 文档

(5) WPS 演示文件打包以后，仍有可能丢失的是(　　)。

A. 图片　　B. 标题　　C. 视频　　D. 字体

2. 上机实训题

根据项目二中已经创作好的《赤壁赋》演示文稿，进行排练计时和打包，要求如下。

因为是一篇讲解类的演示文稿，需要较准确的时间控制。因此在播放幻灯片的过程中，要进行排练计时，使得音频和画面较好地结合起来。

在这篇演示文稿中，视频、音频、特殊字体都有应用，在不同的计算机上进行演示，很可能出现文件和字体的丢失，需要打包。请根据自己的演讲节奏进行排练计时，并将其保存，结束后打包输出至文件夹，同时进行压缩。

操作提示

Module 2

模 块 二

WPS 文 字

WPS 软件的功能操作是按中国人思维模式设计，由金山软件股份有限公司自主研发，是国产办公软件中真正的王者。WPS 文字属于 WPS 软件的一个功能模块，它集编辑与打印于一体，具有丰富的全屏幕编辑功能，基本上能满足各界文字工作者编辑和打印各种文件的需求和要求。

本模块内容主要围绕 WPS 文字软件的基本应用、文本编辑、页面排版、图文混排应用、文档中表格应用五大项目展开，在学习 WPS 文字编辑操作的同时，达到精通熟练地应用该软件，能有效提高 WPS 文字编辑的能力，并且能在学习和工作的使用过程中大大提高工作效率。

项 目 四

创建《我的祖国》文档——WPS文字软件的基本应用

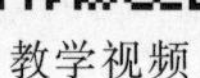

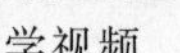

项目描述

根据德育工作安排，学校计划组织“少年工匠心向党·青春奋进新时代”诗朗诵汇报演出活动，19级电子商务2班选定朗诵文章为《我的祖国》，现需要为班级同学制作诗朗诵提示词。在学习创建《我的祖国》文档的同时，培养学生的民族自豪感、自信心。

本项目对应WPS办公应用职业等级证书知识点。

（1）能够新建文字文稿，或打开已有文字文稿。

（2）能够掌握窗口管理模式的切换。

（3）能够了解标签的拆分与组合。

（4）能够对文档信息加密和保护。

项目分解

本项目分为四个任务完成：任务一是认识WPS文字的窗口界面；任务二是创建《我的祖国》文档；任务三是录入《我的祖国》文本；任务四是文本的保存与退出。制作思路如图4-1所示。

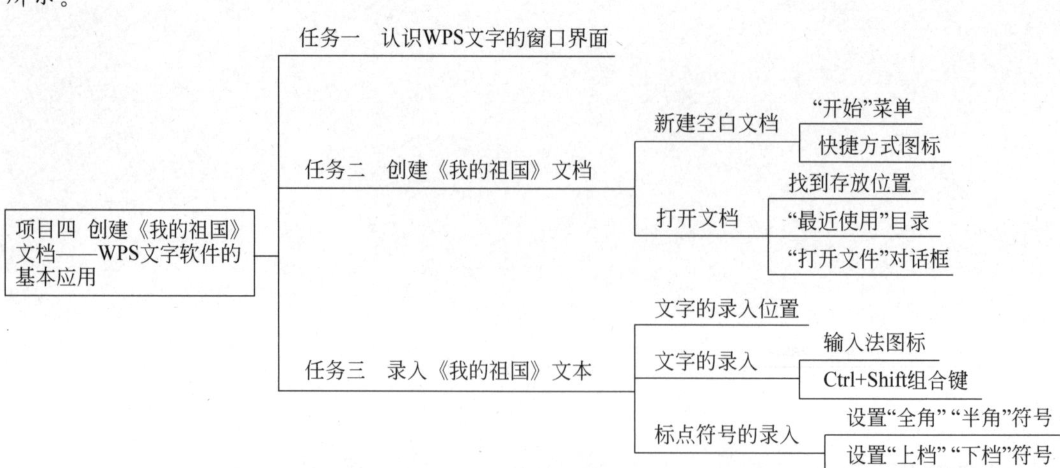

图4-1 “创建《我的祖国》文档——WPS文字软件的基本应用”项目制作思路

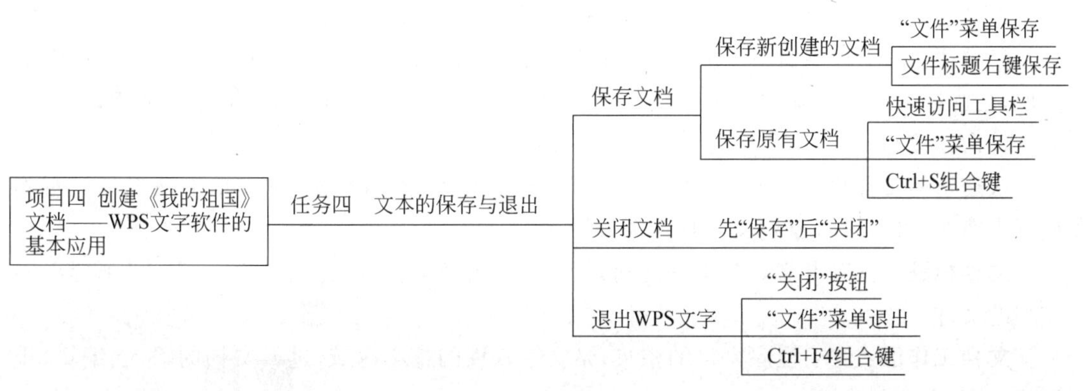

图　4-1(续)

任务一　认识WPS文字的窗口界面

WPS发展的20年间，经历了从探索到辉煌、从沉沦到崛起的艰难历程，展现了国产自主研发的软件在困境逆境中依然坚持梦想的精神和舍我其谁的坚毅信心。

在创建“我的祖国”文档前，首先认识一下WPS文字的窗口界面，如图4-2所示。

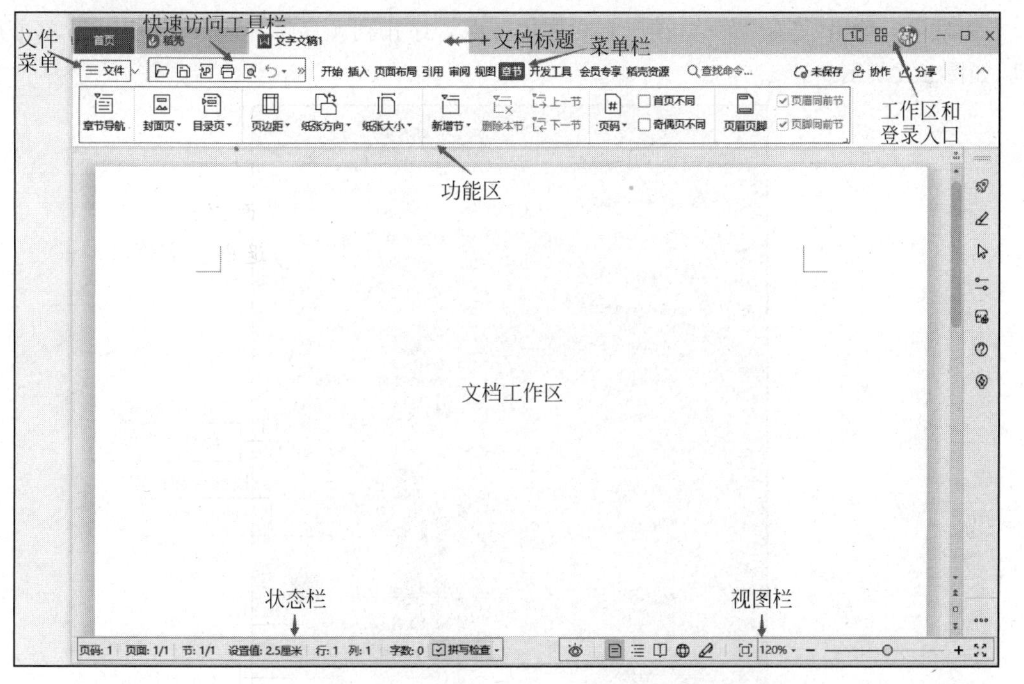

图4-2　WPS文字空白文档窗口界面

文件菜单：位于程序窗口顶部左上角，用来管理页面文件，包括新建、打开、保存、输出、打印退出等文件操作和属性更改等功能和命令。

工作区和登录入口：工作区可以查看打开所有的文档；登录功能可以将文档保存在云端。

菜单栏：位于程序窗口上方，涵盖文字处理模块的各种功能，随着该栏中不同选项卡的选取，功能区内的内容随之发生变化。每个功能区根据功能不同又分为若干功能组，组中含有各种命令按钮。

快速访问工具栏：位于功能区的左上角，放置常用工具命令图标。单击该工具栏右侧向下小箭头，可以进行自定义工具命令设置。

文档标题：呈现当前打开文件的标题名称，单击新建标签(标签右边“＋”)，可新建不同类型的文件。

文档工作区：位于程序窗口的中央，是文字软件的核心区域，进行文档的输入、编辑、排版等文字、图片处理工作。

状态栏：位于程序窗口的左下方。显示当前文档的页码、页数、行、列、字数等各种编辑信息。

视图栏：由视图切换按钮和显示比例滑块两部分组成。视图切换按钮用于选择查看文档的视图方式；显示比例滑块用于调节编辑文档的显示比例等相关信息。

任务二　创建《我的祖国》文档

1. 新建空白文档

空白文档是指不包含任何内容的文档文件，以 WPS Office 软件为例介绍新建空白文档的方法：

方法一：单击“开始”菜单，在所有程序中按照音序排列顺序选择“WPS Office”，单击启动，如图 4-3 所示。

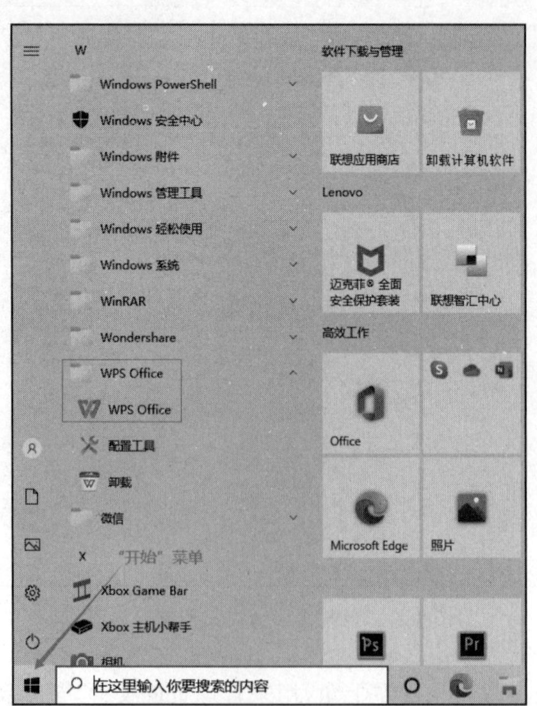

图 4-3　“开始”菜单方式打开

方法二：双击计算机桌面“WPS Office”快捷方式图标启动，如图4-4所示。

图4-4　桌面快捷方式打开

通过以上两种方式启动WPS Office后，在首页左侧窗格中单击“新建”按钮，在模板列表中单击“新建文字”模板，如图4-5所示。系统即可创建一个文档标题为“文字文稿1”的新空白文档。

单击“快速访问工具栏”中的“新建”命令按钮，如图4-6所示。系统会按顺序命名创建“文字文稿2”“文字文稿3”……

在标题区域，单击文档标题切换对应的文档，打开文档较多时，也可以在标题栏右侧“工作区|WPS随行”中快速切换文件，如图4-7所示。

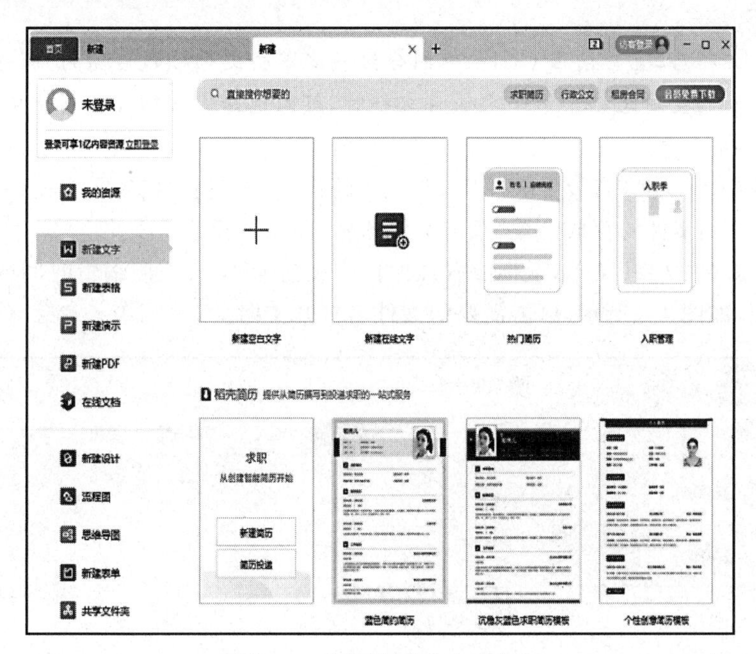

图4-5　选择“新建空白文字”

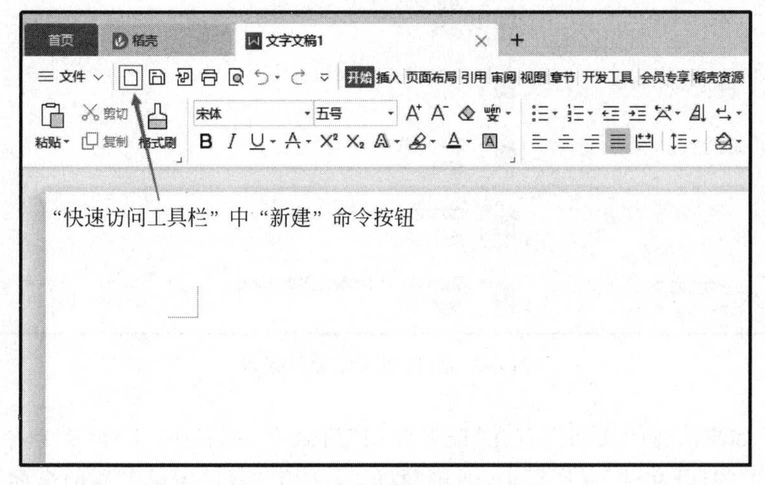

图4-6　单击“新建”命令按钮

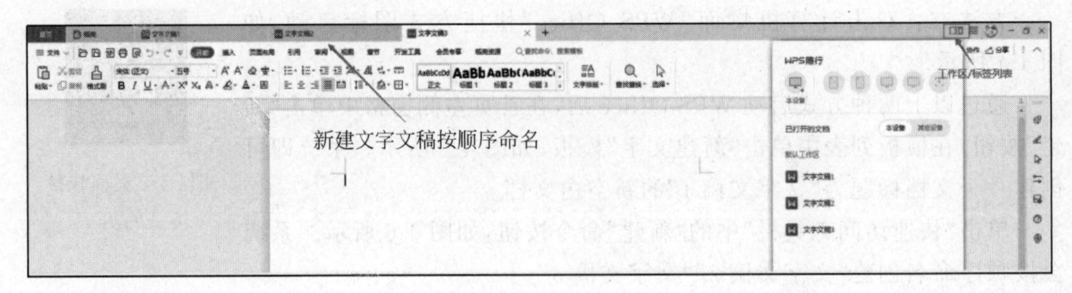

图 4-7 切换文档

技巧提示

打开文字文档后，直接使用 Ctrl＋N 组合键或者单击文档标题右侧的“新建标签”按钮，可以快速创建新的空白文档。第一次保存文档时，可以选择保存路径和创建文件名。

2. 打开文档

创建文档关闭后，如果需要再次打开文档或对已有的文档进行编辑，可以采用以下方式。

方法一：找到文件的存放位置，双击文件图标，即可打开。

方法二：选择“文件”菜单，鼠标放置在“打开”按钮上时，会按照编辑时间顺序显示最近使用过的文档，如图 4-8 所示，单击需要的文件名打开文档。

图 4-8 最近使用的文件列表

方法三：如果需要的文档没有在“最近使用”目录中，则需在“文件”菜单中单击“打开”按钮，在弹出的“打开文件”对话框中，通过“我的云文档”“我的电脑”“我的桌面”“我的文档”选择不同的文件存放路径，如图 4-9 所示，双击文档图标即可打开。

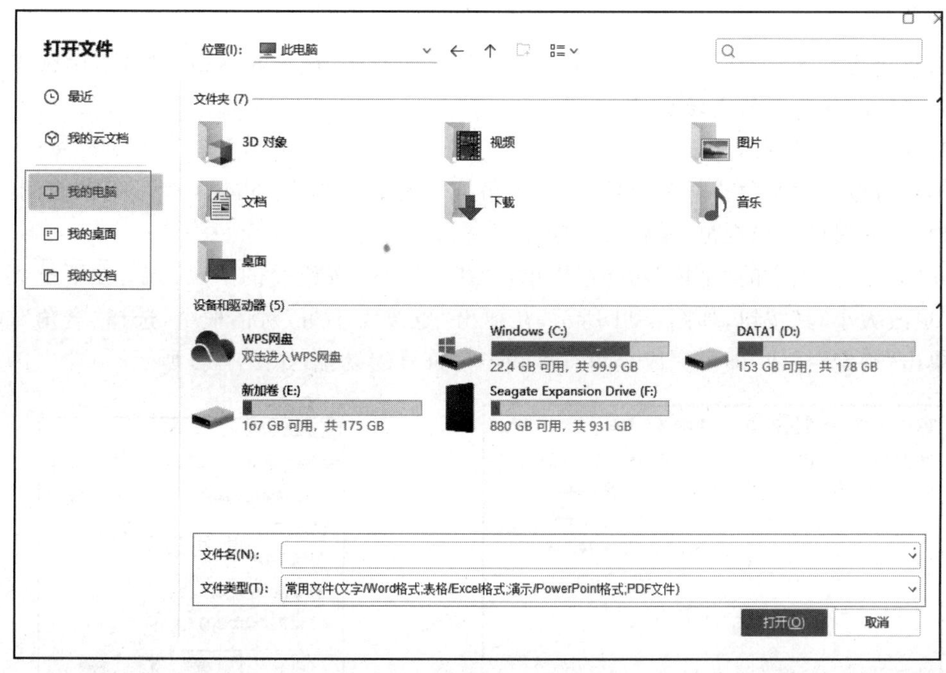

图 4-9　“打开文件”对话框

任务三　录入《我的祖国》文本

经过前两个任务的学习，已经对 WPS 文字软件有了初步认识，本任务正式进入文本录入环节。WPS 文字文本输入方便，文字编辑功能强大，选择输入方法即可以在文档编辑区进行相应形式的文本内容输入。

1. 文字的录入位置

打开新建的空白文档，文字编辑区域会显示闪烁的符号“I”，表示即将输入文字内容的插入位置，称为“插入点”。在空白文字编辑区任意位置双击鼠标左键，即可指定文字的输入位置。

设置好插入点后，即可进行文本的输入，输入文本满一行，系统自动换行；如不满一行按 Enter 键开始新段落。

2. 文字的录入

确定插入点位置后，即可录入文本。文本输入主要有英文和中文两种输入方式。选择输入方式(本任务中需要中文输入法)的操作步骤如下。

方法一：单击任务栏中输入法图标，在弹出的列表中单击选择中文输入法，这里选择“搜狗拼音输入法”，如图 4-10 所示。

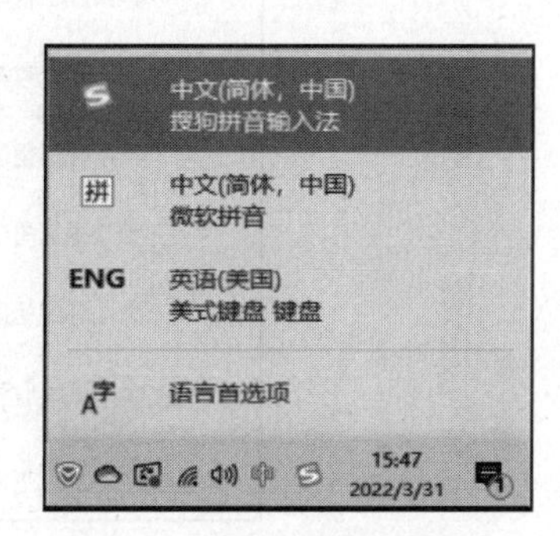

图 4-10　文档保存信息提示

方法二：使用 Ctrl+Shift 组合键进行输入法的切换。输入法图标随着输入法切换发生变化。

技巧提示

在中文输入法状态下，直接使用 Ctrl＋空格键组合键，或者按 Shift 键可以方便实现中文和英文输入法之间的灵活切换。

3. 标点符号的录入

标点符号分为半角符号和全角符号，半角符号比全角符号少占用一个字符的空间，在编辑文档时，应保证文档规范，做到符号标准统一。

在“开始”选项卡的“字体”功能组中单击“拼音指南”按钮 的下拉菜单，在下拉菜单中单击“更改大小写”按钮，如图 4-11 所示，在弹出“更改大小写”对话框中，选择“全角”或“半角”，单击“确定”按钮，即可完成全角符号和半角符号的设置，如图 4-12 所示。

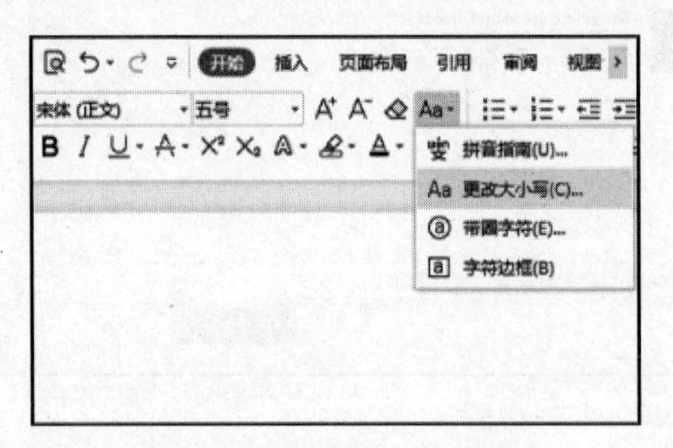

图 4-11 “拼音指南”下拉菜单

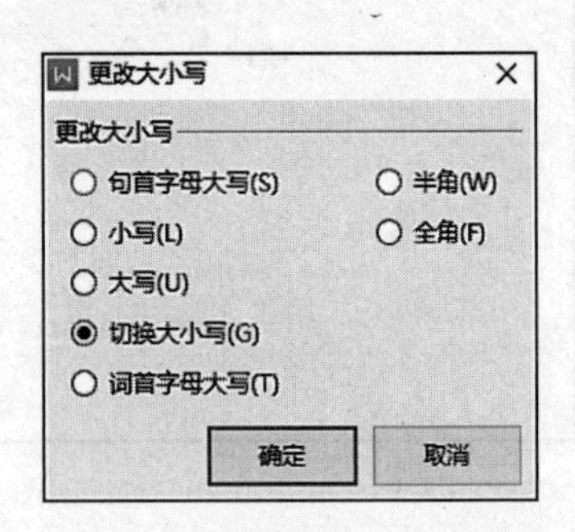

图 4-12 “更改大小写”对话框

键盘上标点符号所在的按键通常有两个符号，按照上下位置称为上档符号和下档符号。下档符号直接按所在按键输入，上档符号通过键盘上 Shift＋按键输入。

在本项目文档《文字文稿 1》中，输入法设置为“搜狗拼音输入法”，标点符号设置为全角输入，输入文本的字体默认宋体，字号五号。录入文本后，效果如图 4-13 所示。

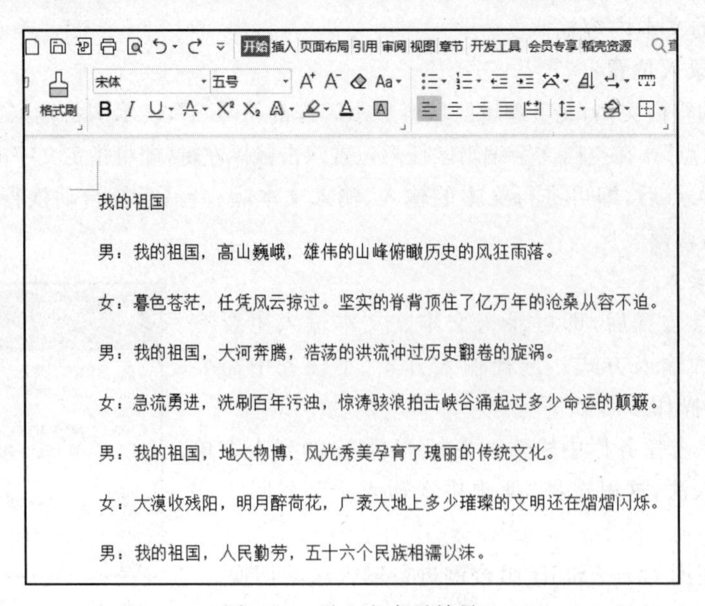
我的祖国

男：我的祖国，高山巍峨，雄伟的山峰俯瞰历史的风狂雨落。

女：暮色苍茫，任凭风云掠过。坚实的脊背顶住了亿万年的沧桑从容不迫。

男：我的祖国，大河奔腾，浩荡的洪流冲过历史翻卷的旋涡。

女：急流勇进，洗刷百年污浊，惊涛骇浪拍击峡谷涌起过多少命运的颠簸。

男：我的祖国，地大物博，风光秀美孕育了瑰丽的传统文化。

女：大漠收残阳，明月醉荷花，广袤大地上多少璀璨的文明还在熠熠闪烁。

男：我的祖国，人民勤劳，五十六个民族相濡以沫。

图 4-13 录入文本后效果

任务四　文本的保存与退出

为方便对所创建文档后期的编辑和使用，可将文档保存在计算机中，否则会造成文档中编辑内容的丢失，及时进行保存是保护文档的一个非常重要的习惯，本任务分别介绍保存新创建文档和保存原有文档的方式。

1. 保存文档

1）保存新创建的文档

方法一：单击“文件”菜单中的“保存”按钮或“另存为”按钮，如图4-14所示。

图4-14　“文件”菜单方式保存

方法二：新创建文档会默认以“文字文稿1”“文字文稿2”的顺序命名，在文件标题上右击，从弹出选项卡中单击“保存”或“另存为”按钮。

通过以上两种操作弹出的“另存文件”对话框中，为便于后期查找文件，需要输入文件名——《我的祖国》，选择文件保存位置——“保存在D盘，诗朗诵文件夹”中和保存类型——“.docx”，如图4-15所示。

2）保存原有文档

方法一：单击“快速访问工具栏”中的“保存”按钮。

方法二：单击“文件”菜单中的“保存”按钮。

方法三：使用Ctrl+S组合键。

2. 关闭文档

关闭当前编辑文档前，在做好文档的保存工作基础上，单击文档选项卡右上角的“关闭”按钮，即可将该文档关闭，如图4-16所示。

3. 退出WPS文字

退出WPS Office软件与关闭大部分程序一样，常用的方法如下。

方法一：单击WPS Office软件右上角的“关闭”按钮×。

方法二：单击“文件”菜单中的“退出”按钮。

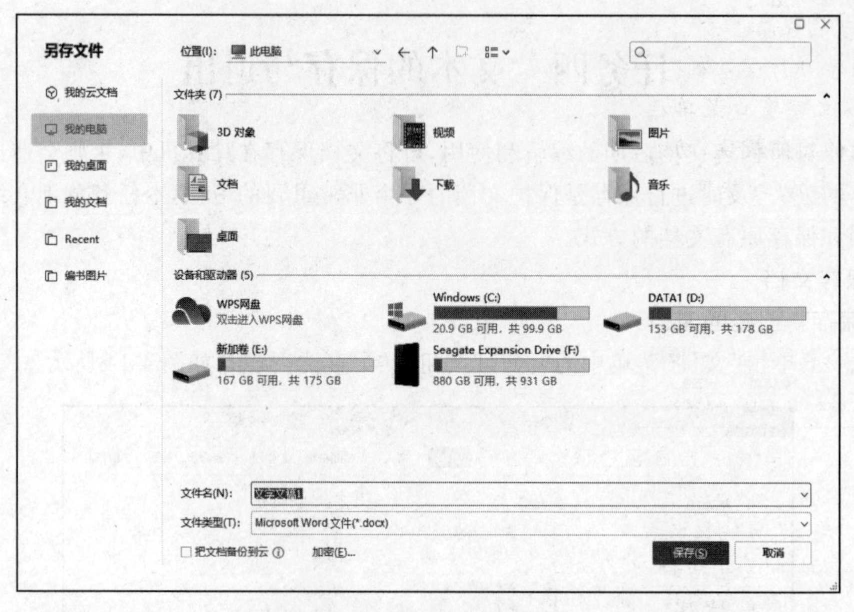

图 4-15 设定文件名、文件类型

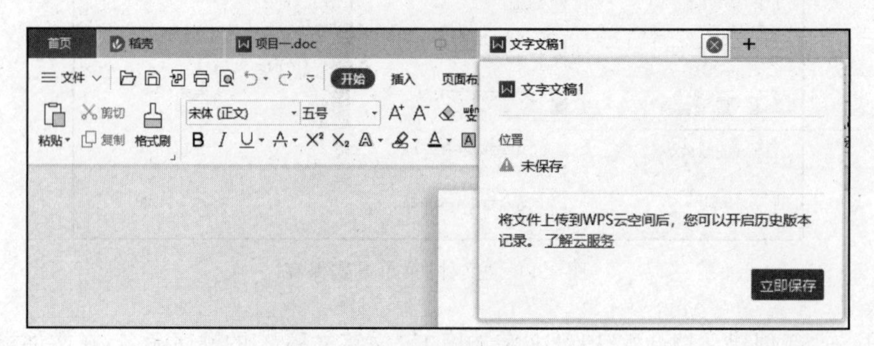

图 4-16 关闭当前编辑文档

方法三：使用 Ctrl+F4 组合键。

如果关闭的文档有过编辑动作，在关闭软件时会出现提示保存信息的窗口，如图 4-17 所示，按照提示选择即可关闭文档。

图 4-17 提示保存信息窗口

1. WPS 文字功能区

WPS 文字的操作界面是通过选择菜单栏中不同选项卡进行不同功能模块(功能区)的

切换，可以通过以下内容了解各功能模块（功能区）所包括的编辑命令和分组，为下一项目文本编辑的学习打下基础。

WPS文字窗口菜单栏常用的有七大功能区，涵盖文字处理模块全部功能，每个功能区对应相应的功能模块，功能模块根据功能不同分为若干组。

(1)“开始”功能区

“开始”功能区包括剪贴板、字体、段落、预设样式和编辑五个功能模块。该功能区主要帮助用户对WPS文字进行便捷文字设置和格式设置，是最常用的功能区，如图4-18所示。

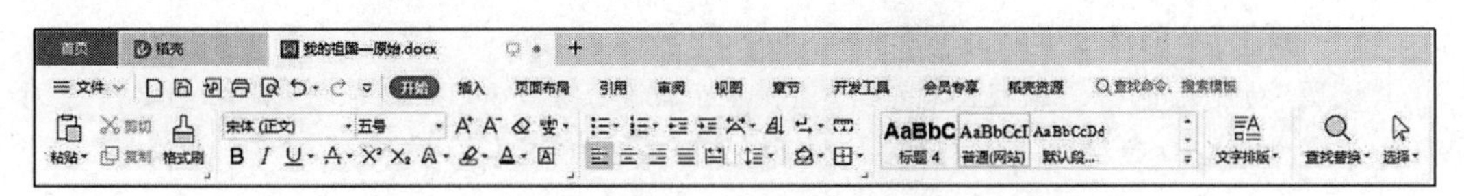

图4-18 “开始”功能区

(2)“插入”功能区

“插入”功能区包括封面页、空白页、分页、表格、图片、形状、图标、流程图、批注、页眉页脚、页码、文本框、艺术字、符号、特殊符号和公式等命令，主要用于在WPS文字中插入各种元素，如图4-19所示。

图4-19 “插入”功能区

(3)“页面布局”功能区

“页面布局”功能区包括主题、页面设置、背景、页面边框、稿纸设置、对齐、旋转、选择窗格等命令，主要用于帮助用户设置WPS文字文档页面样式，如图4-20所示。

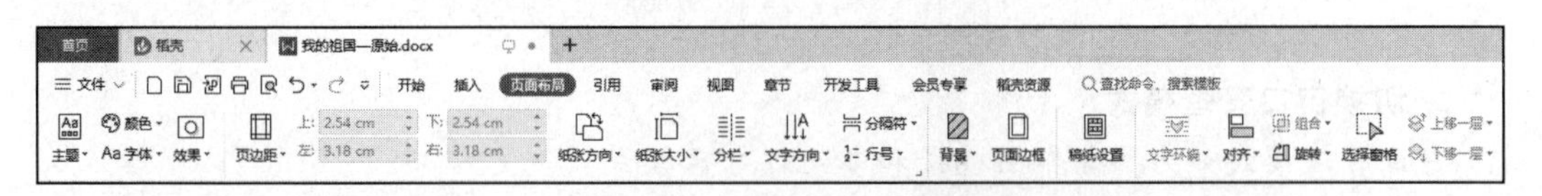

图4-20 “页面布局”功能区

(4)“引用”功能区

“引用”功能区包括目录、脚注和尾注、题注、索引、邮件等命令，主要用于WPS文字中插入目录等比较高级的功能，如图4-21所示。

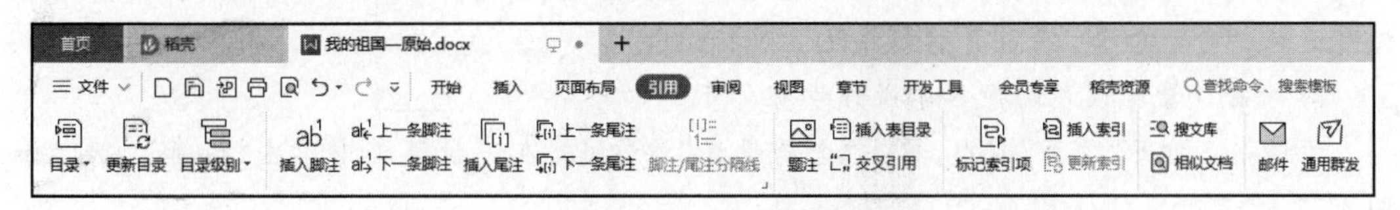

图4-21 “引用”功能区

(5)“审阅”功能区

“审阅”功能区包括拼写检查、文档校对、字数统计、中文简繁转换、批注、修订、审阅、比较、保护等命令,主要用于对 WPS 文字进行校对和修订等操作,适用于多人写作处理 WPS 文字长文档,如图 4-22 所示。

图 4-22 “审阅”功能区

(6)“视图”功能区

“视图”功能区包括文档视图、导航窗格、显示比例、窗口和 JS 宏等功能组,主要用于对 WPS 文字操作窗口的视图类型,以方便操作,如图 4-23 所示。

图 4-23 “视图”功能区

(7)“章节”功能区

“章节”功能区包括章节导航、封面页、目录页、页面设置、页码和页眉页脚等命令,主要是便于对 WPS 文字进行文档内容的修改,如图 4-24 所示。

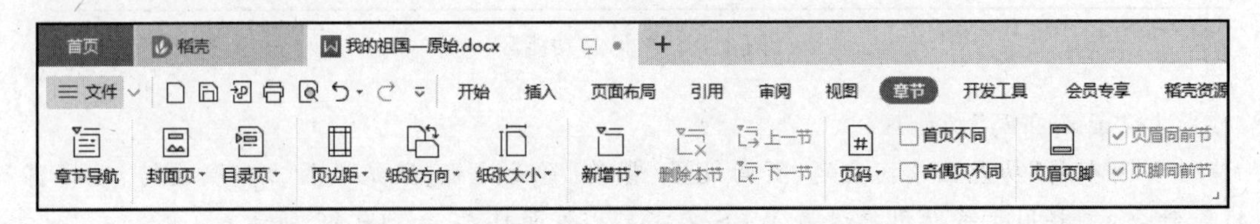

图 4-24 “章节”功能区

2. 切换窗口管理模式

窗口管理模式分为整合界面模式和多组件分离模式。

WPS Office 默认使用的是整合界面模式,如图 4-25 所示。在新建或打开多个不同组件文档时,文档标签依次排列在标题区域中,单击文档标题即可进行切换,支持多窗口多标签的自由拆分与组合。

多组件分离模式是将 WPS 文字、WPS 演示、WPS 表格、WPS PDF 等每个组件都显示独立图标,如图 4-26 所示。打开各个组件时,按文件类型分窗口组织文件标签,相同类型文件可进行拆分和组合,不同类型文件无法进行组合。

两种窗口管理模式切换具体操作步骤如下。

步骤一:打开“首页”窗口,单击“全局设置”按钮,在下拉菜单中单击“设置”按钮,如图 4-27 所示。

步骤二:单击“切换窗口管理模式”按钮,在弹出的对话框中选择“多组件模式”,如图 4-28 和图 4-29 所示,单击“确定”按钮,弹出“重启 WPS 使设置生效”对话框,确定即可完成转换。

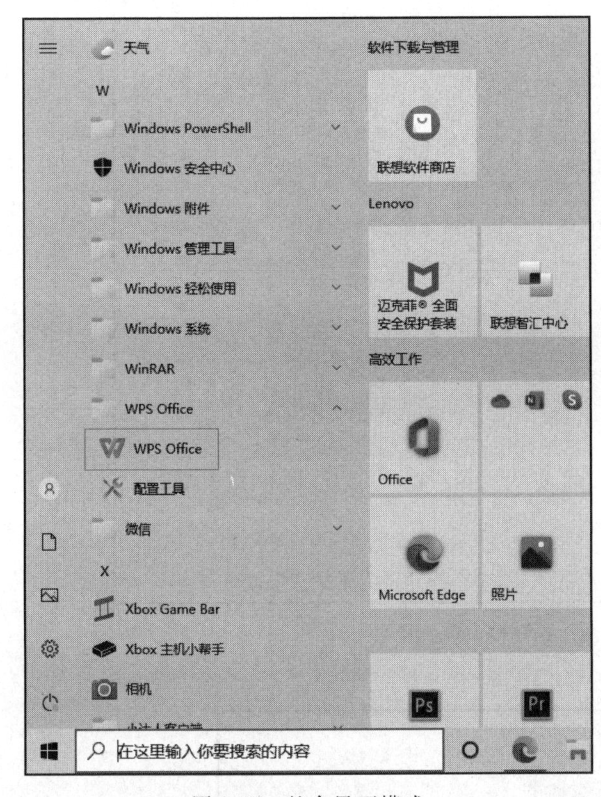

图 4-25　整合界面模式

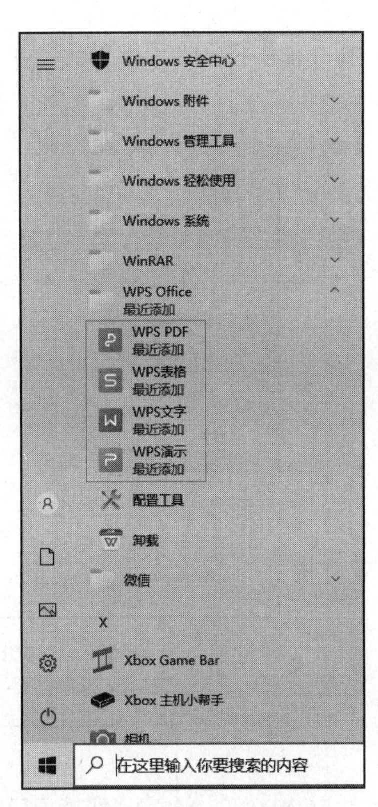

图 4-26　多组件分离模式

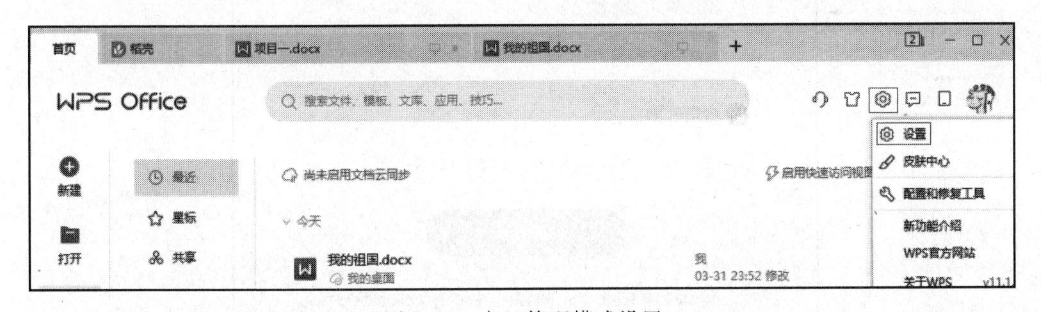

图 4-27　窗口管理模式设置

3. 标签的拆分与组合

整合界面模式，支持多窗口多标签的拆分和组合，操作也相对简单，如图 4-30 所示。

4. 保护文档

重要文档编辑完成后，为保护文档不被其他人查看和修改，需要我们对文档设置加密保护。

方法一：使用“文档权限”对文档进行保护。

在“审阅”选项卡中，单击“文档权限”按钮，在弹出的“文档权限”对话框中，单击开启“私密文档保护”(此操作需要登录 WPS 会员)，如图 4-31 所示，在弹出的“账号确认”对话框中选中“确认为本人账号，并了解该功能使用”复选框后，单击“开启保护”按钮，如图 4-32 所示，

图 4-28 切换窗口管理模式

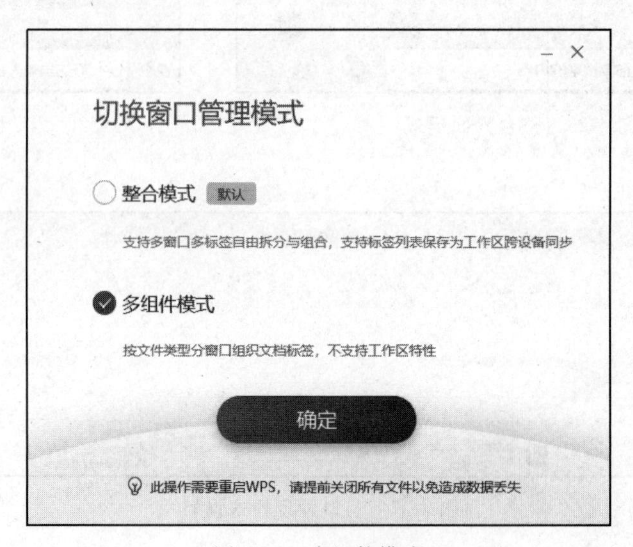

图 4-29 多组件模式

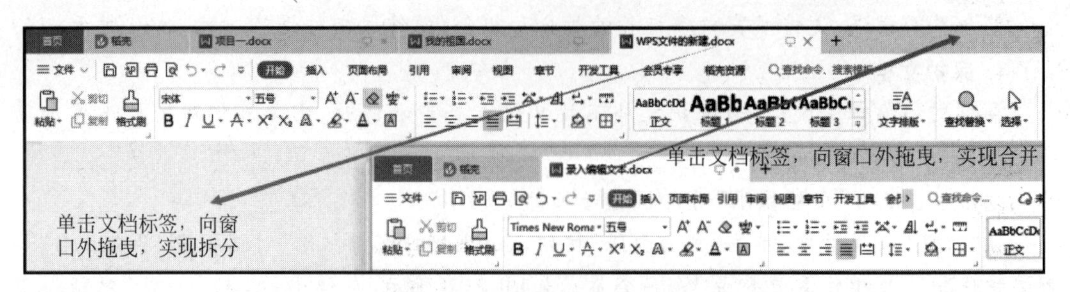

图 4-30 标签的拆分与组合

开启后,可以对文档进行隐私保护,如图4-33所示。

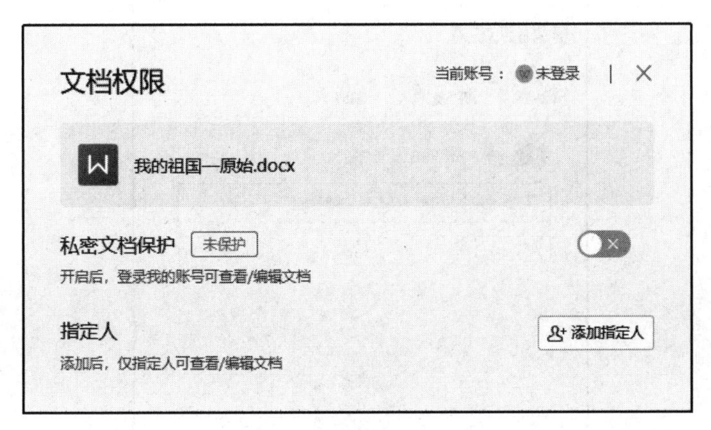

图4-31 “文档权限”对话框

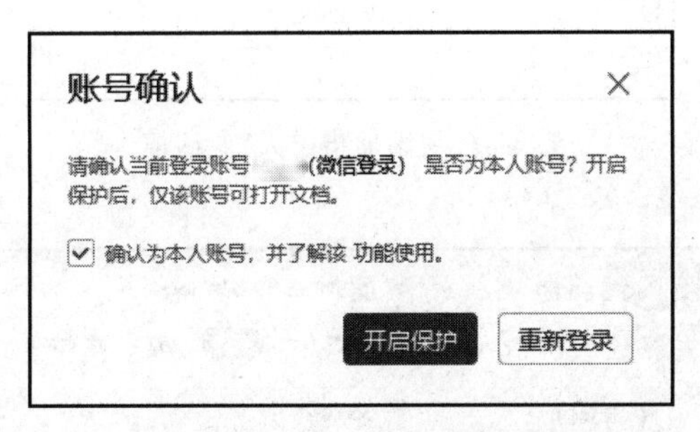

图4-32 “账号确认”对话框

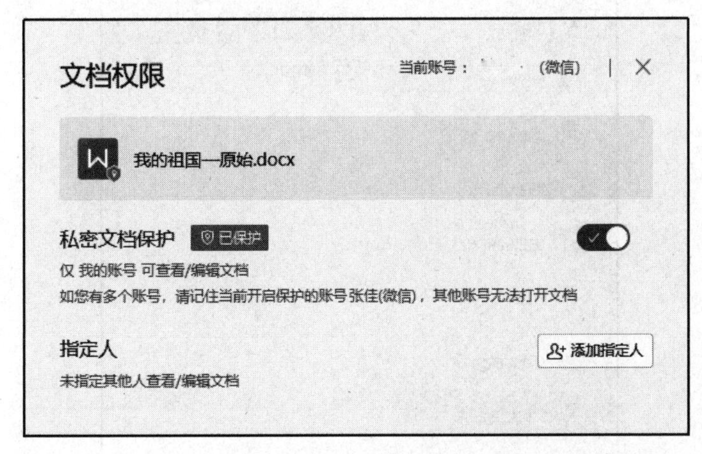

图4-33 “文档权限”对话框

被设置“私密文档保护”的文档也可以设置让指定的好友进行查看和编辑。开启保护后,在弹出的“文档权限”对话框中,单击“添加指定人”按钮,弹出相关窗口,如图4-34所示,可通过微信、WPS账号、邀请(复制链接)三种方式添加指定人员查看权限。

方法二:使用“文档加密”对文档进行保护。

单击“文件”菜单中的“文档加密”按钮,在子菜单中单击“密码加密”按钮,如图4-35所

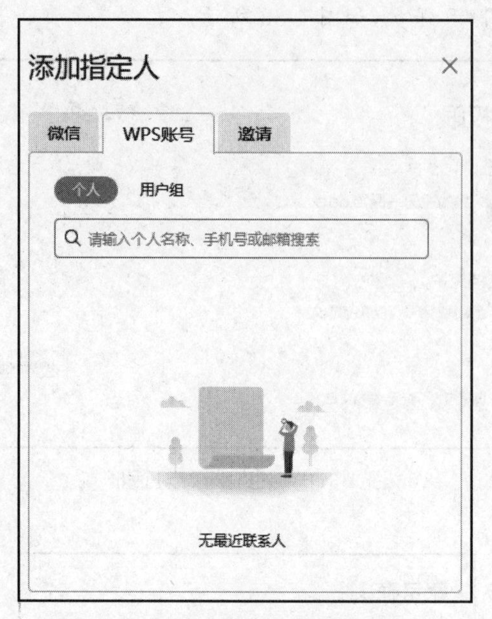

图 4-34 “添加指定人”对话框

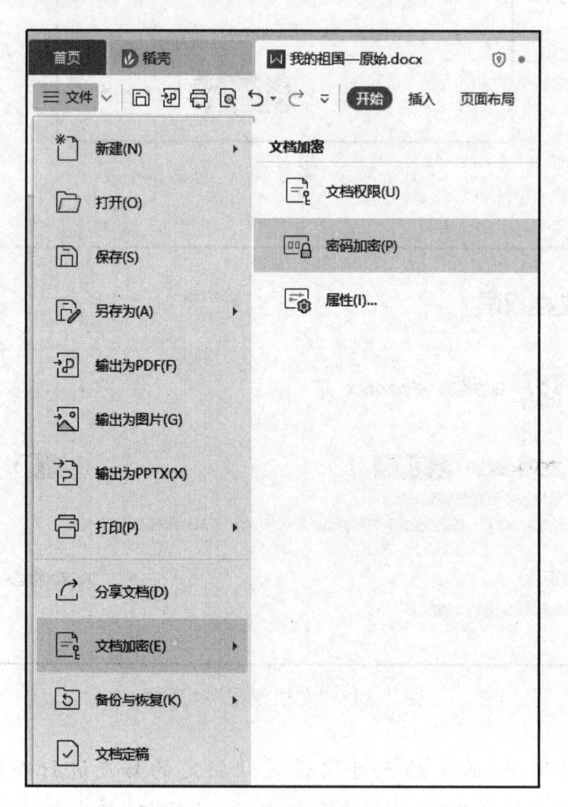

图 4-35 “文件”菜单下的“文档加密”

示，在弹出“密码加密”对话框后，即可进行“打开权限”和“编辑权限”的密码设置，单击“应用”按钮即可完成密码设置，如图 4-36 所示。

密码加密

单击 高级 可选择不同的加密类型，设置不同级别的密码保护。

打开权限

打开文件密码(O)：

再次输入密码(P)：

密码提示(H)：

编辑权限

修改文件密码(M)：

再次输入密码(R)：

请妥善保管密码，一旦遗忘，则无法恢复。

应用

图 4-36　设置密码

密码设置完成后，再次打开文档，则需要输入密码，如图 4-37 所示。如果要取消密码保护，只需要再次打开“密码加密”对话框，将密码删除，单击“应用”按钮即可。

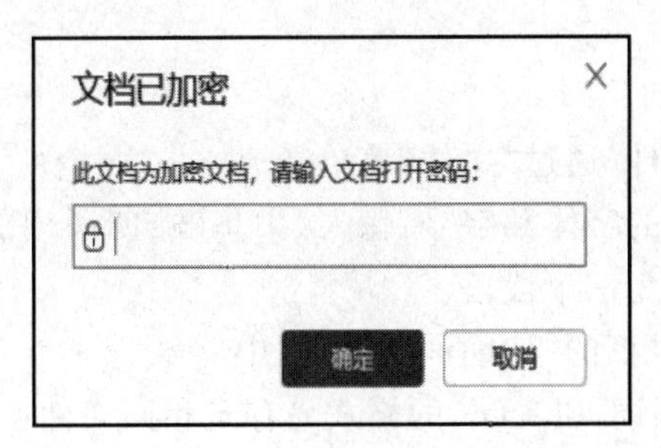

图 4-37　输入密码打开文档

项目评价

评价指标	评价要素及权重	自评 30%	组评 30%	师评 40%
学习任务完成情况	了解 WPS 文字窗口界面(20 分)			
	通过“文件”菜单新建空白文档(20 分)			
	在规定时间内完成文字的录入(30 分)			
	保存文档至指定位置(10 分)			
	打开指定文档(10 分)			
	关闭文档(10 分)			
合计				
总分				

闯关检测

1. 理论题

(1) 以下(　　)是文字处理软件。

A. WPS 文字　　B. WPS 表格　　C. Windows　　D. Flash

(2) 在 WPS 窗口中,(　　)操作不能创建新文档。

A. 单击"文件"菜单中的"新建"命令

B. 单击"快速访问工具栏"中的"新建"按钮

C. Ctrl+N 组合键

D. 单击"快速访问工具栏"中的"打开"按钮

(3) 在 WPS 窗口的文本编辑区内,有一条闪动的竖线,它表示(　　)。

A. 文章结尾符　　B. 插入点,可在该处输入字符

C. 鼠标光标　　D. 字符选取标志

(4) 在 WPS 文字中,当前文档存盘操作的键盘命令是(　　)。

A. Ctrl+S　　B. Ctrl+C　　C. Ctrl+V　　D. Ctrl+I

(5) 在 WPS 文字中,按(　　)组合键可以进行输入法的切换。

A. Ctrl+Space　　B. Shift+Space　　C. Alt+Space　　D. Ctrl+Shift

2. 上机实训题

1) 操作要求

(1) 启动 WPS 文字软件,通过"文件"菜单新建空白文档。

(2) 以 WPS 文字默认的字体和字号,输入《中华颂》朗诵词的内容,标点符号在中文全角状态下输入,每一个断句为一个段落。

(3) 保存至 E 盘根目录下的"诗朗诵"文件夹中。

(4) 打开《中华颂》朗诵词,以 PDF 的格式另存至相同文件夹中。

2) 操作步骤

(1) 双击桌面 WPS Office 图标,在"新建"命令下选择"新建文字",在模板列表中单击"空白文档"按钮,创建标签名称为"文字文稿 1"的空白文档。

(2) 输入文字前,单击屏幕右下方输入法图标,选择"搜狗拼音输入法",在"字体"功能组中单击"拼音指南"下拉菜单中的"更改大小写"按钮,在弹出的对话框中选择"全角",单击"确定"按钮。即可输入文本内容。

(3) 选择"文件"菜单中的"保存"命令,在弹出的"另存文件"对话框中选择"我的电脑"→"E 盘"→"诗朗诵"文件夹;文件名: 我的祖国;文件类型: .docx。

(4) 进入《中华颂》文件存放路径,双击打开文件,选择"文件"菜单中的"另存为"命令,在弹出的"另存文件"对话框中选择"我的电脑"→"E 盘"→"诗朗诵"文件夹;文件名: 我的祖国;文件类型: .pdf。

编辑诗朗诵《我的祖国》——简单文本的编辑

教学视频　项目素材

项目描述

通过前一任务的学习，我们掌握了新建、打开、录入文字、保存等操作，顺利地完成了诗朗诵的初稿，但编辑文档不只是输入文字，还需要进行简单地编辑，使文档内容层次分明、格式规范标准、排版简洁美观，本项目主要学习 WPS 文字的简单文本编辑。

文本编辑的过程，主要是让学生用精益求精的工匠精神，激发创新和改造意识，在未来的职业生涯中，遵循职业道德标准，用干劲、闯劲做新时代的接力者和奋斗者。

本项目对应 WPS 办公应用职业等级证书知识点。

(1) 理解视图模式，并能够使用常用的视图模式。

(2) 掌握工具栏中相关操作编辑文字。

(3) 掌握字体和字符间距的设置。

(4) 掌握段落的格式设置。

(5) 能够使用打印预览查看效果并进行文档的打印。

项目分解

本项目分为六个任务完成。任务一是设置文本格式；任务二是设置段落格式；任务三是添加边框和底纹；任务四是添加项目符号和编号；任务五是设置视图界面；任务六是查找和替换应用。具体制作思路如图 5-1 所示。

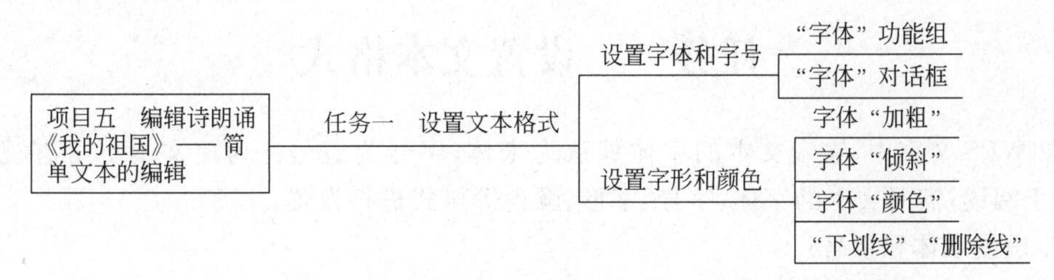

图 5-1 "编辑诗朗诵《我的祖国》——简单文本的编辑"项目制作思路

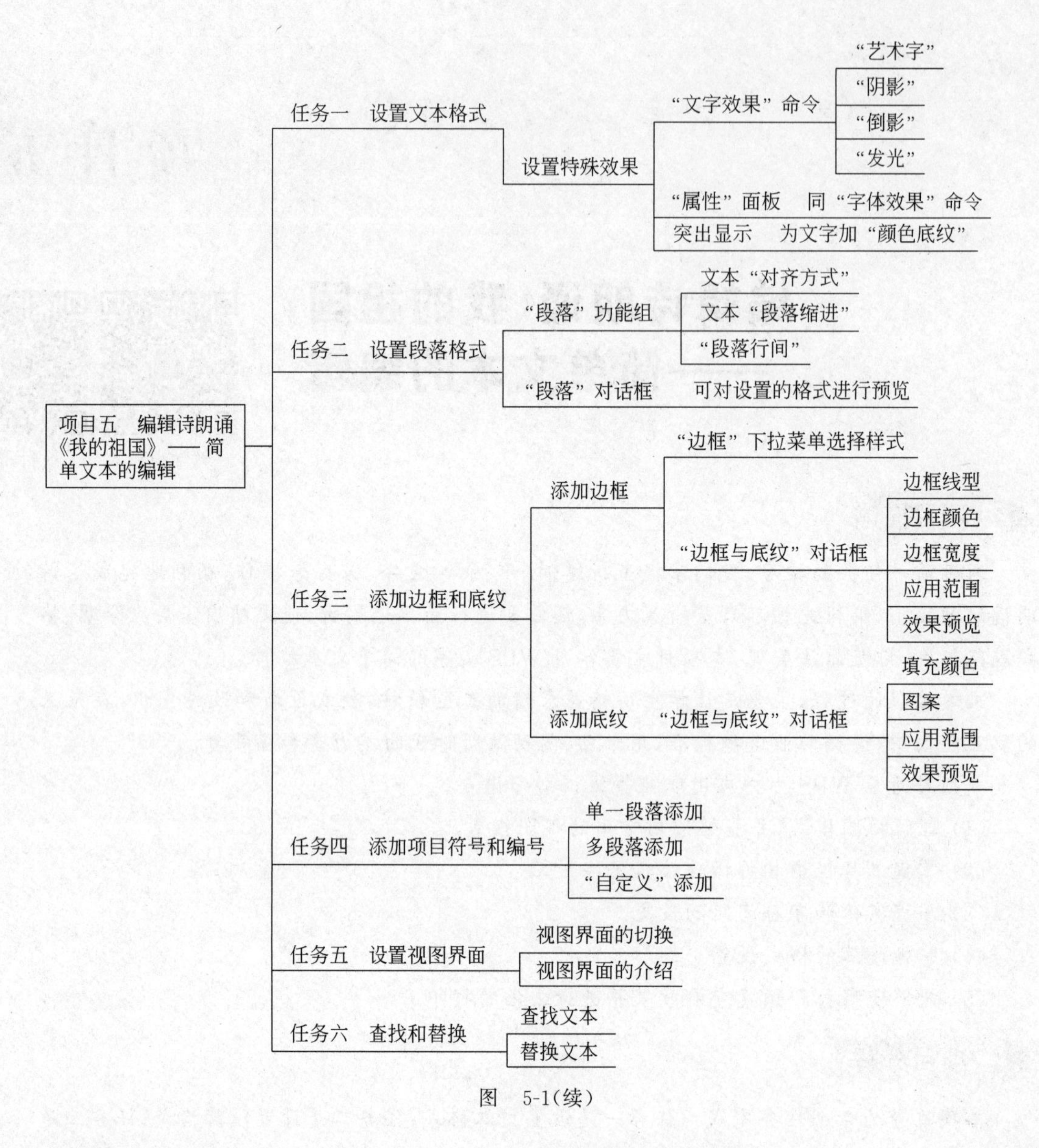

图 5-1(续)

任务一 设置文本格式

在WPS文字中,输入文本的字体默认为宋体,字号为五号。为使文本更富有视觉效果,便于阅读,需对文本的字体、字号、字形、颜色等格式进行设置。

1. 设置字体和字号

方法一:选中需要设置字体和字号的文本,在“开始”选项卡的“字体”功能组中单击“字体”和“字号”按钮,选择所需字体和字号。在本项目中,将标题字体设置为华文中宋,字号为二号;正文字体设置为仿宋,字号为小三号,如图5-2所示。

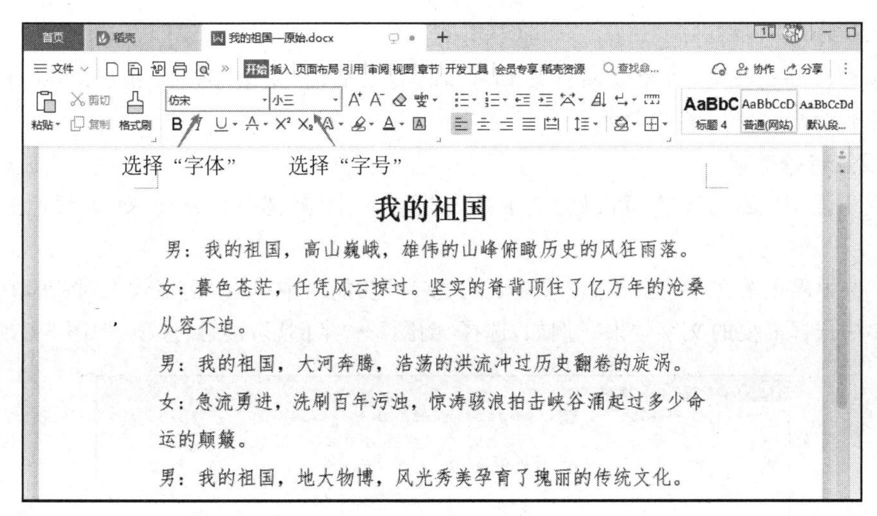

图 5-2 字体和字号的设置

方法二：选中需要设置字体和字号的文本，单击"字体"功能组右下角的小折角，在弹出的"字体"对话框中选择所需字体和字号，如图 5-3 所示。预览区域可查看设置的字体效果，设置完成，单击"确定"按钮关闭对话框。

2. 设置字形和颜色

在"开始"选项卡的"字体"功能组中单击相应按钮可以实现字体加粗、设置字体颜色、文字倾斜等相关操作，如图 5-4 所示。选项组中按钮显示灰色底纹为选中状态，可对选中文本进行相应设置，再次单击，选中文本恢复原字形。

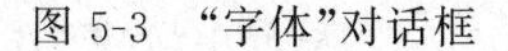

图 5-3 "字体"对话框

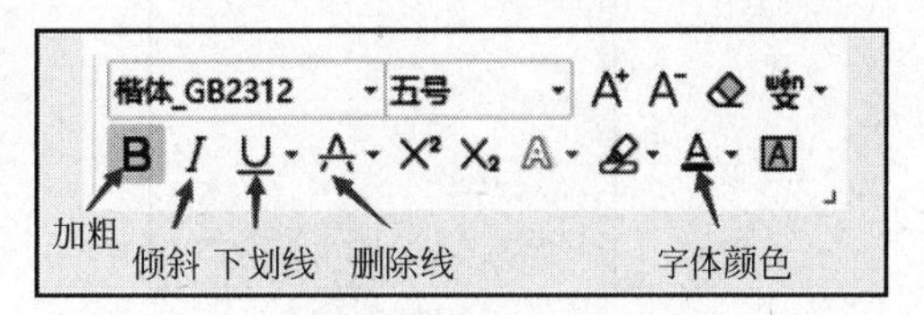

图 5-4 "字体"选项组

技巧提示

在编辑文档过程中，选中需编辑文本内容的右上角，会显示浮动工具栏，单击该工具栏中的相应按钮即可进行文字格式设置。

3. 设置特殊效果

为突出强调某部分文本，可以为文本添加艺术字、阴影、倒影、发光、底纹颜色等特殊文字效果。

(1) 选中需设置文本，在“开始”选项卡的“字体”功能组中单击“文字效果”按钮，在弹出的下拉菜单中选择需要的文字效果。例如，选择“倒影”→“半倒影，接触”选项，如图 5-5 所示。

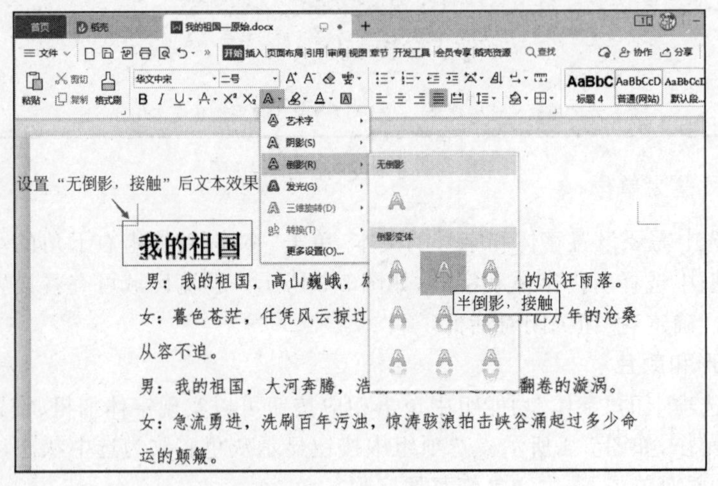

图 5-5 “艺术字”菜单

(2) 单击“文字效果”下拉菜单最下方的“更多设置”按钮，在文字编辑区右端出现“属性”面板，可自定义进行文字效果的设置，如图 5-6 和图 5-7 所示。

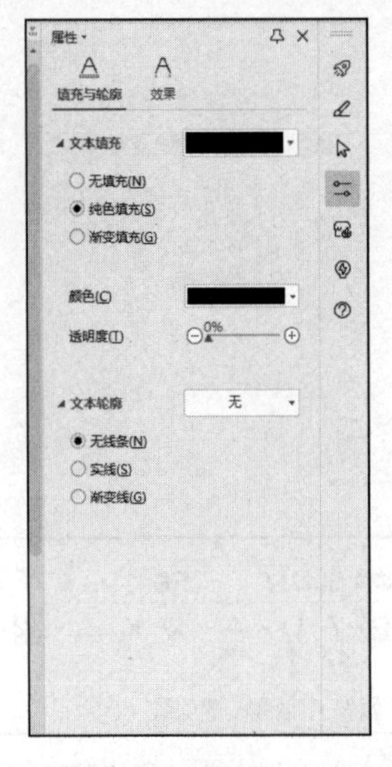

图 5-6 “属性”中“填充与轮廓”选项卡

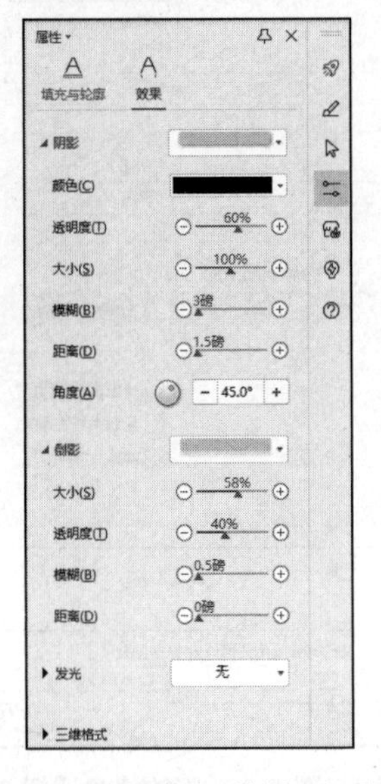

图 5-7 “属性”中“效果”选项卡

(3) 单击“字体”功能组中的“突出显示”按钮 ，可以给选定文字加上颜色底纹，凸显文字内容，如图5-8所示。

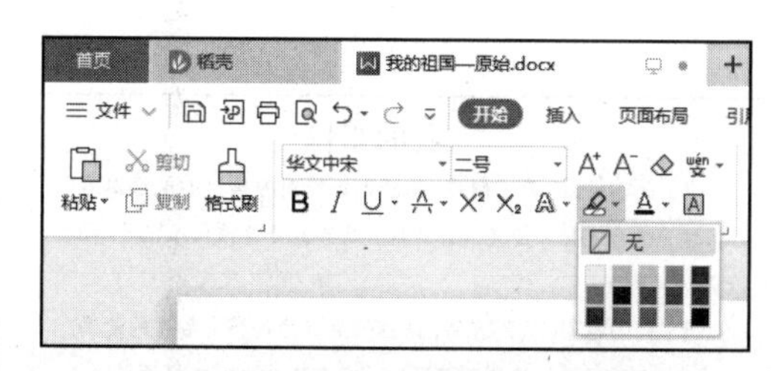

图5-8　“突出显示”颜色列表

任务二　设置段落格式

对文本以段落为单位，进行对齐方式、段落缩进、段落行间距等相关格式设置，使文本排列规整，层次分明。

(1) 对齐方式：在“开始”选项卡的“段落”功能组中有左对齐、右对齐、居中对齐、两端对齐、分散对齐5种对齐方式。选中需进行文本对齐设置的段落或者将光标定位到某个段落中，进行设置。

(2) 段落缩进：用于调整文档正文与页边距之间的距离，可以使文档结构更加清晰。通常情况下，设置正文中每个段落首行缩进2字符。

(3) 段落行间距：可分为段落中行与行之间距离和两个段落之间的间距两种设置。

方法一：在“开始”选项卡的“段落”功能组中，选中需进行设置的段落文本，选择相关命令按钮，如图5-9所示。

方法二：单击“段落”功能组右下角小折角或者右击空白处，在显示的菜单中单击“段落”按钮，在弹出的“段落”对话框中进行设置，如图5-10所示。

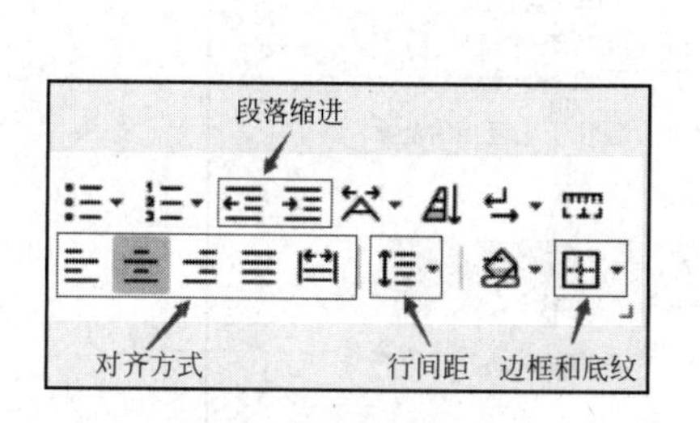

图5-9　“段落”功能组

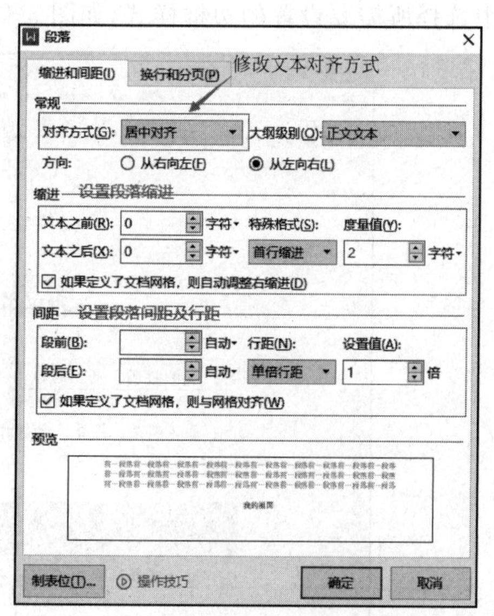

图5-10　“段落”对话框

将《我的祖国》文本的对齐方式标题设置为“居中对齐”，正文设置为“左对齐”；正文部分段落缩进设置为“首行缩进，2 字符”；整个文档行距设置为“固定值”，28 磅，设置后效果如图 5-11 所示。

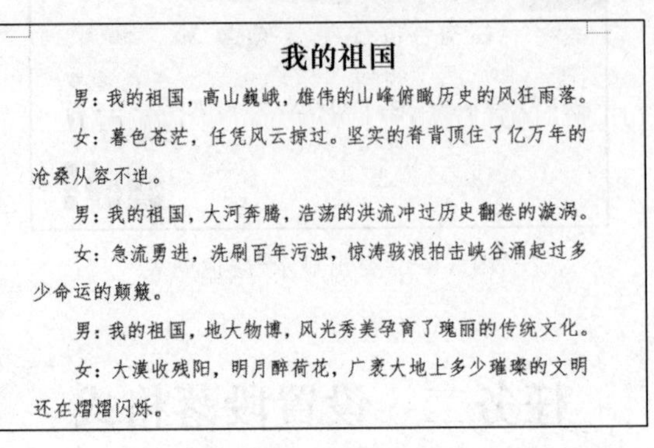
我的祖国

男：我的祖国，高山巍峨，雄伟的山峰俯瞰历史的风狂雨落。

女：暮色苍茫，任凭风云掠过。坚实的脊背顶住了亿万年的沧桑从容不迫。

男：我的祖国，大河奔腾，浩荡的洪流冲过历史翻卷的漩涡。

女：急流勇进，洗刷百年污浊，惊涛骇浪拍击峡谷涌起过多少命运的颠簸。

男：我的祖国，地大物博，风光秀美孕育了瑰丽的传统文化。

女：大漠收残阳，明月醉荷花，广袤大地上多少璀璨的文明还在熠熠闪烁。

图 5-11　效果展示

技巧提示

文本的段落间距可以通过“段落”对话框中“间距”选项的“段前”“段后”进行设置。段前表示段落首行之前的空白高度，段后表示段落末行的空白高度。

任务三　添加边框和底纹

在文档中，为更清晰地区分段落层次，明确角色分工（如朗诵词），可为段落文本设置边框和底纹。

1. 添加边框

(1) 选中需设置的文本，在“开始”选项卡的“字体”功能组中单击“边框”按钮⊞，在下拉列表中选择所需要设置的边框样式，如图 5-12 所示。

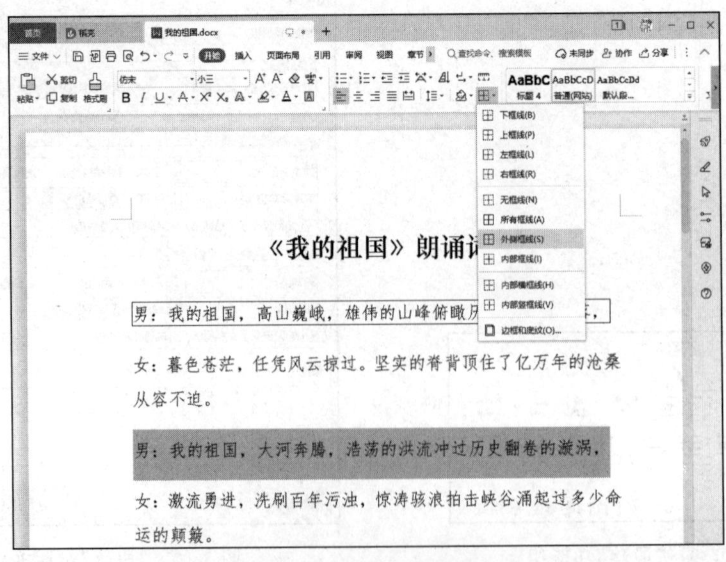

图 5-12　“边框”下拉菜单

(2) 单击“边框”按钮，在下拉列表框菜单中选择“边框与底纹”选项，弹出“边框和底纹”对话框，如图 5-13 所示，可对段落和页面边框的线型、颜色、宽度进行设置，并对设置情况进行预览。

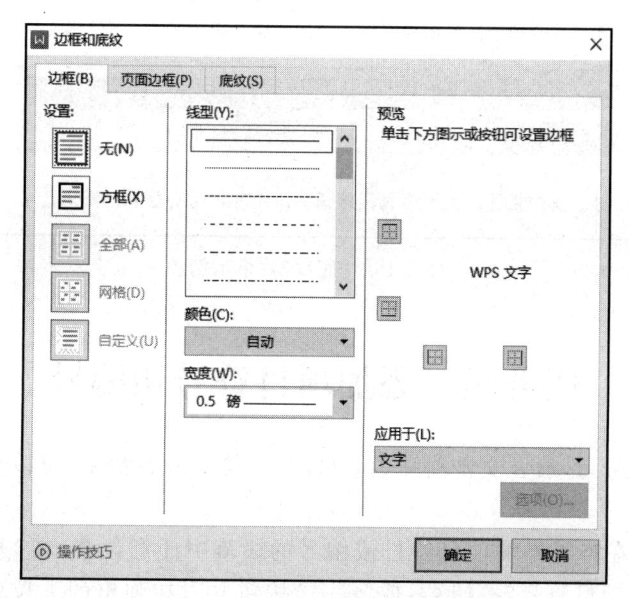

图 5-13　“边框和底纹”对话框

(3) 边框应用范围可设置“应用于”“文字”或“段落”中，不同方式应用效果如图 5-14 所示。

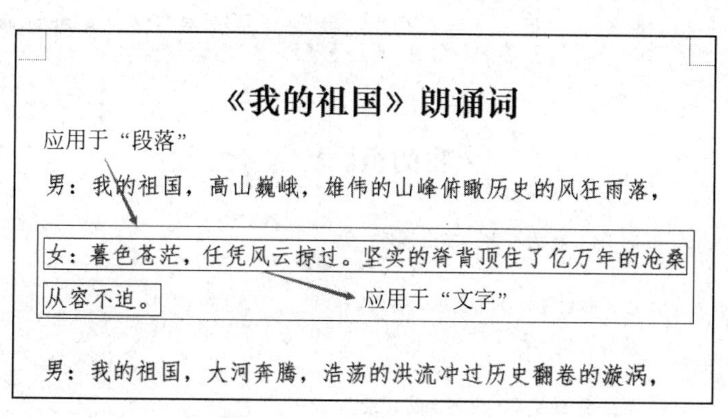

图 5-14　“边框”效果示例

2. 添加底纹

在“边框和底纹”对话框中切换到“底纹”选项卡，可以设置底纹的颜色、图案样式和图案的颜色，应用范围与边框相同，适用于“文字”或“段落”中，不同方式应用效果如图 5-15 所示。

技巧提示

“开始”选项卡的“字体”功能组中有“字符底纹”的按钮A，单击该按钮可以方便快速地为选中的文字设置底纹，但仅能应用于文字，底纹颜色为灰色，无法设置其他颜色。再无特殊要求情况下，使用此种方法简单快捷。

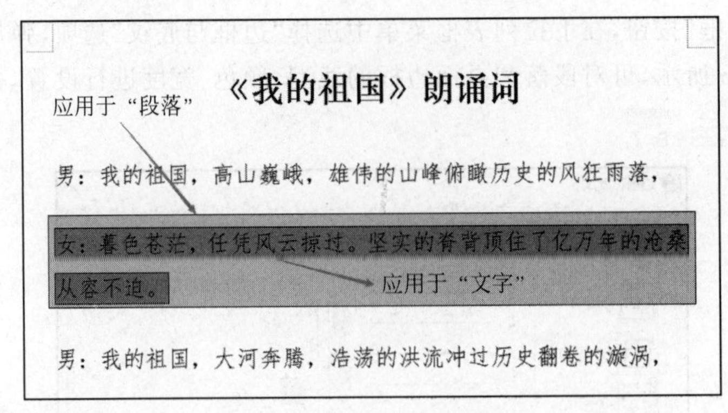

图 5-15 “底纹”效果示例

任务四 添加项目符号和编号

项目符号和编号，是放在文本前强调效果的点、符号或者数字，可以使文档的结构层次更清晰、更有条理。

(1) 将光标放在需要添加项目符号或编号的段落中任意位置，在“开始”选项卡的“段落”功能组中单击“项目符号”按钮 ☰ 或“编号”按钮 ☰，在弹出的下拉列表中选择所需要的样式，如图 5-16 和图 5-17 所示，可在所选所有段落左侧添加指定的项目符号或编号。

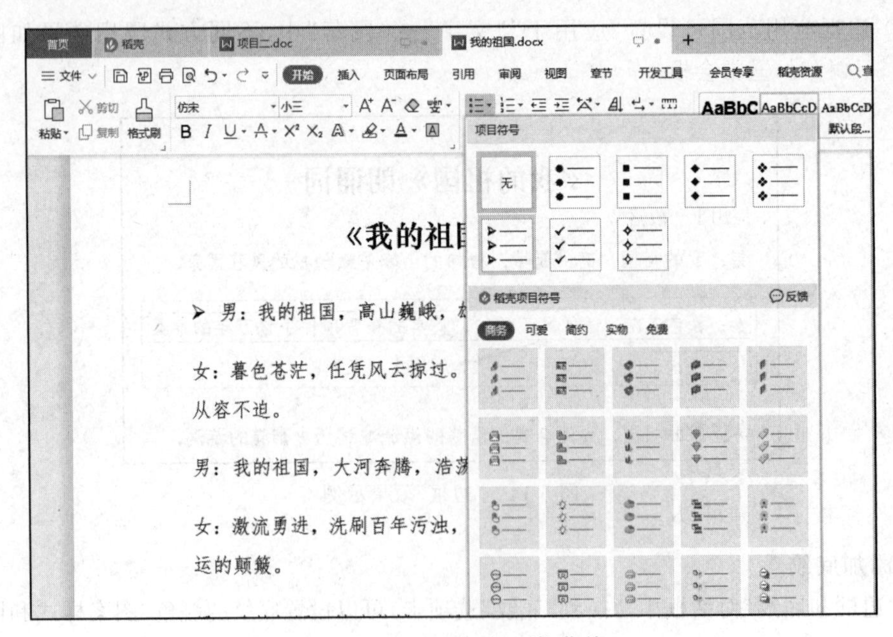

图 5-16 “项目符号”下拉菜单

(2) 如为多个段落添加项目符号或编号，则选中所有段落，选择所需样式，即可在所有段落左侧添加指定的项目符号或编号。

如果下拉菜单中没有需要的样式，可以单击菜单最下端的“自定义”按钮，选择项目符号或编号。

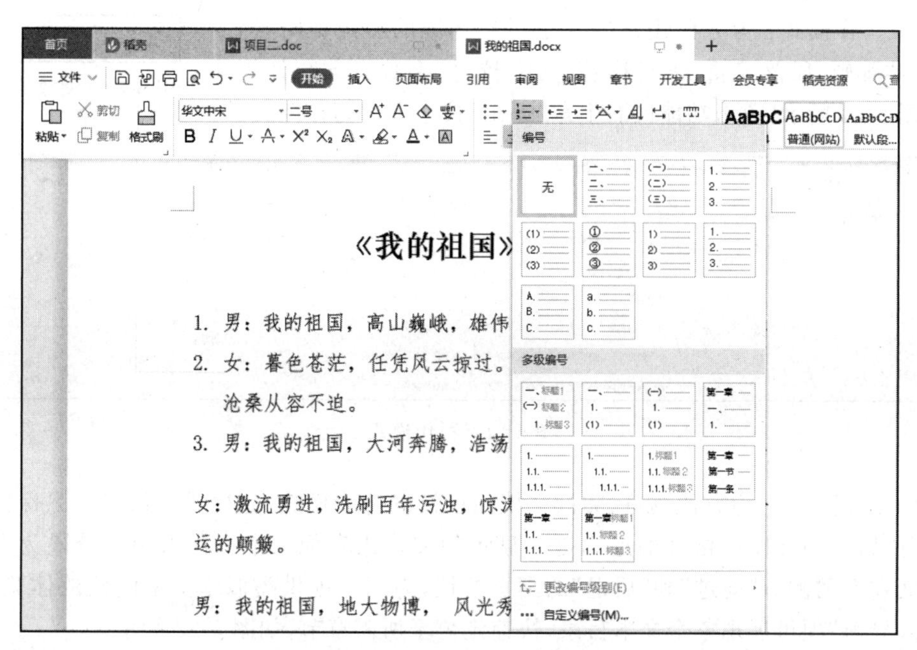

图 5-17　“编号”下拉菜单

任务五　设置视图界面

编辑文档时，通常会根据不同的需要，切换文档视图在屏幕中的显示。在“视图”选项卡下可以看到 WPS 文字有 6 种视图模式，单击相应模式命令按钮即可进行切换，如图 5-18 所示。

图 5-18　视图模式

(1) 页面：是 WPS 文字默认的视图显示方式，文档的编辑操作都在此视图下进行，显示基本的文字信息，是实际输出打印在纸张上的效果。

(2) 全屏显示：整个屏幕最大化的显示文档内容，所有功能区都进行隐藏，如图 5-19 所示。窗口右上角显示具有“缩放比例”和“退出”功能的缩放工具栏，如图 5-20 所示。单击“退出”按钮或 Esc 键可以退出该模式。

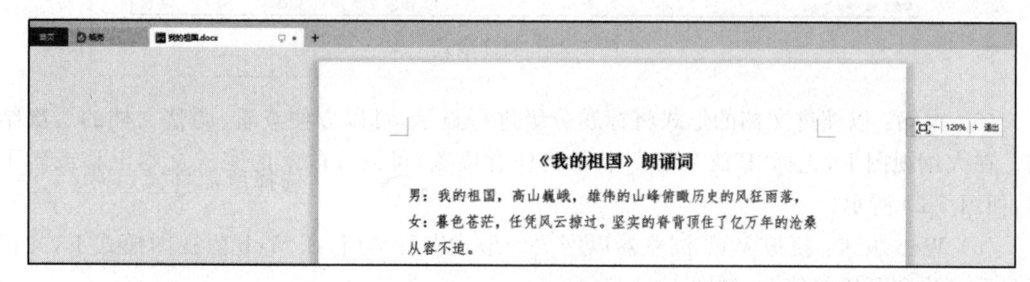

图 5-19　全屏显示

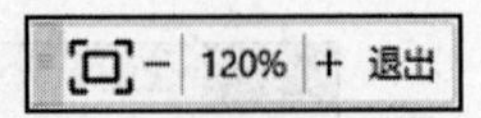

图 5-20　缩放工具栏

(3) 写作模式：为方便用户专注于写作环境的特定编辑模式，提供字体编辑、段落编辑、素材推荐、文字校对、字数页数统计等功能，如图 5-21 所示，单击功能区右上角“退出”按钮退出写作模式。

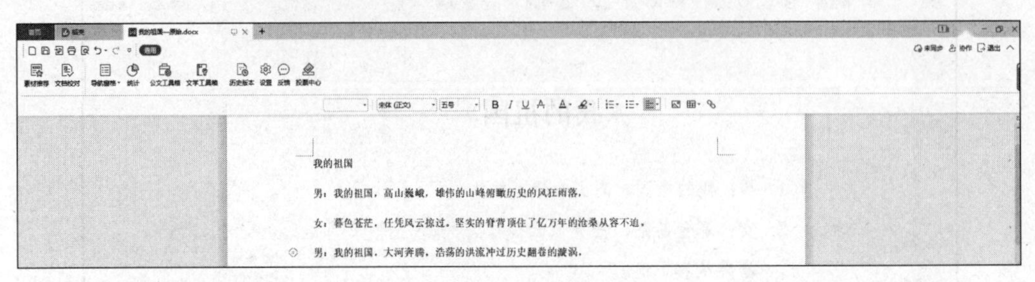

图 5-21　写作模式

(4) 阅读版式：为方便浏览、阅读文档而设计的视图模式，此模式默认页面只保留方便在文档中跳转的导航窗格外的退出键。显示的文档内容像书本一样由中线分隔为左右两页，页面左右两侧有“前进”和“后退”的翻页按钮，为用户提供类似于书本阅读的体验，左上角“目录导航”项可展现整个文本目录，快速定位至所需章节，如图 5-22 所示。

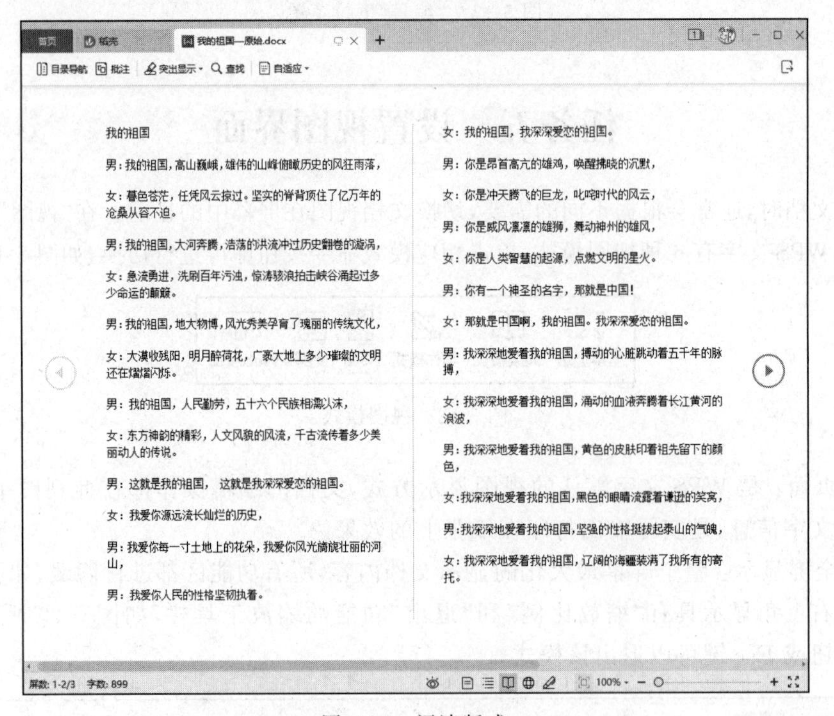

图 5-22　阅读版式

(5) 大纲：以缩进文档的形式将标题分级进行显示，可以方便查看、调整文档的层次结构。在大纲视图下，光标“I”放在某一个段路任意位置，可以成段落的完成文本上移或者下移，如图 5-23 所示。

(6) Web 版式：模拟 Web 浏览器以网页的形式查看文档，在 Web 版视图模式下，文档不显示页眉和页码等信息，如图 5-24 所示。

图 5-23　大纲视图

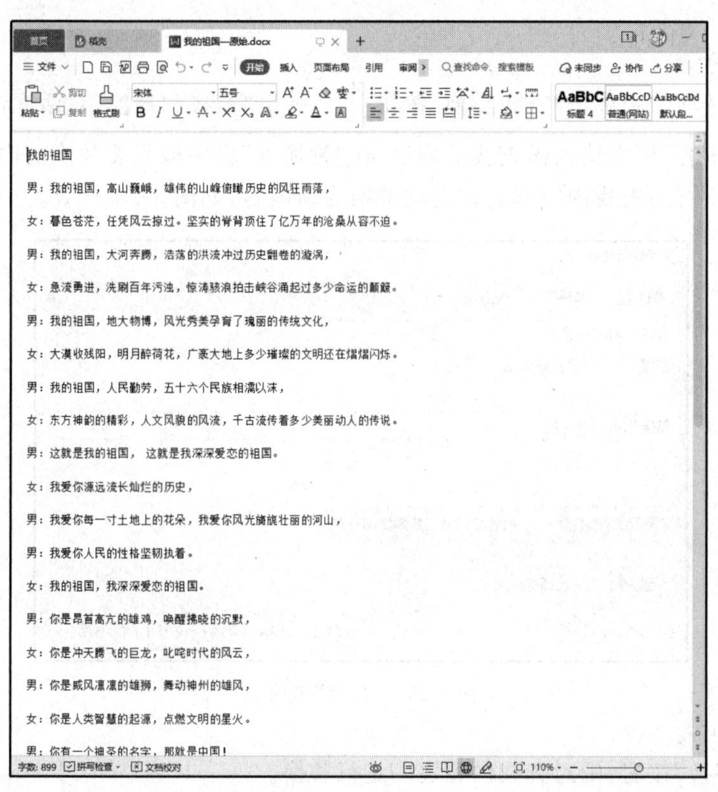

图 5-24　Web 版式

任务六　查找和替换

WPS 的查找和替换功能十分强大，可以快速地定位指定内容在文档中的位置，并对相同的内容进行批量替换，方便高效。

1. 查找文本

单击“开始”选项卡中的“查找替换”按钮 查找替换，弹出“查找和替换”对话框，选择“查找”选项卡，输入“查找内容”，单击“查找上一处”或“查找下一处”按钮，即可完成查找，如图 5-25 所示。

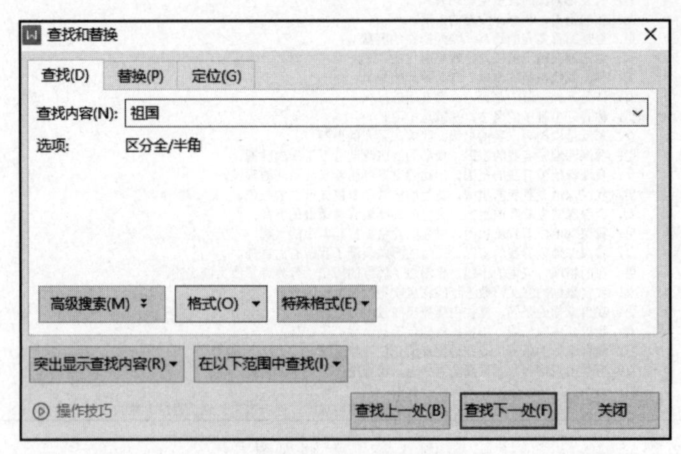

图 5-25　“查找”选项卡

2. 替换文本

在“开始”选项卡中单击“查找替换”按钮 查找替换，弹出“查找和替换”对话框，选择“替换”选项卡，在“查找内容”框中输入需查找的内容，在“替换为”框中输入要替换的内容，单击“全部替换”按钮，则所有的查找内容都会被自动替换为新内容，如图 5-26 所示。

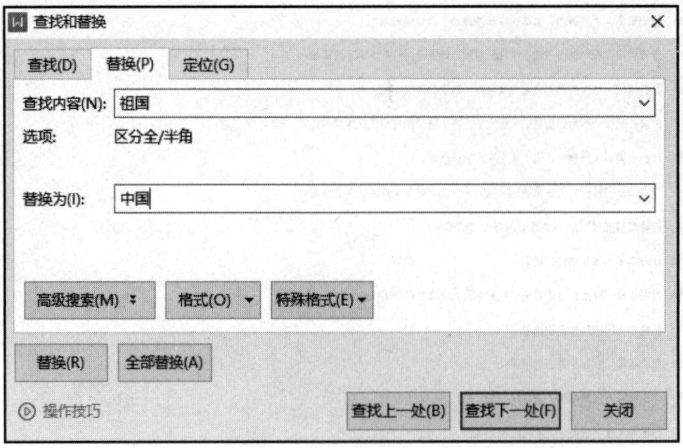

图 5-26　“替换”选项卡

若单击“替换”按钮，则对查找内容逐一进行替换。

若单击“查找下一处”按钮，则只进行内容查找而不执行替换操作。

知识链接

1. 选中文本

对文本字体、段落格式设置、内容编辑时，需要选择单个字符或者某段内容进行选中操作。

(1) 选取任意文本：将插入点光标“I”放置在需要选中文本的左侧，按住鼠标左键拖动至需选取文本右侧释放鼠标左键，选中的文本显示灰色背景。

(2) 选取词组：将插入点光标“I”放置在需要选取词语的中间，双击鼠标选中。

(3) 选取行：将鼠标放在行左侧空白区域，当鼠标变成“箭头”图标时，单击选中。

(4) 选取段落：将鼠标放在行左侧空白区域，当鼠标变成“箭头”图标时，双击选中；或者将鼠标放至段落中任意位置，快速单击三次选中。

(5) 选取整篇文档：将鼠标放在行左侧空白区域，当鼠标变成“箭头”图标时，快速单击三次选中；或者使用 Ctrl＋A 组合键。

2. 复制和粘贴文本

文本编辑过程中，相同文本可以通过“复制”“粘贴”命令快速完成，无须手动重复输入，可提高工作效率。

1) 复制文本

选取需要复制的文本(参照选取任意文本方法)。

方法一：单击“开始”选项卡的复制/粘贴功能区中的“复制”按钮 复制，如图 5-27 所示。

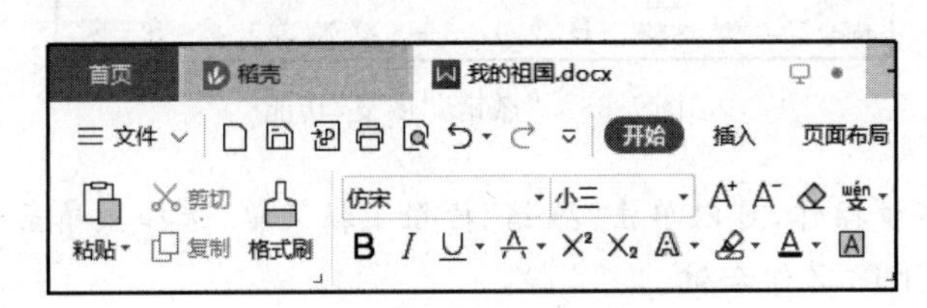

图 5-27　“复制/粘贴”功能区

方法二：右击，在弹出的菜单中单击“复制”按钮。

方法三：在选中文本右上角弹出的浮动工具栏中单击“复制”按钮。

方法四：使用 Ctrl＋C 组合键。

2) 粘贴文本

将插入点光标“I”定位至要粘贴文本的位置，进行“粘贴”操作。

方法一：单击“开始”选项卡的复制/粘贴功能区中的“粘贴”按钮 粘贴，如图 5-26 所示。

方法二：右击，在弹出的菜单中单击“粘贴”按钮。

方法三：在选中文本右上角弹出的浮动工具栏中单击“粘贴”图标。

方法四：使用 Ctrl＋V 组合键。

3. 剪切文本

“剪切”命令是将文本内容从一个位置移动到另外一个位置。“剪切”命令和“复制”命令不同之处在于，执行“剪切”命令的文本内容在原来位置消失；执行“复制”命令的文本内容在原来位置依然存在。

方法一：单击“开始”选项卡的复制/粘贴功能区中的“剪切”按钮✂剪切，如图5-26所示。

方法二：右击，在弹出的菜单中单击“剪切”按钮。

方法三：在选中文本右上角弹出的浮动工具栏中单击“剪切”图标。

方法四：使用Ctrl+X组合键。

完成“剪切”命令后，再执行“粘贴”命令，即可完成文本内位置的变换。

4. 删除文本

文本内容在编辑过程中出现重复或错误时，需要将其删除。

方法一：选中需要删除的文本，按BackSpace键或者Delete键。

方法二：将插入点光标“I”放置在需要删除文本处，按BackSpace键可以逐个删除插入点之前的字符，按Delete键则逐个删除插入点之后的字符。

5. 撤销与恢复文本

文本内容在编辑过程中，出现因失误导致删除文字的操作或者思路变化需要恢复文本原内容，为避免再次重复编辑，可以使用“撤销”功能。

方法一：单击“快速访问工具栏”中的“撤销”按钮↶·，如图5-28所示，取消上一次或者多次的操作，如果要撤销多步操作，可通过连续单击实现。

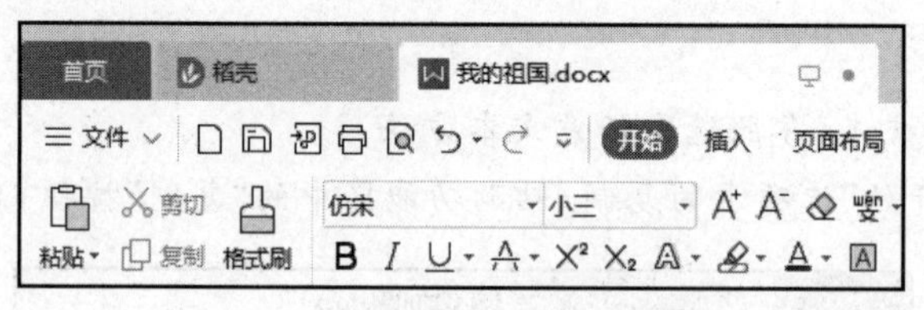

图5-28 “撤销”“恢复”功能

方法二：撤销多步操作，可以单击“撤销”按钮下拉菜单，选择撤销至哪一步操作。

方法三：使用Ctrl+Z组合键。

执行“撤销”命令后，如果需要恢复已撤销的操作，可以使用“恢复”命令。

方法一：单击“快速访问工具栏”中的“恢复”按钮↷，如图5-27所示，恢复上一次或者多次的操作，如果要恢复多步操作，可通过连续单击实现。

方法二：使用Ctrl+Y组合键。

6. 打印文档

文档经过录入、编辑后，可以连接打印机将文档打印出来使用。

方法一：

(1) 打开“文件”菜单，在下拉列表中，将鼠标放置在“打印”按钮上，出现打印、高级打印、打印预览三个选项，如图5-29所示。

(2) 单击“打印预览”按钮，进入打印预览界面，方便查看打印文档的编排情况。如文档无须修改，选择打印机、设置纸张类型、份数、打印方式后，单击“直接打印”按钮即可打印，如图5-30所示。

方法二：如文档无须预览，可直接打开“开始”菜单，单击“打印”按钮或者快速访问工具栏中的“打印”按钮，打开“打印”对话框，如图5-31所示，根据打印需要进行设置后，单击“确定”按钮即可打印。

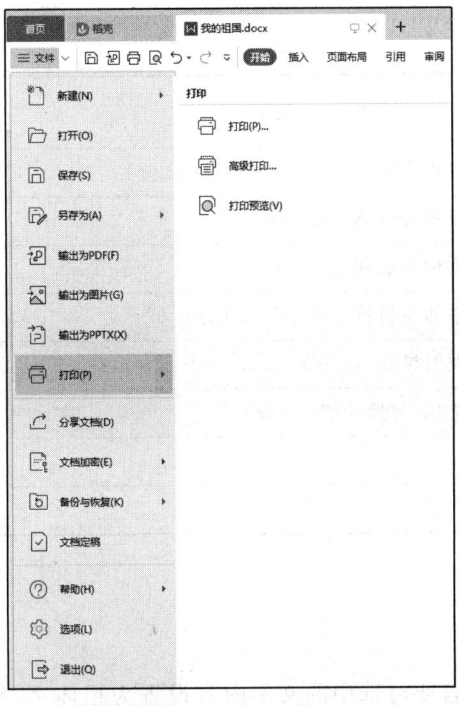

图 5-29 “打印”菜单

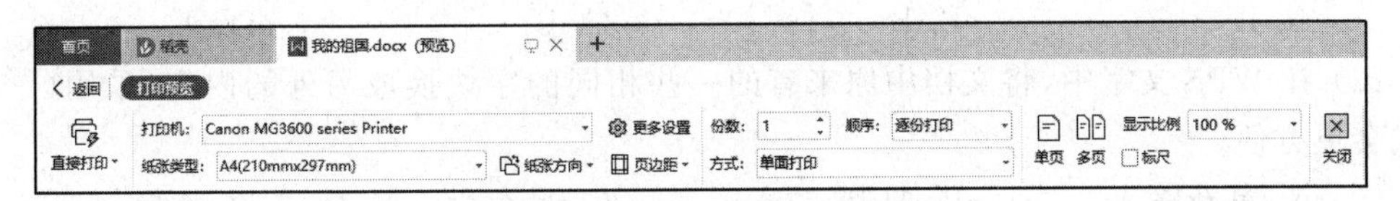

图 5-30 “打印预览”对话框

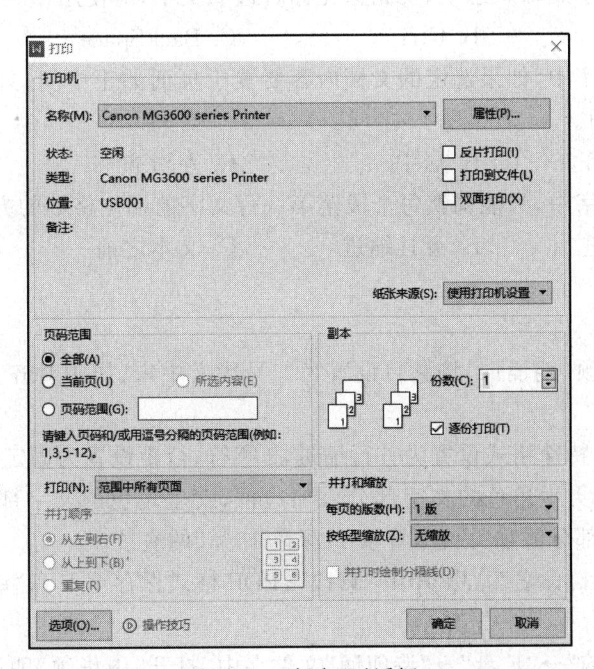

图 5-31 “打印”对话框

项目评价

评价指标	评价要素及权重	自评 30%	组评 30%	师评 40%
学习任务完成情况	能对文档设置字体、字号、字形、颜色(20 分)			
	能对文档设置段落格式(20 分)			
	能对文档添加边框和底纹(20 分)			
	能对文档添加项目符号和编号(20 分)			
	了解 6 种视图界面(10 分)			
	能够应用查找/替换功能(10 分)			
合计				
总分				

闯关检测

1. 理论题

(1) 在 WPS 文字中,若要将选中的文本内容设置为粗体字,则需要单击“字体”功能组中的(　　)按钮。

A. L　　B. B　　C. U　　D. A

(2) 在 WPS 文字中,将文档中原来有的一些相同的字块换成另外的内容,采用(　　)方式会更方便。

A. 重新输入　　B. 复制　　C. 另存为　　D. 替换

(3) 在 WPS 文字编辑状态下,要删除光标右边的文字,应使用(　　)键。

A. Delete　　B. Ctrl　　C. BackSpace　　D. Alt

(4) 在 WPS 文字中,如果选定的文档内容要置于页面的正中间,只需要单击“段落”功能组中的(　　)按钮。

A. 两端对齐　　B. 居中　　C. 左对齐　　D. 右对齐

(5) 在 WPS 文字中,只能调整每个段落第一行文字前端空格数的方式是(　　)。

A. 首行缩进　　B. 悬挂缩进　　C. 文本之前　　D. 文本之后

2. 上机实训题

1) 操作要求

(1) 打开《中华颂》朗诵词,将题目设置为二号华文中宋、居中对齐;正文文本设置为三号仿宋。

(2) 将正文文本特殊格式设置为首行缩进,2 字符;行距设置为固定值,28 磅。

(3) 为朗诵词中男生角色的文字部分添加边框,女生角色的文字部分前添加项目符号“·”,大家合的文字部分添加“白色,背景 1,深色 15%”的底纹。

(4) 将修改后文档命名为“中华颂—修改”,PDF 格式保存至 E 盘“诗朗诵”文件夹中。

2) 操作步骤

(1) 在“我的电脑”→“E 盘”→“诗朗诵”文件夹中,打开《中华颂》朗诵词,将插入点光标

“I”放置在题目左侧，按住鼠标左键拖动选中题目，在“开始”选项卡的“字体”功能组中单击“字体”按钮，在下拉菜单中选择“华文中宋”，单击“字号”按钮，在下拉菜单中选择“二号”。选中正文文本，字体和字号设置同题目的字体和字号设置步骤。

(2) 选中正文文本，右击在显示的菜单中选择“段落”命令，在弹出的“段落”对话框的“缩进和间距”项目特殊格式中选择“首行缩进”，量度值选择“2”字符。在“间距”项目的“行距”中选择“固定值”，设置值选择“28 磅”。

(3) 依次选中朗诵词中男生角色的文字部分，在“开始”选项卡的“段落”功能组中单击“边框”按钮，在出现的下拉列表框中选择“边框和底纹”，在弹出的对话框中依次选择“边框”→“设置”→“方框”，选择合适“线型”，“应用于”选择“文字”。

依次将光标放在女生角色的段落中任意位置，在“开始”选项卡的“段落”功能组中单击“项目符号”按钮，在弹出的下拉列表框中选择“带填充效果的大圆形项目符号”。

在“开始”选项卡的“段落”功能组中单击“边框”按钮，在下拉列表菜单中选择“边框与底纹”命令，在弹出对话框中切换到“底纹”选项卡，在“填充”选项中选择“白色，背景 1，深色 15%”，“应用于”选择“文字”。

(4) 选择“文件”菜单选项卡中的“另存为”命令，在弹出的“另存文件”对话框中选择“我的电脑”→“E 盘”→“诗朗诵”文件夹；修改文件名为“中华颂—修改”；文件类型：.pdf。

项目六

《我的祖国》朗诵词的排版及目录生成——WPS文字页面高级排版

项目描述

本项目结合实际工作中的案例要求，介绍页面设置、页面美化、插入页眉和页脚、插入与编辑目录等操作，通过本项目学习，读者能达到熟练制作一份学校德育活动方案或出勤管理制度等文档。

一份朗诵词的规范排版，不仅有助于读者顺利朗读，深刻理解文章内容、全文的基调、更容易帮助读者读懂作者的感情。通过本项目的实战演练，点燃学生们阅读诗歌的兴趣，提高学生的朗诵水平，激发学生的爱国热情、弘扬中华优秀传统文化，营造富有激情和浓厚青春气息的校园文化氛围，助推校园文化建设。

本项目在 WPS 办公应用职业等级证书重要考点。

(1) 掌握文字文稿的排版，包含基本页面设置、页面美化。

(2) 熟练进行页眉、页脚与目录的插入操作。

教学视频　　项目素材

项目分解

本项目分为四个任务完成：任务一是文档的页面设置；任务二是文档的页面美化；任务三是设置页眉、页脚；任务四是插入与编辑目录。具体制作思路如图 6-1 所示。

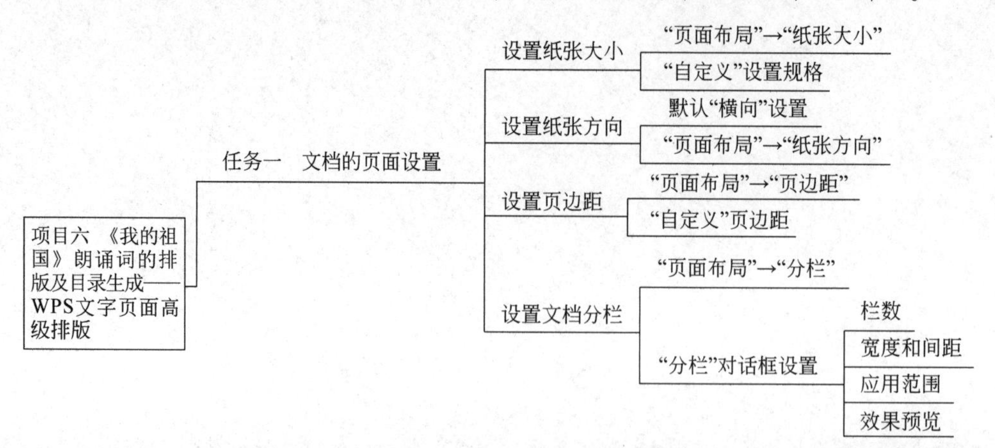

图 6-1 "《我的祖国》朗诵词的排版及目录生成——WPS 文字页面高级排版"项目制作思路

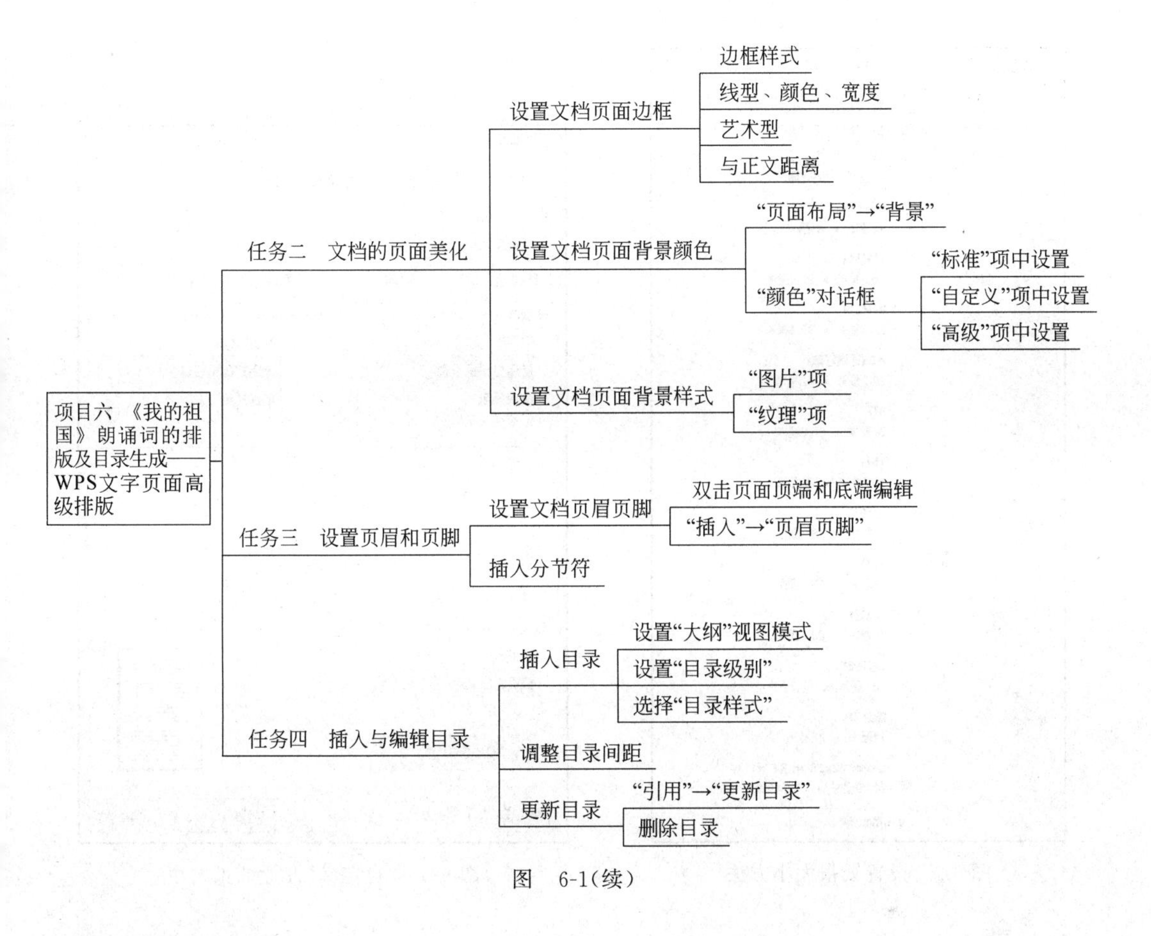

图 6-1(续)

任务一 文档的页面设置

为使页面效果美观、富有吸引力，在进行编辑操作之前，可以通过菜单栏中的“页面布局”选项卡相关功能进行纸张大小、纸张方向、页边距和分栏等属性设置。

1. 设置纸张大小

通常情况下，办公中常用的纸张规格为A4，页面尺寸是21厘米×29.7厘米，也是软件默认的张大小。不同类型文档根据用途需要可设置纸张规格为A3、B4、B5等，设置的方法为：单击“页面布局”选项卡中的“纸张大小”按钮，在下拉列表中预置了部分常用的纸张规格可供选择，如图6-2所示。

技巧提示

如果预置的纸张大小中没有需要的页面尺寸，可以单击“其他页面大小”按钮，在弹出的“页面设置”对话框的“纸张”选项卡的“纸张大小”中选择“自定义大小”，输入“宽度”和“高度”数值，单击“确定”按钮，如图6-3所示。

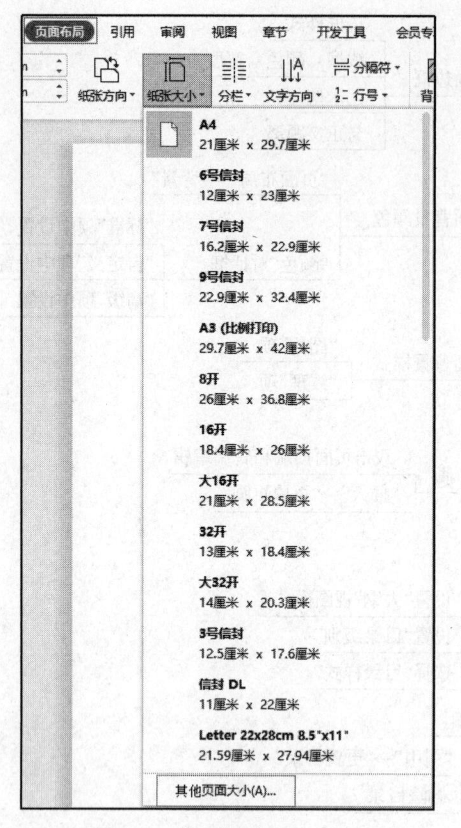

图 6-2 设置纸张大小方法

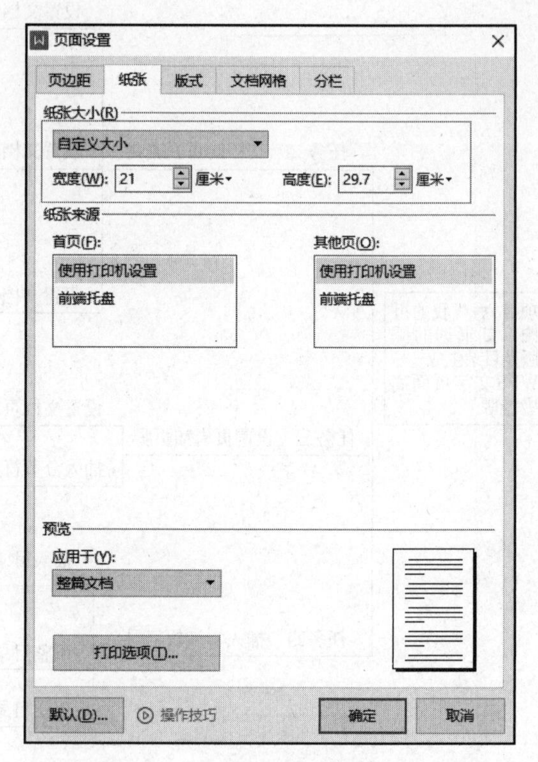

图 6-3 “自定义”设置纸张大小

2. 设置纸张方向

纸张方向分为纵向和横向，WPS 文字默认的页面方向为纵向，例如，本项目录入的《我的祖国》朗诵词中所显示的纸张方向。

当页面布局格式要求需要横向设置时，需在“页面布局”选项卡中单击“纸张方向”按钮，单击列表中的“横向”按钮，如图 6-4 所示。

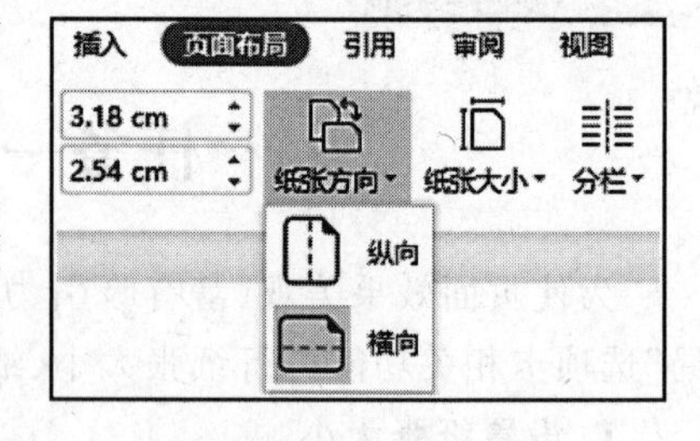

图 6-4 “纸张方向”设置

技巧提示

如果文档中部分页面方向需要设置为“横向”时，可以选择“页面布局”选项卡中“页边距”项下拉菜单中的“自定义页边距”选项，打开“页面设置”对话框，在“页边距”选项卡的“方向”栏中单击“横向”按钮，然后在“预览”框的“应用于”下拉列表中选择“插入点之后”，单击“确定”按钮，则插入点后文档页面方向设置为横向。

3. 设置页边距

页边距是文档页面的正文区域到页面边界的上、下、左、右四个方向的距离，如图 6-5 所示。如果页边距设置过大，会影响美观，浪费纸张；如果页边距设置过小，会影响文档的打印和装订，因此设置合适的页边距很重要。

文档纸张大小是 A4 时，WPS 文字提供了默认的页边距数值。对于其他型号规格纸张

大小，通常页边距设置在2～3厘米。在“页面布局”选项卡中单击“页边距”按钮，在下拉列表里“自定义页边距”中设置页边距参数，如图6-6和图6-7所示。

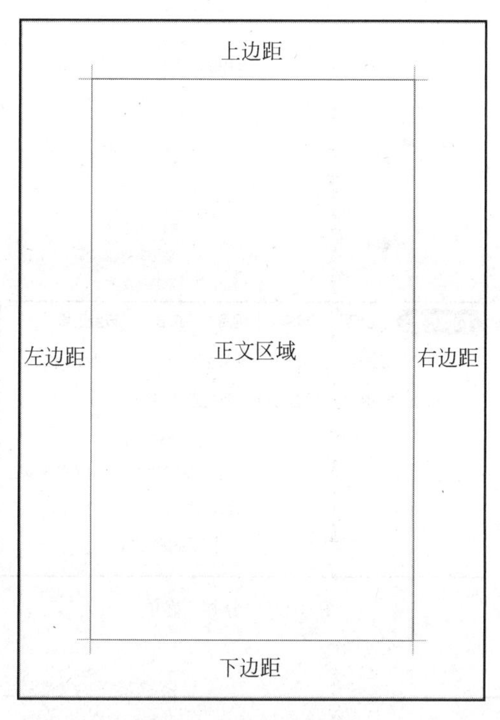

图6-5 页边距解读

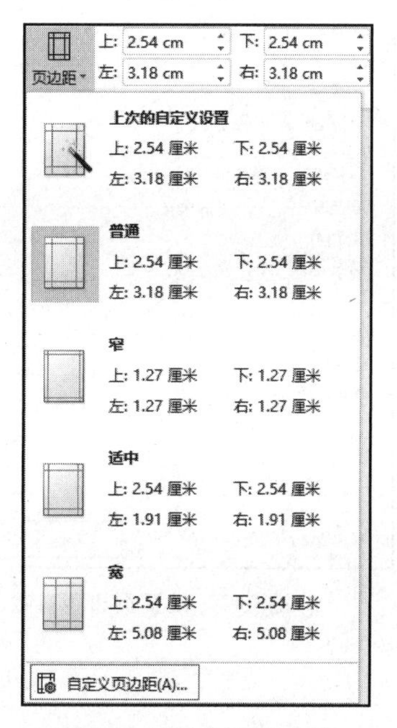

图6-6 页边距设置方法

技巧提示

预置规格中如果没有合适的页边距尺寸，可以单击“自定义页边距”按钮，打开“页面设置”对话框，在“页边距”项输入上、下、左、右边距尺寸数值。如果文档需要装订，还可设置“装订线位置”和“装订线宽”，如图6-7所示。

4. 设置文档分栏

为文档进行分栏操作，可以有效提高阅读速度。

方法一：在“页面布局”选项卡中单击“分栏”按钮，在下拉列表中选择相应的命令可以实现将整篇文档分成“两栏”“三栏”或“更多分栏”，如图6-8所示。

方法二：在“页面布局”选项卡中单击“页面设置”功能扩展按钮，如图6-8所示，打开“页面设置”对话框，如图6-9所示。在“分栏”选项卡中进行栏数、分割线、栏宽、栏间距等参数设置，设置诗朗诵文本“分栏”栏数为“2”，应用于“整篇文档”后，单击“确定”按钮，设置效果如图6-10所示。

技巧提示

设置分栏，也可单击“分栏”命令右下侧的展开按钮▼，单击下拉列表里“更多分栏”按钮 更多分栏(C)... ，在弹出的“分栏”对话框中进行相应的参数设置，如图6-11所示。图6-9和图6-11都是设置分栏命令的窗口，二者区别在于：前者把页面设置的命令通过综合窗口呈现出来，后者呈现分栏操作命令的独立窗口。

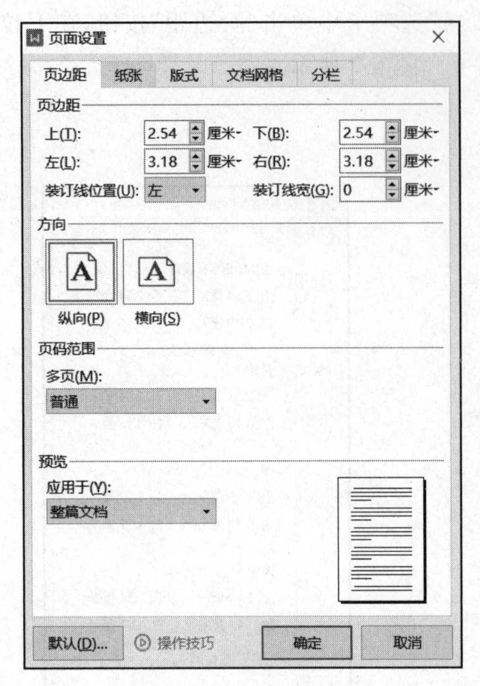

图 6-7 设置页边距参数

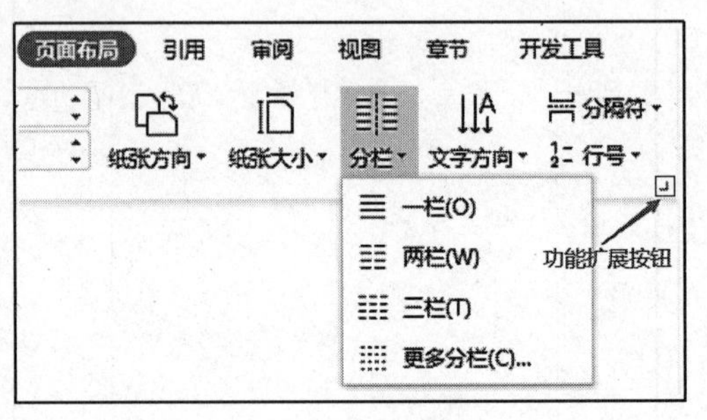

图 6-8 “分栏”菜单

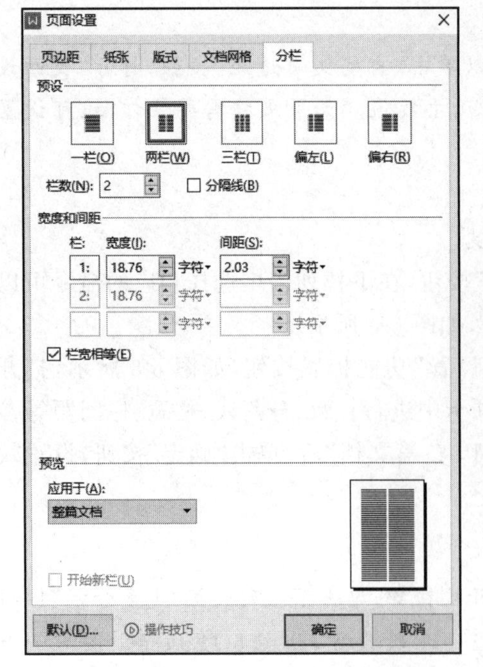

图 6-9 “页面设置”对话框中的“分栏”选项卡

《我的祖国》朗诵词

男：我的祖国，高山巍峨，雄伟的山峰俯瞰历史的风狂雨落，

女：暮色苍茫，任凭风云掠过。坚实的脊背顶住了亿万年的沧桑从容不迫。

男：我的祖国，大河奔腾，浩荡的洪流冲过历史翻卷的旋涡，

女：激流勇进，洗刷百年污浊，惊涛骇浪拍击峡谷涌起过多少命运的颠簸。

男：我的祖国，地大物博， 风光秀美孕育了瑰丽的传统文化，

女：大漠收残阳， 明月醉荷花，广袤大地上多少璀璨的文明还在熠熠闪烁。

男：我的祖国， 人民勤劳，五十六个民族相濡以沫，

女：东方神韵的精彩， 人文风貌的风流， 千古流传着多少美丽动人的传说。

男：这就是我的祖国， 这就是我深深爱恋的祖国。

女：我爱你源远流长灿烂的历史，

男：我爱你每一寸土地上的花朵，

我爱你风光旖旎壮丽的河山，

男：我爱你人民的性格坚韧执着。

女：我的祖国，我深深爱恋的祖国。

男：你是昂首高吭的雄鸡——唤醒拂晓的沉默，

女：你是冲天腾飞的巨龙——叱咤时代的风云，

男：你是威风凛凛的雄狮——舞动神州的雄风，

女：你是人类智慧的起源——点燃文明的星火。

男：你有一个神圣的名字， 那就是中国！

女：那就是中国啊，我的祖国。 我深深爱恋的祖国。

男：我深深地爱着我的祖国， 搏动的心脏跳动着五千年的脉搏，

女：我深深地爱着我的祖国，涌动的血液奔腾着长江黄河的浪波，

男：我深深地爱着我的祖国， 黄色的皮肤印着祖先留下的颜色，

女：我深深地爱着我的祖国，黑色的眼睛流露着谦逊的笑窝，

男：我深深地爱着我的祖国， 坚强的性格挺拔起泰山的气魄，

女：我深深地爱着我的祖国，辽阔的海疆装满了我所有的寄托。

男：我的祖国， 可爱的中国， 你创造了辉煌的历史， 你养育了伟大的民族。

女：我自豪你的悠久，数千年的狂风吹不折你挺拔的脊背，

男：我自豪你的坚强， 抵住内忧外患闯过岁月蹉跎。

女：我自豪你的光明， 中华民族把自己的命运牢牢掌握，

男：我自豪你的精神， 改革勇往直前开放气势磅礴。

女：可爱的祖国啊， 无论我走到那里， 我都挽住你力量的臂膊，

男：无论我身居何方，你都温暖着我的心窝。

女：可爱的祖国啊， 你把住新世纪的航舵， 你用速度，你用实力，创造震惊世界的奇迹。

男：你用勤劳，你用智慧，进行了又一次更加辉煌的开拓！

合：祖国啊，祖国， 你永远充满希望， 祖国啊，祖国， 你永远朝气蓬勃！

图 6-10 文本“分栏”后效果

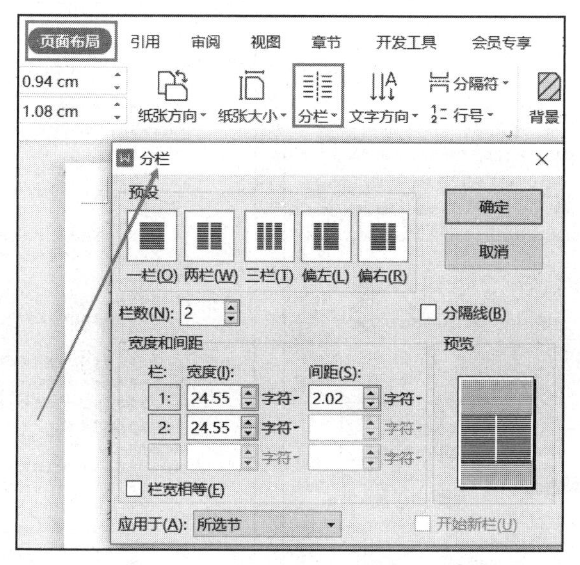

图6-11 “分栏”对话框

任务二 文档的页面美化

文档的页面边框和页面背景是对文档进行修饰和美化的，就像写信时的漂亮信纸一样。随着计算机的发展，现在很少有人再去用书信来往，但依然会怀念小时候的书信情怀。WPS也可以实现漂亮信纸的制作，本任务学习文档的美化。

1. 设置文档页面边框

为文档设置“页面边框”能让文档显示的规整、美观，就像照片的装饰边框一样。页面边框还可以设置艺术型的边框。

以《我的祖国》这篇文档为例，在“页面布局”选项卡中单击“页面边框”按钮，在“边框和底纹”对话框的“页面边框”项中的“设置”栏中选择“方框”“线型”按需要选择，“颜色”设置为“红色”“宽度”设置为“3磅”，通过“预览”可以查看设置效果，如图6-12所示，应用于“整个文档”后，效果如图6-13所示。

页码边框除以上基本设置外，还可以通过“艺术型”设置各种赏心悦目的艺术边框，具体操作和效果，期待读者去尝试。

设置“边框”操作后如果感觉边框距离文字比较近，可以通过“页面边框”选项卡中右下角的“选项”设置上、下、左、右边框线与正文文字的距离，如图6-14所示。

技巧提示

(1) 已经设置好的页面边框，不需要时，将“页面边框”选项卡中的“设置”改为“无”即可。

(2) “页面边框”中线型样式可以在预览中查看，找到自己需要的样式后单击“确定”按钮。

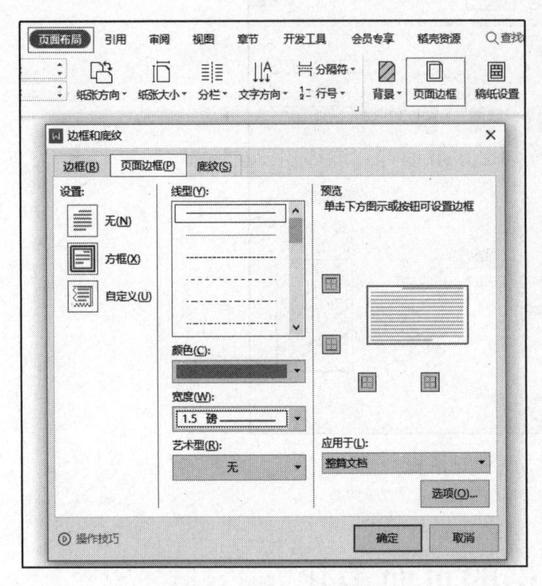

图 6-12 设置“页面边框”

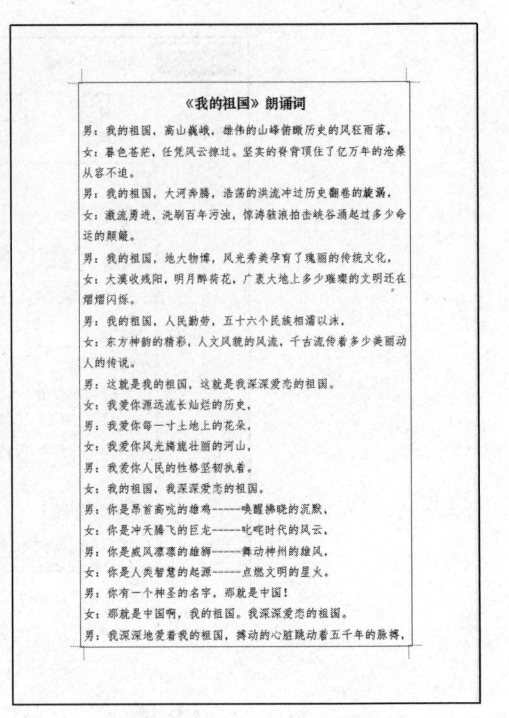

《我的祖国》朗诵词

男：我的祖国，高山巍峨，雄伟的山峰俯瞰历史的风狂雨落，

女：暮色苍茫，任凭风云掠过。坚实的脊背顶住了亿万年的沧桑从容不迫。

男：我的祖国，大河奔腾，浩荡的洪流冲过历史翻卷的漩涡，

女：激流勇进，洗刷百年污浊，惊涛骇浪拍击峡谷涌起过多少命运的颠簸。

男：我的祖国，地大物博，风光秀美孕育了瑰丽的传统文化，

女：大漠收残阳，明月醉荷花，广袤大地上多少璀璨的文明还在熠熠闪烁。

男：我的祖国，人民勤劳，五十六个民族相濡以沫，

女：东方神韵的精彩，人文风貌的风流，千古流传着多少美丽动人的传说。

男：这就是我的祖国，这就是我深深爱恋的祖国。

女：我爱你源远流长灿烂的历史，

男：我爱你每一寸土地上的花朵，

女：我爱你风光旖旎壮丽的河山，

男：我爱你人民的性格坚韧执着。

女：我的祖国，我深深爱恋的祖国。

男：你是昂首高吭的雄鸡——唤醒拂晓的沉默，

女：你是冲天腾飞的巨龙——叱咤时代的风云，

男：你是威风凛凛的雄狮——舞动神州的雄风，

女：你是人类智慧的起源——点燃文明的星火。

男：你有一个神圣的名字，那就是中国！

女：那就是中国啊，我的祖国。我深深爱恋的祖国。

男：我深深地爱着我的祖国，搏动的心脏跳动着五千年的脉搏，

图 6-13 文本设置边框效果

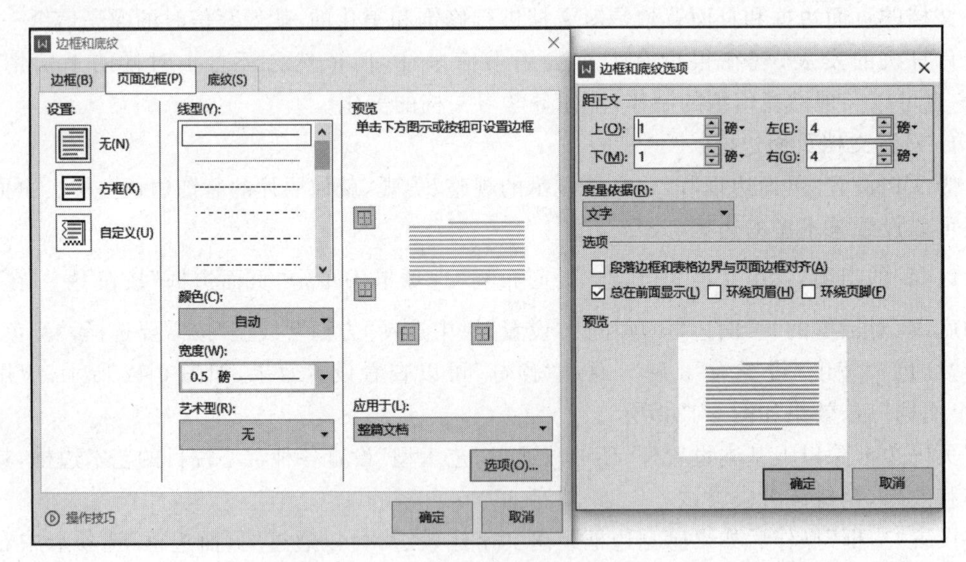

图 6-14 设置边框与正文距离

2. 设置文档页面背景颜色

WPS 默认的文档“页面背景”颜色为白色，页面背景的设置，使文档灵动有趣。背景属于底纹类，可以实现背景颜色、纹理填充图案、背景图片的设置。

背景颜色的设置与上一个任务中学习的字体颜色设置相似，在“页面布局”选项卡中单击“背景”按钮，在下拉菜单中有“主题颜色”“标准色”“渐变填充”三个类型的色块供选择，单击任一色块的某种颜色，即可将文档的页面背景设置为该颜色，如图 6-15 所示，是将文档背

景颜色设置为“主题颜色”中“矢车菊蓝,着色1,浅色80%”的效果。

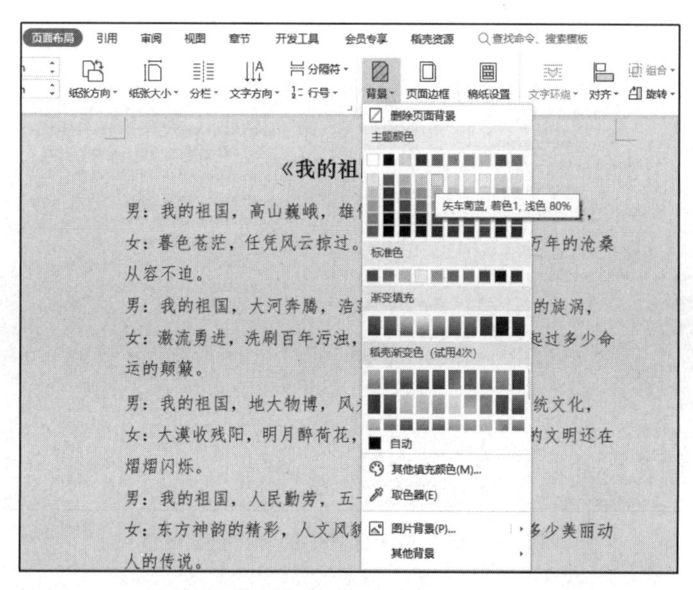

图6-15 文档设置背景颜色的效果

如果三个色块中没有满意的颜色,还可以通过选择下拉菜单中的“其他填充颜色”命令 其他填充颜色(M)... ,打开“颜色”对话框,在“标准”选项卡中选择颜色,如图6-16所示;或在“自定义”选项卡中自定义颜色,如图6-17所示。

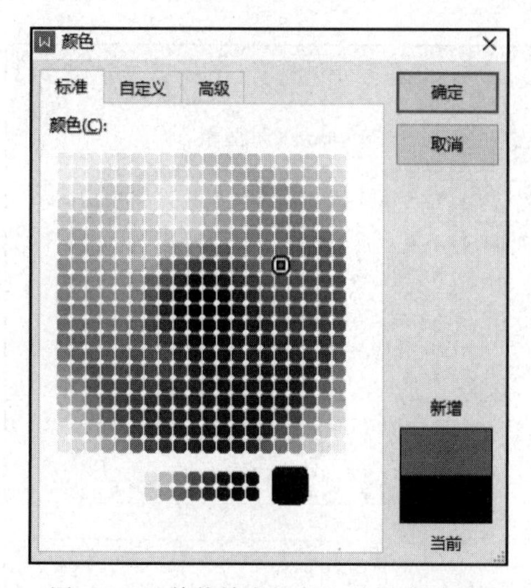

图6-16 “其他填充颜色”→“标准”颜色

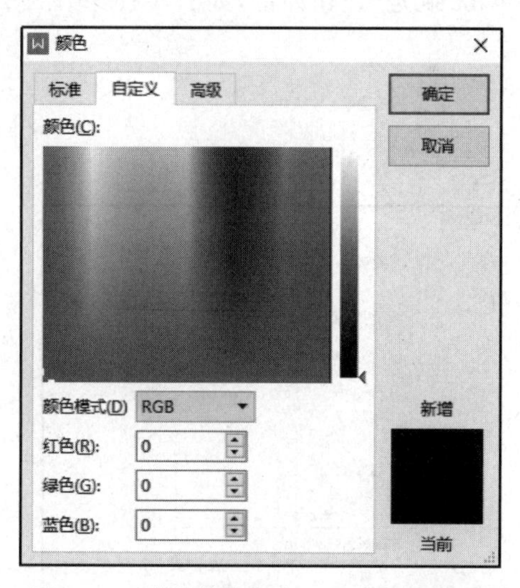

图6-17 “其他填充颜色”→“自定义”颜色

同样的设置步骤,既可以设置“渐变填充”,也可以使用“取色器”吸取自己需要的颜色进行设置,如图6-18所示。

如果“渐变填充”设置中没有满意的渐变色,可以通过选择下拉菜单中“其他背景”中的“渐变”命令 渐变(G)... 进行颜色种类“单色”“双色”“预设”的设置,“单色”是一种颜色过渡,“双色”是两种颜色过渡。

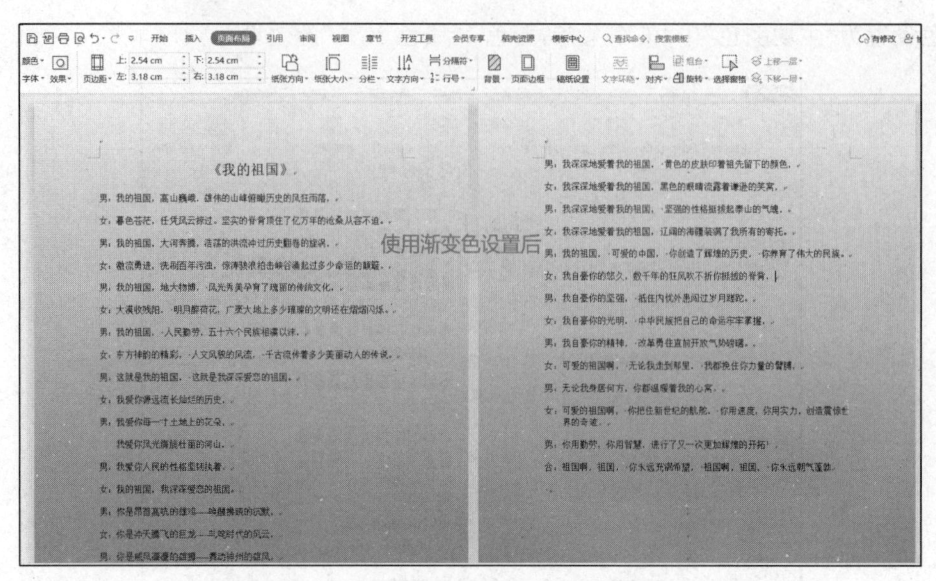

图 6-18　设置页面背景中的“渐变色”设置

3. 设置文档页面背景样式

页面中除设置各种类型的颜色，还可以设置其他纹理、图案或图片做背景。

如果选择一幅画作为页面背景，在“页面布局”选项卡中单击“背景”按钮，单击下拉列表中的“图片背景”按钮 图片背景(P)... ，在弹出的“填充效果”对话框的“图片”选项卡中选择背景图片，单击“确定”按钮即可，如图 6-19 和图 6-20 所示。

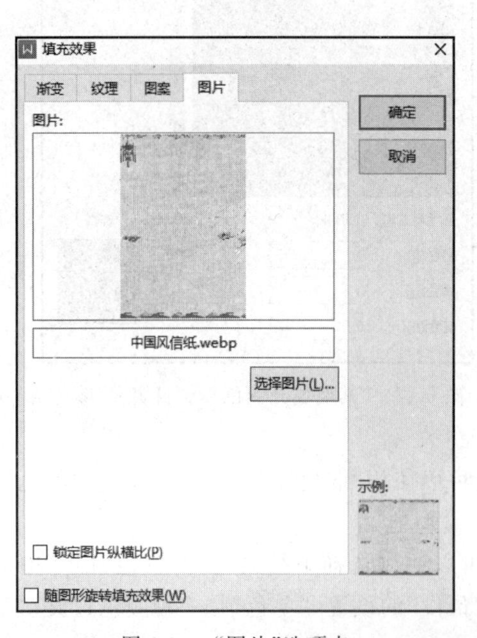

图 6-19　“图片”选项卡

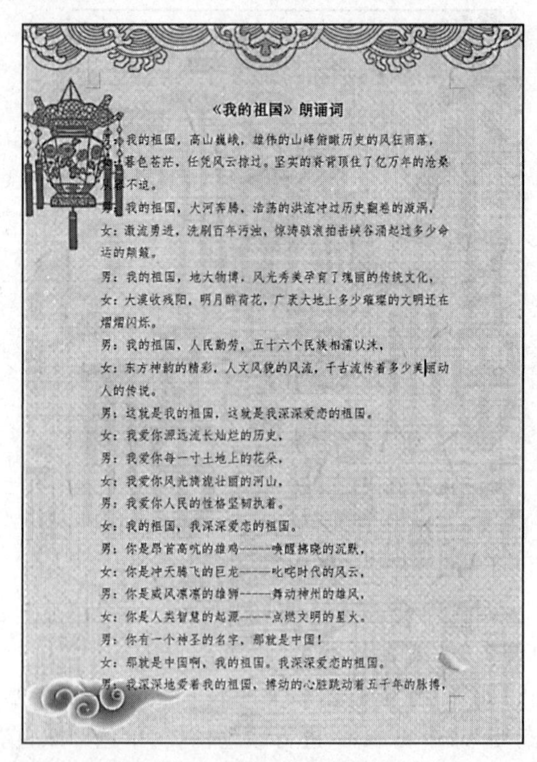

图 6-20　“图片”选项设置效果

除此之外，WPS 文字还可以设置纹理、图案等丰富的“页面背景”，同样可以在“填充效果”对话框的“纹理”“图案”选项卡中进行设置。

技巧提示

有些页面“图案”或“图片”设置完后，文档文字会有凌乱的感觉，读者需要先选中“段落”，设置“底纹颜色”为白色，并应用于“文字”，突显文档内容。

任务三　设置页眉和页脚

每学期学校举行的德育活动，都会对活动资料进行存档，现将全校诗朗诵的朗诵词汇总成册，那么需要对《我的祖国》等朗诵词添加页眉和页脚。

1. 设置文档页眉页脚

页眉位于文档中每个页面的顶部区域，常用于显示文档的附加信息，如 logo、文档标题、文档名称或作者姓名等。页脚位于文档中每个页面的底部区域，常用于显示文档页码、日期等。

方法一：双击文档页面顶端或者底端，弹出虚线框，即可进行文档页眉和页脚的编辑，此时正文颜色为灰色。以《我的祖国》为例，这篇文档共有两页，页眉处插入纯文字“×××学校‘少年工匠心向党·青春奋进新时代’诗朗诵集锦”，页脚处单击“插入页码”按钮，在弹出的对话框中设置样式，应用于整篇文档后，单击“确定”按钮即可，如图 6-21 所示，文档设置页眉页脚效果，如图 6-22 所示。

图 6-21　设置页脚样式

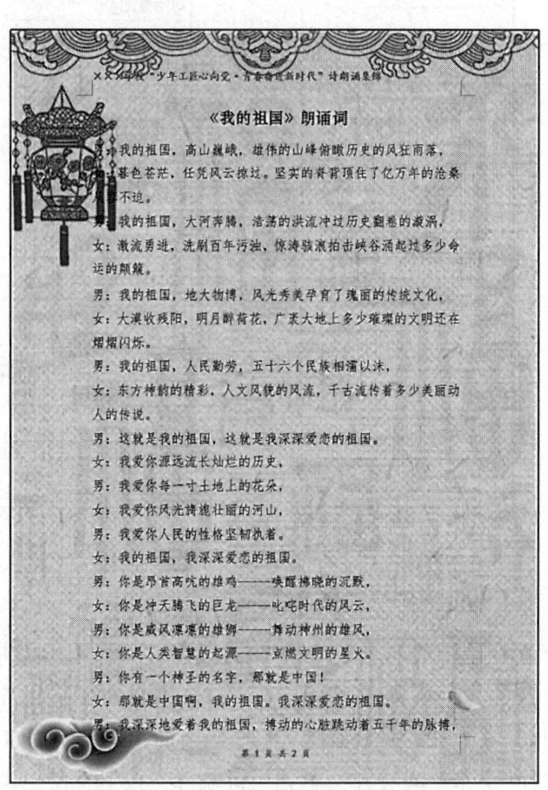

×××学校“少年工匠心向党·青春奋进新时代”诗朗诵集锦

《我的祖国》朗诵词

我的祖国，高山巍峨，雄伟的山峰俯瞰历史的风狂雨落，

暮色苍茫，任凭风云掠过。坚实的脊背顶住了亿万年的沧桑

不迫。

我的祖国，大河奔腾，浩荡的洪流冲过历史翻卷的漩涡，

女：激流勇进，洗刷百年污浊，惊涛骇浪拍击峡谷涌起过多少命运的颠簸。

男：我的祖国，地大物博，风光秀美孕育了瑰丽的传统文化，

女：大漠收残阳，明月醉荷花，广袤大地上多少璀璨的文明还在熠熠闪烁。

男：我的祖国，人民勤劳，五十六个民族相濡以沫，

女：东方神韵的精彩，人文风貌的风流，千古流传着多少美丽动人的传说。

男：这就是我的祖国，这就是我深深爱恋的祖国。

女：我爱你源远流长灿烂的历史，

男：我爱你每一寸土地上的花朵，

女：我爱你风光绮旎壮丽的河山，

男：我爱你人民的性格坚韧执着。

女：我的祖国，我深深爱恋的祖国。

男：你是昂首高吭的雄鸡——唤醒拂晓的沉默，

女：你是冲天腾飞的巨龙——叱咤时代的风云，

男：你是威风凛凛的雄狮——舞动神州的雄风，

女：你是人类智慧的起源——点燃文明的星火。

男：你有一个神圣的名字，那就是中国！

女：那就是中国啊，我的祖国。我深深爱恋的祖国。

我深深地爱着我的祖国，搏动的心脏跳动着五千年的脉搏，

第 1 页 共 2 页

图 6-22　设置页眉页脚效果

方法二：选择“插入”选项卡，单击“页眉页脚”按钮，即可进行文档页眉和页脚的编辑，编辑方法同项目一。

进入页眉页脚编辑状态时，功能区自动切换到“页眉页脚”按钮 页眉页脚，单击“关闭”按钮，即可退出“页眉页脚”编辑模式，如图 6-23 所示。

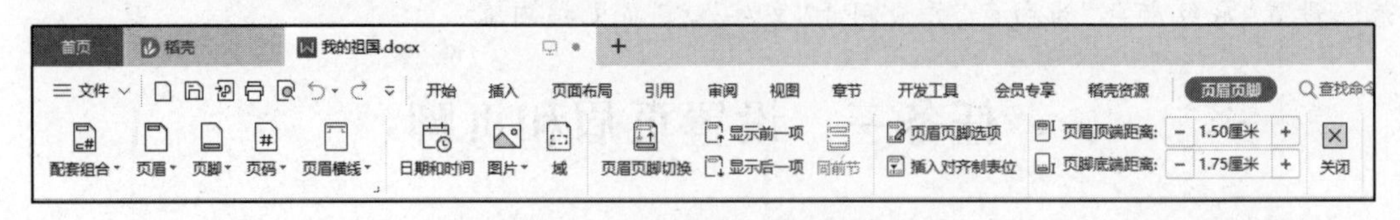

图 6-23 “页眉页脚”命令选项卡

单击“页眉页脚”选项卡中的“页眉横线” 页眉横线 按钮，在下拉菜单中选择横线的“线型”和“颜色”，如图 6-24 所示。单击“删除横线”按钮 删除横线，即可取消横线显示。

单击“页眉页脚”选项卡中的“日期和时间” 日期和时间 按钮，在弹出的对话框中可以选择不同语言设置下时间、日期的格式，如图 6-25 所示。

图 6-24 横线列表

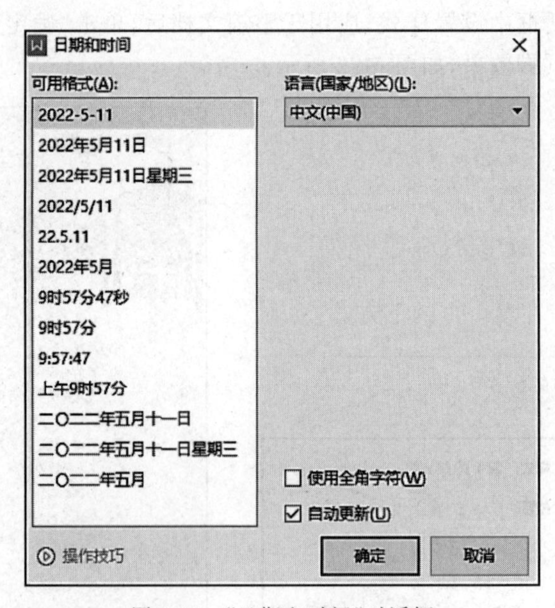

图 6-25 “日期和时间”对话框

2. 插入分节符

分节符是指表示节的结尾插入的标记，用一条横贯屏幕的双虚线表示。分节符可以将文档内容划分为不同的页面，还可以分别针对不同的节，进行页面设置操作。

例如，我们给《我的祖国》这篇文档加上封皮后，如图 6-26 所示。

选择“章节”选项卡，单击“新增节”按钮，在下拉列表中选择“下一页分节符”命令 下一页分节符(N)，就可以很方便地创建分页符了，如图 6-27 所示。

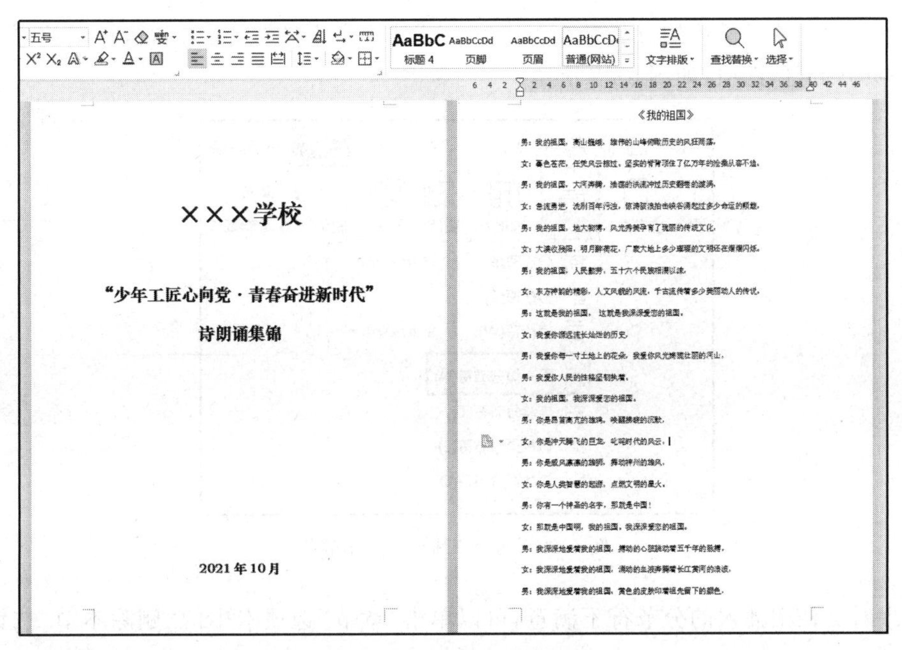

图 6-26 文档加封皮样张

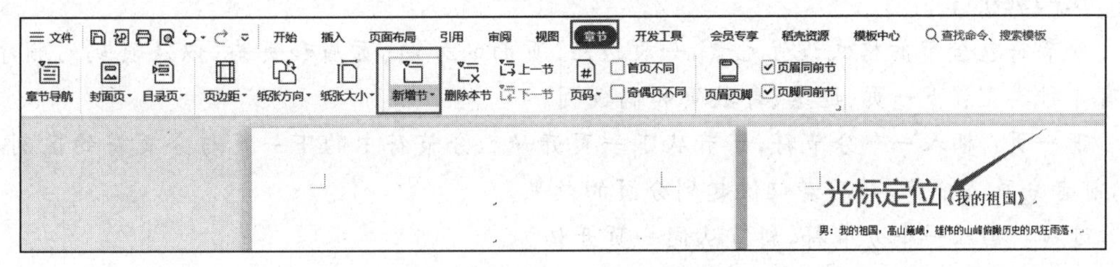

图 6-27 方法一插入“分节符”

此时在第一页的下方，出现“分节符(下一页)”的标识，如图 6-28 所示。

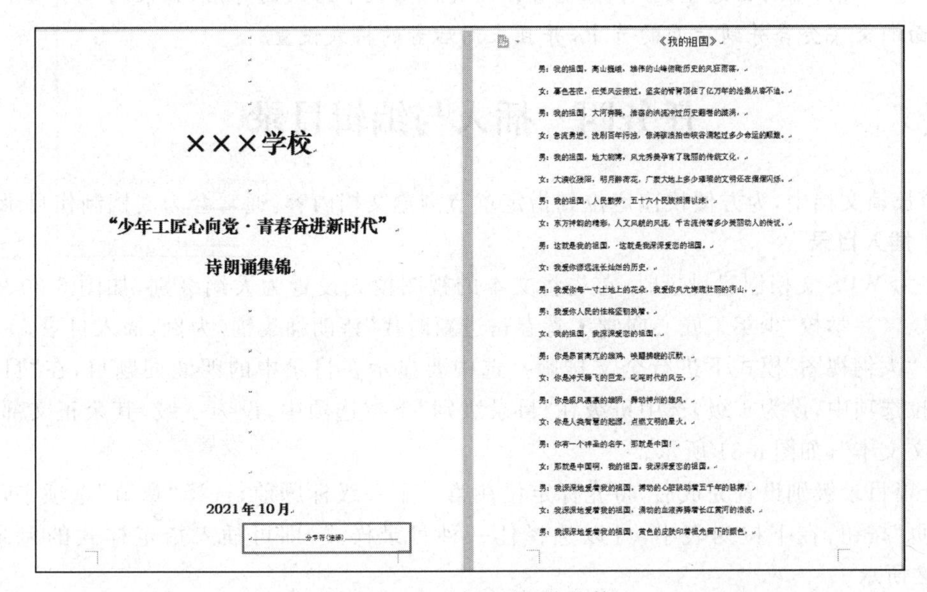

图 6-28 显示插入的“分节符”

还有一种分节符插入的方法是在单击“插入”选项卡下的“分页”按钮，在下拉列表中选择“下一页分节符”选项，如图6-29所示。

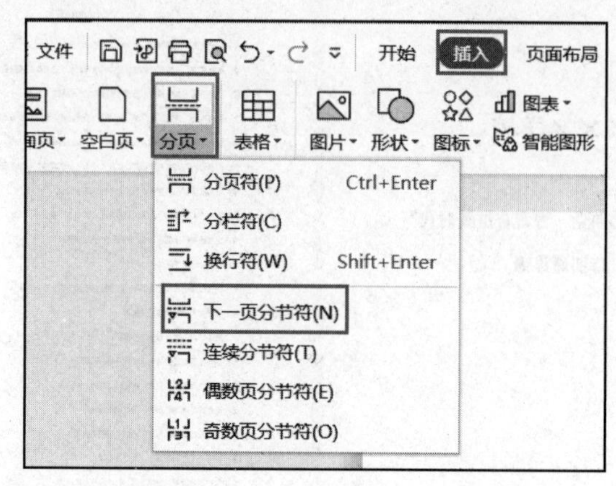

图6-29 方法二插入“分节符”

如果对文档中插入的分节符不满意，可以单击“章节”选项卡中的“删除本节”按钮将其删除。

技巧提示

分节符包含节的格式设置元素，如页边距、页面的方向、页眉和页脚，以及页码的顺序。共有4种类型：下一页、连续、奇数页和偶数页。

下一页：插入一个分节符，新节从下一页开始。分节符中的下一页与分页符的区别在于，前者分页又分节，而后者仅仅起到分页的效果。

连续：插入一个分节符，新节从同一页开始。

奇数页/偶数页：插入一个分节符，新节从下一个奇数页或偶数页开始。

分页符与分节符的区别：分页符可以向数据区域内的矩形、数据区域或组添加分页符，以控制每个页面中的信息量；分节符起着分隔其前面文本格式的作用，如果删除了某个分节符，前面的文字会合并到后面的节中，并且采用后者的格式设置。

任务四 插入与编辑目录

在长篇文档中，为方便快速定位到指定章节浏览文档内容，通常会为文档制作目录。

1. 插入目录

在为WPS文档创建目录时，首先将文本的视图模式设置为大纲级别，如图6-30所示，下面以《××学校“少年工匠心向党·青春奋进新时代”诗朗诵集锦》为例，插入目录。

在“大纲视图”模式下进行全文排版。选中要显示在目录中的朗诵词题目，在“目录级别”下拉选项中，设为1级，选中班级在“目录级别”下拉选项中，设为2级，其余正文部分默认“正文文本”，如图6-31所示。

全篇目录级别设置完成后，将光标定位在第一个一级标题前，选择“章节”选项卡，单击“目录页”按钮，在下拉列表中，可以选择任一种目录样式，即可插入指定样式的目录，如图6-32所示。

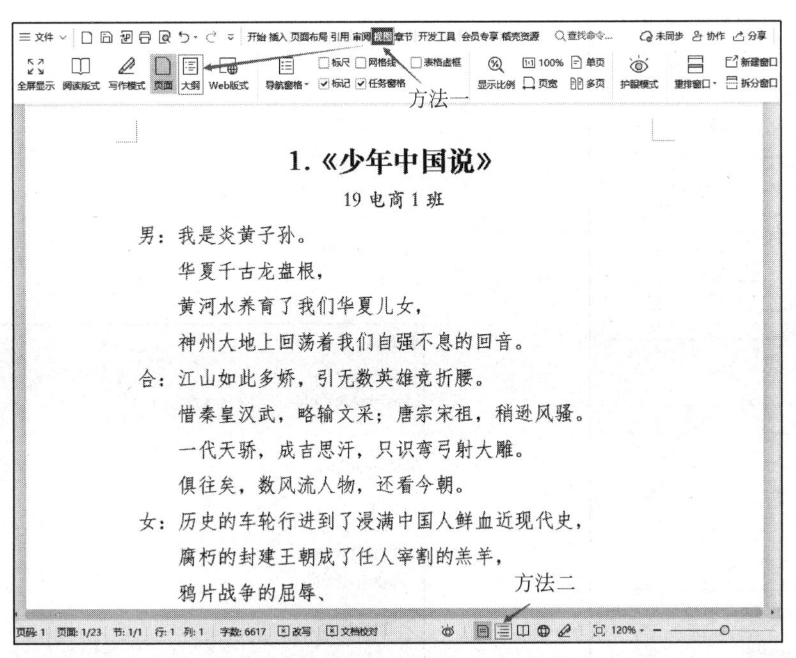

图 6-30 “大纲”视图设置方法

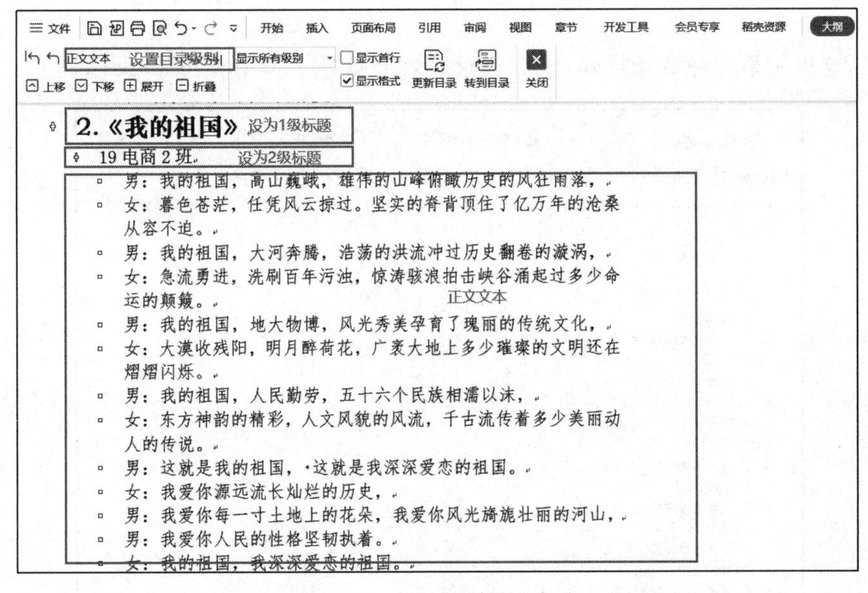

图 6-31 目录级别设置方法

或者在下拉菜单中单击“自定义目录”按钮，在弹出的“目录”对话框中可以进行相关设置，单击“确定”按钮完成设置，如图 6-33 所示。其中，“显示级别”设置用于指定目录中显示标题的最低级别，低于设置级别的标题不会在目录中显示出来，本任务设置标题最低级别是 2 级，故设定“显示级别”数值要大于或等于 2。

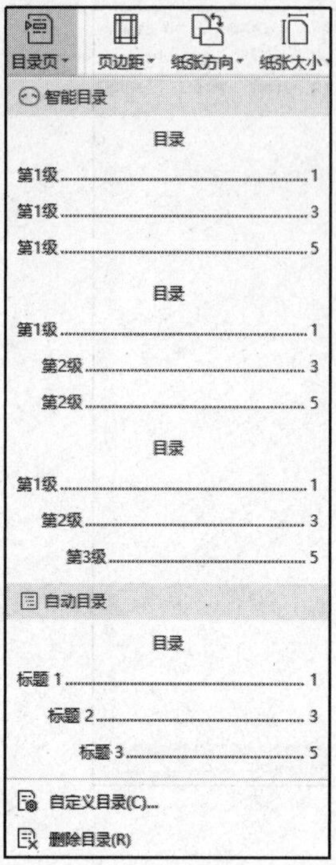

图 6-32 “目录”下拉菜单

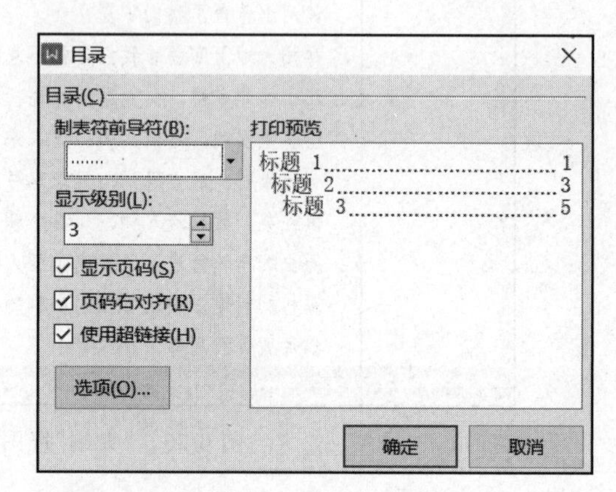

图 6-33 “目录”对话框

此时,这里用第二种目录样式,生成目录后效果如图 6-34 和图 6-35 所示。

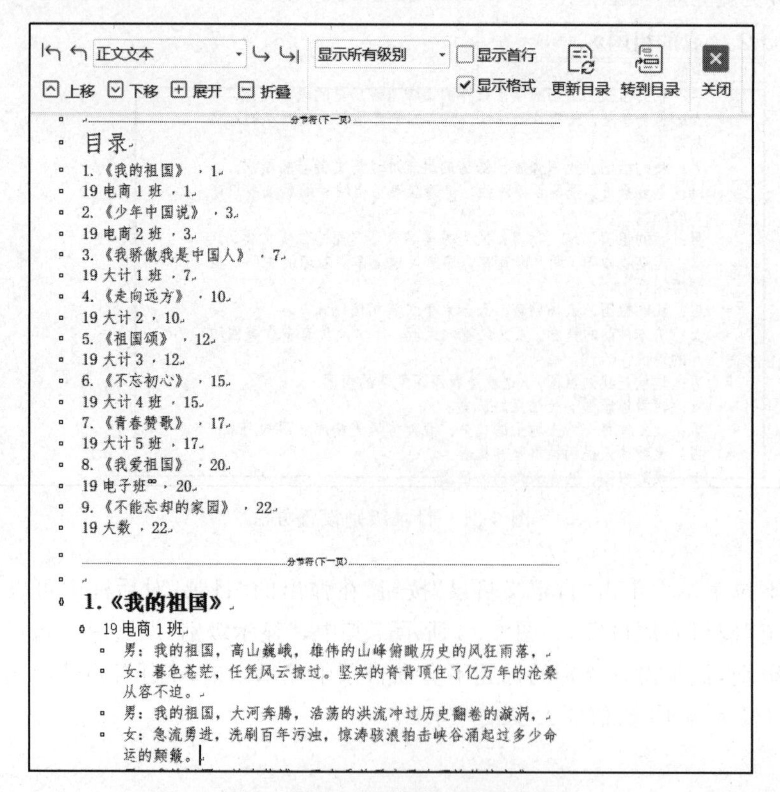

图 6-34 “大纲”模式下目录效果

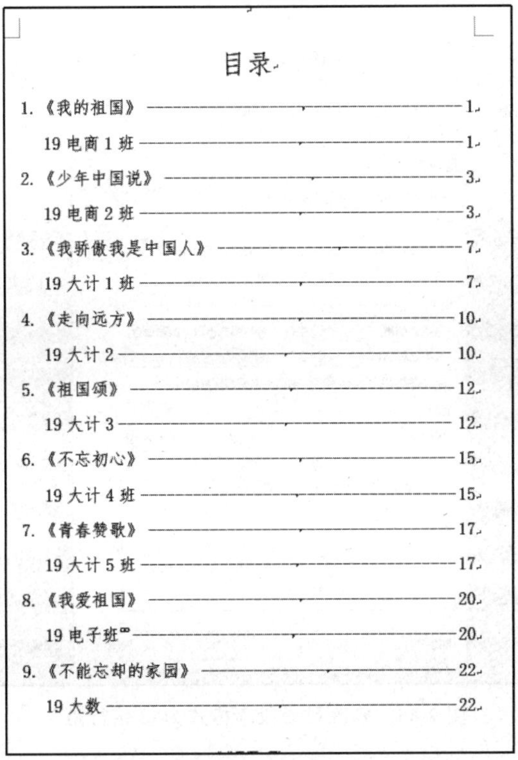

目录

1.《我的祖国》——1
19电商1班——1
2.《少年中国说》——3
19电商2班——3
3.《我骄傲我是中国人》——7
19大计1班——7
4.《走向远方》——10
19大计2——10
5.《祖国颂》——12
19大计3——12
6.《不忘初心》——15
19大计4班——15
7.《青春赞歌》——17
19大计5班——17
8.《我爱祖国》——20
19电子班——20
9.《不能忘却的家园》——22
19大数——22

图6-35 “页面视图”模式下目录效果

技巧提示

完成插入目录设置后，按住Ctrl键单击目录项，可以跳转到该目录对应的文档位置，方便查看文档内容。

2. 调整目录间距

目录生成后，如果需要调整目录间距，选中目录内容，选择“开始”选项卡，单击“段落”功能组小角标，在弹出的“段落”对话框中，根据需要对“行距”和“设置值”进行设置，此处调整行间距为“2倍行距”，如图6-36所示。

3. 更新目录

生成目录后，因文档内容的修改，目录的内容和页码都可能产生变化，因此需要对目录进行重新调整。WPS文字软件的更新目录功能，可以实现快速更正目录，使目录和文档内容保持一致。

如果对目录的结构和内容进行修改，修改完成后，选择“引用”选项卡，单击“更新目录”按钮 更新目录，如图6-37所示，在弹出的“更改目录”对话框中，勾选“更新整个目录”单选框，可以对目录标题和页码进行同时更新；如果目录结构和内容没有发生变化，只有页码变动，则勾选“只更新页码”单选框，如图6-38所示。

也可以单击目录内容的任一位置，再单击左上角出现的“更新目录”进行设置。单击左上角的“目录设置”按钮，可以执行“删除目录”操作，如图6-39所示。

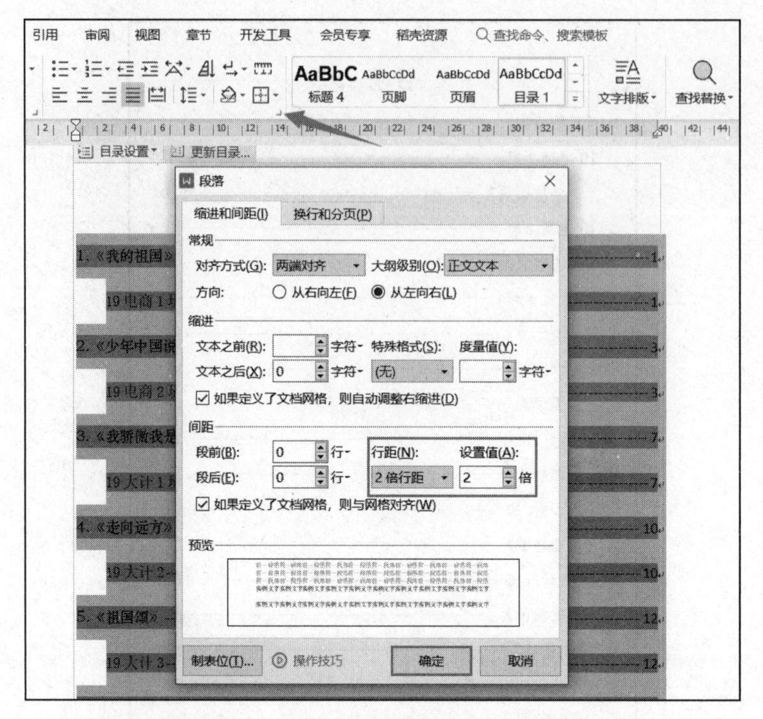

图 6-36 修改目录段落格式为“2 倍行距”

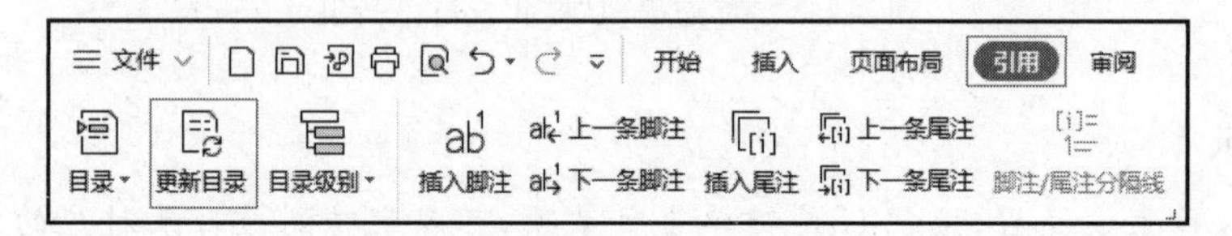

图 6-37 选择“更新目录”命令

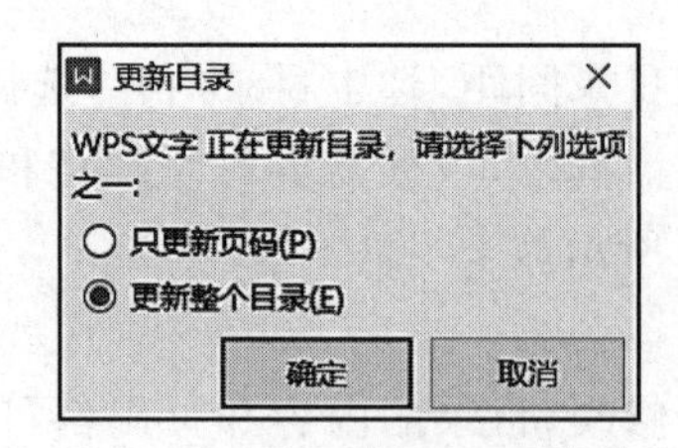

图 6-38 “更新目录”对话框

知识链接

1. 给文档添加水印

添加水印是指在文档页面内容后面添加虚影的文字和图片。通常用于标识文档的特殊性，如加密、绝密、严禁复制等；或者标识文档的出处，如添加标识图标、文档制作者信息等。

以《我的祖国》文档为例，打开需要加水印的 WPS 文档，单击“插入”选项卡中的“水印”按钮 水印，在下拉菜单的“预设水印”中预置部分水印样式，单击即可应用，如图 6-40 所示。

在“水印”下拉菜单中，可以根据需要“自定义水印”。如图 6-41 所示，在弹出的“水印”

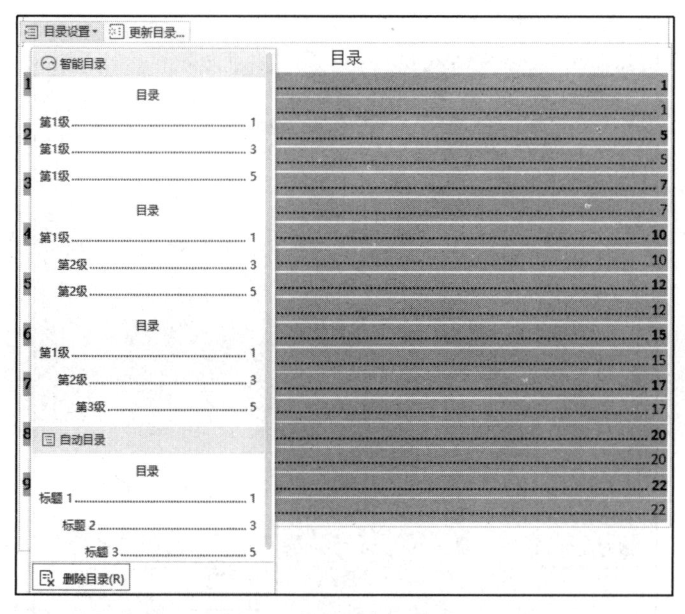

图 6-39 删除目录方法

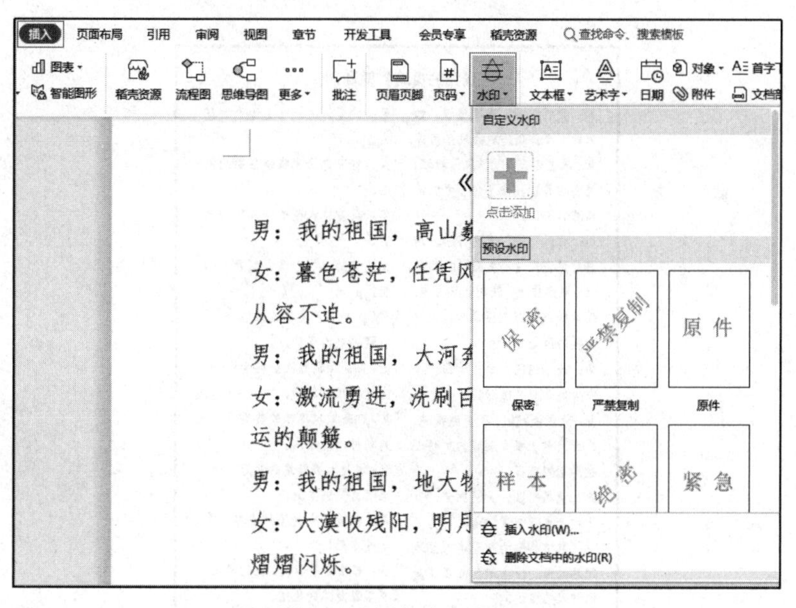

图 6-40 添加水印方法

对话框中选择“图片水印”或“文字水印”两种设置。这里以“文字水印”为例，设置“内容”为“原创文稿”、“字体”为“微软雅黑”、“字号”为“自动”、“颜色”为“自动”、“版式”为“倾斜”、“水平对齐”为“居中”、“垂直对齐”为“居中”、“透明度”为“50%”，单击“确定”按钮完成设置，效果如图 6-42 所示。

如果删除水印，可以单击“水印”下拉菜单中“删除文档中的水印”按钮 删除文档中的水印(R)，即可将水印删除。

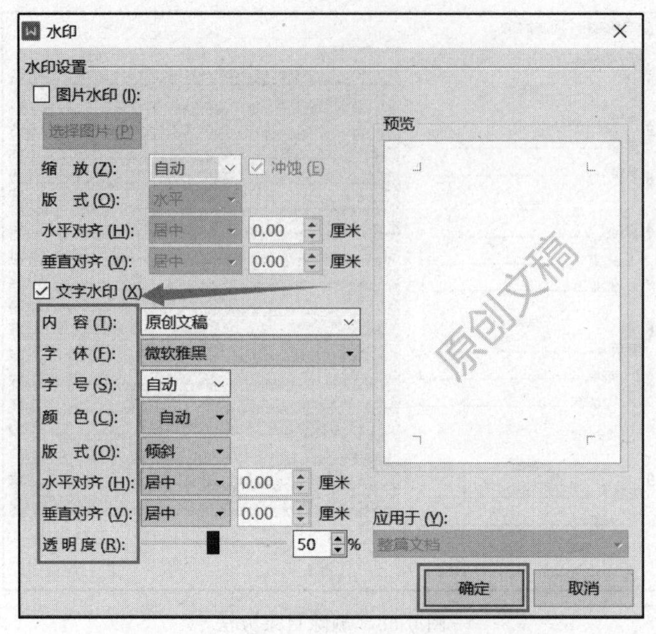

图 6-41　设置“插入水印”参数

《我的祖国》朗诵词

男：我的祖国，高山巍峨，雄伟的山峰俯瞰历史的风征雨落，
女：暮色苍茫，任凭风云掠过，坚实的背脊顶住了亿万年的沧桑从容不迫。
男：我的祖国，大河奔腾，浩荡的洪流冲过历史翻卷的漩涡，
女：激流勇进，洗刷百年污浊，惊涛骇浪拍击峡谷涌起过多少命运的颠簸。
男：我的祖国，地大物博，风光秀美孕育了瑰丽的传统文化，
女：大漠收残阳，明月醉荷花，广袤大地上多少璀璨的文明还在熠熠闪烁。
男：我的祖国，人民勤劳，五十六个民族相濡以沫，
女：东方神韵的精彩，人文风貌的风流，千古流传着多少美丽动人的传说。
男：我爱你每一寸土地上的花朵，
女：我爱你风光旖旎壮丽的河山，
男：我爱你人民的性格坚韧执着。
女：我的祖国，我深深爱恋的祖国，
男：你是昂首高亢的雄鸡——唤醒拂晓的沉默，
女：你是冲天腾飞的巨龙——叱咤时代的风云，
男：你是威风凛凛的雄狮——舞动神州的雄风，
女：你是人类智慧的起源——点燃文明的星火。
男：你有一个神圣的名字，那就是中国！
女：那就是中国啊，我的祖国，我深深爱恋的祖国。

原创文稿

图 6-42　插入“水印”效果

2. 将文档设置为稿纸

工作中，有时需要把文档转化为稿纸或字帖格式，以《我的祖国》文档为例，单击“页面布局”选项卡中的“稿纸设置”按钮 稿纸设置，如图 6-43 所示。

本例中选择“规格”为“20×20(400 字)”、“网格”类型为“网格”、“颜色”为“绿色”、“纸张大小”为“A4”、“纸张方向”为“纵向”的稿纸，如图 6-44 和图 6-45 所示。

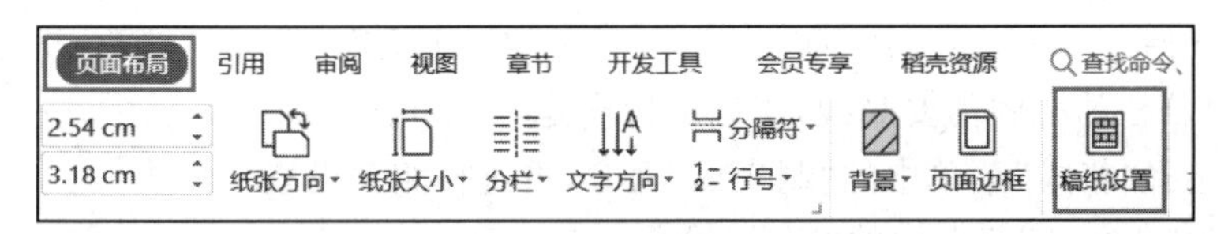

图 6-43 设置稿纸方法

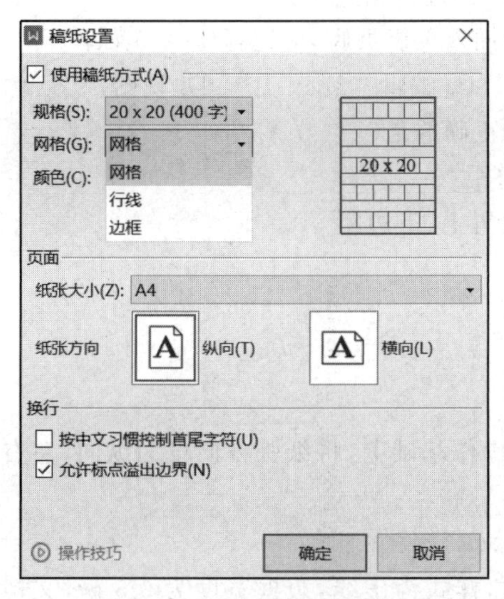

图 6-44 “稿纸设置”格式

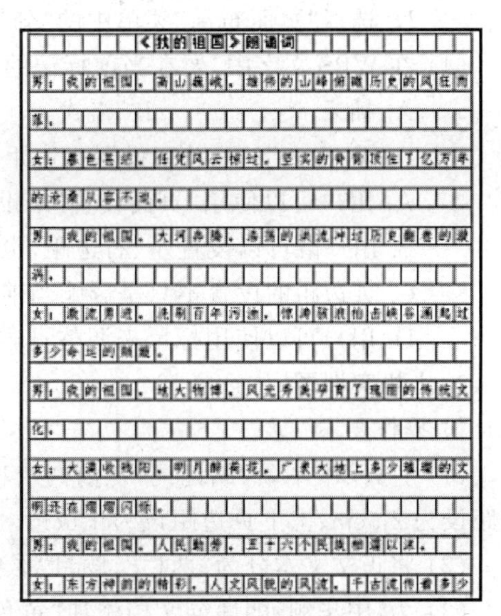

图 6-45 设置“稿纸”效果

项目评价

评价指标	评价要素及权重	自评 30%	组评 30%	师评 40%
学习任务完成情况	能够设置文档的纸张大小和方向(20 分)			
	根据要求设置页面的页边距(20 分)			
	熟练应用页眉、页脚功能,并选择合适的位置插入文档页码(30 分)			
	能够插入 2 级目录(10 分)			
	文档内容发生变化时,会更新目录(10 分)			
	能够修改目录行间距(10 分)			
合计				
总分				

闯关检测

1. 理论题

(1) 在 WPS 文字中选择(　　)功能区中的“分栏”命令,可以对当前文档进行分栏操作。

A. 开始　　B. 插入　　C. 页面布局　　D. 引用

(2) 在 WPS 文字中,图片、艺术字、形状、文本框都在(　　)选项卡中。

A. 开始　　B. 插入　　C. 页面布局　　D. 格式

(3) 如果分栏的栏间需要竖线，正确的操作是(　　)。

A. 选择“格式”菜单中的“制表位”命令，再进行相关设置

B. 选择“窗口”菜单中的“拆分”命令

C. 利用绘图工具栏中的直线工具，在栏间绘制一条线

D. 选择“页面布局”菜单中的“分栏”命令，再进行相关设置

(4) 在 WPS 文字中，要在当前标记的文档中插入页眉页脚，应选择(　　)菜单。

A. 插入　　B. 格式　　C. 编辑　　D. 视图

(5) 在 WPS 文字中，关于设置页边距的说法正确的是(　　)。

A. 用户可以使用“页面设置”来设置页边距

B. 用户既可以设置左、右边距，也可以设置上、下边距

C. 页边距的设置不只是影响当前页

D. 用户可以使用标尺来调整页边距

2. 上机实训题

1) 操作要求

(1) 打开《中华颂》朗诵词，在前两个项目的操作基础上，将纸张方向设为纵向，左右页边距设为 2.5cm、上下页边距设为 1.6cm。

(2) 将正文文本分为“两栏”，题目“居中”显示。

(3) 为《中华颂》朗诵词文档添加“黄色”边框，样式为虚线，边框宽度为 0.5 磅，文档背景为红色，页码居中。

(4) 将修改后文档命名为“中华颂—排版”，PDF 格式保存至 E 盘“诗朗诵”文件夹中。

2) 操作步骤

(1) 在“我的电脑”→“E 盘”→“诗朗诵”文件夹中，双击打开《中华颂》朗诵词，选择“页面布局”选项卡，选择“纸张方向”按钮，在下拉菜单中选择“纵向”；单击“页边距”按钮，在下拉菜单中选择“自定义选择页边距”，在弹出的对话框的“页边距”项中设置上边距为 1.6cm、下边距为 1.6cm、左边距为 2.5cm、右边距为 2.5cm。

(2) 将光标置于文中任意位置，选择“页面布局”选项卡，选择“分栏”按钮下拉菜单中“两栏”命令，此时全文被分为两栏；题目《中华颂》朗诵词在左侧栏首行，选中题目，设置分栏为“一栏”，设置段落格式为“居中”显示。此时，题目居中、全文分两栏显示。

(3) 将光标置于文档中任意位置，单击“页面布局”选项卡中的“页面边框”按钮，在弹出的“边框和底纹”对话框中的“页面边框”项中依次设置“线型”为虚线、“颜色”为黄色、“宽度”为“0.5 磅”、“应用于”为“整篇文档”，单击“确定”按钮完成设置。

单击“页面布局”选项卡中的“背景”按钮，在下拉列表的“标准色”中选择红色，“页面背景”即可设为“红色”。

单击“插入”选项卡中的“页码”按钮，在下拉列表中选择“预设样式”为页脚中间，即可在文档“页脚”中间位置插入“页码”。

(4) 选择“文件”菜单，选择下拉菜单中的“另存为”命令，在弹出的“另存文件”对话框中选择“我的电脑”→“E 盘”→“诗朗诵”文件夹；修改文件名为“中华颂—修改”；文件类型：.PDF，单击“确定”按钮即可保存。

项目七

制作诗歌朗诵简报——文档的图文混排应用

项目描述

对 WPS 文档在基本文字输入和编辑功能基础上，需要对文档版面再优化，可以图、文灵活混合使用，以完成更加复杂、综合的作品。通过本项目制作诗朗诵简报，具备图文混排应用相关操作能力。

为了加大宣传力度，让全校师生提前了解本次诗朗诵比赛的时间与地点，需要制作诗歌朗诵简报，在文档中添加相关的图片、艺术字、形状等元素，使主题表达更加美观、更有吸引力。本项目就以设计“少年工匠心向党·青春奋进新时代”的宣传海报设计为例，介绍 WPS 文字页面图文混排的相关知识，培养学生爱国主义情操，助力践行社会主义核心价值观；通过对不同样式的图形、艺术字等元素插入，提升学生的审美观，锻炼学生的学习毅力和耐心。

本项目在 WPS 办公应用职业等级证书重要考点。

(1) 能够插入并编辑图片、形状、艺术字和符号等对象。

(2) 能理解文本框的作用，并使用文本框。

(3) 能实现图文混合排版。

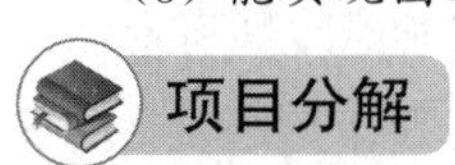

项目分解

本项目分为三个任务完成：任务一是基本元素的插入与编辑；任务二是文本框的作用与使用；任务三是二维码的插入与编辑。具体的制作思路如图 7-1 所示。

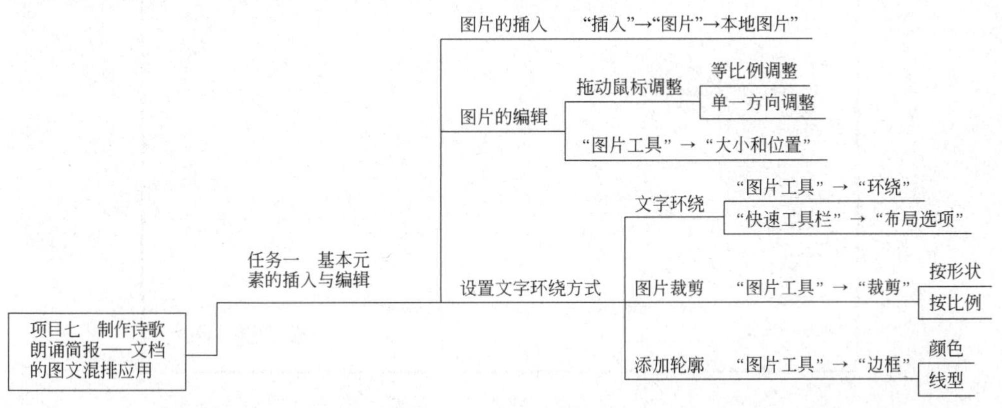

图 7-1　“制作诗歌朗诵简报——文档的图文混排应用”项目制作思路

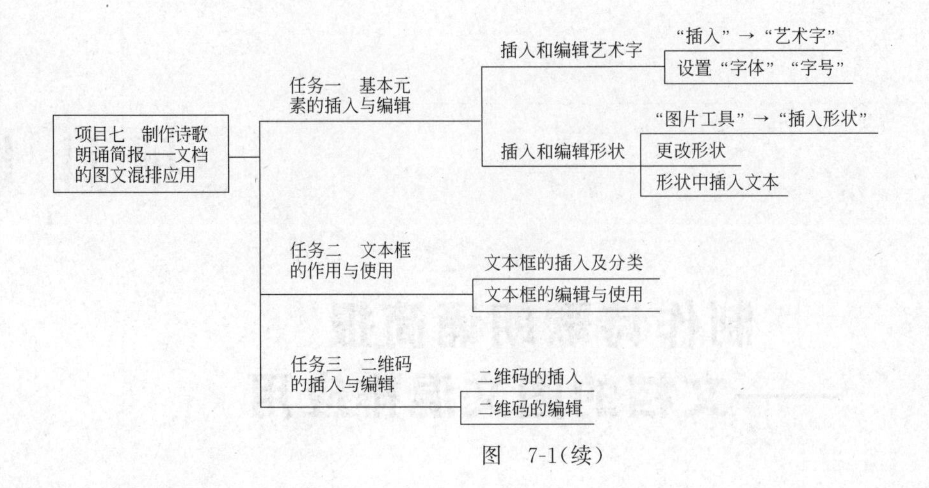

图　7-1(续)

任务一　基本元素的插入与编辑

图片、图形、艺术字较文字更能呈现所需要表达的内容，既可以美化文档，又可以让读者轻松领会作者意图。

1. 图片的插入

WPS中插入的图片来源是软件中自带的图片、读者自己拍摄或通过其他途径获取保存到计算机中的图片。本节以诗朗诵《少年工匠心向党·青春奋进新时代》简报为例，介绍插入图片的方法。

首先，新建"文字文稿1"文档后，单击"插入"选项卡中的"图片"按钮，在菜单中单击"本地图片"按钮 本地图片(P)，在弹出的"插入图片"对话框中通过存放的位置选择图片，选中图片，单击"打开"按钮即可插入图片，如图7-2所示，返回文档工作界面，插入效果如图7-3所示。

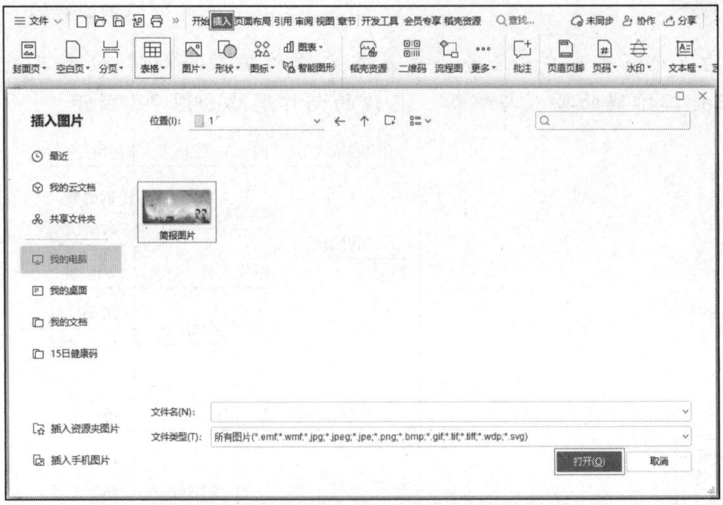

图7-2　插入图片方法

图 7-3　插入本地图片后界面

2. 图片的编辑

在文档中插入图片后，可以通过鼠标拖动和通过“图片工具”选项卡两种方法调整图片大小。下面以插入的图片为例，介绍图片大小调整方法。

方法一：拖动鼠标调整图片大小。单击图片任意位置选中图片，将鼠标移动至任意角的控制点上，当鼠标指针变成“双箭头”样式，按住鼠标左键，拖动到合适位置释放鼠标，即可将图片放大或缩小。此时，图片的高度和宽度均会等比例缩放，如图 7-4 所示。

图 7-4　等比例调整图片大小

将鼠标指针移动到文本框四边中间位置的控制点上，按住鼠标左键，将图片向相应方向拖动，也可进行图片缩放操作，但此操作会改变图片原本“纵横比”，使图片变形，如图 7-5 所示。

图 7-5 单一方向调整图片大小

方法二：精准修改图片尺寸。单击图片任意位置选中图片，在“图片工具”选项卡的“大小和位置”功能组中撤销选中“锁定纵横比”命令复选框，然后在“高度”和“宽度”数值框中分别输入具体的数字即可精准调整图片，如果要将图片恢复到原始尺寸，可单击“重设大小”按钮。

技巧提示

如果图片更改效果不满足要求，可以选择“图片工具”选项卡中“设置形状格式”功能组中的“重设样式”命令，可取消对所选图片做出的所有样式更改。

3. 设置文字环绕方式

在文档中插入图片后，如果想要调整图片的位置，可以设置图片的文字环绕方式。下面以背景图片为例设置“环绕方式”，如图 7-6 所示。

方法一：选中图片，在“图片工具”选项卡中单击“环绕”按钮，选择某种文字“环绕方式”。

方法二：选中图片，在图片右侧显示的“快速工具栏”中单击“布局选项”按钮，在弹出的布局选项列表中选择“浮于文字上方”选项。

对文档中插入的图片可以根据需要进行“裁剪”，一是把不需要的部分图片删除掉，二是裁剪出不同的图片形状。以背景图片为例，选中图片，单击“图片工具”选项卡中的“裁剪”按钮或者单击图片右侧显示的快速工具栏中的“裁剪图片”按钮，都会显示“裁剪”菜单，包含“按形状裁剪”和“按比例裁剪”两种方式，如图 7-7 所示。

本例中按形状的“对角圆角矩形”进行裁剪，效果如图 7-8 所示。

为了突出显示图片，WPS 文字软件中还能为图片添加轮廓，在“图片工具”选项卡中单击“边框”按钮，在下拉菜单列表中设置边框颜色和边框线型，设置“黑色|0.75 磅”后的效果，如图 7-9 所示。

图 7-6　修改图片环绕方式

图 7-7　“裁剪”命令菜单

图 7-8　“裁剪”图片效果

图 7-9　图片添加边框方法

技巧提示

选中图片，将鼠标指针移至图片上方边框中间控制点的上方旋转手柄位置，当鼠标指针变为旋转箭头形状时，按住鼠标左键逆时针或顺时针拖动图片旋转至目标位置角度后释放鼠标，图片围绕中心点进行相应角度的旋转，如图 7-10 所示。

图 7-10　旋转图片方法

4. 插入和编辑艺术字

使用艺术字，可以使文档呈现出不同的视觉效果，使文本更加醒目、美观。艺术字也有很多效果以供编辑，下面就以输入标题《少年工匠心向党 · 青春奋进新时代》为例，介绍插入

与编辑艺术字的操作。

单击“插入”选项卡中的“艺术字”按钮，在下拉列表中选择“渐变填充-金色，轮廓-着色4”样式，此时在文档中将自动插入一个文本框，如图 7-11 所示。

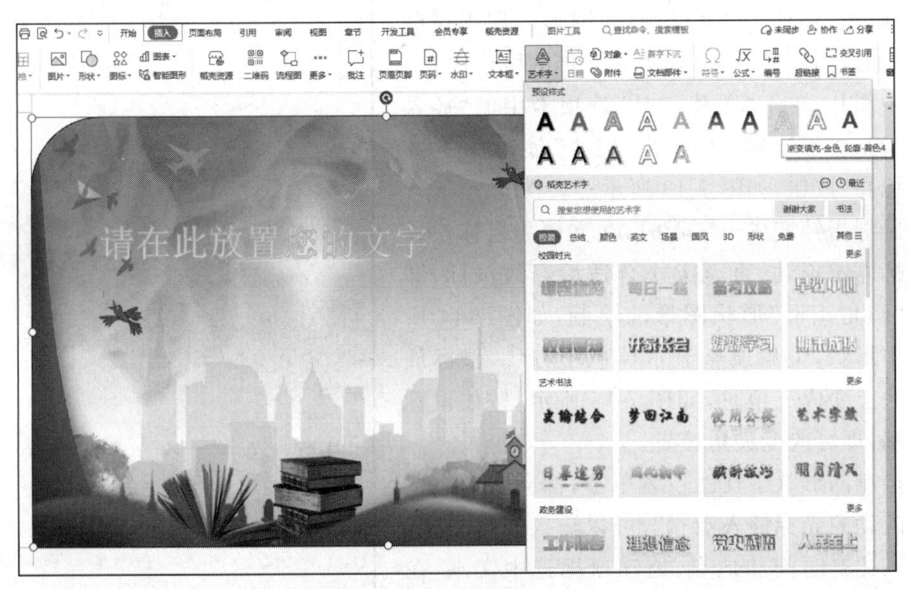

图 7-11　艺术字的插入方法

在文本框中输入文本“少年工匠心向党 · 青春奋进新时代”，设置字体为汉仪青云简，字号为初号，选中文本框拖动到合适位置，如图 7-12 所示。

图 7-12　艺术字的文本设置方法

5. 插入和编辑形状

在 WPS 文字软件中有多种形状可以选择，如线条、矩形、基本形状、箭头汇总、公式形状、流程图、星与旗帜、标注等多种类型的图形。使用这些形状，添加适当的文字，可以提升文档的可读性。

选中图片，单击“图片工具”选项卡中的“插入形状”按钮，在下拉列表中单击“标注”命令中的“圆角矩形标注”按钮，如图 7-13 所示。

当鼠标指针变成十字形时，在文档的目标位置按住鼠标左键拖动，直至大小合适后释放鼠标，即可完成“圆角矩形”形状图形的绘制，如图 7-14 所示。选中形状，尖角顶点显示黄色小方块，鼠标放置于方块上变成三角时，如图 7-15 所示，按住鼠标左键拖动，即可改变尖角位置。

在绘制的形状中任意位置单击，都会在中心位置出现闪动的光标插入点“I”，可以输入文本内容，此处输入比赛时间和地点，拖动鼠标选中文本，在文本工具中设置字体和字号格式。

绘制完成的形状可以进行形状轮廓样式、形状填充、形状效果等设置操作，设置本例中形状轮廓为“灰色 50%，着色 3”，轮廓线宽为“1.25 磅”、形状填充为“灰色 25%，背景 2”，效果如图 7-16 所示。

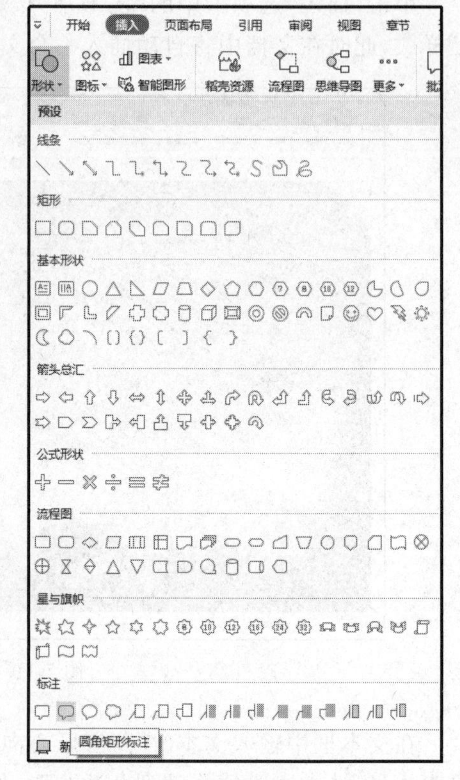

图 7-13 “形状”下拉列表

图 7-14 绘制图形效果

图 7-15　改变形状尖角位置

图 7-16　形状中插入文字效果

技巧提示

如果在文档中需要快速绘制具有一定长宽比的形状，如正方形、五角星、等边三角形等，可以同时按住 Shift 键，拖动鼠标至合适大小。

任务二　文本框的作用与使用

WPS 文字软件中，使用文本框可以在页面任何位置插入需要的文本内容，或者用来掩盖图片的瑕疵，具有很大的灵活性和实用性。

1. 文本框的插入及分类

WPS 文字软件中可以插入横向、竖向和多行文字三种类型文本框。“横向”文本框的文字方向按照从左到右、从上到下排列；“竖向”文本框的文字方向按照从上到下、从右到左排列。这两种方式插入文本框大小是固定的，如果输入内容超过文本框显示范围，则多余部分不可见；而“多行文字”文本框可以随着内容的增多而自动扩展，保证可以完成显示所有内容，读者可以选择“插入”选项卡，单击如图 7-17 所示的“文本框”按钮，在下拉列表中根据实际情况选择“横向文本框”按钮、“竖向文本框”按钮或“多行文字”按钮。

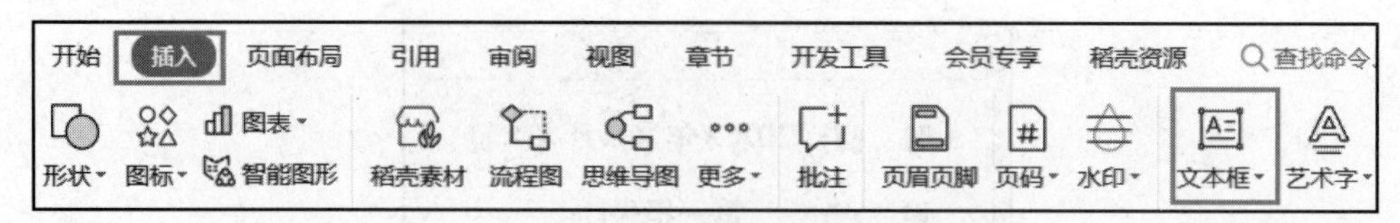

图 7-17　插入文本框的方法

本例中选择插入“横向”文本框，在文档中的合适位置拖动鼠标，实现横向文本框的插入。在文本框中的光标闪烁位置处，输入文本内容“红色经典诗歌朗诵比赛”，如图 7-18 所示。

图 7-18　文本框中插入文本

2. 文本框的编辑与使用

在文档中插入文本框后，很难一次性做到满意，还应该根据实际需要对文本框进行编辑，包括对文本框形状的填充、轮廓颜色、字体格式、字体的行间距、对齐方式等。

选中文本框，在“文本工具”选项卡的“文本框”功能组的“预设样式”组中，在样式中选择“填充-白色，轮廓-着色 2，清晰阴影-着色 2”，如图 7-19 所示；文本填充设置为“标准色-红色”；文本轮廓设置为“标准色-黄色”；字体设置为“宋体、一号、加粗”，效果如图 7-20 所示。

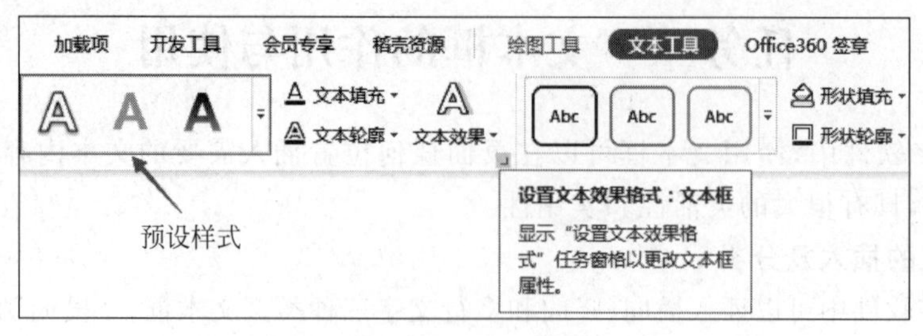

图 7-19　文本工具

选中文本框，单击“形状填充”下拉按钮，在下拉菜单中单击“无填充颜色”按钮 无填充颜色；单击“形状轮廓”下拉按钮，在下拉菜单中单击“无边框颜色”按钮 无边框颜色，效果如图 7-21 所示。

更多文本框的设置样式和应用文本的样式，读者可根据文档的实际需要进行选择。

图 7-20　文本框中文字编辑效果

图 7-21　文本框设置效果

任务三　二维码的插入与编辑

二维码又称二维条码，是在一维条码的基础上扩展出的一种具有可读性的条码，它是利用黑白相间的图形记录数据符号信息的，使用电子扫描设备可以识别信息的读取，本任务介绍二维码的插入与编辑操作。

1. 二维码的插入

二维码具有储存信息量大、安全性好、编码范围广、成本低、易制作、持久耐用等优点。下面将在“少年工匠心向党·青春奋进新时代”海报中插入本次诗朗诵的二维码，具体操作如下。

选中海报图片，选择“插入”选项卡，单击“更多”按钮，在下拉列表中单击“二维码”按钮 二维码(Q)，如图 7-22 所示。

在弹出的“二维码”对话框的“输入内容”文本框中输入比赛的相关内容介绍，单击“确定”按钮，如图 7-23 所示。将生成的二维码“布局选项”设为“衬于文字下方”“随文字移动”，

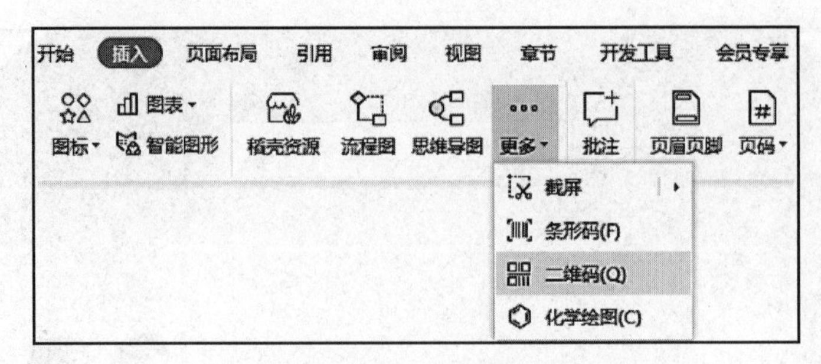

图 7-22 二维码的插入方法

这种二维码的环绕方式可以自由改变二维码的位置，调整二维码插入位置于左下角，效果如图 7-24 所示。

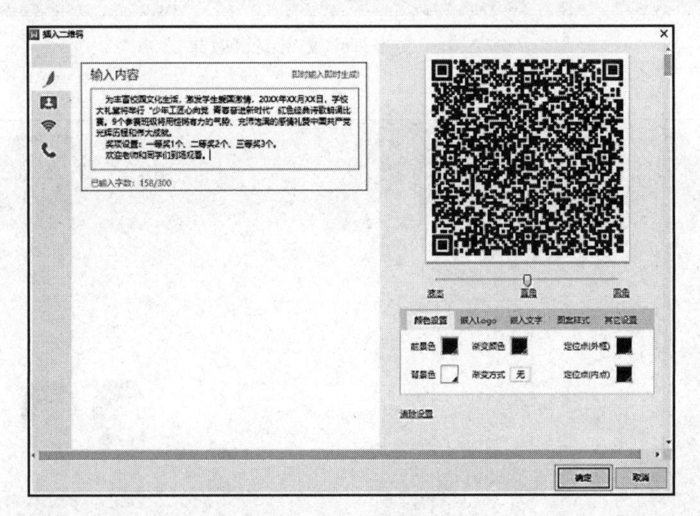

图 7-23 二维码的内容设置

图 7-24 二维码生成效果

2. 二维码的编辑

二维码默认样式为黑色、正方形。但实际上可以对二维码的颜色、图案样式、大小等样式进行设置，以“少年工匠心向党·青春奋进新时代”海报中的二维码为例，详细介绍二维码的编辑。

选中已插入的二维码，单击右侧快速工具栏中的“编辑扩展对象”按钮，如图 7-25 所示，在打开的“编辑二维码”对话框中单击右下角“颜色设置”选项卡中的“前景色”按钮，可以在打开的“颜色列表”中进行“颜色设置”，如图 7-26 所示。

在“编辑二维码”对话框中，除了设置二维码颜色外，还可以进行嵌入 logo、嵌入文字、图案样式，以及外边距、旋转角度、图片像素等其他设置。本任务中设置嵌入文字为“诗歌朗诵”，并设置效果为“3D 效果、28 号、红色”，如图 7-27 所示。

图 7-25　“编辑扩展对象”命令

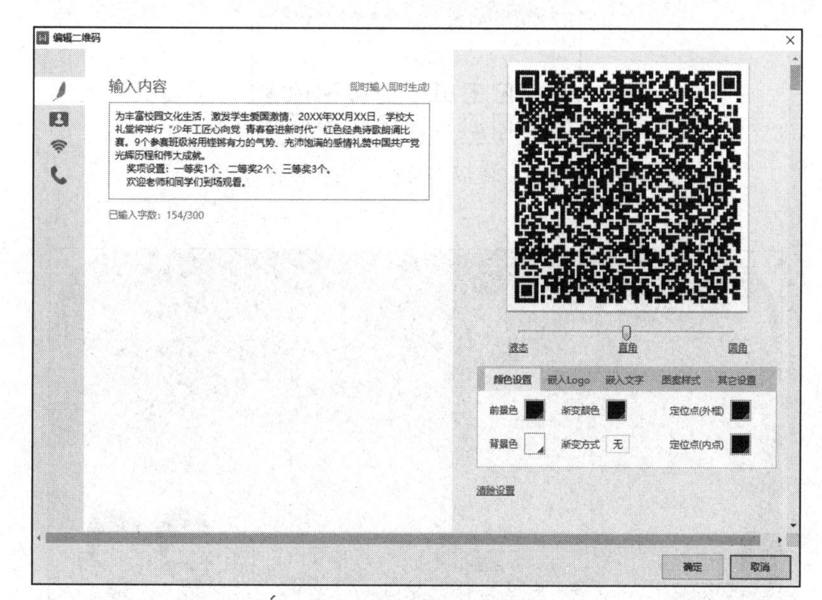

图 7-26　二维码颜色设置

图 7-27　二维码“嵌入文字”设置方法

选择“图案样式”选项卡，单击“定位点样式”按钮，在列表中选择某定位点样式，如图 7-28 所示，效果如图 7-29 所示。

图 7-28　二维码“定位点样式”设置方法

图 7-29　“少年工匠心向党·青春奋进新时代”诗歌朗诵简报

技巧提示

在“插入二维码”对话框中，单击左上角的“电话”按钮，在打开的“手机号码”文本框中输入手机号，单击“确定”按钮后，即可实现手机号生成二维码。

知识链接

插入与美化 SmartArt 图形操作如下。

WPS 文字提供了智能图形的编辑应用，“编辑图形”就是“SmartArt 图形”，通过整合关系图资源，以直观的方式表达信息之间的关系。

文档中如需插入“SmartArt 图形”，可以选择“插入”选项卡，单击“智能图形”按钮，在弹出的“智能图形”对话框中可以选择不同类型的智能图形，单击“确定”按钮，即可插入“图示布局”，如图 7-30 所示。

单击图形中的“文本框”，可以进行图示“文本编辑”，如图 7-31 所示。

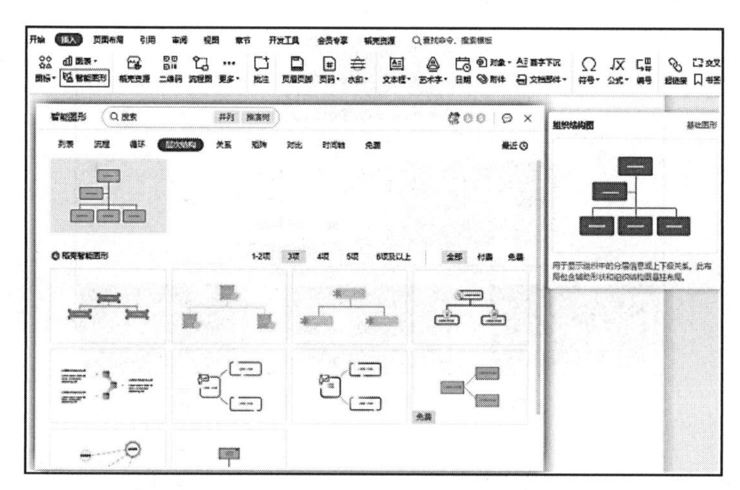

图 7-30　插入“智能图形”

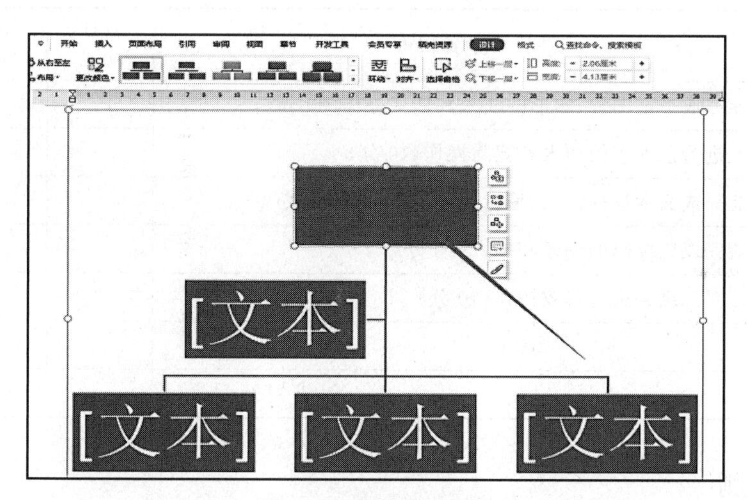

图 7-31　编辑图示文本

系统给出的默认图形布局通常不符合我们实际工作需要，因此需要在图形中添加或者删除项目。选中图形中需要删除的某个项目，按 Delete 键即可删除，如图 7-32 所示。

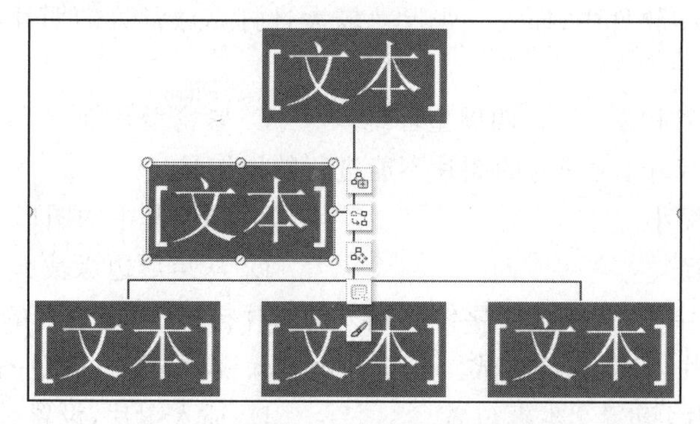

图 7-32　删除层次结构图形中的项目

如果要增加新的项目，需要选中新项目相邻的项目，单击“添加项目”按钮，在下拉菜单中选择添加项目的位置，即可添加一个新的空白的项目，如图 7-33 所示。

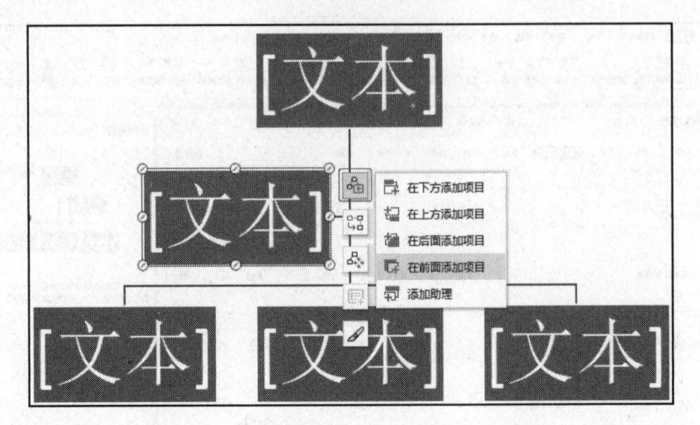

图 7-33　增加层次结构图形中的项目

项目评价

评价指标	评价要素及权重	自评 30%	组评 30%	师评 40%
学习任务完成情况	能完成指定图片、图形的插入和样式操作(30 分)			
	能进行艺术字的插入和删除操作(10 分)			
	能完成文本框的插入、编辑、设置文本框的样式(40 分)			
	能完成二维码的创建和插入(10 分)			
	能对二维码进行修改操作(10 分)			
合计				
总分				

闯关检测

1. 理论题

(1) 在 WPS 文字中，把计算机中图片插入文档中，应选择插入图片中的(　　)。

A. 来自文件　　B. 本地图片　　C. 来自扫描仪　　D. 手机传图

(2) 在 WPS 文字软件中，插入一张尺寸较大且打算做背景的图片时，最合适的图片布局选项是(　　)。

A. 浮于文字上方　　B. 四周型环绕　　C. 紧密型环绕　　D. 衬于文字下方

(3) 在 WPS 文字中，对插入的图片不能进行的操作是(　　)。

A. 放大或缩小　　B. 修改其中的图形

C. 移动位置　　D. 从矩形边缘裁剪

(4) 在 WPS 文字中，为了使文字绕着插入的图片排列，可以进行的操作是(　　)。

A. 插入图片，设置环绕方式　　B. 插入图片，调整图形比例

C. 插入图片，设置文本框位置　　D. 插入图片，设置叠放次序

（5）在 WPS 文字中，添加在形状中的文字（　　）。

A. 会随着形状的缩放而缩放　　B. 会随着形状的旋转而旋转

C. 会随着形状的移动而移动　　D. 以上三项都正确

2. 上机实训题

1）操作要求

（1）打开提供的素材文件《诗歌朗诵新闻稿.docx》，添加题目“诗歌朗诵比赛圆满成功”艺术字，填充颜色设为“深红”，文字轮廓设为“黄色”，并对其形状效果为“向下偏移”阴影。

（2）选择文本“2021 年 11 月 21 日”添加“半闭框”形状图形，设置样式为“巧克力黄，着色 2，浅色 60%”。

（3）将插入的“主持人”图片设置布局为“四周型”，并将图片透明化。

（4）将修改后文档命名为“诗歌朗诵新闻稿—图文混排”，以 PDF 格式保存至 E 盘“诗朗诵”文件夹中。

2）操作步骤

（1）在“我的电脑”→“E 盘”→“诗朗诵”文件夹中，单击打开文件《诗歌朗诵新闻稿.docx》，选中题目“诗歌朗诵比赛圆满成功”，选择菜单栏中的“插入”选项卡，单击“艺术字”右下侧的展开按钮▼，选择下拉菜单“预设样式”中的任意一种。选中插入的艺术字，选择“文本工具”选项卡，在“设置形状格式”功能组中选择相应命令设置“文本填充-红色”“文本轮廓-黄色”“形状效果-阴影-向下偏移”。

（2）选择“插入”选项卡，单击“形状”按钮，在下拉列表中选择相应命令绘制“基本形状”中的“半闭框”形状。选中“插入图形”，调整“半闭框”的大小，并在右侧的“快速工具栏”中选择“形状轮廓-巧克力黄，着色 2，浅色 60%”，最终将其移动到“2021 年 11 月 21 日”的左上角和右下角。

（3）选中“主持人”图片，选择“图片工具”选项卡，单击“文字环绕”按钮，在下拉列表中设置“文字环绕”为“四周型环绕”，单击“设置透明色”按钮，当鼠标变成一个笔状，单击图片即可设置透明色。

（4）单击“文件”按钮，在下拉列表中选择“另存为”命令，在弹出的“另存文件”对话框中选择“我的电脑”→“E 盘”→“诗朗诵”文件夹；修改文件名为《诗歌朗诵新闻稿—图文混排》，文件类型：.pdf。

项目八

制作诗朗诵成绩单——文档中表格的应用

项目描述

“少年工匠心向党·青春奋进新时代”诗朗诵比赛于4月16日在学校大礼堂举行，参赛班级各展所长，展开激烈角逐，用声音礼赞中国共产党光辉历程和伟大成就。现场评委结合参赛各班诵读思想内容、表达形式等方面进行了现场打分，并根据分数进行排名，评选出一、二、三等奖。本章主要使用WPS文字软件中的表格功能，通过插入表格、设计表格样式和属性、计算表格数据等多种表格操作，准确、详细、美观地展现参赛班级比赛成绩信息，并对比赛成绩进行汇总、计算和排序。

通过比赛，让同学们在感受华夏文化博大精深同时，进一步激发学生的爱国情怀，引导学生把爱国情、强国志、报国行的精神融入实现中华民族伟大复兴的奋斗之中。

本项目对应WPS办公应用职业等级证书知识点。

(1) 能够创建、编辑表格。

(2) 熟悉表格样式的使用。

(3) 能够进行表格属性的设置。

(4) 能够进行文本和表格的相互转换。

教学视频

项目素材

项目分解

本项目分为四个任务完成：任务一是创建和删除表格；任务二是表格的基本操作；任务三是美化和修饰表格；任务四是计算和排序表格数据。具体的操作思路如图8-1所示。

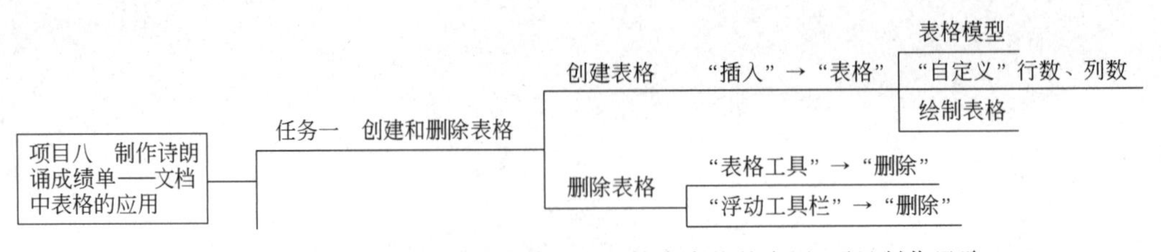

图8-1　“制作诗朗诵成绩单——文档中表格的应用”项目制作思路

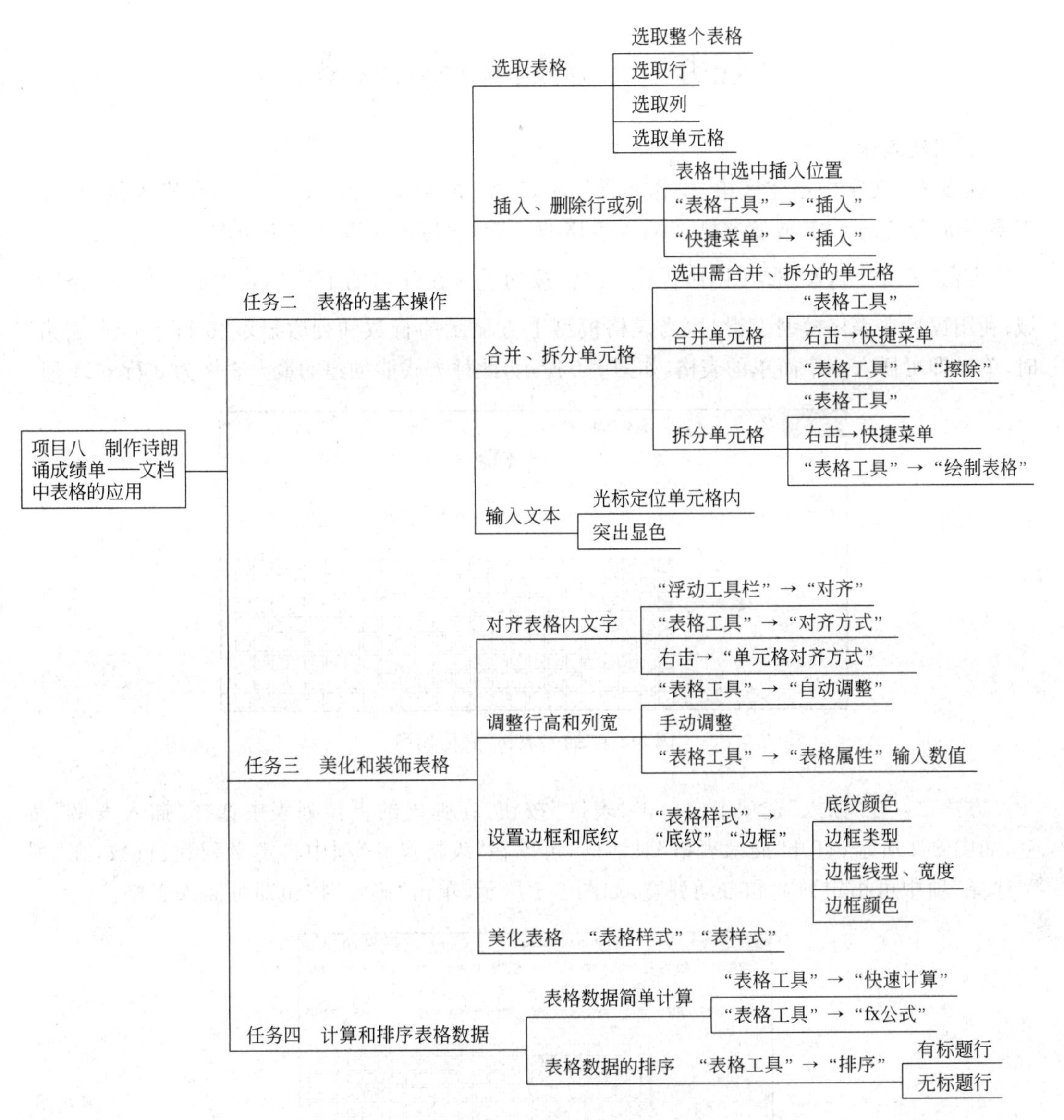

图　8-1(续)

项目实施

令人回味无穷的红色经典诗歌朗诵比赛已经结束,根据评委老师们的现场打分,为了能快速、准确地统计各个班的成绩,计算总分和平均分,根据最终得分对参赛班级进行排序和评比,除了用WPS的专业表格制作软件实现以外,WPS文字软件中的表格功能也能快速制作简单表格并进行计算,它还能够清晰直观地呈现各类别文本信息、直观反映数据特性,提高文档的编制质量。

任务一　创建和删除表格

1. 创建表格

在 WPS 文字中创建表格，操作非常简单，以需要绘制一个 6 行 4 列的表格为例，首先，需要将插入点光标“I”放置在需要插入表格的位置，然后按照以下方法操作。

方法一：在“插入”选项卡中单击“表格”按钮 表格，在弹出的下拉列表中的“插入表格”区域，利用鼠标在表格模型上滑过，当表格模型上方显示的行数和列数显示“6 行 * 4 列 表格”时，单击即可插入一个简单的表格，如图 8-2 所示，此种方式能创建的最大表格为 8 行 * 24 列。

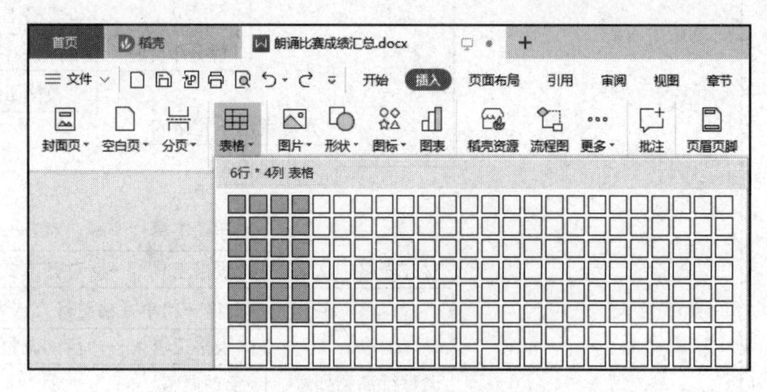

图 8-2　“插入表格”表格模型

方法二：在“插入”选项卡中单击“表格”按钮，在弹出的下拉列表中选择“插入表格”命令，如图 8-3 所示，打开“插入表格”对话框，可以在“表格尺寸”项中自定义列数、行数，在“列宽选择”项中可指定列宽和自动列宽，如图 8-4 所示，单击“确定”按钮即可插入表格。

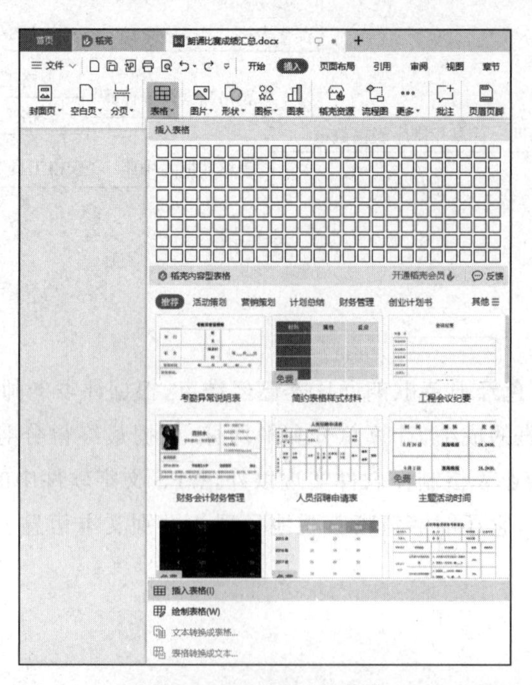

图 8-3　“表格”下拉菜单

方法三：在“插入”选项卡中单击“表格”按钮，在弹出的下拉列表中选择“绘制表格”命令，如图 8-3 所示，鼠标指针变成铅笔形状时，按住鼠标左键向右下角进行拖曳，显示虚线表格及行数和列数提示，如图 8-5 所示，松开鼠标即可插入指定行数和列数的表格。

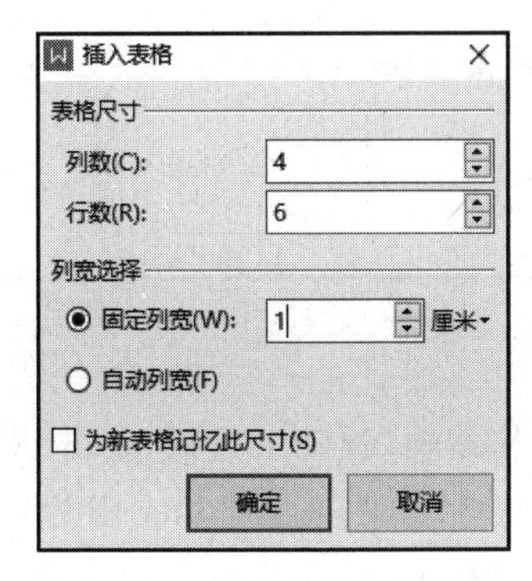

图 8-4　“插入表格”对话框

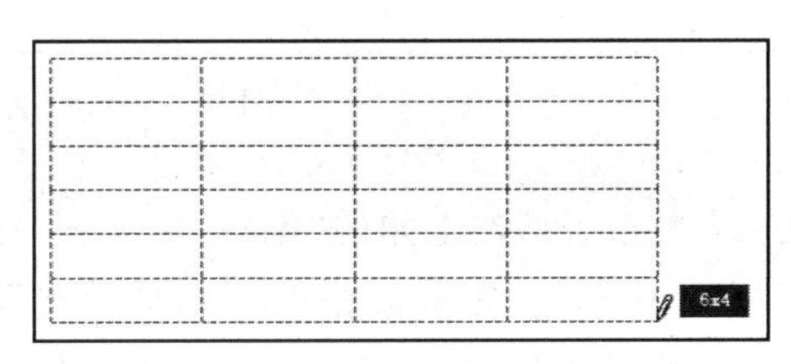

图 8-5　绘制表格

退出绘制模式，需要单击“表格工具”选项卡中的“绘制表格”按钮，如图 8-6 所示。

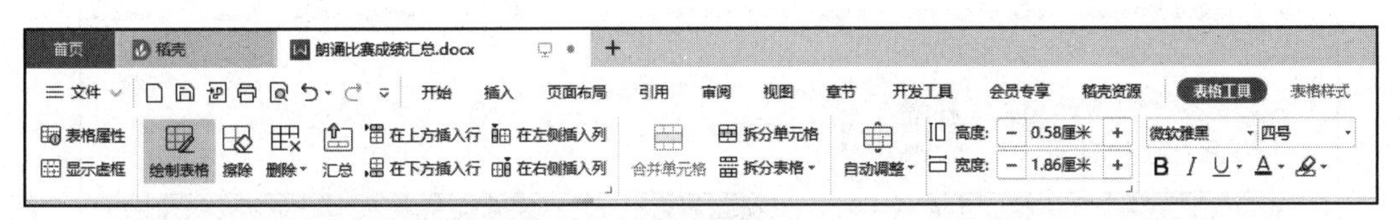

图 8-6　退出“绘制表格”

根据参赛班级数量及评委成绩选用方法二绘制 11 行 11 列表格，如图 8-7 所示。

图 8-7　插入“11 行 11 列”表格

2. 删除表格

在实际应用中，很多时候会遇到插入的表格行数或列数或整个表格不符合实际需求的情况，需要删除表格中的行或列或整个表格，本小节主要讲解删除表格相应部分的方法。

方法一：选中表格中任意内容，在“表格工具”选项卡对应功能区中单击“删除”按钮，在下拉列表中选择“表格”命令，即可删除整个表格，如图 8-8 所示。

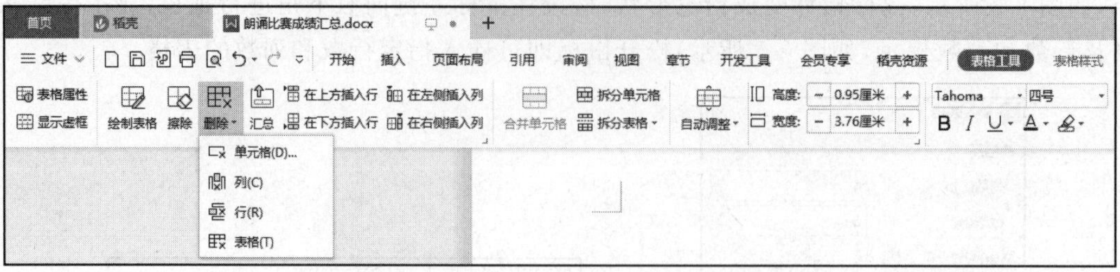

图 8-8 删除“表格”命令

方法二：单击表格左上角的“编辑”按钮，弹出“表格编辑”浮动工具栏，单击“删除”按钮，在下拉菜单中单击“删除表格”按钮，即可删除整个表格，如图 8-9 所示。因为单击“编辑”按钮时，通常把表格中的所有“行”或“列”都选中了。

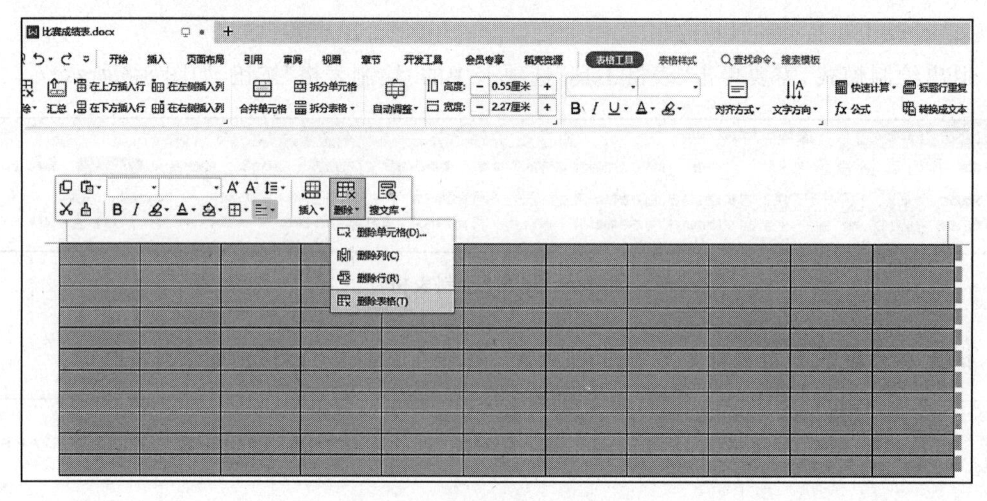

图 8-9 “删除”“整个表格”工具

技巧提示

如果删除整个表格，还可以让光标在表格中任意处定位右击，在弹出的“表格编辑”浮动工具栏的“删除”项中选择“删除表格”，即可将整个表格删除。

任务二 表格的基本操作

在 WPS 文字中创建朗诵词成绩汇总表格后，需根据表格中输入的文本的内容对表格布局进行调整，如行高、列宽、单元格的合并、拆分等，以使表格更加美观、实用。

1. 选取表格

1）选取整个表格

方法一：将鼠标放置在整个表格左上角单元格中，按住鼠标左键拖动至表格右下角单元格，松开鼠标左键。

方法二：将鼠标放置在表格内任一位置，表格左上角出现控制手柄，右下角出现缩放手柄,单击任一手柄,如图 8-10 所示。

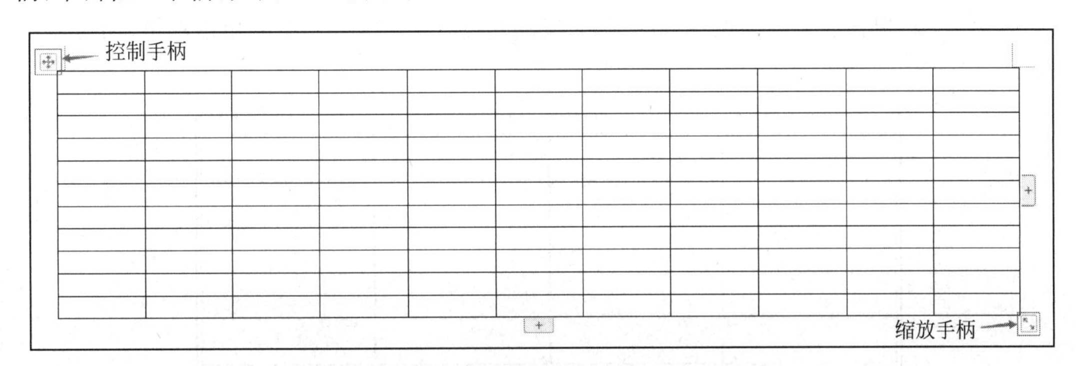

图 8-10　可“选中”整个表格或“缩放”整个表格

方法三：在需要选中的表格的任意位置单击鼠标,在“表格工具”选项卡的对应功能区中单击“选择”按钮,在下拉列表中选择“表格”命令,如图 8-11 所示。

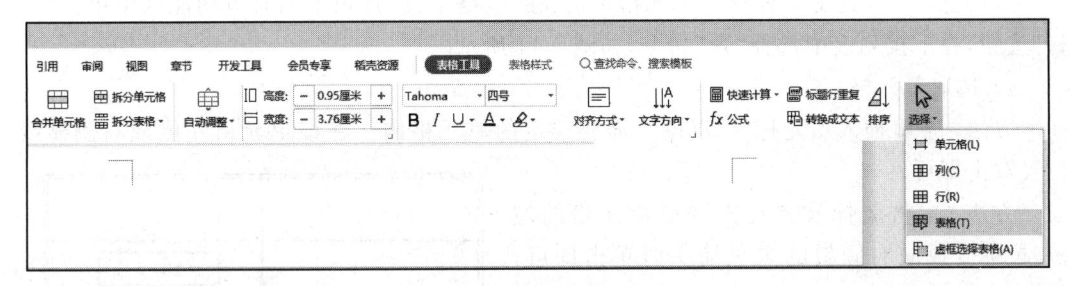

图 8-11　选择“表格”命令

2）选取行

方法一：将鼠标放置在需选取行最左侧(或最右侧)单元格中,按住鼠标左键拖动至该行最右侧(或最左侧)单元格,松开鼠标左键。

方法二：将鼠标放置在需选取行的左侧,鼠标变成向右倾斜箭头时单击即可,如图 8-12 所示。

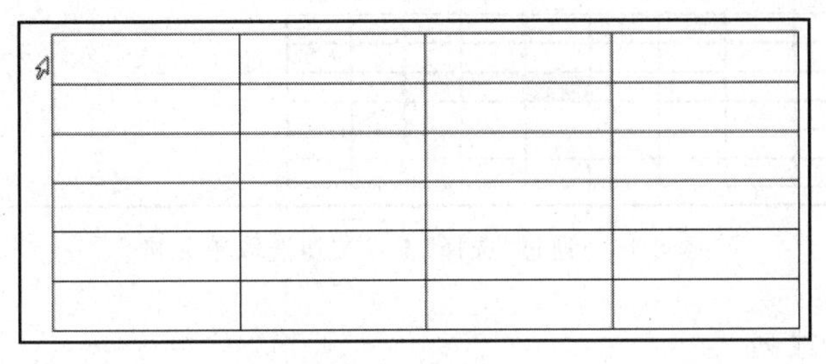

图 8-12　选取单行

方法三：在需选中某行任一单元格单击,在“表格工具”选项卡的对应功能区中单击“选择”按钮,在下拉列表中选择“行”命令,如图 8-11 所示。

3）选取列

方法一：将鼠标放置在需要选取的列的最上端(或最下端)单元格中,按住鼠标左键拖动至该列最下侧(或最上侧)单元格,松开鼠标左键。

方法二:将鼠标放置在需选取列的顶侧,鼠标变成向下的黑色箭头时单击即可,如图 8-13 所示。

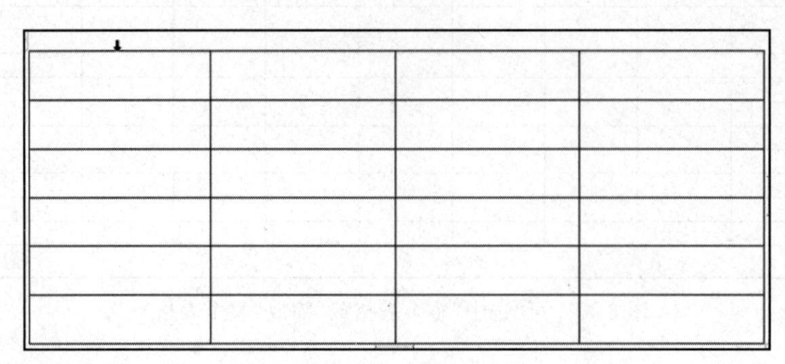

图 8-13 选取单列

方法三:在需选中某列任一单元格单击,在“表格工具”选项卡的对应功能区中单击“选择”按钮,在下拉列表中选择“列”命令,如图 8-11 所示。

4) 选取单元格

方法一:将插入点光标“I”定位至需要选定的单元格内。在该单元格左侧或右侧靠线位置双击即可。

方法二:将鼠标放置在需选取单元格的左侧,鼠标变成向右倾斜的黑色箭头时单击即可,如图 8-14 所示。

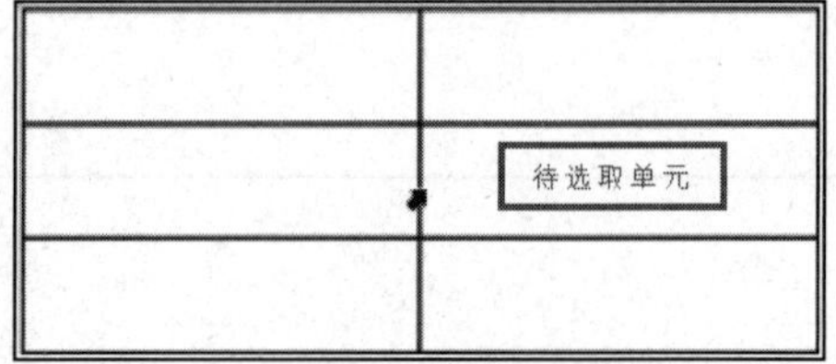

图 8-14 选取单元格

方法三:在需要选中的单元格内单击,在“表格工具”选项卡的对应功能区中单击“选择”按钮,在下拉列表中选择“单元格”命令,如图 8-15 所示。

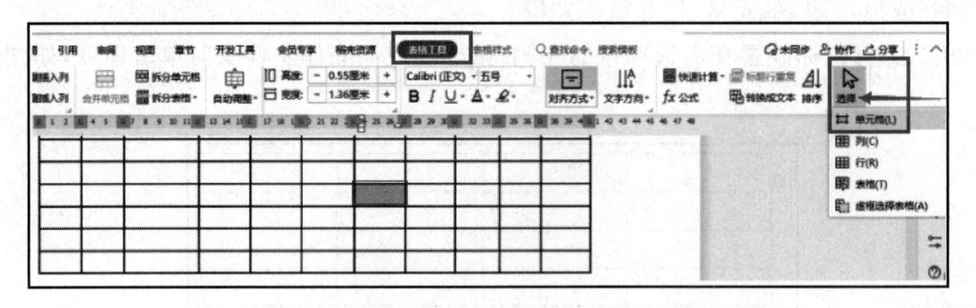

图 8-15 通过“选择”工具按钮选取单元格

2. 插入、删除行或列

在成绩汇总过程中,需要根据表格项目的增减对表格进行行数、列数的增加和删除。

1) 插入行、列

方法一:将光标定位在表格中需要插入新行或者新列临近位置任一单元格,在“表格工具”选项卡的“插入表格”组中单击“在上(下)方插入行”“在左(右)侧插入列”按钮,如图 8-16 所示。

方法二:将光标定位在表格中需要插入新行或者新列临近位置任一单元格,右击,在弹

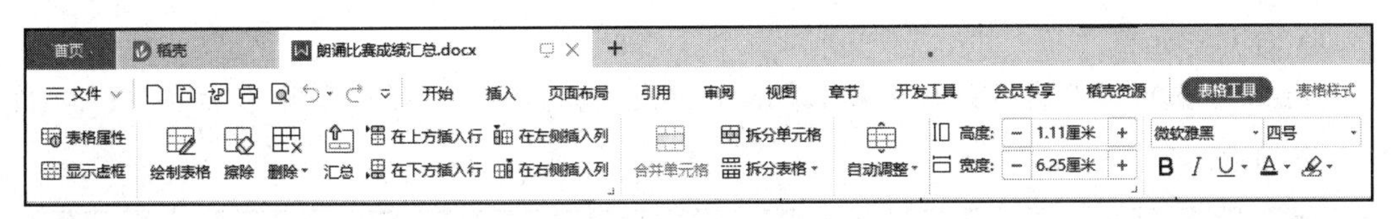

图 8-16　“插入表格”功能卡

出的快捷菜单中单击“插入”按钮，在二级菜单选项中选择“在上(下)方插入行”“在左(右)侧插入列”，如图 8-17 所示。

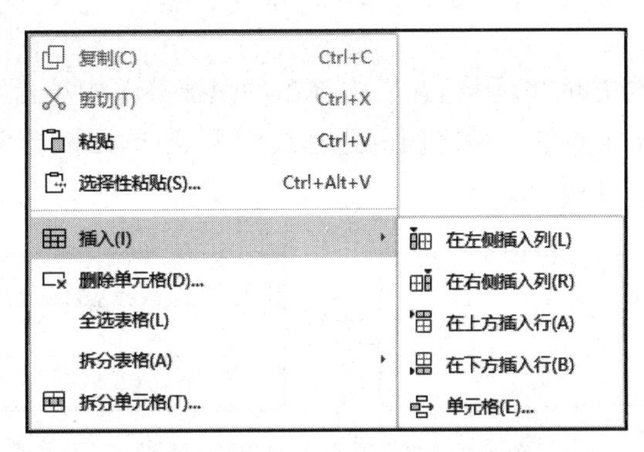

图 8-17　“插入表格”二级菜单

技巧提示

如果在表格的最右端或者底部添加列或者行，可以直接单击表格右端边框或低端边框上的“+”按钮。

2) 删除行、列

方法一：将光标定位在表格中需要删除行或者列的任一单元格，在“表格工具”选项卡中单击“删除”按钮，在下拉列表中选择“行”或者“列”命令，如图 8-18 所示。

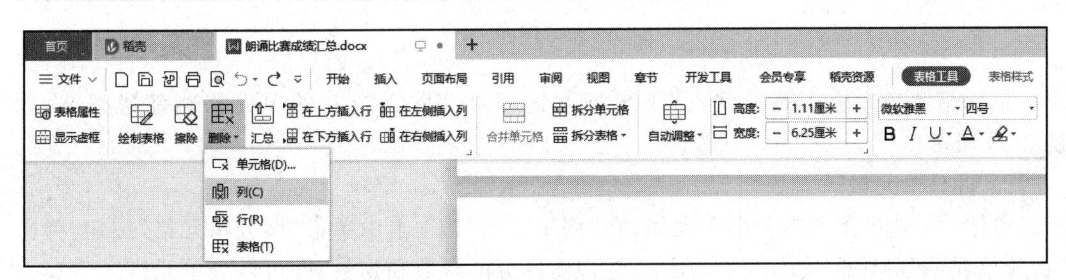

图 8-18　“删除”下拉菜单

方法二：将光标定位在表格中需要删除的行或者列的任一单元格，在右击弹出的快捷菜单中单击“删除单元格”按钮，在“删除单元格”对话框中选择“删除整行”或者“删除整列”命令，如图 8-19 所示。

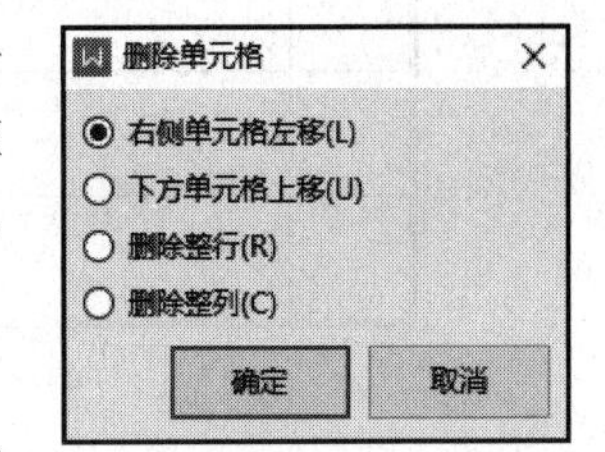

图 8-19　“删除单元格”对话框

3. 合并、拆分单元格

在表格中输入内容时，可使用合并、拆分单元格命令调整表格布局，使表格布局呈现得更合理，内容更清晰。

1）合并单元格

方法一：选中需要合并的单元格，单击“表格工具”选项卡中的“合并单元格”按钮，如图8-20所示。

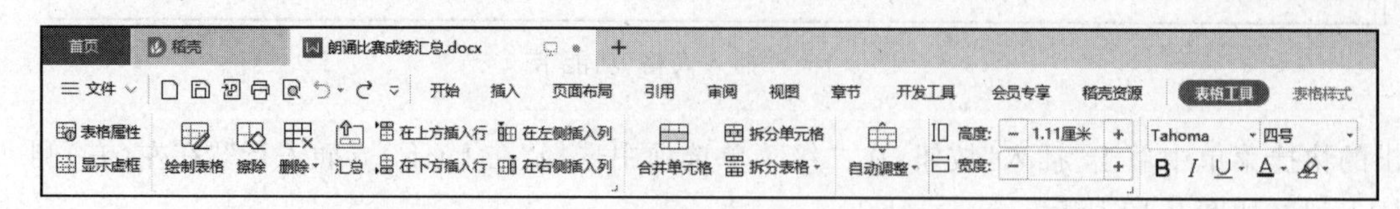

图8-20 “合并、拆分单元格”命令

方法二：选中需要合并的单元格，在右击弹出的快捷菜单中单击“合并单元格”按钮。

合并单元格后，被合并的单元格之间的边框线消失，原单元格行高和列宽合并为当前单元格行高和列宽，如图8-21所示。

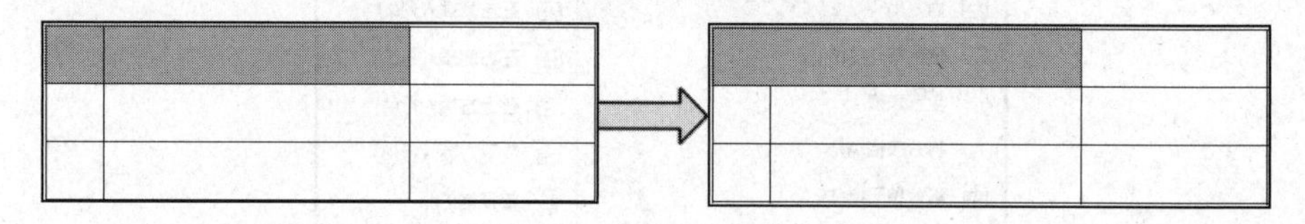

图8-21 “合并单元格”前后效果

方法三：在“表格工具”选项卡中单击“擦除”按钮，如图8-22所示。

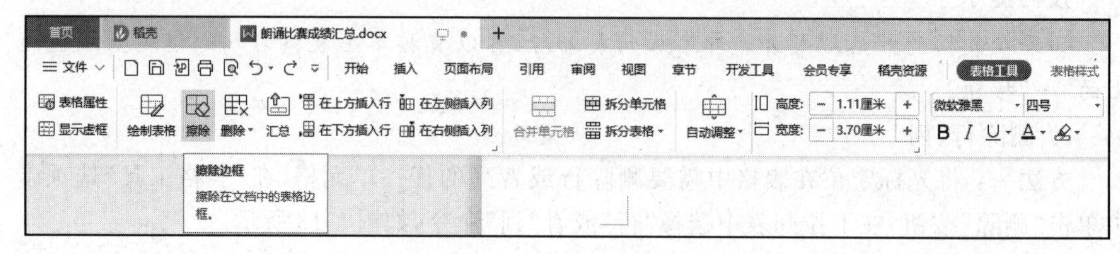

图8-22 “擦除”命令

鼠标指针变为橡皮擦形状，按下鼠标左键即可擦除需合并的单元格相邻边框线，如图8-23所示。

2）拆分单元格

方法一：选中需要拆分的单元格，在“表格工具”选项卡中单击“拆分单元格”按钮，弹出“拆分单元格”对话框，如图8-24所示，输入需拆分的行数和列数，即可拆分单元格。

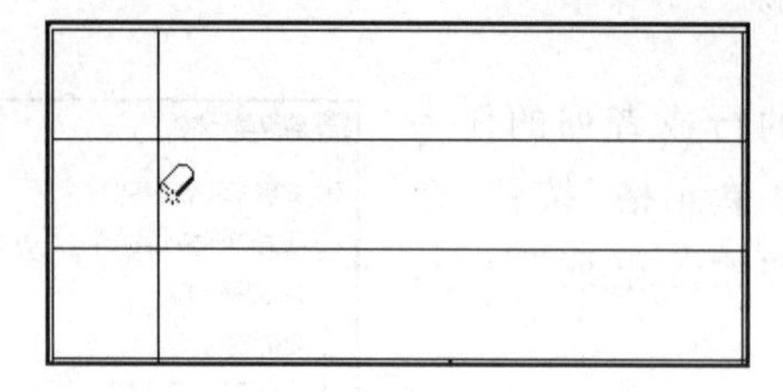

图8-23 “删除单元格”命令

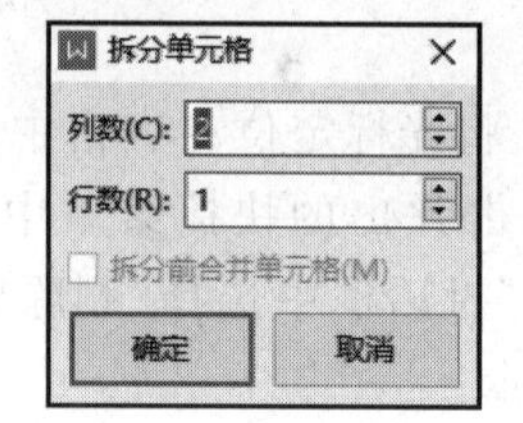

图8-24 “拆分单元格”对话框

方法二：选中需要拆分的单元格，在右击弹出的快捷菜单中单击“拆分单元格”按钮，在弹出“拆分单元格”对话框中，输入需拆分的行数和列数，即可拆分单元格。

拆分单元格后，原单元格的行高和列宽按照设置的行数、列数平均拆分为现在的行高和列宽，如图 8-25 所示。

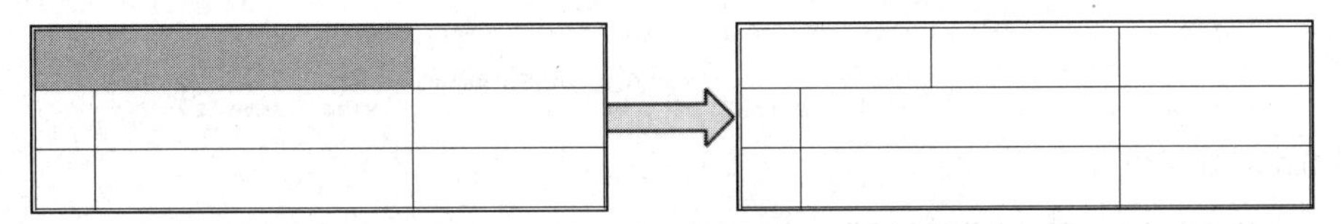

图 8-25 “拆分单元格”前后效果对比

方法三：在“表格工具”选项卡中单击“绘制表格”按钮，如图 8-26 所示，鼠标指针变为铅笔形状，按住鼠标左键在相应位置拖动既可以添加边框线，也可以做到拆分单元格。

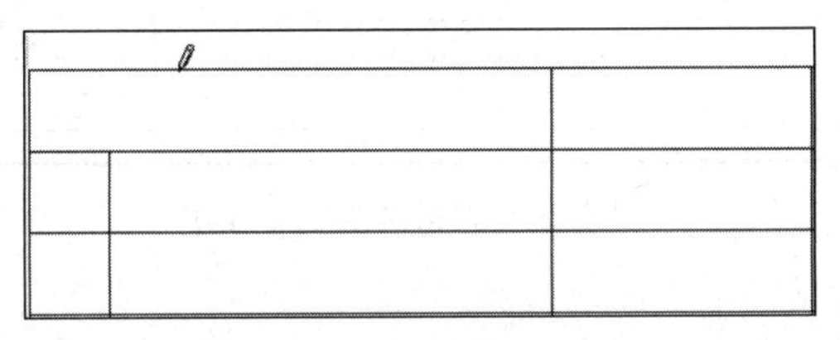

图 8-26 “绘制表格”命令

根据任务要求，表格经“合并单元格”后如图 8-27 所示。

用于添加表头										

图 8-27 表格第一行“合并单元格”后

4. 输入文本

调整后的表格中切换到相应的输入法，即可输入文本内容，如图 8-28 所示，如遇文本内容较多时，随文本输入自动切换下一行。

“少年工匠心向党·青春奋进新时代”诗歌朗诵成绩										
序号	班级	朗诵题目	评委 1	评委 2	评委 3	评委 4	评委 5	总分	排名	奖次

图 8-28 表格内输入文本

如果文本内容需要突出显示时，在“开始”选项卡中单击“突出显示”按钮，以“绿色”底纹为例，如图 8-29 所示。

图 8-29　表格文本突出显示

技巧提示

表格中文本突出显示，还可以通过改变文本的字体格式及显示格式，如加粗或加下划线等操作来达到突出显示效果。

任务三　美化和修饰表格

在创建的朗诵词成绩汇总表格中添加文本内容时，会遇到表格内容分布不规则等问题，影响表格整体美观。通常需要调整格式及文本内容，使整个表格格式整齐美观，便于阅读。未进行对齐操作之前的表格，如图 8-30 所示。

“少年工匠心向党 · 青春奋进新时代”诗歌朗诵成绩										
序号	班级	朗诵题目	评委 1	评委 2	评委 3	评委 4	评委 5	总分	排名	奖次
1	19 电商 1 班	少年中国说	96.3	95.8	96	95.5	96.4			
2	19 电商 2 班	我的祖国	95.8	96.1	95.4	95.7	96			
3	19 级计算机 1 班	我骄傲我是中国人	94.9	95.1	95.7	95	94.8			

图 8-30　表格文本未对齐之前

1. 对齐表格内文字

方法一：选中需要调整文字对齐方式的表格，在弹出的浮动工具栏中单击“对齐”按钮，在下拉列表中选择对齐方式为“居中对齐”，如图 8-31 所示。

方法二：选中需要调整文字对齐方式的表格，在“表格工具”选项卡中单击“对齐方式”按钮，在下拉列表中选择对齐方式为“水平居中”，如图 8-32 所示。

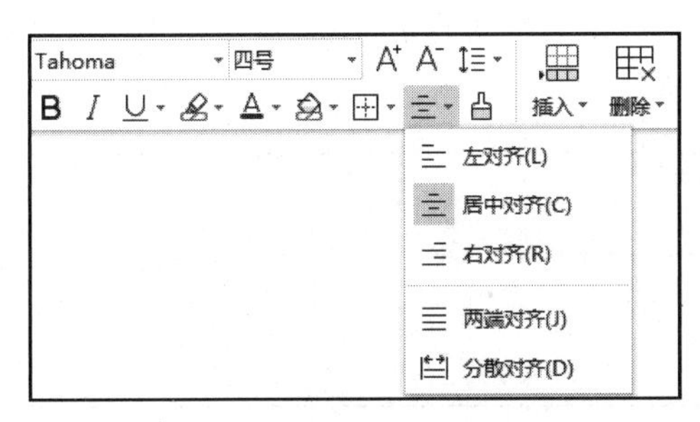

图 8-31　设置表格文本对齐方式

方法三：选中需要调整文字对齐方式的表格，右击，在弹出的菜单中选择“单元格对齐方式”，在列表中选择对齐方式，如图 8-33 所示。

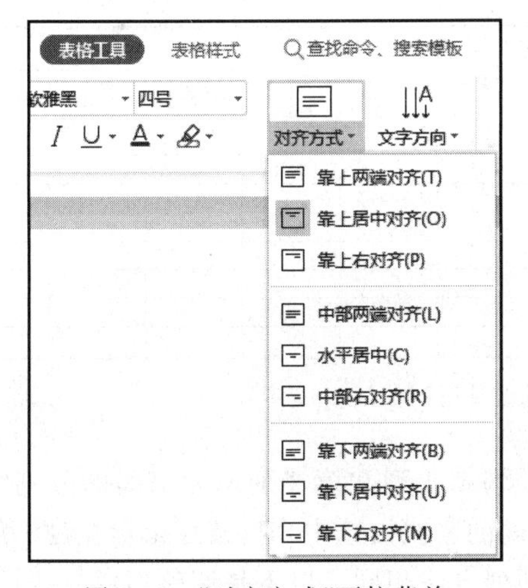

图 8-32　“对齐方式”下拉菜单

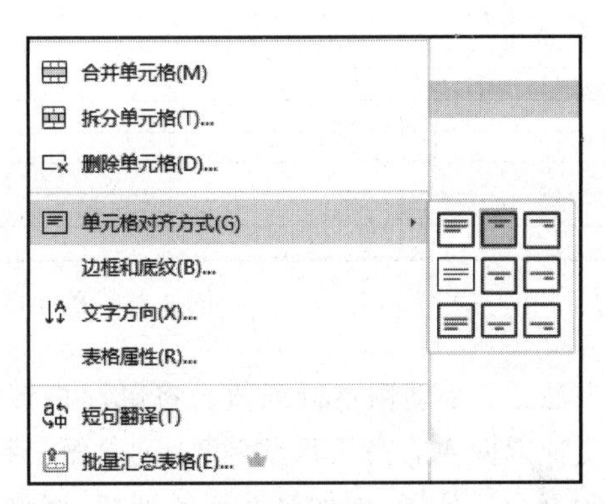

图 8-33　“单元格对齐方式”菜单

选择“水平居中对齐”命令后的成绩表如图 8-34 所示。

“少年工匠心向党·青春奋进新时代”诗歌朗诵成绩										
序号	班级	朗诵题目	评委 1	评委 2	评委 3	评委 4	评委 5	总分	排名	奖次
1	19 电商 1 班	少年中国说	96.3	95.8	96	95.5	96.4			
2	19 电商 2 班	我的祖国	95.8	96.1	95.4	95.7	96			
3	19 级计算机 1 班	我骄傲我是中国人	94.9	95.1	95.7	95	94.8			

图 8-34　单元格文本“水平居中对齐”后

2. 调整行高和列宽

由于新创建的表格一般尺寸设置比较简单，因此输入文本之后单元格的高和宽不一定刚好合适，可以对表格进行行高和列宽的调整。这里以列宽为例介绍调整列宽的三种方法。

方法一：自动调整行列值。将光标定位到表格中的任意一个单元格，在“表格工具”选项卡中单击“自动调整”按钮，在下拉列表中选择“适应窗口大小”或“根据内容调整表格”选项，设置方法如图 8-35 所示。

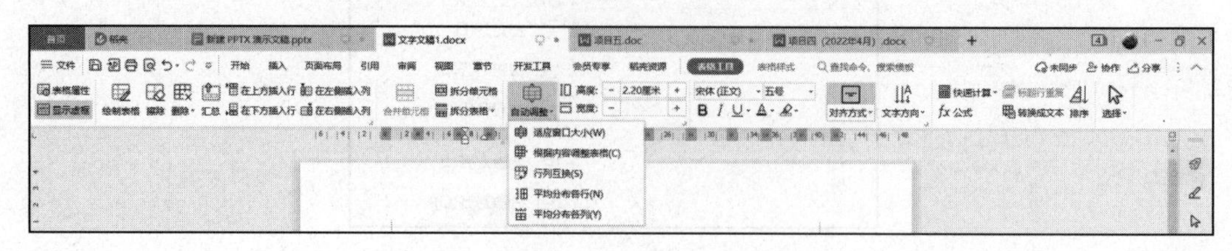

图 8-35 单元格“自动调整行列值”方法

此时，表格中行高和列宽将自动调整为适合单元格中文字显示的最佳效果，但原表格的总行高或总列宽可能会发生变化，如图 8-36 所示。

“少年工匠心向党 · 青春奋进新时代” 诗歌朗诵成绩											
序号	班级	朗诵题目	评委 1	评委 2	评委 3	评委 4	评委 5	总分	排名	奖次
1	19 电商 1 班	少年中国说	96.3	95.8	96	95.5	96.4			
2	19 电商 2 班	我的祖国	95.8	96.1	95.4	95.7	96			
3	19 级计算机 1 班	我骄傲我是中国人	94.9	95.1	95.7	95	94.8			

图 8-36 单元格自动调整行列值后

方法二：手动调整行列值。将鼠标指针移动到第 1 列和第 2 列单元格间的分割线上，当其变成双向左右箭头形状(第 1 列与第 2 列之间的竖线被选中)时，按住鼠标左键不放，向左拖动至合适位置，增加第 2 列的列宽，调整其他列方法相同。以下是调整列宽前(图 8-37)和调整列宽后的(图 8-38)对比。

	“少年工匠心向党 · 青春奋进新时代” 诗歌朗诵成绩						
序号	班级	朗诵题目	评委 1	评委 2	评委 3	评委 4	评委 5
1	19 电商 1 班	少年中国说	96.3	95.8	96	95.5	96.4
2	19 电商 2 班	我的祖国	95.8	96.1	95.4	95.7	96
3	19 级计算机 1 班	我骄傲我是中国人	94.9	95.1	95.7	95	94.8

图 8-37 手动调整列宽前

技巧提示

手动调整后，表格中其余列的列宽可能会不均等。选中需要等列宽的单元格，在右击弹出的对话框中选择“自动调整”“平均分布各列”命令即可。

方法三：精准调整行列值。选中需进行列宽设置的单元格，打开“表格属性”对话框，单击“列”标签，在“尺寸”栏的“指定宽度”数值框中输入数值，单击“确定”按钮，如图 8-39 所示。

“少年工匠心向党 · 青春奋进新时代” 诗歌朗诵成绩							
序号	班级	朗诵题目	评委 1	评委 2	评委 3	评委 4	评委 5
1	19 电商 1 班	少年中国说	96.3	95.8	96	95.5	96.4
2	19 电商 2 班	我的祖国	95.8	96.1	95.4	95.7	96
3	19 级计算机 1 班	我骄傲我是中国人	94.9	95.1	95.7	95	94.8

图 8-38　手动调整列宽后

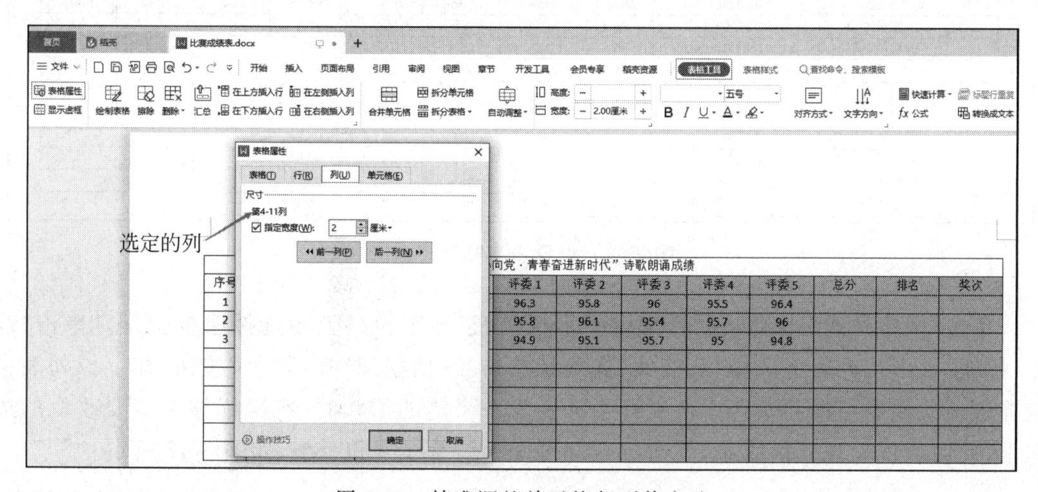

图 8-39　精准调整单元格行列值方法

根据实际需求，本例中“朗诵成绩”项目中诗朗诵名称通常字数较多，录入文字经过调整表格行高和列宽后的效果如图 8-40 所示。

“少年工匠心向党 · 青春奋进新时代” 诗歌朗诵成绩										
序号	班级	朗诵题目	评委 1	评委 2	评委 3	评委 4	评委 5	总分	排名	奖次
1	19 电商 1 班	少年中国说	96.3	95.8	96	95.5	96.4			
2	19 电商 2 班	我的祖国	95.8	96.1	95.4	95.7	96			
3	19 级计算机 1 班	我骄傲我是中国人	94.9	95.1	95.7	95	94.8			
4	19 级计算机 2 班	走向远方	96.1	95.2	95.4	95.8	95.4			
5	19 级计算机 3 班	祖国颂	94.3	94	93.6	94.2	94.1			
6	19 级计算机 4 班	不忘初心	94.3	94.6	94	94.1	94.8			
7	19 级计算机 5 班	青春赞歌	95.3	96.1	96	95.8	95.6			
8	19 级电子班	我爱祖国	96	95.2	95.4	95.1	95.5			
9	19 级大数班	不能忘却的家园	96.3	96.8	96.5	96	96.4			

图 8-40　调整表格格式后效果

3. 设置边框和底纹

新建的表格不仅要能展示内容，为了提高阅读质量，还要设计得赏心悦目，因此为表格添加边框和底纹就显得尤为重要。常用的设置表格“边框和底纹”方法有两种。

方法一：在“表格样式”选项卡中进行“底纹”和“边框”设置。

在本任务成绩表中，选择首行单元格，单击“表格样式”选项卡中的“底纹”下拉按钮，在下拉菜单中选择“巧克力黄，着色 2，浅色 60％”颜色选项，如图 8-41 所示。

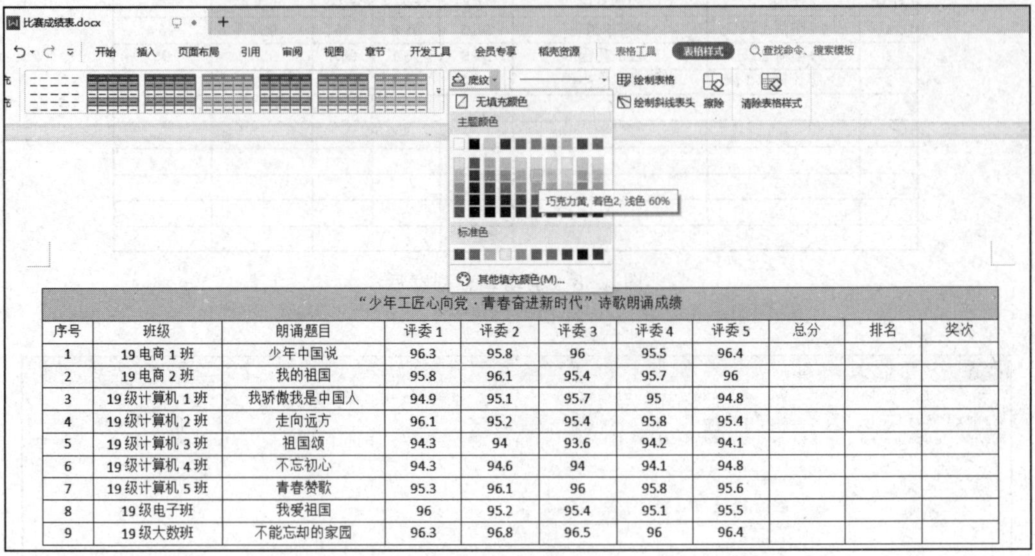

“少年工匠心向党 · 青春奋进新时代”诗歌朗诵成绩											
序号	班级	朗诵题目	评委 1	评委 2	评委 3	评委 4	评委 5	总分	排名	奖次
1	19 电商 1 班	少年中国说	96.3	95.8	96	95.5	96.4			
2	19 电商 2 班	我的祖国	95.8	96.1	95.4	95.7	96			
3	19 级计算机 1 班	我骄傲我是中国人	94.9	95.1	95.7	95	94.8			
4	19 级计算机 2 班	走向远方	96.1	95.2	95.4	95.8	95.4			
5	19 级计算机 3 班	祖国颂	94.3	94	93.6	94.2	94.1			
6	19 级计算机 4 班	不忘初心	94.3	94.6	94	94.1	94.8			
7	19 级计算机 5 班	青春赞歌	95.3	96.1	96	95.8	95.6			
8	19 级电子班	我爱祖国	96	95.2	95.4	95.1	95.5			
9	19 级大数班	不能忘却的家园	96.3	96.8	96.5	96	96.4			

图 8-41 设置表格“底纹”方法

单击“表格样式”选项卡中的“边框”下拉按钮，在下拉列表中选择边框类型。单击“线型”按钮，在下拉列表中选择“双横线”选项。单击“线型粗细”和“颜色”按钮，在下拉列表中选择合适的线条粗细和颜色。当鼠标指针变为一个笔的形状时，将鼠标移至需要改变的边框上，此时边框呈现蓝色线条，单击边框即可变为设置线型和粗细，如图 8-42 所示。

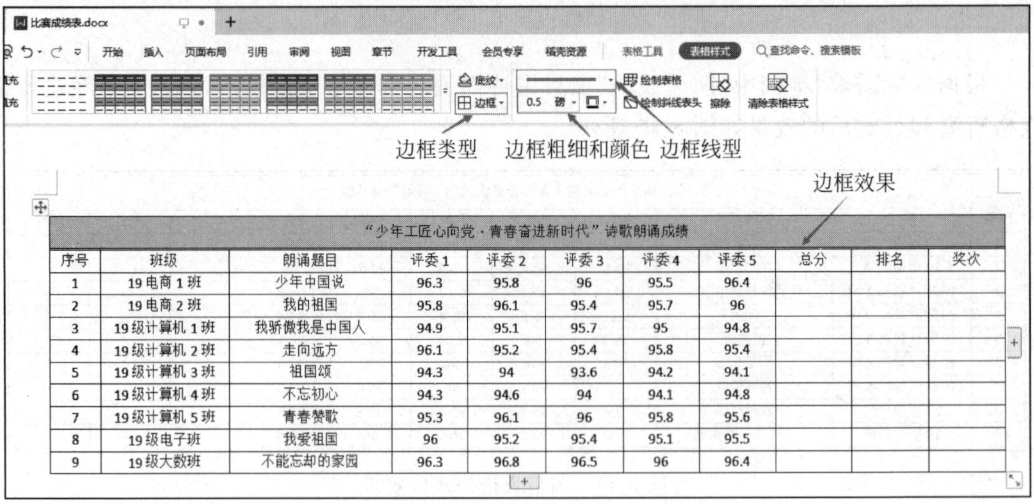

“少年工匠心向党 · 青春奋进新时代”诗歌朗诵成绩											
序号	班级	朗诵题目	评委 1	评委 2	评委 3	评委 4	评委 5	总分	排名	奖次
1	19 电商 1 班	少年中国说	96.3	95.8	96	95.5	96.4			
2	19 电商 2 班	我的祖国	95.8	96.1	95.4	95.7	96			
3	19 级计算机 1 班	我骄傲我是中国人	94.9	95.1	95.7	95	94.8			
4	19 级计算机 2 班	走向远方	96.1	95.2	95.4	95.8	95.4			
5	19 级计算机 3 班	祖国颂	94.3	94	93.6	94.2	94.1			
6	19 级计算机 4 班	不忘初心	94.3	94.6	94	94.1	94.8			
7	19 级计算机 5 班	青春赞歌	95.3	96.1	96	95.8	95.6			
8	19 级电子班	我爱祖国	96	95.2	95.4	95.1	95.5			
9	19 级大数班	不能忘却的家园	96.3	96.8	96.5	96	96.4			

图 8-42 设置表格“边框”方法

方法二：右击设置“边框和底纹”。

将光标放置于设置格式的单元格内，右击，在弹出的菜单中单击“边框和底纹”按钮，在打开的“边框和底纹”对话框中分别选择“边框”标签和“底纹”标签进行设置，并应用于表格后，单击“确定”按钮，如图 8-43 所示。

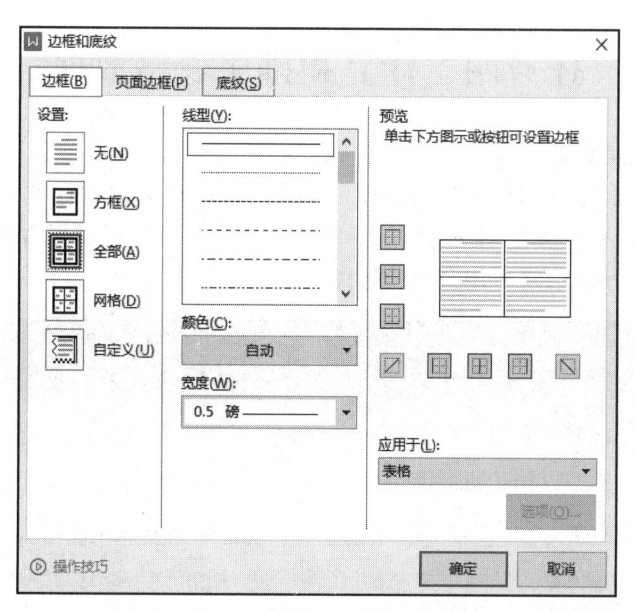

图 8-43　边框和底纹设置面板

4. 美化表格

WPS 文字中自带了一些表格样式，读者可以根据自己的需要直接应用。具体操作为：将光标定位在表格中的任一单元格上，在“表格样式”选项卡中，在“预设样式”列表框中选择“主题样式 1-强调 6”选项，设置方法如图 8-44 所示。

“少年工匠心向党·青春奋进新时代”诗歌朗诵成绩

序号	班级	朗诵题目	评委 1	评委 2	评委 3	评委 4	评委 5	总分	排名	奖次
1	19 电商 1 班	少年中国说	96.3	95.8	96	95.5	96.4			
2	19 电商 2 班	我的祖国	95.8	96.1	95.4	95.7	96			
3	19 级计算机 1 班	我骄傲我是中国人	94.9	95.1	95.7	95	94.8			
4	19 级计算机 2 班	走向远方	96.1	95.2	95.4	95.8	95.4			
5	19 级计算机 3 班	祖国颂	94.3	94	93.6	94.2	94.1			
6	19 级计算机 4 班	不忘初心	94.3	94.6	94	94.1	94.8			
7	19 级计算机 5 班	青春赞歌	95.3	96.1	96	95.8	95.6			
8	19 级电子班	我爱祖国	96	95.2	95.4	95.1	95.5			
9	19 级大数班	不能忘却的家园	96.3	96.8	96.5	96	96.4			

图 8-44　WPS 内置表格样式设置方法

技巧提示

在应用内置表格样式操作后，单击“表格样式”选项卡中的“清除表格样式”按钮，清除表格样式后可重新进行设置。

任务四　计算和排序表格数据

1. 表格数据简单计算

制作好表格的框架并添加合适的样式后，WPS 能提供简单的计算功能，常用的有求最大值、最小值、求和、平均值等，下面就以 19 级 9 个班级的诗朗诵成绩为例，通过评委老师们给出的分数计算各班的总分，如图 8-45 所示。

"少年工匠心向党·青春奋进新时代"诗歌朗诵成绩											
序号	班级	朗诵题目	评委 1	评委 2	评委 3	评委 4	评委 5	总分	排名	奖次
1	19 电商 1 班	少年中国说	96.3	95.8	96	95.5	96.4			
2	19 电商 2 班	我的祖国	95.8	96.1	95.4	95.7	96			
3	19 级计算机 1 班	我骄傲我是中国人	94.9	95.1	95.7	95	94.8			
4	19 级计算机 2 班	走向远方	96.1	95.2	95.4	95.8	95.4			
5	19 级计算机 3 班	祖国颂	94.3	94	93.6	94.2	94.1			
6	19 级计算机 4 班	不忘初心	94.3	94.6	94	94.1	94.8			
7	19 级计算机 5 班	青春赞歌	95.3	96.1	96	95.8	95.6			
8	19 级电子班	我爱祖国	96	95.2	95.4	95.1	95.5			
9	19 级大数班	不能忘却的家园	96.3	96.8	96.5	96	96.4			

图 8-45　输入 19 级各班成绩后的表格

计算总分通常有两种方法。

方法一：使用表格功能中的"快速计算"。

选中需要求和的分数，单击"表格工具"选项卡中的"快速计算"按钮，在下拉列表中选择"求和"命令，就会在"总分"列中计算出"19 电商 1 班"的总分是"480"，如图 8-46 所示。此方法最大的特点就是需要先选中求和的范围，再选择"求和"命令，如果没有实现设定好"总分"列，求和过程会自动创建一列，用于显示"求和"结果。

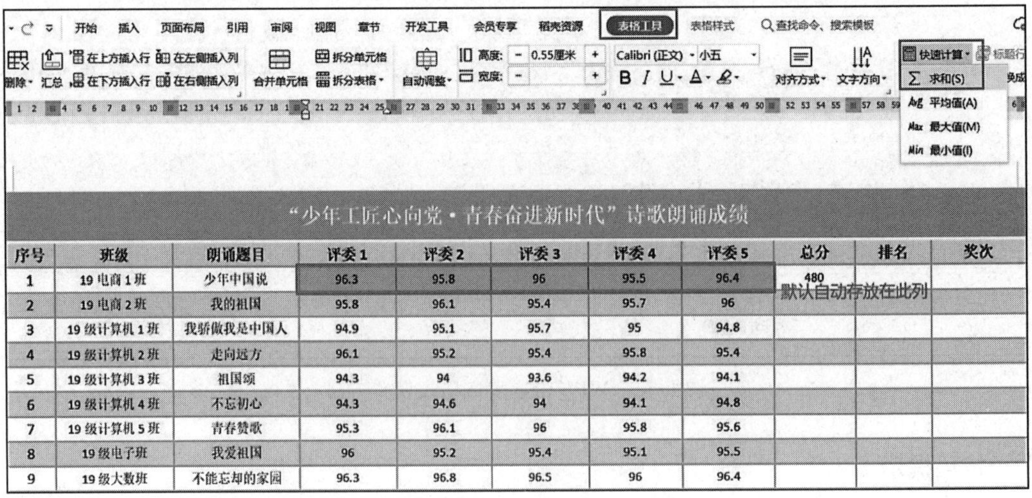

"少年工匠心向党·青春奋进新时代"诗歌朗诵成绩										
序号	班级	朗诵题目	评委 1	评委 2	评委 3	评委 4	评委 5	总分	排名	奖次
1	19 电商 1 班	少年中国说	96.3	95.8	96	95.5	96.4	480		
2	19 电商 2 班	我的祖国	95.8	96.1	95.4	95.7	96			
3	19 级计算机 1 班	我骄傲我是中国人	94.9	95.1	95.7	95	94.8			
4	19 级计算机 2 班	走向远方	96.1	95.2	95.4	95.8	95.4			
5	19 级计算机 3 班	祖国颂	94.3	94	93.6	94.2	94.1			
6	19 级计算机 4 班	不忘初心	94.3	94.6	94	94.1	94.8			
7	19 级计算机 5 班	青春赞歌	95.3	96.1	96	95.8	95.6			
8	19 级电子班	我爱祖国	96	95.2	95.4	95.1	95.5			
9	19 级大数班	不能忘却的家园	96.3	96.8	96.5	96	96.4			

默认自动存放在此列

图 8-46　使用"快速计算"求和

方法二：使用公式求和。

以 19 电商 1 班为例，将光标定位在放置结果的单元格内，单击"表格工具"选项卡中的

fx公式 按钮，弹出“公式”对话框，插入相应公式即可。选择“数字格式”为“0.00”，“粘贴函数”为“SUM”，“表格范围”为“LEFT”，代表求本行中本列左侧的数字之和，最后单击“确定”按钮，如图 8-47 所示。

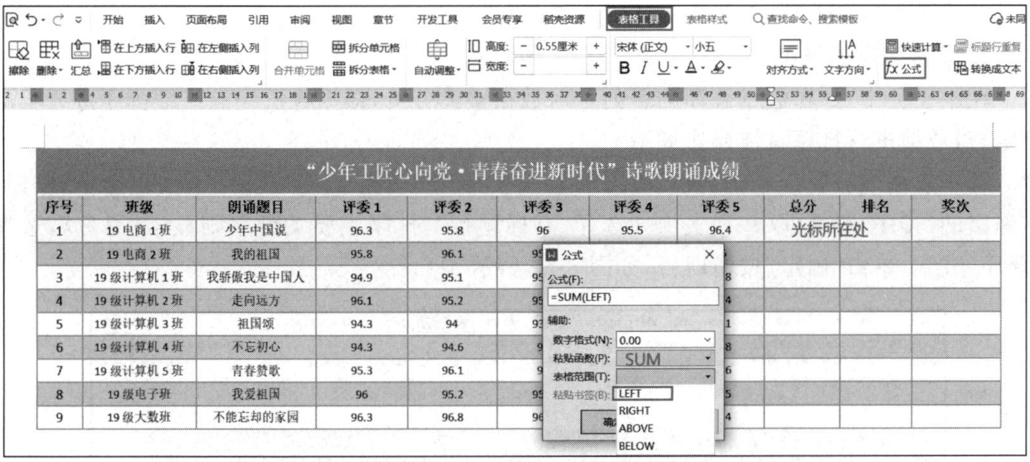

图 8-47　应用公式求和方法

求得结果是“500”，不是“480”，如图 8-48 所示。原因是公式把左侧的序号“1”和“19 电商 1”中的“19”都当作数字加了进来。

“少年工匠心向党·青春奋进新时代”诗歌朗诵成绩								
序号	班级	朗诵题目	评委 1	评委 2	评委 3	评委 4	评委 5	总分
1	19 电商 1 班	少年中国说	96.3	95.8	96	95.5	96.4	500.00

图 8-48　求和后得到结果有误

解决办法：如果要求得 19 电商 1 班总分，则在“公式”文本框中输入公式＝SUM(D3：H3)，后，单击“确定”按钮即可求得。

其中，D3 和 H3 中 D、H 表示的是单元格中的“列编号”；两个 3 便表示“行编号”；“：”表示求得的是两个单元格形成的矩形区域的和。D3：H3 即表示表格中第三行第四列（即 D 列）至第三行第八列（即 H 列）整个区域的数字之和。

如果要求 19 级电子班成绩，则在“公式”文本框中输入公式＝SUM(D10：H10)，求和结果如图 8-49 所示。

“少年工匠心向党·青春奋进新时代”诗歌朗诵成绩										
序号	班级	朗诵题目	评委 1	评委 2	评委 3	评委 4	评委 5	总分	排名	奖次
1	19 电商 1 班	少年中国说	96.3	95.8	96	95.5	96.4	480		
2	19 电商 2 班	我的祖国	95.8	96.1	95.4	95.7	96	479		
3	19 级计算机 1 班	我骄傲我是中国人	94.9	95.1	95.7	95	94.8	475.5		
4	19 级计算机 2 班	走向远方	96.1	95.2	95.4	95.8	95.4	477.9		
5	19 级计算机 3 班	祖国颂	94.3	94	93.6	94.2	94.1	470.2		
6	19 级计算机 4 班	不忘初心	94.3	94.6	94	94.1	94.8	471.8		
7	19 级计算机 5 班	青春赞歌	95.3	96.1	96	95.8	95.6	478.8		
8	19 级电子班	我爱祖国	96	95.2	95.4	95.1	95.5	477.2		
9	19 级大数班	不能忘却的家园	96.3	96.8	96.5	96	96.4	482		

图 8-49　求得各班得分后

技巧提示

如果需要求某两个单元格之和，则在“公式”文本框中的两个单元格表示参数需要用“，”隔开，例如，“公式”对话框中输入公式＝SUM(D3，H3)，表示的是第三行第四列(即D列)和第三行第八列(即H列)两个单元格的数字之和。

2. 表格数据的排序

在本任务中，计算数据总和的目的是对数据整体分析，根据各班级的成绩排序进行奖次评定，对成绩进行排序具体操作如下。

选中表格中需要排序的内容为总分这一列，单击“表格工具”选项卡下的“排序”按钮。在弹出的“排序”对话框中，列表项如选择“有标题行”，排序主要关键字则显示“总分”，选择“降序”方式，单击“确定”按钮即可，如图8-50所示。

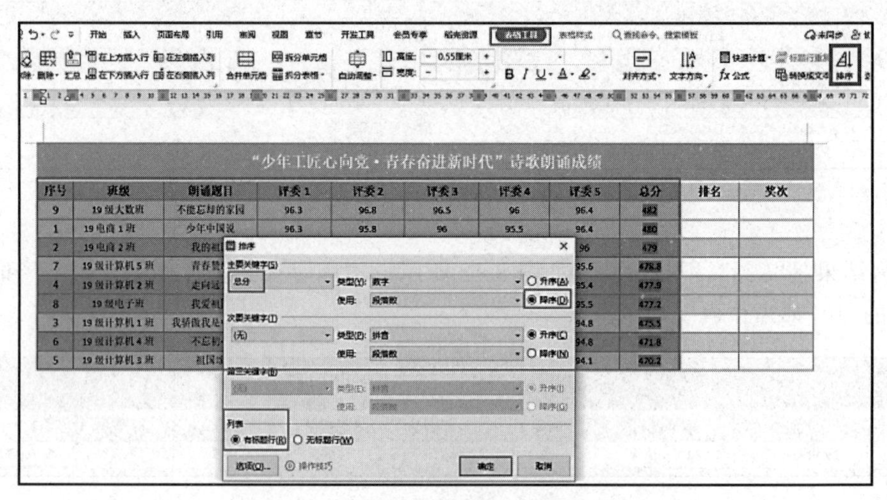

图8-50 表格中的数字排序方法

如选中表格中需要排序的内容仅为总分这一列中的所有数字，排序时需选择“无标题行”，那么在列表中选择“无标题行”的排序方法，排序主要关键字则需选择总分所在的列“列9”，选择“降序”方式，单击“确定”按钮即可，如图8-51所示。

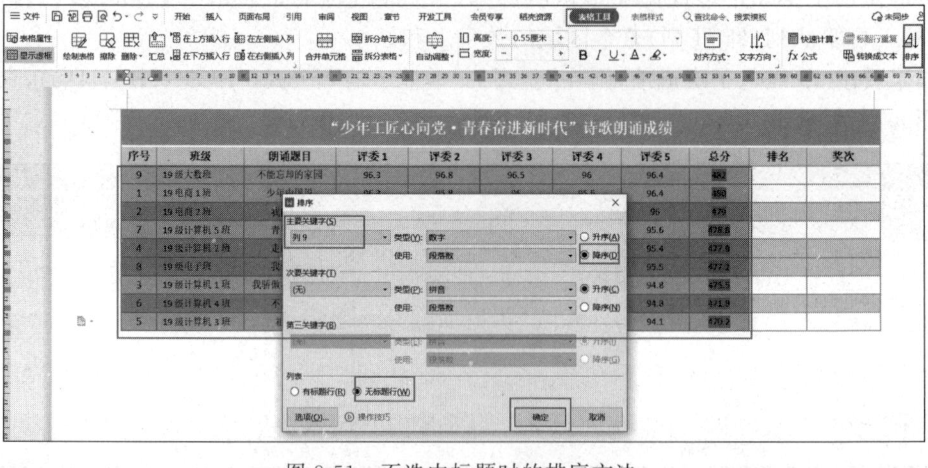

图8-51 不选中标题时的排序方法

根据总分排序后得到排名，如图 8-52 所示，根据原定奖项比例，确定获奖班级即可。

“少年工匠心向党·青春奋进新时代”诗歌朗诵成绩									
序号	班级	朗诵题目	评委1	评委2	评委3	评委4	评委5	总分	排名
9	19级大数班	不能忘却的家园	96.3	96.8	96.5	96	96.4	482	1
1	19电商1班	少年中国说	96.3	95.8	96	95.5	96.4	480	2
2	19电商2班	我的祖国	95.8	96.1	95.4	95.7	96	479	3
7	19级计算机5班	青春赞歌	95.3	96.1	96	95.8	95.6	478.8	4
4	19级计算机2班	走向远方	96.1	95.2	95.4	95.8	95.4	477.9	5
8	19级电子班	我爱祖国	96	95.2	95.4	95.1	95.5	477.2	6
3	19级计算机1班	我骄傲我是中国人	94.9	95.1	95.7	95	94.8	475.5	7
6	19级计算机4班	不忘初心	94.3	94.6	94	94.1	94.8	471.8	8
5	19级计算机3班	祖国颂	94.3	94	93.6	94.2	94.1	470.2	9

图 8-52　根据总分排序后得到排名

技巧提示

WPS 文字表格仅用于处理数据量比较少、计算比较简单的表格，如遇数量较多时，建议应用更专业的 WPS 表格软件处理数据。

知识链接

1. 单元格添加斜线

为清晰显示表格中行与列所展示的内容，可以使用 WPS 文字提供的斜线表头功能。操作方法简单，步骤如下。

方法一：双击选中需要添加斜线的单元格，在“开始”选项卡的“段落”功能组中单击“边框”按钮，在弹出的下拉列表框菜单中选择“边框和底纹”命令，弹出“边框和底纹”对话框，如图 8-53 所示，可对添加斜线的线型、颜色、宽度进行设置，“预览”右下角的斜线符号，单击“确定”按钮，即可在表格选定的单元格中添加斜线，如图 8-54 所示。

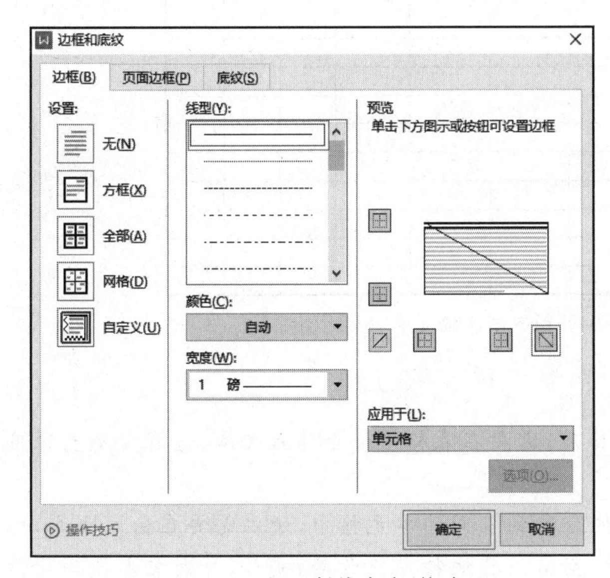

图 8-53　设置“斜线表头”格式

	班级	朗诵题目	评委1	评委2	评委3

图 8-54　“斜线表头”样式

方法二：双击选中需要添加斜线的单元格，单击“表格样式”选项卡中的“绘制斜线表头”按钮，如图 8-55 所示，在弹出的“斜线单元格类型”对话框中选择所需要的单元格添加斜线类型，单击“确定”按钮即可，如图 8-56 所示。

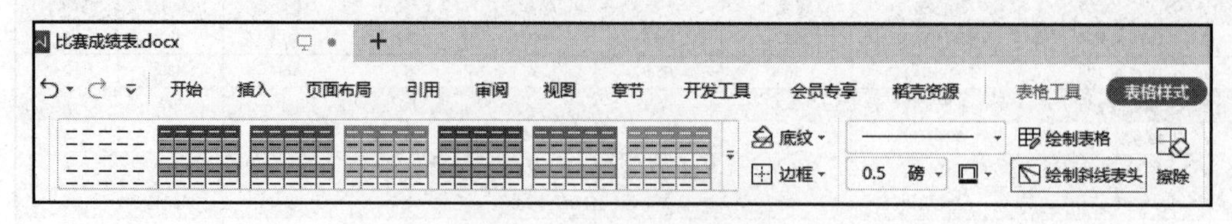

图 8-55 “绘制斜线表头”命令

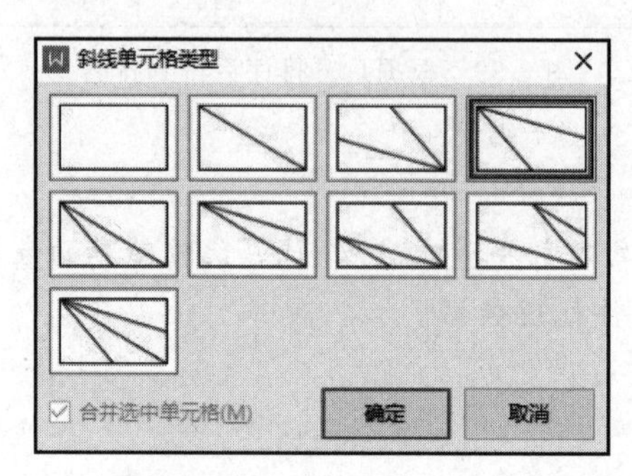

图 8-56 斜线单元格类型

通过以上两种方式为单元格添加斜线表头样式后，可在各分格中添加对应的文字内容，效果如图 8-57 所示。

“少年工匠心向党·青春奋进新时代”诗歌朗诵成绩									
班级 朗诵题目 评分		评委 1	评委 2	评委 3	评委 4	评委 5	总分	排名	奖次

图 8-57 斜线单元格中输入文字

2. 文字转换为表格

WPS 文字中插入诗朗诵成绩单表格后，需要在表格中逐个输入文本，过程会感觉很麻烦，可以运用文字转换表格功能。

(1) 文字转换成表格后，按照分类被分配到不同的单元格中，所以需要在输入文本时，将每行文本使用分隔符(段落标记、逗号、空格或其他特定符号等)隔开，每列文本使用段落标记隔开，使用不同分隔符输入文本效果如图 8-58、图 8-59 所示。

序号*班级*朗诵题目*评委1*评委2*评委3*评委4*评委5*总分*排名*奖次
1*19电商1班*少年中国说*96.3*95.8*96*95.5*96.4***
2*19电商2班*我的祖国*95.8*96.1*95.4*95.7*96***
3*19级计算机1班*我骄傲我是中国人*94.9*95.1*95.7*95*94.8***
4*19级计算机2班*走向远方*96.1*95.2*95.4*95.8*95.4***
5*19级计算机3班*祖国颂*94.3*94*93.6*94.2*94.1***
6*19级计算机4班*不忘初心*94.3*94.6*94*94.1*94.8***
7*19级计算机5班*青春赞歌*95.3*96.1*96*95.8*95.6***
8*19级电子班*我爱祖国*96*95.2*95.4*95.1*95.5***
9*19级大数班*不能忘却的家园*96.3*96.8*96.5*96*96.4***

图 8-58　使用"＊"分隔每行文本

序号,班级,朗诵题目,评委1,评委2,评委3,评委4,评委5,总分,排名,奖次
1,19电商1班,少年中国说,96.3,95.8,96,95.5,96.4,,,
2,19电商2班,我的祖国,95.8,96.1,95.4,95.7,96,,,
3,19级计算机1班,我骄傲我是中国人,94.9,95.1,95.7,95,94.8,,,
4,19级计算机2班,走向远方,96.1,95.2,95.4,95.8,95.4,,,
5,19级计算机3班,祖国颂,94.3,94,93.6,94.2,94.1,,,
6,19级计算机4班,不忘初心,94.3,94.6,94,94.1,94.8,,,
7,19级计算机5班,青春赞歌,95.3,96.1,96,95.8,95.6,,,
8,19级电子班,我爱祖国,96,95.2,95.4,95.1,95.5,,,
9,19级大数班,不能忘却的家园,96.3,96.8,96.5,96,96.4,,,

图 8-59　使用","分隔每行文本

(2) 选中要转换为表格的文字，单击"插入"选项卡中的"表格"按钮，在弹出的下拉菜单中选择"文本转换成表格"命令，弹出"将文字转换成表格"对话框，如图 8-60 所示。

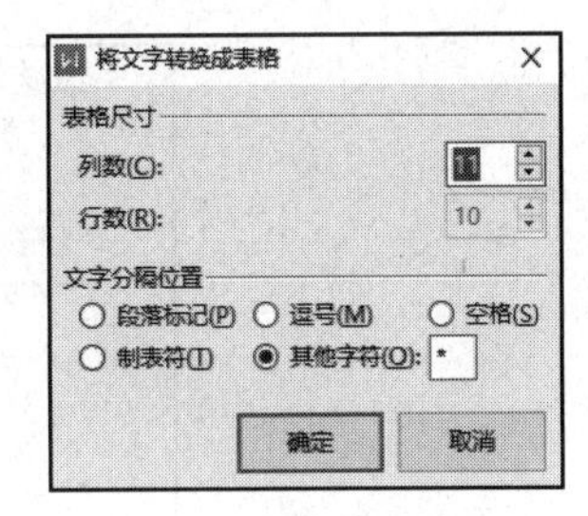

图 8-60　"将文字转换成表格"对话框

WPS 文字会根据每行文本中分隔符和每列文本的段落标记自动填充"表格尺寸"中的行数和列数，用户可根据实际文本编辑时使用的分隔符在"文字分隔位置"区域进行选择。例如，将如图 8-58 所示的文本转化为表格，则需在"文字分隔位置"中，选择"其他字符"，在其方框中输入"＊"，单击"确定"按钮即可得到如图 8-61 所示文本转化为表格的效果图。

序号	班级	朗诵题目	评委1	评委2	评委3	评委4	评委5	总分	排名	奖次
1	19电商1班	少年中国说	96.3	95.8	96	95.5	96.4			
2	19电商2班	我的祖国	95.8	96.1	95.4	95.7	96			
3	19级计算机1班	我骄傲我是中国人	94.9	95.1	95.7	95	94.8			
4	19级计算机2班	走向远方	96.1	95.2	95.4	95.8	95.4			
5	19级计算机3班	祖国颂	94.3	94	93.6	94.2	94.1			
6	19级计算机4班	不忘初心	94.3	94.6	94	94.1	94.8			
7	19级计算机5班	青春赞歌	95.3	96.1	96	95.8	95.6			
8	19级电子班	我爱祖国	96	95.2	95.4	95.1	95.5			
9	19级大数班	不能忘却的家园	96.3	96.8	96.5	96	96.4			

图 8-61　文字转换为表格的效果

文本转化后得到的表格与新创建表格一样，可进行相应编辑、美化操作。

3. 表格转换为文本

选定需要转换为文本的表格，单击“插入”选项卡下的“表格”按钮，在弹出的下拉菜单中选择“表格转换成文本”命令，弹出“表格转换成文本”对话框，如图8-62所示。单元格内容之间的分隔符有段落标记、制表符、逗号、其他字符等多种选择。

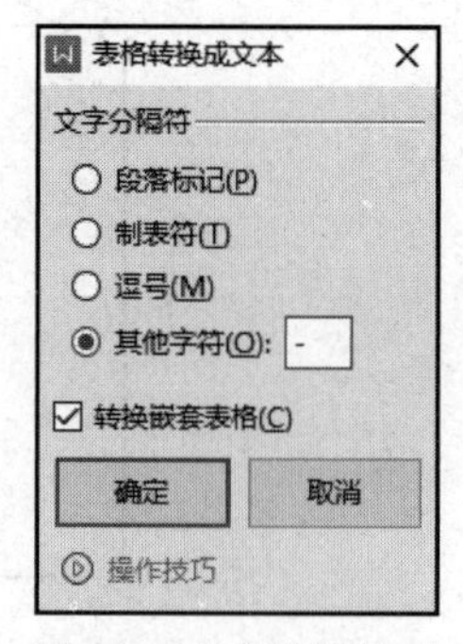

图8-62 “表格转换成文本”对话框

按照如图8-62所示选择“文字分隔符”为“其他字符”样式后，单击“确定”按钮关闭对话框，得到的表格转换为文本效果如图8-63、图8-64所示。

表格转换文本，是将表格中的内容以文本的形式提取出来，原表格编辑的特殊形式无法在文本中显现出来。

序号	班级	朗诵题目	评委1	评委2	评委3	评委4	评委5	总分	排名	奖次
1	19电商1班	少年中国说	96.3	95.8	96	95.5	96.4			
2	19电商2班	我的祖国	95.8	96.1	95.4	95.7	96			
3	19级计算机1班	我骄傲我是中国人	94.9	95.1	95.7	95	94.8			
4	19级计算机2班	走向远方	96.1	95.2	95.4	95.8	95.4			
5	19级计算机3班	祖国颂	94.3	94	93.6	94.2	94.1			
6	19级计算机4班	不忘初心	94.3	94.6	94	94.1	94.8			
7	19级计算机5班	青春赞歌	95.3	96.1	96	95.8	95.6			
8	19级电子班	我爱祖国	96	95.2	95.4	95.1	95.5			
9	19级大数班	不能忘却的家园	96.3	96.8	96.5	96	96.4			

图8-63 需进行转换文本的表格

序号-班级-朗诵题目-评委1-评委2-评委3-评委4-评委5-总分-排名-奖次
1-19电商1班-少年中国说-96.3-95.8-96-95.5-96.4---
2-19电商2班-我的祖国-95.8-96.1-95.4-95.7-96---
3-19级计算机1班-我骄傲我是中国人-94.9-95.1-95.7-95-94.8---
4-19级计算机2班-走向远方-96.1-95.2-95.4-95.8-95.4---
5-19级计算机3班-祖国颂-94.3-94-93.6-94.2-94.1---
6-19级计算机4班-不忘初心-94.3-94.6-94-94.1-94.8---
7-19级计算机5班-青春赞歌-95.3-96.1-96-95.8-95.6---
8-19级电子班-我爱祖国-96-95.2-95.4-95.1-95.5---
9-19级大数班-不能忘却的家园-96.3-96.8-96.5-96-96.4---

图8-64 表格转换为文本的效果

项目评价

评价指标	评价要素及权重	自评 30%	组评 30%	师评 40%
学习任务完成情况	能按照要求创建和删除表格(10分)			
	能完成对表格的基本编辑操作(30分)			
	能对表格进行一定的美化(20分)			
	能通过表格进行少量数据的计算(15分)			
	能对表格中数据进行排序(10分)			
	能够进行文本和表格的互相转换(15分)			
合计				
总分				

闯关检测

1. 理论题

(1) WPS 文字中创建表格，将插入点放置于表格中某一单元格内，按 Enter 键后(　　)。

A. 增加一个新的表格行　　B. 插入点所在的列加宽

C. 在该单元格内另起段落　　D. 对表格不起作用

(2) 在 WPS 文字表格中，选定表格的一列，执行“开始”菜单中的“剪切”命令，则(　　)。

A. 该列各单元格中的内容被删除，单元格变成空白

B. 该列的边框线被删除，但保留文字

C. 该列被删除，表格减少一列

D. 该列不发生任何变化

(3) 在 WPS 文字表格中，选中多个单元格后按 Delete 键，则(　　)。

A. 选定的单元格被合并为一个单元格　　B. 选定的单元格被删除

C. 选定的单元格中文本被删除　　D. 整个单元格被删除

(4) 在 WPS 文字表格中，通过(　　)功能区下选项卡来插入或删除行、列和单元格。

A. 表格样式　　B. 表格工具　　C. 绘图工具　　D. 效果设置

(5) 在 WPS 文字表格编辑中，不能进行的操作是(　　)。

A. 删除单元格　　B. 旋转单元格　　C. 插入单元格　　D. 合并单元格

2. 上机实训题

1) 操作要求

(1) 启动 WPS 文字软件，通过“插入”菜单，新建一个 4 行 13 列的表格，用于记录班级同学开学十个周的班级量化成绩(以班级三位同学为例)。

(2) 将表格第一行所有单元格合并为一个单元格，输入文本内容“班级量化成绩”，设置第一行行高为 1.5 厘米，其余各行均为 0.4 厘米。

(3) 将文本分别使用以下两种方式呈现在表格中。

方式一：表格内输入文本。

序号-姓名-第一周-第二周-第三周-第四周-第五周-第六周-第七周-第八周-第九周-第十周-合计 1-孙园灵-106-100-90-100-100-145-96-95-94-100- 2-赵艳-100-130-115-100-100-100-100-115-100-100- 3-尹成烨-100-73-100-98-100-110-100-65-110-100-

方式二：文本转换表格。

(4) 将表格标题文字设置为三号华文中宋，其他文字设置为五号仿宋，所有内容对齐方式为水平居中。

(5) 为表格添加表格样式“主题样式 1-强调 4”。

(6) 在表格右方插入一列，在插入列的第一个单元格中输入“平均分”。

(7) 保存至 D 盘任一位置。

2) 操作步骤

(1) 双击桌面 WPS Office 图标，“新建”命令下选择“新建文字”，在模板列表中单击“空白文档”，创建标签名称为“班级量化成绩”的空白文档。

单击“插入”菜单下的“表格”按钮，在弹出的下拉菜单中选择“插入表格”命令，在弹出的“插入表格”对话框的“表格尺寸”中，“行数”输入“4”，“列数”输入“13”，单击“确定”按钮，即可插入表格。

(2) 将鼠标放置在表格第一行左侧，鼠标变成向右倾斜箭头时，双击鼠标左键即可选中第一行(选中表格呈现灰色)。

单击“表格工具”菜单中的“合并单元格”按钮，将表格第一行合并为一个单元格。单击任务栏中输入法图标，在弹出的菜单中选择中文输入法，这里选择“搜狗拼音输入法”。将光标点“I”插入至表格第一行单元格中，输入文本“班级量化成绩”。

选中表格第一行单元格，单击“表格工具”菜单中的“表格属性”按钮，在弹出的“表格属性”对话框中，切换至“行”选项卡，在“尺寸”中设置“指定高度”为“1.5”厘米。选中其余行，同样方式设置“指定高度”为“0.4”厘米。

(3) 方式一：表格内输入文字。

将光标点“I”插入至表格第二行第一个单元格中，输入文字“序号”，相同方式依次输入在其他单元格中输入相关内容。

方式二：文本转换表格。

选中本段文本，单击“插入”选项卡下的“表格”按钮，在弹出的下拉菜单中选择“文本转换成表格”命令，弹出“将文字转换成表格”对话框，在“文字分隔位置”中选择“其他字符”类型为“-”，单击“确定”按钮后得到该文本转化的表格。

将光标点“I”插入文本转化得到表格第一行第一个单元格中，按住鼠标左键拖曳至第四行最后一个单元格，选中整个表格，表格呈灰色，右击，在弹出的菜单中选择“复制”命令。

将光标点“I”插入表格第二行第一个单元格中，右击，在弹出的菜单中单击“粘贴”按钮，即可完成表格内容填写。

(4) 选中表格中标题文字，单击“开始”选项卡下“字体”功能组中的“字体”和“字号”按钮，选择“华文中宋”“二号”，其他文字设置方式按照此步骤。

选中表格，单击“表格工具”功能区中的“对齐方式”按钮，在下拉菜单中选择“水平居中”命令。

(5) 将光标定位在表格中的任一单元格上，在“表格样式”选项卡的“表样式”列表框中选择“主题样式 1-强调 4”选项。

(6) 单击表格右端边框的“+”按钮可以将表格增加一列。增加列后，选中表格第二、三、四、五行，右击，在弹出的菜单中选择“自动调整”目录下的“平均分布各列”命令，即可调整表格各列宽度相同。在要求单元格内输入文本“平均分”。

选中单元格第三行中的 3～13 列单元格，单击“表格工具”选项中的“快速计算”按钮，选择下拉列表中的“求平均值”命令，即可得到“孙园灵同学在 1～10 周的班级量化平均成绩”。

其余同学的“班级量化成绩平均值”重复以上操作即可。

(7) 保存文档至 D 盘。

Module 3

模 块 三

WPS 表格

WPS 表格不仅是表格制作软件，而且是一个强大的数据处理、分析运算和图表生成软件。在学校和企事业单位办公、人事管理、仓储管理、市场销售、财务工作和工程预决算等方面具有广泛的应用。

WPS 表格以简洁直观的、相对静态的二维数据表为对象，进行数据信息的采集和分析，实现可视化的数据信息汇总统计、分析运算和图表绘制。

本模块主要内容包括：WPS 工作簿、工作表的基本操作；WPS 表格主要函数、公式的应用；表格数据的排序、筛选；表格样式及数据透视表的应用；各类分析图表的生成等。

项 目 九

冬奥会奖牌榜
——WPS 电子表格的创建与编辑

项目描述

2022 年中国成功举办了冬奥会，中国队创造了参加冬奥会的最佳纪录，获得了 9 枚金牌、4 枚银牌和 2 枚铜牌，让国人无比自豪！WPS 表格文档可以存储很多数据类信息，冬奥会奖牌榜表中，包括参赛国家名称、获得各类奖牌数、奖牌统计日期等获奖信息。“冬奥会奖牌榜”文档制作完成后的效果如图 9-1 所示。

冬奥会奖牌榜

统计时间截止到：北京时间 2022年2月20日

序号	国家\地区	金牌	银牌	铜牌	总数
01	挪威	16	8	13	**37**
02	德国	12	10	5	**27**
03	中国	9	4	2	**15**
04	美国	8	10	7	**25**
05	瑞典	8	5	5	**18**
06	荷兰	8	5	4	**17**
07	奥地利	7	7	4	**18**
08	瑞士	7	2	5	**14**
09	俄罗斯奥运队	6	12	14	**32**
10	法国	5	7	2	**14**
11	加拿大	4	8	14	**26**
12	日本	3	6	9	**18**
13	意大利	2	7	8	**17**
14	韩国	2	5	2	**9**
15	斯洛文尼亚	2	3	2	**7**
16	芬兰	2	2	4	**8**
17	新西兰	2	1	0	**3**
18	澳大利亚	1	2	1	**4**
19	英国	1	1	0	**2**
20	匈牙利	1	0	2	**3**
21	捷克	1	0	1	**2**
22	斯洛伐克	1	0	1	**2**
23	比利时	1	0	1	**2**
24	白俄罗斯	0	2	0	**2**
25	西班牙	0	1	0	**1**
26	乌克兰	0	1	0	**1**
27	波兰	0	0	1	**1**
28	拉脱维亚	0	0	1	**1**
29	爱沙尼亚	0	0	1	**1**

冬奥会奖牌榜

图 9-1　冬奥会奖牌榜

项目分解

在制作“冬奥会奖牌榜”时，首先，要正确创建WPS表格文件，并在文件中设置好工作表的名称。然后，开始录入数据。其次，在录入数据时，要根据数据类型的不同选择相应的录入方法。最后，再对整个工作表进行编辑美化。其制作思路如图9-2所示。

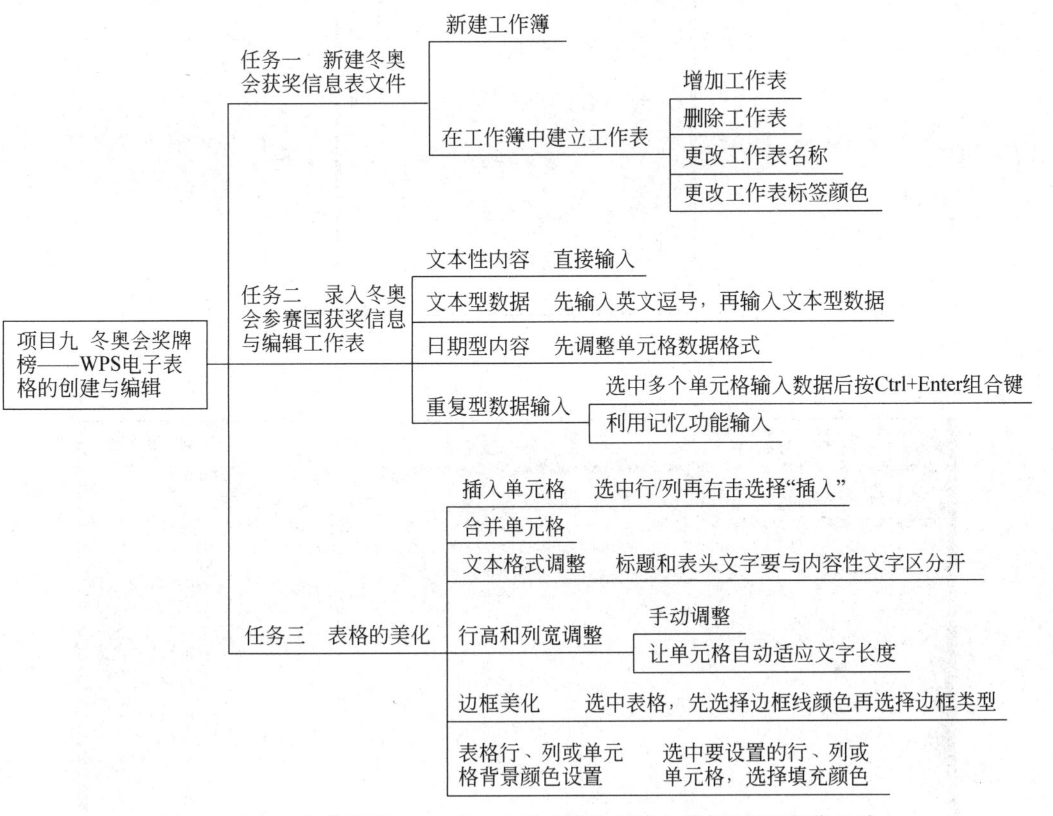

图9-2　“冬奥会奖牌榜——WPS电子表格的创建与编辑”项目制作思路

项目实施

任务一　新建冬奥会获奖信息表文件

在本任务中，需要完成以下操作。学会新建WPS表格，能在工作簿中建立工作表。

(1) 在D盘新建文件夹，文件夹名称为“WPS表格-奥运”，在Windows开始菜单、桌面快捷方式或者任务栏快捷方式找到WPS表格软件，启动WPS表格软件，单击“新建”按钮⊕，如图9-3所示，即可创建一个空白工作簿，如图9-4所示。

(2) 在新建的文档中，单击“保存”按钮，如图9-5所示，打开“另存文件”对话框，如图9-6所示。

(3) 在打开的“另存文件”对话框中，输入工作簿名称“冬奥会奖牌榜.xlsx”，选择文档保存位置为“D:\WPS表格-奥运”，选择保存文件类型为：Microsoft Excel文件(*.xlsx)，单

图 9-3　新建工作簿

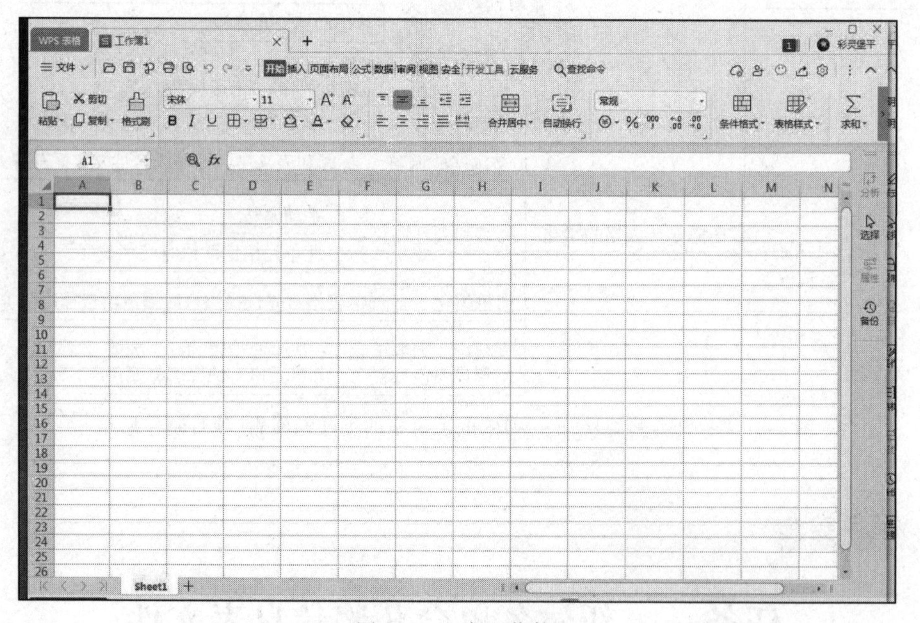
图 9-4　空白工作簿

击“保存”按钮，如图 9-6 所示。

(4) 查看保存的工作簿。保存成功的工作簿如图 9-7 所示，文件名称已经更改为“冬奥会奖牌榜”。

(5) 右击工作表名称“Sheet1”，在弹出的快捷菜单中选择“重命名”选项，如图 9-8 所示，输入新的工作表的名称“冬奥会奖牌榜”，如图 9-9 所示。

(6) 新建工作表。单击 WPS 软件界面下方的“新建工作表”按钮**+**，此时就能新建一张工作表 Sheet2，如图 9-10 所示。

(7) 删除工作表。右击要删除的工作表 Sheet2，在弹出的菜单中单击“删除工作表”按

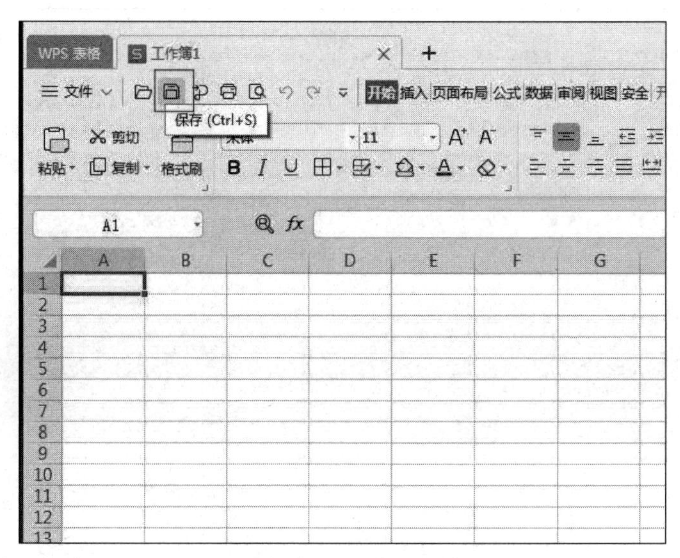

图9-5　保存工作簿

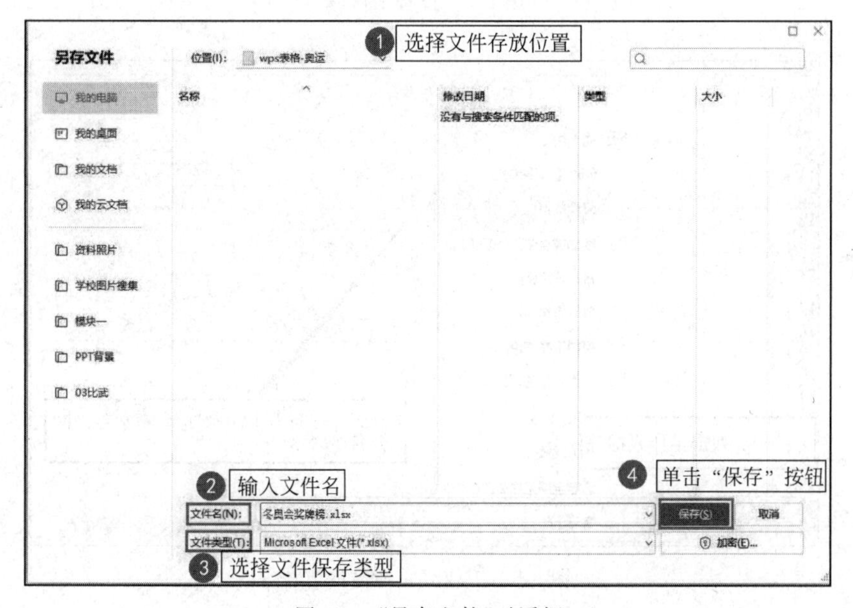

图9-6　“另存文件”对话框

钮，如图9-11所示，即可删除工作表。

技巧提示

右击工作表标签选择“工作表标签颜色”选项，可以更改工作表标签的颜色，如图9-12所示；选择“移动或复制工作表”选项可以对工作表进行移动或复制，如图9-13所示；选择“保护工作表”选项，可对工作表进行保护设置，如图9-14所示；选择“合并表格”选项，可以合并工作表；选择“拆分表格”选项，可以拆分工作表。

将光标停留在任何一个工作表的任意单元格内，如B3单元格，按Ctrl+↓(下箭头)组合键，光标即会跳到工作表的最下层的一个单元格，如B1048576；这时，如果仍然按住Ctrl

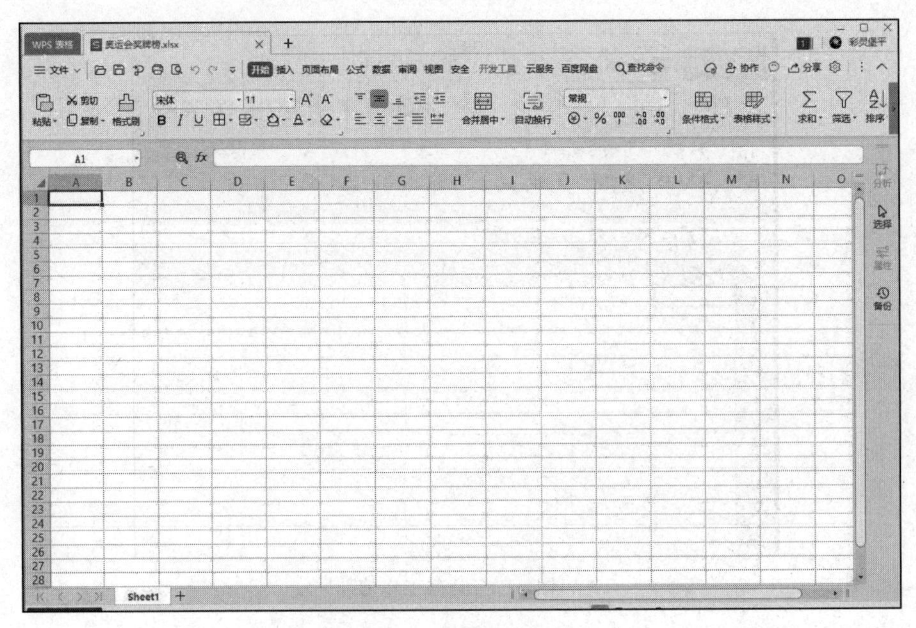

图 9-7　查看工作簿

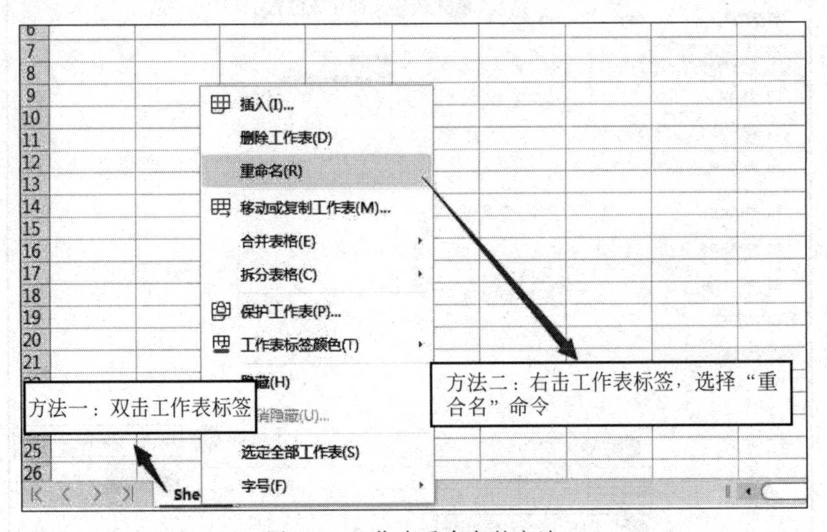

图 9-8　工作表重命名的方法

键，同时按下→(右箭头)，则光标会跳转到“工作表的尽头”——单元格 XFD1048576。

知识链接

1. WPS 表格主窗口

双击桌面快捷方式“WPS 表格”或者选择“开始”→“所有程序”→WPS Office→“WPS 表格”命令即可启动 WPS 表格程序，如图 9-15 所示。

单击 WPS 表格主窗口的“新建”按钮⊕，将自动产生一个新的“工作簿 1”，默认状态下 WPS 2023 为每个新建的工作簿自动创建一张工作表，名称为 Sheet1。WPS 表格工作簿主窗口如图 9-16 所示。

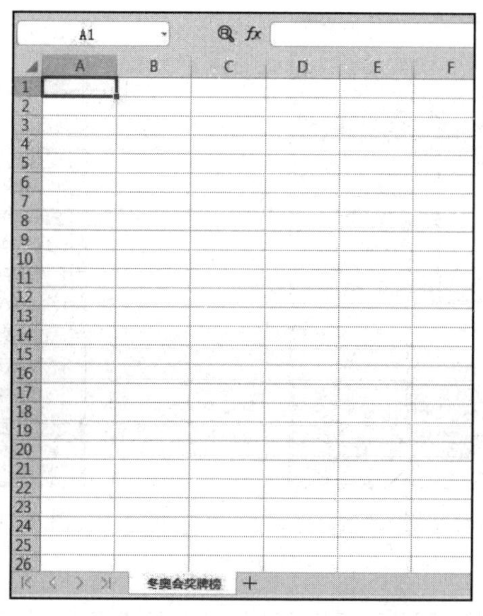

图 9-9　命名工作表

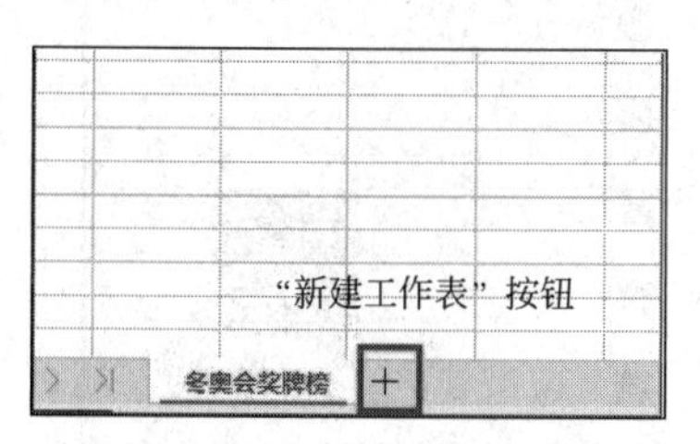

图 9-10　新建工作表图

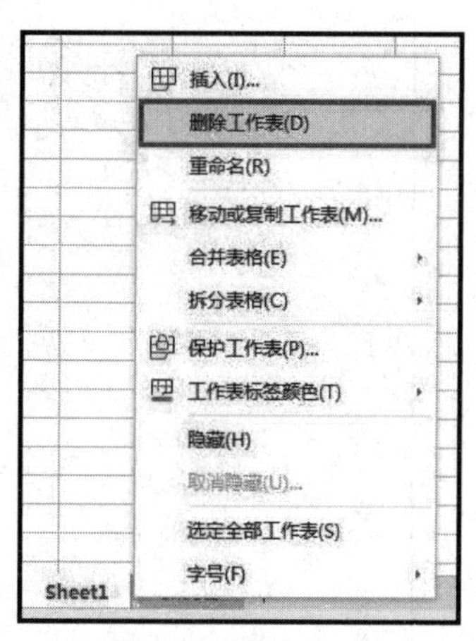

图 9-11　删除工作表

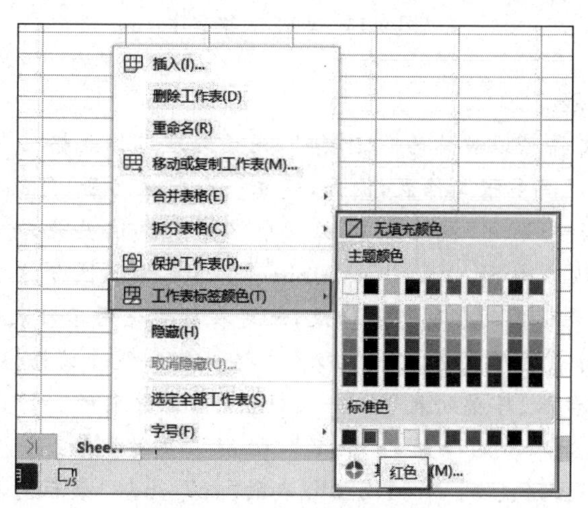

图 9-12　更改工作表标签颜色

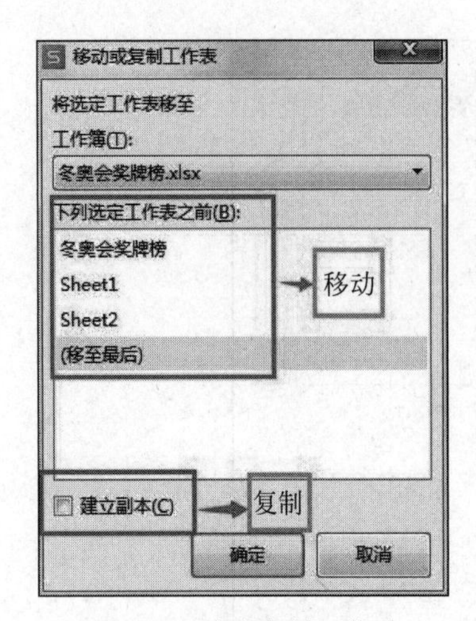

图 9-13 移动复制工作表

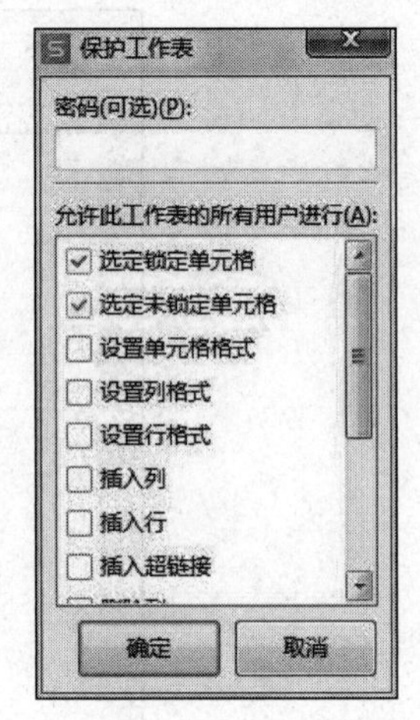

图 9-14 保护工作表

图 9-15 WPS 表格程序

2. 工作簿与工作表

一个 WPS 表格文件可以被称为“工作簿”，用于处理二维表格。

一个工作簿中可以有多张工作表，例如，建立一个学生名册，可以按系部划分，建立学生名册表，如果学校有 5 个系部，就可以建立 5 个名册表。这些表就是工作簿中的工作表(Sheets)。工作表默认名为 Sheet1、Sheet2、Sheet3……，为了区分这些工作表，可以对工作表进行重命名。工作表标签的颜色可以修改，或者在标签处对工作表进行保护设置。

Excel 中每个工作表实际上是以“二维表”这样一种典型的数据格式呈现的，例如，人员名单、物料清单、销售台账、库存列表等。一般情况下，工作表的“列”(columns)表示对象的属性，又被称为字段，如人员名单里的“姓名”“性别”“年龄”等栏目，列标用字母(A、B、C、D……)表示，如 A 列、B 列、C 列……；而工作表的“行”(rows)表示对象的记录……，每一条

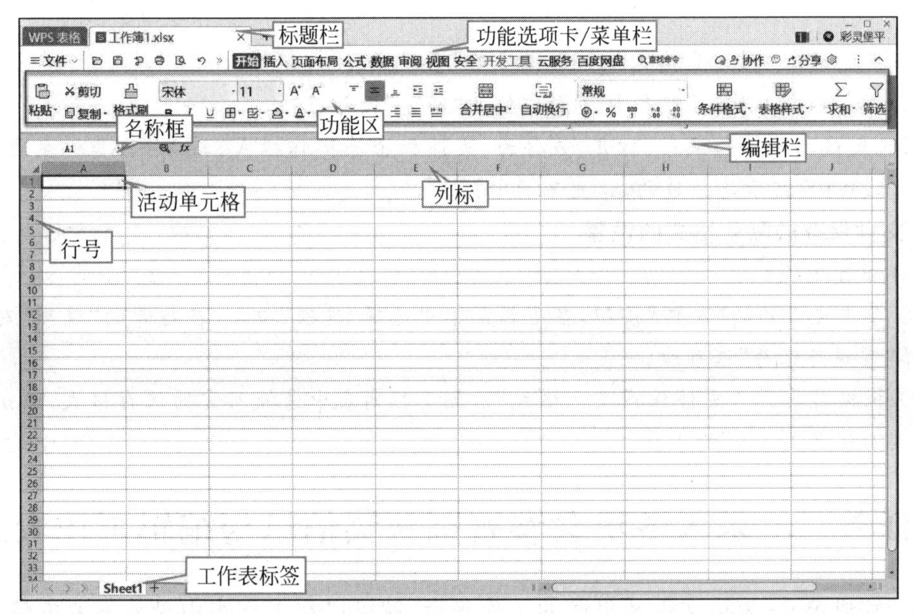

图 9-16　WPS 表格工作簿主窗口

记录代表一个特定的对象，例如，人员名单里的张三、李四等，行号用数字(1、2、3……)表示，如1 行、2 行、3 行……

3. 单元格

数据最终被存放在单元格(cells)中，这些单元格就像货物场上的一个个位置，堆放着货物，每个单元格都是工作表的一个存储单元，都有自己的行号和列标。行号和列标合并起来称为单元格的“地址”，例如，一张工作表左上角第一个单元格的名称为 A1，这个单元格的地址是(A,1)或 $A$1。

活动单元格是 WPS 表格默认操作的单元格，它的名称显示在工作表的“名称框”中，它的数据显示在工作表的“编辑栏”中。

工作簿、工作表与单元格之间的关系如图 9-17 所示。

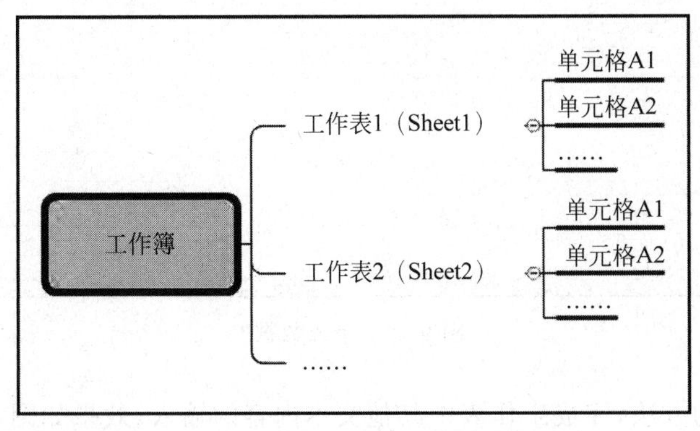

图 9-17　工作簿、工作表与单元格的关系

4. 新建文件 WPS 表格文件

方法一：单击 WPS 表格软件界面左上角的“文件”按钮，在弹出的下拉菜单中单击“新

建"按钮。

方法二：单击WPS表格软件界面上方的"新建标签"按钮+。

方法三：单击WPS表格软件界面左侧的"新建"按钮。

WPS表格工作簿的保存、打开、另存为、文件加密等操作模式，与WPS其他主要组件，WPS文本、WPS演示是一致的，这里不再赘述。

5. 文件保存的默认格式的设置

具体步骤如下。

(1) 单击左上角的"文件"按钮，在下拉菜单中选择"选项"命令，在打开的"选项"对话框中，选择"常规与保存"选项卡。

(2) 根据需要，从"文件保存默认格式"右侧下拉列表中选择所需的保存格式，默认情况下保存为后缀为".xlsx"的文件。

任务二　录入冬奥会参赛国获奖信息与编辑工作表

创建完成WPS表格文件及里面的工作表后，就可以在工作表中录入需要的信息了。录入信息时，需要注意区分数据的类型和规律，以科学正确的方式录入信息。

在本任务中，需要完成以下操作：掌握在WPS表格中录入各类型数据的方法；学会在工作表中插入与删除单元格、行和列。

(1) 选中"冬奥会奖牌榜"工作表中的第一个单元格A1，输入文本"序号"，如图9-18所示。

图9-18　录入数据

(2) 按照同样的方法，完成工作表中其他文本内容的输入，效果如图9-19所示。

(3) 将输入法切换为英文状态，选种单元格A2，在这个单元格中输入单引号"'"，单引号后面输入参赛国家序号"01"，如图9-20所示。

序号	国家\地区	金牌	银牌	铜牌	总数	
	挪威					
	德国					
	中国					
	美国					
	瑞典					
	荷兰					
	奥地利					
	瑞士					
	俄罗斯奥运队					
	法国					
	加拿大					
	日本					
	意大利					
	韩国					
	斯洛文尼亚					
	芬兰					
	新西兰					
	澳大利亚					
	英国					
	匈牙利					
	捷克					
	斯洛伐克					
	比利时					
	白俄罗斯					
	西班牙					
	乌克兰					
	波兰					
	拉脱维亚					
	爱沙尼亚					

图 9-19　录入文本信息

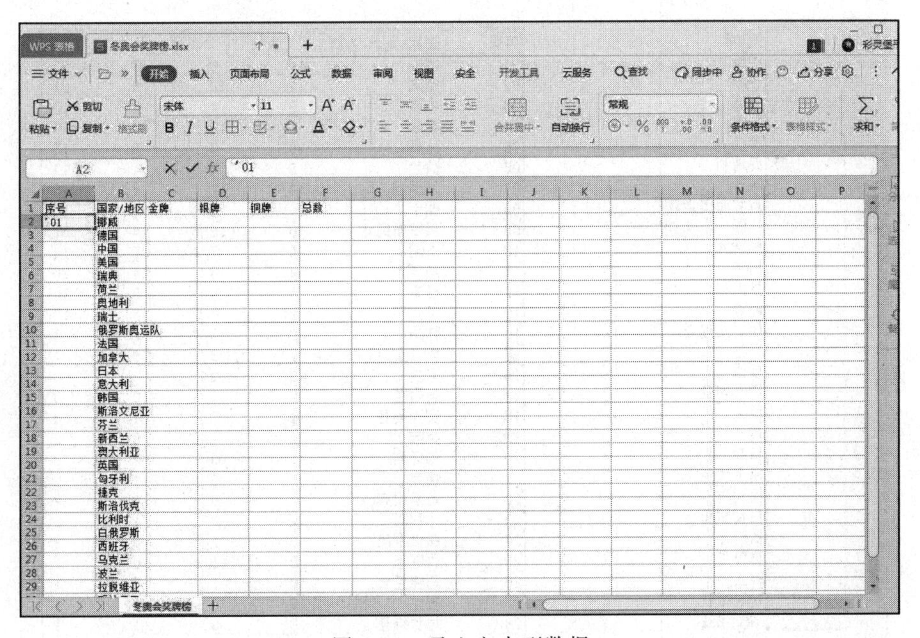

图 9-20　录入文本型数据

技巧提示

输入文本型数值时，可在输入数值时先在单元格中输入英文单引号(')，再输入数值，例如，“左边带零的数字”“身份证号”的输入等。

数据所在单元格右上角有绿色三角形标志，说明该数据为文本型数据，文本型数据不能直接进行函数或者公式计算。如果要进行计算需要转换成数字格式，方法是：选中要进行数据格式转换的单元格或单元格区域，单击选中区域左上角的“错误检查选项”按钮 ，在下拉菜单中选择“转换为数字”命令即可，如图 9-21 所示。

如果录入数据后，数据显示不完整，或显示“# # #”字样，说明单元格需要增加列宽才可以显示完整数据。

(4) 填充序列。单击选中序号“01”所在的单元格 A2，将光标移至 A2 单元格右下角，当鼠标指针变成黑色十字形时，按住鼠标左键不放，往下拖动鼠标；直到拖动的区域覆盖完所有需要填充序号的单元格，如图 9-22 所示。

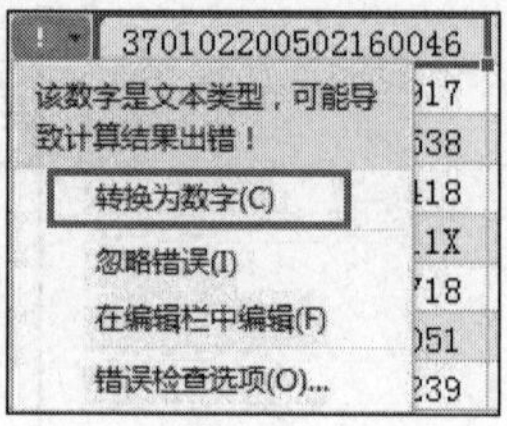

图9-21 文本型数据转换为数字

(5) 分别选中单元格区域 C2:E29 内任意单元格，输入各参赛国获得金牌、银牌、铜牌的数量。例如，选中 C2 输入 16，然后按 Enter 键，光标自动移动至单元格 C2 下方的单元格 C3，继续输入完成所有的数据。

技巧提示

完成某个单元格内数据的输入，按 Tab 键，光标会自动向该单元格右侧的单元格移动。

(6) 各参赛国奖牌总数，在后面的章节“WPS 电子表格数据计算与打印”中学习如何用函数或者公式计算总数，这里根据图 9-23 录入数据即可。

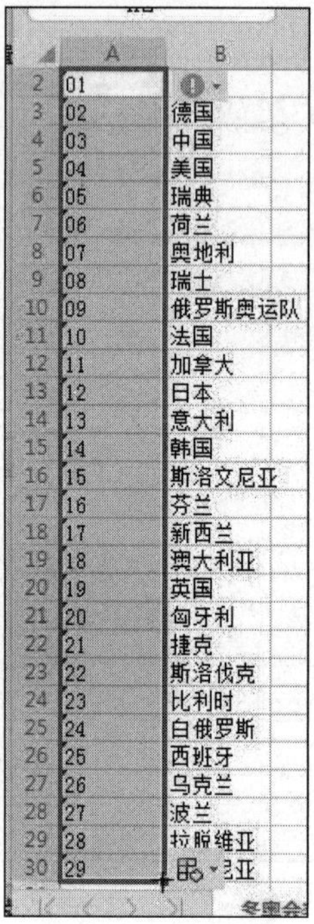

	A	B
2	01	
3	02	德国
4	03	中国
5	04	美国
6	05	瑞典
7	06	荷兰
8	07	奥地利
9	08	瑞士
10	09	俄罗斯奥运队
11	10	法国
12	11	加拿大
13	12	日本
14	13	意大利
15	14	韩国
16	15	斯洛文尼亚
17	16	芬兰
18	17	新西兰
19	18	澳大利亚
20	19	英国
21	20	匈牙利
22	21	捷克
23	22	斯洛伐克
24	23	比利时
25	24	白俄罗斯
26	25	西班牙
27	26	乌克兰
28	27	波兰
29	28	拉脱维亚
30	29	尼亚

图 9-22 序列填充

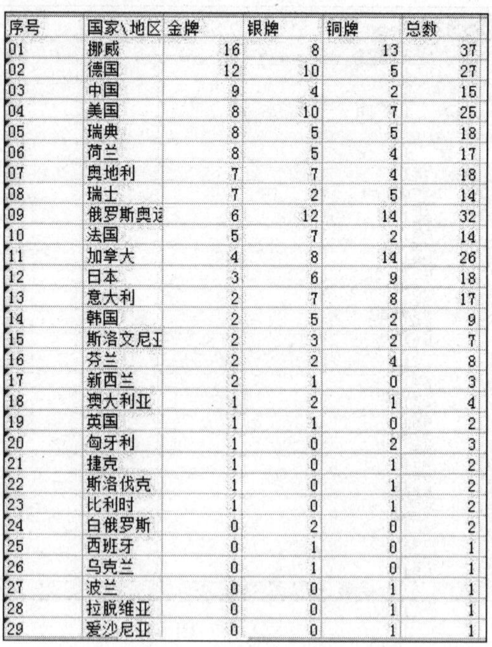

序号	国家\地区	金牌	银牌	铜牌	总数
01	挪威	16	8	13	37
02	德国	12	10	5	27
03	中国	9	4	2	15
04	美国	8	10	7	25
05	瑞典	8	5	5	18
06	荷兰	8	5	4	17
07	奥地利	7	7	4	18
08	瑞士	7	2	5	14
09	俄罗斯奥运	6	12	14	32
10	法国	5	7	2	14
11	加拿大	4	8	14	26
12	日本	3	6	9	18
13	意大利	2	7	8	17
14	韩国	2	5	2	9
15	斯洛文尼亚	2	3	2	7
16	芬兰	2	2	4	8
17	新西兰	2	1	0	3
18	澳大利亚	1	2	1	4
19	英国	1	1	0	2
20	匈牙利	1	0	2	3
21	捷克	1	0	1	2
22	斯洛伐克	1	0	1	2
23	比利时	1	0	1	2
24	白俄罗斯	0	2	0	2
25	西班牙	0	1	0	1
26	乌克兰	0	1	0	1
27	波兰	0	0	1	1
28	拉脱维亚	0	0	1	1
29	爱沙尼亚	0	0	1	1

图 9-23 数字数据录入

(7) 将鼠标移动到第 1 行行标，当鼠标指针变成黑色右箭头(→)时，单击，选中第一行，依次选择“开始”→“行或列”→“插入单元格”→“插入行”命令，如图 9-24 所示，在选中的这一行上方插入新行。

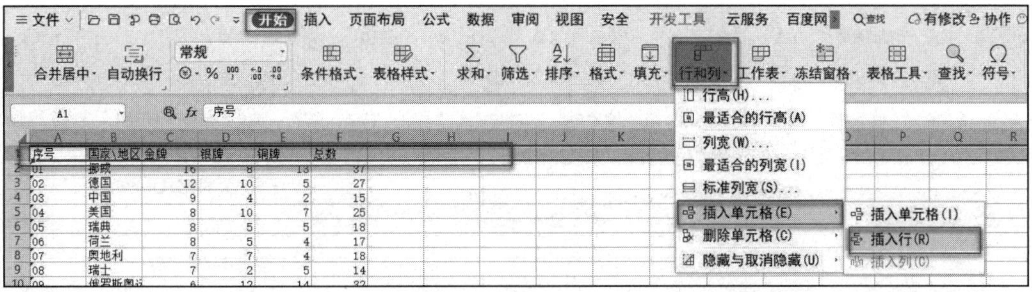

图 9-24　“插入行”命令

技巧提示

要插入新行，可以选中要在其上方插入新行的整行或者该行中的一个单元格，右击，在弹出的快捷菜单中选择“插入”命令，并输入要插入的行数的数量，选择“插入”命令，如图 9-25 所示。

图 9-25　右击插入行

要插入多行新行，可以多选择几行工作表行，例如，要插入两行，需要选中要在其上方插入新行的两个整行，然后右击，在弹出的快捷菜单中选择“插入”命令，或者依次选择“开始”→“行或列”→“插入单元格”→“插入行”命令。

(8) 在新插入行的第一个单元格(A1)内输入文本“统计截止到：北京时间”。

(9) 选中 E1 单元格，依次选择“开始”→“格式”→“单元格”命令，如图 9-26 所示，打开“单元格格式”对话框；在“单元格格式”对话框中选择“数字”选项卡→选择左侧“分类”中的“日期”选项→选择“类型”中的第一种日期类型，单击“确定”按钮，如图 9-27 所示。

(10) 完成日期格式的设置后，在 E1 单元格中输入日期数据：2022/02/20，效果如图 9-28 所示。

(11) 重复(7)的操作，在工作表最上方再插入一行，在新插入行的第一个单元格中输入文本数据：冬奥会奖牌榜，效果如图 9-29 所示。

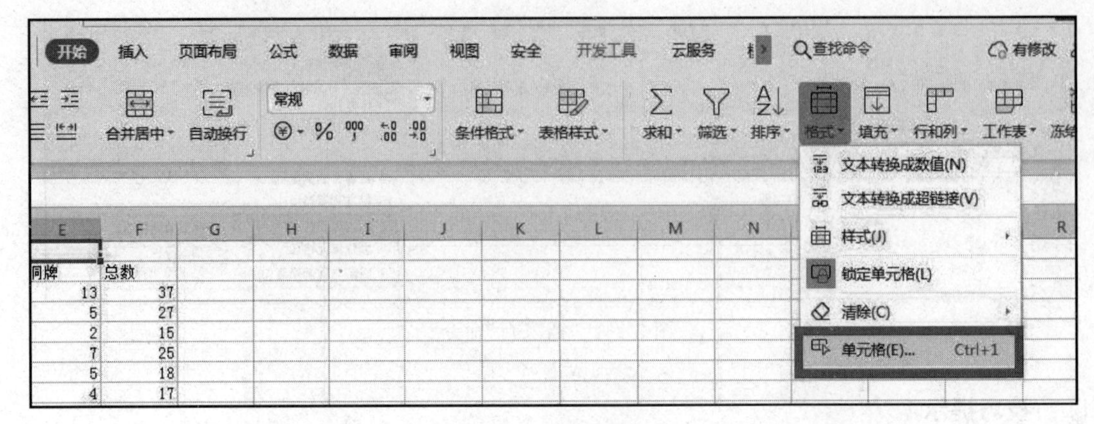

图 9-26 单元格格式

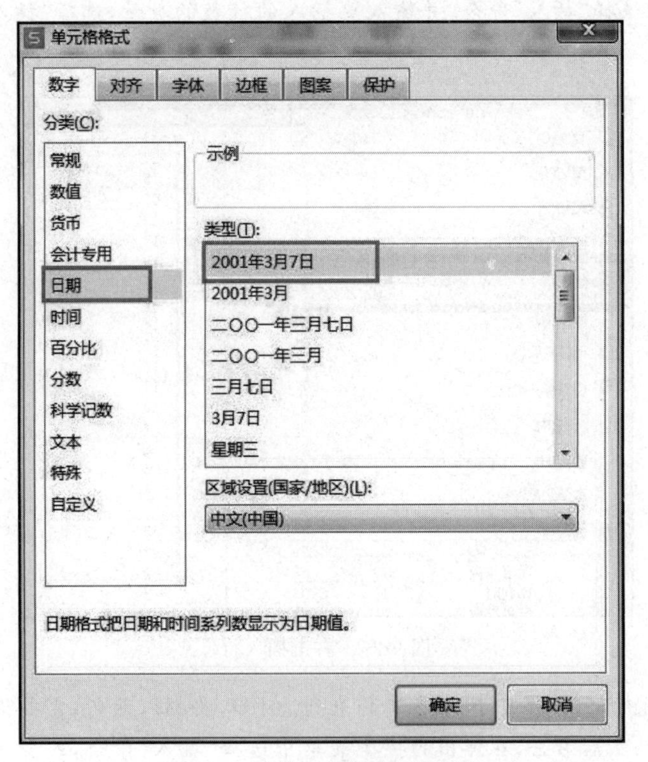

图 9-27 “单元格格式”对话框

技巧提示

在多个单元格中同时输入相同数据。首先选中要输入相同数据的单元格，然后直接输入数据，输入完成后按 Ctrl+Enter 组合键，此时，选中的单元格自动填充上输入的数据。

应用记忆功能输入数据。如果某个单元格要输入的数据在其他单元格中存在，可借助 WPS 表格的记忆功能快速输入数据，即输入该数据的开头部分，若该数据已经在其他单元格中存在，此时将自动引用已有的数据，只需要按 Enter 键即可输入完整数据；如果不需要引用已有的数据则直接输入数据其后的内容。

	A	B	C	D	E	F	G
1	统计时间截止到：北京时间				2022年2月20日		
2	序号	国家\地区	金牌	银牌	铜牌	总数	
3	01	挪威	16	8	13	37	
4	02	德国	12	10	5	27	
5	03	中国	9	4	2	15	
6	04	美国	8	10	7	25	
7	05	瑞典	8	5	5	18	
8	06	荷兰	8	5	4	17	
9	07	奥地利	7	7	4	18	
10	08	瑞士	7	2	5	14	
11	09	俄罗斯奥运	6	12	14	32	
12	10	法国	5	7	2	14	
13	11	加拿大	4	8	14	26	
14	12	日本	3	6	9	18	
15	13	意大利	2	7	8	17	
16	14	韩国	2	5	2	9	
17	15	斯洛文尼亚	2	3	2	7	
18	16	芬兰	2	2	4	8	
19	17	新西兰	2	1	0	3	
20	18	澳大利亚	1	2	1	4	
21	19	英国	1	1	0	2	
22	20	匈牙利	1	0	2	3	
23	21	捷克	1	0	1	2	
24	22	斯洛伐克	1	0	1	2	
25	23	比利时	1	0	1	2	
26	24	白俄罗斯	0	2	0	2	
27	25	西班牙	0	1	0	1	
28	26	乌克兰	0	1	0	1	
29	27	波兰	0	0	1	1	
30	28	拉脱维亚	0	0	1	1	

图 9-28　输入日期格式数据

	A	B	C	D	E	F	G
1	奥运会奖牌榜						
2	统计时间截止到：北京时间				2022年2月20日		
3	序号	国家\地区	金牌	银牌	铜牌	总数	
4	01	挪威	16	8	13	37	
5	02	德国	12	10	5	27	
6	03	中国	9	4	2	15	
7	04	美国	8	10	7	25	
8	05	瑞典	8	5	5	18	
9	06	荷兰	8	5	4	17	
10	07	奥地利	7	7	4	18	
11	08	瑞士	7	2	5	14	
12	09	俄罗斯奥运	6	12	14	32	
13	10	法国	5	7	2	14	
14	11	加拿大	4	8	14	26	
15	12	日本	3	6	9	18	
16	13	意大利	2	7	8	17	
17	14	韩国	2	5	2	9	
18	15	斯洛文尼亚	2	3	2	7	
19	16	芬兰	2	2	4	8	
20	17	新西兰	2	1	0	3	
21	18	澳大利亚	1	2	1	4	
22	19	英国	1	1	0	2	
23	20	匈牙利	1	0	2	3	
24	21	捷克	1	0	1	2	
25	22	斯洛伐克	1	0	1	2	
26	23	比利时	1	0	1	2	
27	24	白俄罗斯	0	2	0	2	
28	25	西班牙	0	1	0	1	
29	26	乌克兰	0	1	0	1	
30	27	波兰	0	0	1	1	
31	28	拉脱维亚	0	0	1	1	
32	29	爱沙尼亚	0	0	1	1	
33							
34							
35							
36							
37							
38							
39							

冬奥会奖牌榜

图 9-29　录入数据效果

知识链接

1. 选中单元格

单元格是工作表中存放信息或数据的基本单元，在很多操作运用中，需要选中单元格作为操作对象。

选中单元格的方法遵循 Windows 基本操作的一般规则如下。

1）选中单个单元格

单击需要选中的单元格。

2）选中多个连续单元格

方法一：鼠标拖拉法。按住鼠标左键从第一个单元格拖拉到最后一个单元格。

方法二：Shift 键多选法。按住 Shift 键，同时单击需要选中的单元格区域内第一个单元格，再单击单元格区域内最后一个单元格。

方法三：按住 Shift 键并按下方向键（↑、↓、→、←）或翻页键（PageUp、PageDown），光标经过或者跨过的单元格均被选中。

3）选中不连续多个单元格

按住 Ctrl 键，分别单击需要选择的单元格，即可选中不连续的多个单元格。

4）选中整列或整行

单击“列标”，如 A、B、C……即可选中整列；鼠标左键单击“行号”，如 1、2、3……即可选中整行（当鼠标移到行标或者列标上，鼠标指针会变成向右→或向下↓的箭头）。

此外，单击列标 A 左侧的“全选块”◢，即可选中工作表中的所有单元格。

2. 输入数据

在工作表中录入数据，首先要规划好数据源表，可以遵循以下原则：“一件事一张表、一行一条记录、一列一个属性……”例如，建立一个“公司员工档案表”，栏目信息共有九列：工号、姓名、性别、身份证号、生日、学历、专业、住址、手机号，规划好栏目信息后再按行录入相应的信息，如图 9-30 所示。

	A	B	C	D	E	F	G	H	I
1	工号	姓名	性别	身份证号	生日	学历	专业	住址	手机号
2	0101001	赵芸	男	37092319990822	1999-08-22	本科	金融事务	历下区福地街	1996389
3	0101002	王菲	男	37172119980814	1998-08-14	本科	电子商务	济南市历下区山大南路	1357313
4	0101003	韩刚	男	13118119961031	1996-10-31	专科	计算机应用	伟东新都四区	1506336
5	0101004	卢月	男	37012619950905	1995-09-05	本科	国际贸易	济南市历下区山大南路	1876977
6	0101005	张伟	女	37082919850326	1985-03-26	本科	历史学	济南市市中区绿地新都会	1516914
7	0101006	杨星辰	女	37010319821109	1982-11-09	本科	哲学	历下区旅游路福地街伴山苑	1516910
8	0101007	白芸	女	37148119850325	1985-03-25	专科	电子商务	济南市历下区历山东路	1525314
9	0101008	欧阳锋	男	37010219860518	1986-05-18	专科	汉语言文学	明湖东路	1528887
10	0101009	谢菲娜	男	37010219880515	1988-05-15	本科	教育技术学	历下区万豪国际	1351861
11	0101010	张莉莉	男	37010319780529	1978-05-29	硕士	国际文化贸易	阳光舜城中十二区	1360893
12	0101011	刘仪伟	男	37132819761020	1976-10-20	本科	计算机平面设计	历下区黄金华府	1358901

图 9-30 栏目设置

输入数据最基本的方法是：先单击（或者双击）需要输入数据的单元格，再输入数据，然后按 Enter 键或 Tab 键进入下一个单元格继续输入。

工作表中常用的数据格式主要包括文本、常规、日期和时间等，每种数据都有其特殊的格式和显示方式。在表格编辑过程中，文本和常规数字的键入，直接在单元格中输入即可。对于日期、百分比或货币等其他数据的键入，需要按照这些数据对应的格式进行录入，如下所述。

(1) 输入日期时，通常会使用连字符分隔年、月、日，如“2022-10-10”“2022/4/10”或“22-11-10”等；如果要键入当天日期，可以选中单元格后按 Ctrl＋；组合键(即同时按下 Ctrl 和分号键)。

(2) 输入百分比时，需要键入百分号“%”，如“78.5%”。

(3) 在输入代表货币的数字时，可以直接输入“￥123.45”，WPS 表格将自动识别成数值为“123.45”、数字格式设置为“货币(人民币)”，其中“￥”符号可通过按 Shift＋4(主键盘区域的数字 4)组合键输入。

若需要输入除“人民币”以外的其他类型货币数字时，请右击要改变货币符号的单元格或单元格区域→选择“设置单元格格式”命令→打开“单元格格式”对话框，在此对话框中选择“数字”选项下的“货币”分类，并在“货币符号”下方的下拉菜单中选择需要的货币符号，将单元格设置成对应的数字格式。

(4) 输入文本型数字。在单元格中输入位数较多的数字时，由于数字过长，表格认为不方便阅读，会自动将其变成科学计数法表示，但对于身份证或银行卡类的数据而言，科学计数法表示会失去其意义，如图 9-31 所示的数值型“身份证号”的显示。

A	B	C	D
工号	姓名	性别	身份证号
0101001	赵芸	女	3.70923E+17

图 9-31　科学计数法表示长位数数字

还有如果数值左边是 0，表格会自动将 0 省略显示，比如输入 001，表格会自动将该值转换为常规的数值格式 1。

如果要保持数字输入的格式，需要将数值转换成文本。

文本型数字(如身份证号、银行卡号等)的输入方法：选中单元格，先输入英文单引号(')，再在单引号后面紧接着输入数字，最后按 Enter 键或者 Tab 键。

3. 填充序列

1) 拖曳填充

要快速填充数据序列，可以使用填充柄填充数据，具体方法如下。

(1) 在单元格中输入第一个数据，如“'0101001”。

(2) 将鼠标移动在第一个数据所在单元格的右下角，当鼠标指针变成黑色十字时，按住鼠标左键拖动填充柄。

(3) 直到所有需要填充序列的单元格都键入完毕，松开鼠标即可，单击“自动填充”按钮，在弹出的快捷菜单中选择填充设置，如图 9-32 所示。

2) 序列填充

如果需要填充大量的序号，比如要填充 1～100，用拖曳填充方法的效率不高。这时，可以使用填充功能，一键生成大量序号，具体操作如下。

(1) 在数据记录第一个单元格 A2 中输入数字“1”。

(2) 选中 A2 单元格，在“开始”选项卡中选择“序列”命令，如图 9-33 所示。

(3) 弹出“序列”对话框，选择“列”选项，选择“等差序列”类型，“步长值”编辑框中输入“1”，“终止值”编辑框中输入“100”，单击“确定”按钮，如图 9-34 所示，即可完成列方向序号 1～100 的填充。

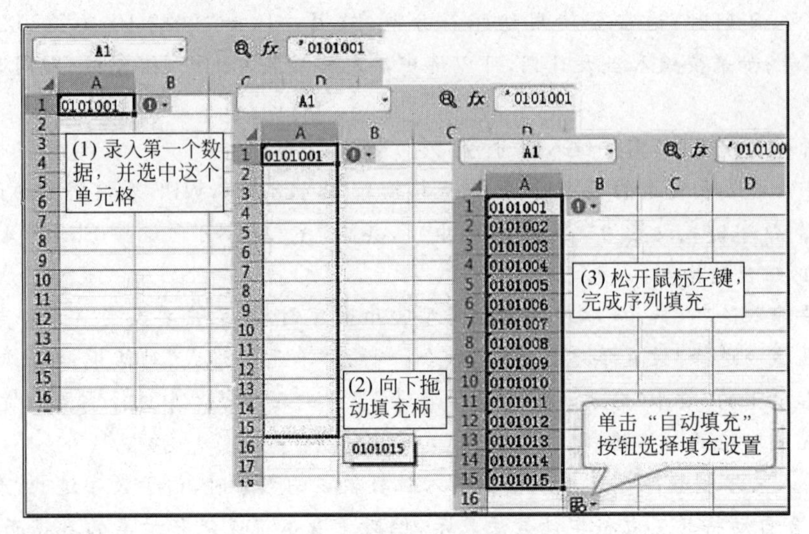

图 9-32 填充数据序列

图 9-33 “开始”选项卡填充组

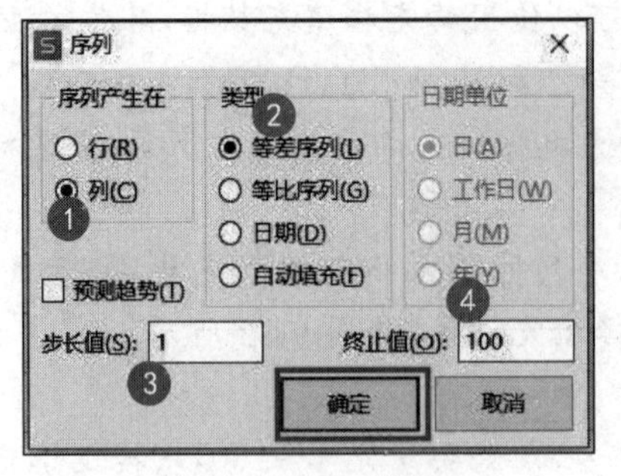

图 9-34 “序列”对话框

4. 编辑数据

WPS 表格提供了两种在活动单元格中编辑数据的方式，即为改写和插入方式。单击要录入数据的单元格，即可进入改写方式，此时输入的数据将覆盖单元格原来的数据。双击要录入数据的单元格，即可进入插入方式，此时，输入的数据将插入单元格内光标所在的位置。

改写或插入完成数据后，按Enter键或Tab键结束被选中单元格内数据的录入。

5. 在工作表中插入与删除单元格、行或列

1）插入空白单元格

选中要插入空白单元格的单元格或单元格区域，按如图9-35所示操作。

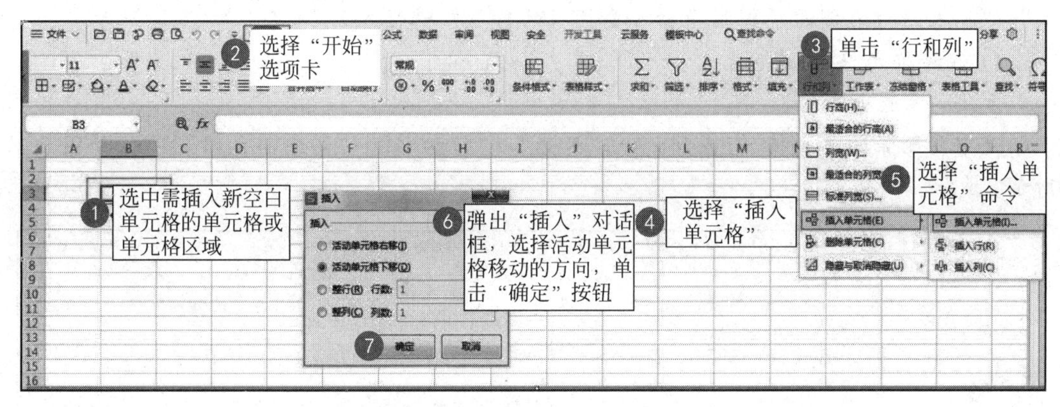

图9-35　选项卡插入单元格

也可以右击选中的单元格，执行如图9-36所示操作，完成单元格的插入。

图9-36　右击插入单元格

2）插入行

方法一：选中要在其上方插入新行的整行或该行中的一个单元格，选择“开始”→“行和列”→“插入单元格”→“插入行”命令。

方法二：右击需要在其上方插入新行的整行或者该行中的一个单元格，选择“插入”→“插入行”(右侧的编辑框中输入要插入的行数)→“插入行”命令。

3）插入列

方法一：选中要在紧靠其左侧插入新列的整列或该列中的一个单元格，选择“开始”→“行和列”→“插入单元格”→“插入列”命令。

方法二：右击需要在紧靠其左侧插入新列的整列或者该列中的一个单元格，选择“插入”→“插入列”（右侧的编辑框中输入要插入的行数）→“插入列”命令。

4）删除单元格、行或列

方法一：选项卡法。

选中要删除的单元格、行或列，单击“开始”→“行和列”→“删除单元格”按钮，如图 9-37 所示。

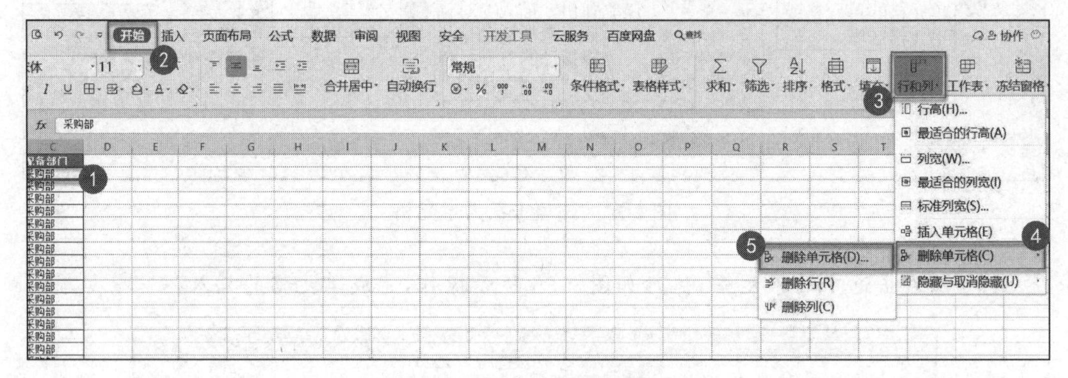

图 9-37 “行和列”组删除单元格

然后执行下列操作中之一：

（1）要删除单元格或单元格区域，选择“删除单元格”命令，弹出如图 9-38 所示的“删除”对话框，选择“右侧单元格左移”“下方单元格上移”“整行”或者“整列”其中一种方式，单击“确定”按钮，如图 9-38 所示。

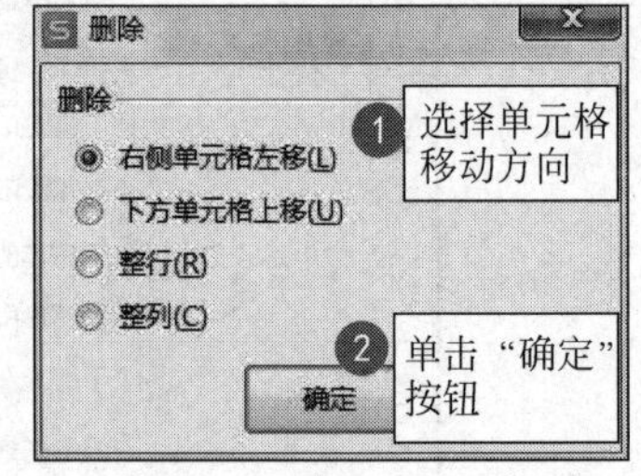

图 9-38 “删除”对话框

（2）要删除行，单击“删除行”按钮。

（3）要删除列，单击“删除列”按钮。

方法二：鼠标右键删除。

删除行或列：选中要删除的行或列，再右击，在弹出的快捷菜单中选择“删除”命令，即可删除选中的行或列。

删除单元格：选中要删除的单元格或单元格区域，再右击，在弹出的快捷菜单中选择“删除”命令，在其后快捷菜单中选择“右侧单元格左移”“下方单元格上移”“整行”或者“整列”其中一种方式，如图 9-39 所示，即可删除选中的单元格或单元格区域。

6. 移动或复制单元格

剪切或复制单元格时，WPS 表格将剪切或复制整个单元格，包括单元格内的公式及其结果值、单元格格式和批注等，操作方法主要有以下几种方法。

1）选项卡法。

复制单元格：

（1）选中要复制的单元格或单元格区域。

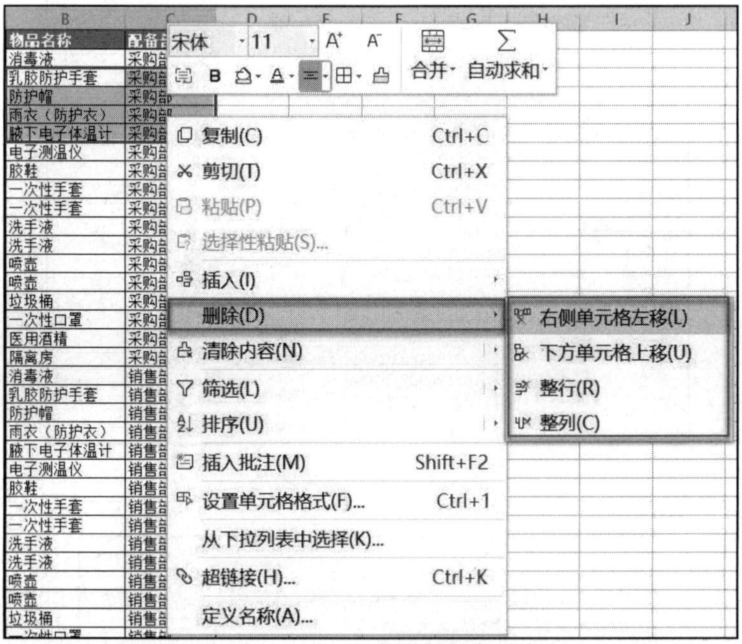

图 9-39　右击快捷菜单删除单元格

(2) 在“开始”选项卡中单击“剪贴板”组中的“复制”按钮，如图 9-40 所示，也可按 Ctrl+C 组合键。

(3) 选中目标单元格(一般为粘贴区域左上角单元格)，在“开始”选项卡中单击“剪贴板”组中的“粘贴”按钮，也可按 Ctrl+V 组合键。

移动单元格：

(1) 选中要移动的单元格或单元格区域。

(2) 在“开始”选项卡中单击“剪贴板”组中的“剪切”按钮，如图 9-40 所示，按 Ctrl+X 组合键。

(3) 选中目标单元格(一般为粘贴区域左上角单元格)，单击“开始”选项卡下“剪贴板”组中的“粘贴”按钮，按 Ctrl+V 组合键。

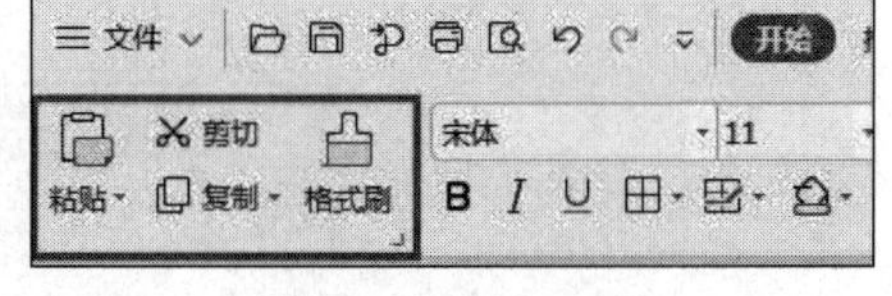

图 9-40　“剪贴板”组

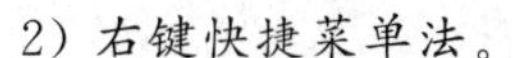

2) 右键快捷菜单法。

(1) 选中要进行移动或复制的单元格或单元格区域，右击选中的单元格或单元格区域，在弹出的快捷菜单中选择“剪切”或“复制”命令，如图 9-41 所示。

(2) 选中目标单元格，右击目标单元格，在弹出的快捷菜单中选择“粘贴”命令。

如果想在现有单元格间插入剪切或复制的单元格，可以右击粘贴区域左上角单元格，在弹出的快捷菜单中选择“插入已剪切的单元格”或“插入复制单元格”命令，如图 9-42、图 9-43 所示，然后选中要移动周围单元格的方向。

如果想插入整行或整列，周围的行或列将向下或向右移动。

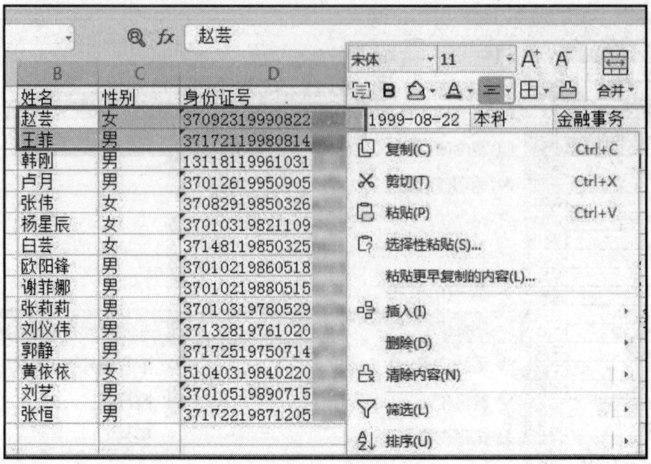

fx 赵芸

宋体 11 A⁺ A⁻ 合并

B	C	D			
姓名	性别	身份证号			
赵芸	女	37092319990822	1999-08-22	本科	金融事务
王菲	男	37172119980814			
韩刚	男	13118119961031			
卢月	男	37012619950905			
张伟	女	37082919850326			
杨星辰	女	37010319821109			
白芸	女	37148119850325			
欧阳锋	男	37010219860518			
谢菲娜	男	37010219880515			
张莉莉	男	37010319780529			
刘仪伟	男	37132819761020			
郭静	男	37172519750714			
黄依依	女	51040319840220			
刘艺	男	37010519890715			
张恒	男	37172219871205			

复制(C) Ctrl+C
剪切(T) Ctrl+X
粘贴(P) Ctrl+V
选择性粘贴(S)...
粘贴更早复制的内容(L)...
插入(I)
删除(D)
清除内容(N)
筛选(L)
排序(U)

图 9-41　右击快捷菜单

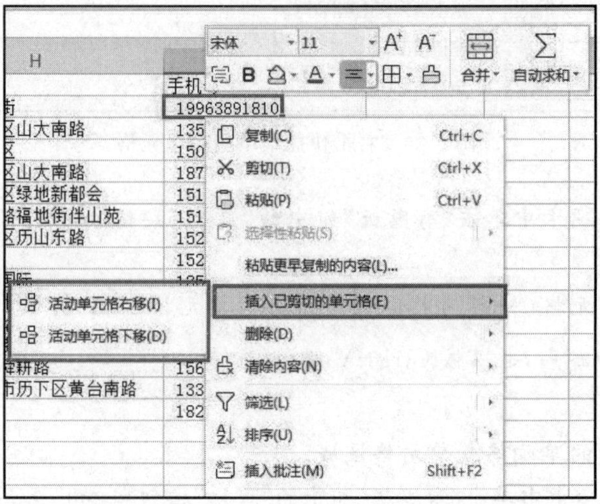

宋体 11 A⁺ A⁻ 合并 自动求和

H	手机
街	19963891810
区山大南路	135
区	150
区山大南路	187
区绿地新都会	151
路福地街伴山苑	151
区历山东路	152
	152
国际	135
钟耕路	156
市历下区黄台南路	133
	182

复制(C) Ctrl+C
剪切(T) Ctrl+X
粘贴(P) Ctrl+V
选择性粘贴(S)
粘贴更早复制的内容(L)...
插入已剪切的单元格(E)
活动单元格右移(I)
活动单元格下移(D)
删除(D)
清除内容(N)
筛选(L)
排序(U)
插入批注(M) Shift+F2

图 9-42　插入已剪切的单元格

大南路	1357313
	15063364082
大南路	1876977
地新都会	1516914
地街伴山苑	1516910
山东路	1525314
	1528887
	1351861
区	1360893
	1358901
	1876414

复制(C) Ctrl+C
剪切(T) Ctrl+X
粘贴(P) Ctrl+V
粘贴为数值(V) Ctrl+Shift+V
选择性粘贴(S)
粘贴更早复制的内容(L)...
插入复制单元格(E)
活动单元格右移(I)
活动单元格下移(D)
删除(D)
清除内容(N)
筛选(L)
排序(U)
插入批注(M) Shift+F2
设置单元格格式(F)... Ctrl+1

图 9-43　插入复制单元格

技巧提示

对剪切或复制的单元格进行粘贴操作时，如果不需要粘贴整个单元格，可以使用“选择性粘贴”命令。

方法一：通过单击“开始”选项卡下“剪切板”组中“粘贴”按钮下方的黑色三角 粘贴 区域，在弹出下拉菜单中选中相应的粘贴内容，如图 9-44 所示，或者选择“选择性粘贴”命令，弹出“选择性粘贴”对话框，选择相应的设置后，单击“确定”按钮，如图 9-45 所示；

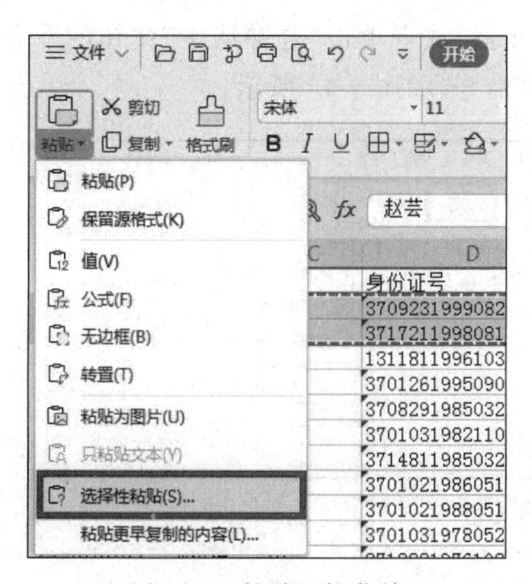

图 9-44　粘贴下拉菜单

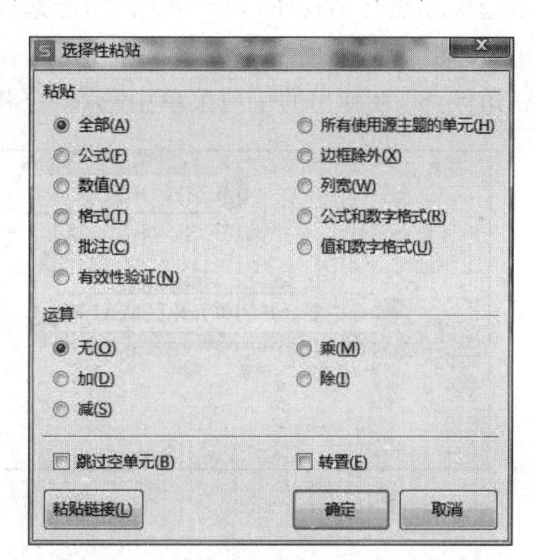

图 9-45　“选择性粘贴”对话框

方法二：右击粘贴区域左上角单元格，在弹出的快捷菜单中选择“选择性粘贴”命令，在其级联菜单中选择相应的粘贴选项，如图 9-46 所示；或者在弹出的快捷菜单中选择“选择性粘贴”命令，在“选择性粘贴”对话框中进行设置。

图 9-46　右击“选择性粘贴”快捷菜单

任务三　表格的美化

在本任务中，需要完成以下操作：学会设置单元格和表格格式；掌握在表格中设置数据格式的方法。

（1）打开任务二完成数据录入的工作簿文件，D:\WPS-奥运\冬奥会奖牌榜.xlsx，鼠标拖动选中标题行 A1：F1，在“开始”功能选项卡下“单元格格式：对齐方式”组中单击“合并居中”按钮上部，如图 9-47 所示，即可完成合并单元格；或者单击“合并居中”按钮的下方黑色三角区，在弹出的快捷菜单中选择“合并居中”命令，如图 9-48 所示。

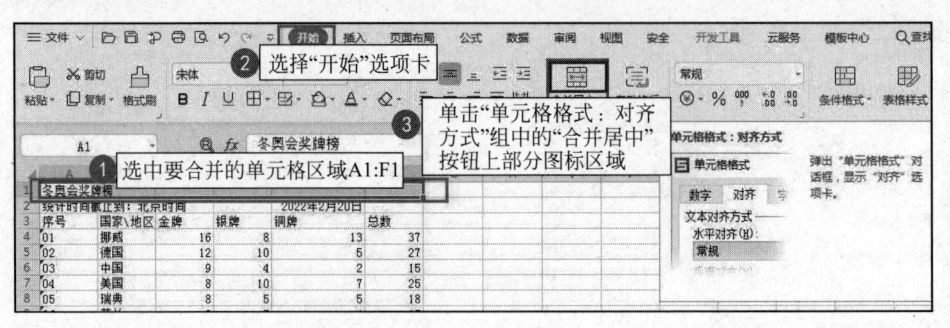

图 9-47　合并单元格

（2）选中合并后的单元格，通过“开始”选项卡的字体组，将标题字体设置为宋体、22 号字、加粗、蓝色，如图 9-49 所示。

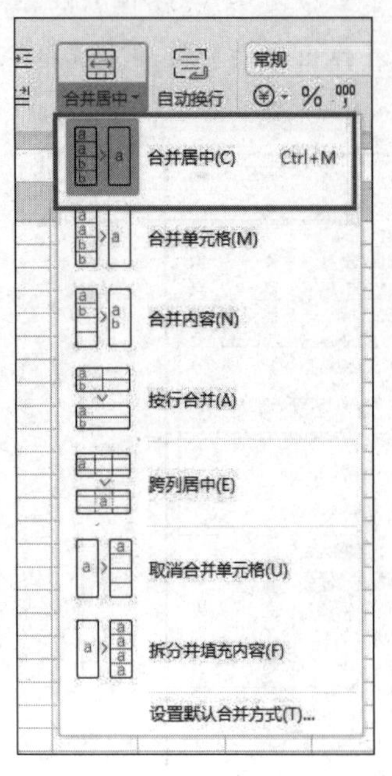

图 9-48　“合并居中”下拉菜单

图 9-49　标题字体设置

（3）采用以上两步操作的方法，分别合并单元格区域 A2:D2 和 E2:F2，并将这两个合并后单元格内的文本字体设置为：宋体、12号、加粗、黑色，如图9-50所示。

(4) 选中A3:F3单元格区域，将表头文本格式设置为：宋体、14号、加粗，如图9-51所示。

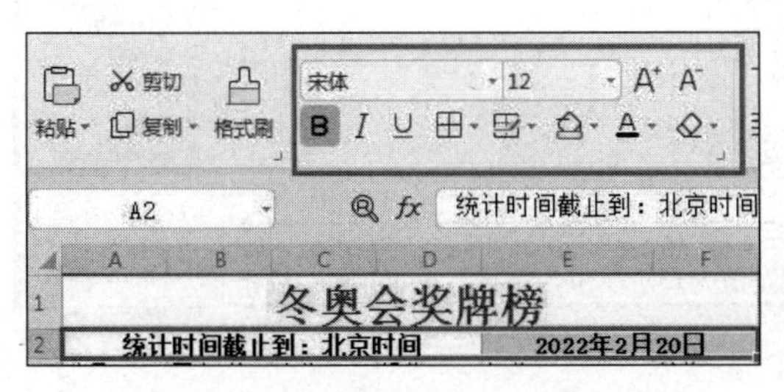

图9-50　第二行格式设置

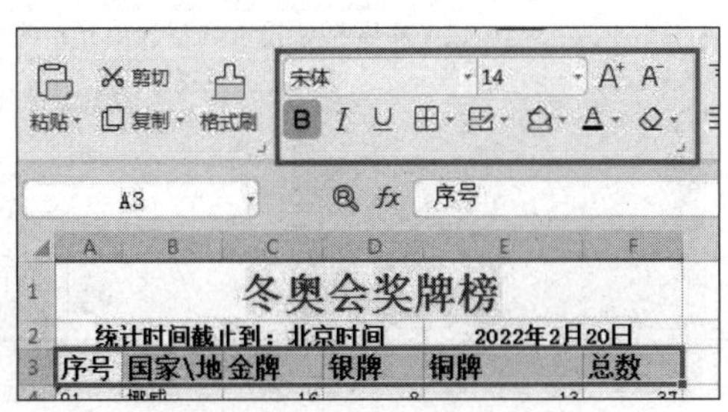

图9-51　设置表头文本格式

(5) 完成数据格式调整后，单元格的行高和列宽与数据不相匹配，需要重新设置行高和列宽。将光标移动到第1行行号与第2行行号交界线上，当鼠标指针变成黑色双箭头时按住鼠标左键不放，向下拖动鼠标，增加第1行的行高，如图9-52所示。同样的方法，增加第2行行高为20字符左右，增加第3行行高为30字符左右。

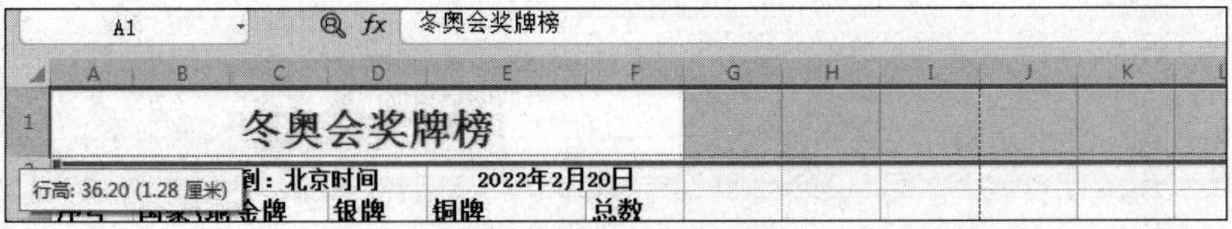

图9-52　鼠标拖动设置行高

(6) 将光标移动到A列与B列列标的交界线上，当鼠标指针变成黑色双箭头时，按住鼠标左键不放，向右拖动鼠标，增加A列列宽，如图9-53所示。

(7) 将鼠标移动到列标区域，拖动鼠标选中B列、C列、D列、E列、F列，选择“开始”选项卡，单击“行和列”按钮，在下拉菜单中选择“列宽”命令，在弹出的“列宽”对话框中输入列宽值为15字符，单击“确定”按钮，如图9-54所示。

(8) 鼠标移动到行号区域，拖动选择第4～29行，执行图9-55所示的操作即可精确设置行高。

(9) 拖动鼠标选中单元格区域A3:F32(即3～32行所有的数据区域)，选择“开始”选项卡，在“单元格格式：对齐方式”组中分别单击“水平居中”按钮和“垂直居中”按钮，将单元格对齐方式设置为水平垂直居中对齐，如图9-56、图9-57所示。

(10) 同样的方法，将第2行合并的单元格A2对齐方式设置为右对齐，第二行合并后的E2单元格对齐方式设置为左对齐，A2和E2单元格垂直对齐方式都设为垂直居中对齐。

图9-53　拖动设置列宽

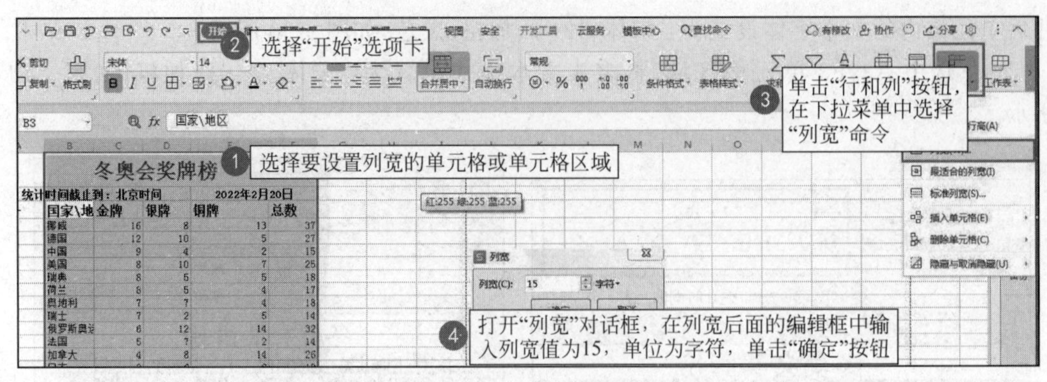

图 9-54　选项卡设置列宽

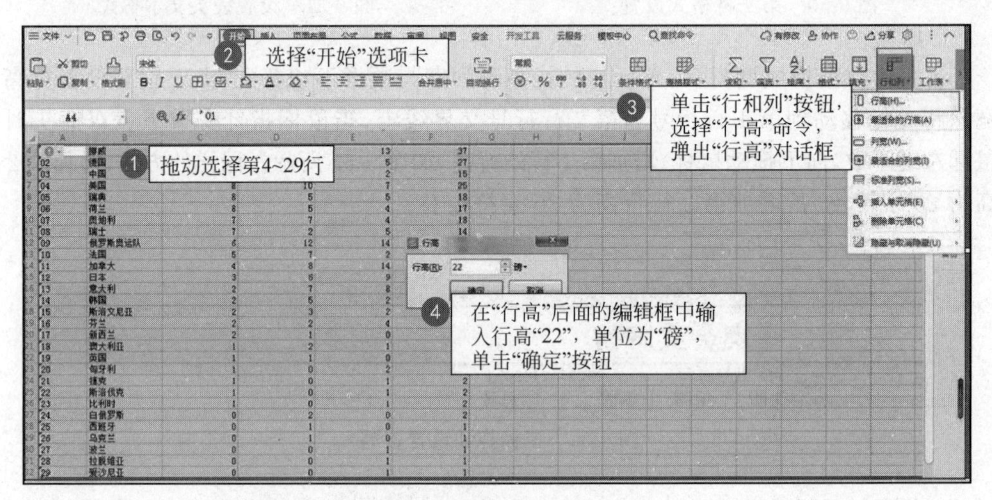

图 9-55　选项卡设置行高

文件 开始 插入 页面布局 公式 数据 审阅 视图 安全 开发工具 云服务 模板中心 查找命令

剪切 复制 格式刷 粘贴 宋体 14 合并居中 自动换行 常规 条件格式 表格样式

A3 序号

序号	国家\地区	金牌	银牌	铜牌	总数
01	挪威	16	8	13	37
02	德国	12	10	5	27
03	中国	9	4	2	15
04	美国	8	10	7	25
05	瑞典	8	5	5	18
06	荷兰	8	5	4	17
07	奥地利	7	7	4	18
08	瑞士	7	2	5	14
09	俄罗斯奥运队	6	12	14	32
10	法国	5	7	2	14
11	加拿大	4	8	14	26
12	日本	3	6	9	18
13	意大利	2	7	8	17
14	韩国	2	5	2	9
15	斯洛文尼亚	2	3	2	7
16	芬兰	2	2	4	8
17	新西兰	2	1	0	3
18	澳大利亚	1	2	1	4

单元格格式：对齐方式
单元格格式
数字 对齐
文本对齐方式
水平对齐(H):
常规
弹出"单元格格式"对话框，显示"对齐"选项卡。

冬奥会奖牌榜

图 9-56　单元格对齐方式设置

（11）选中单元格区域A3:F32，选择“开始”选项卡，单击“字体设置”组中“添加边框线”按钮的左侧黑色小三角区域，在下拉菜单中选择“所有框线”命令，如图9-58所示，给A3:F32区域内的所有单元格添加边框线。

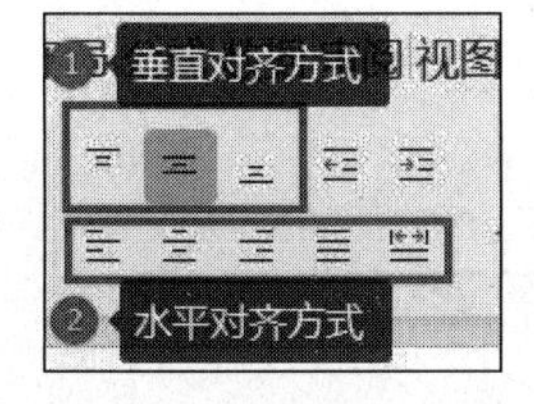

图9-57　对齐方式按钮

图9-58　单元格边框设置

（12）选择“开始”选项卡，单击“字体设置”组中“绘制边框”按钮的左侧黑色小三角区域，在弹出的下拉菜单中选择“线条颜色”命令，在下一级菜单中单击选择一种颜色：“巧克力黄，着色2”，如图9-59所示。再次选择“开始”选项卡，单击“字体设置”组中“绘制边框”按钮的左侧黑色小三角区域，在弹出的下拉菜单中选择“线条样式”命令，在其级联菜单中单击选择一种线条样式：双实线，如图9-60所示。此时鼠标指针变成小蜡笔的形状，用鼠标在合并后的标题单元格下边线上多次单击，直到标题单元格下边线变成巧克力黄色双实线，如图9-61所示。

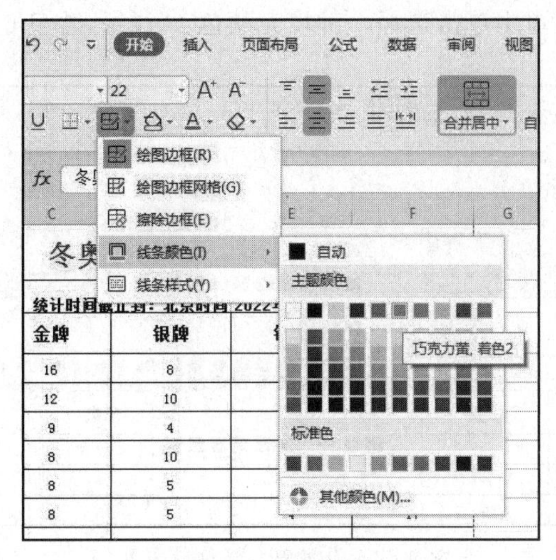

图9-59　线条颜色

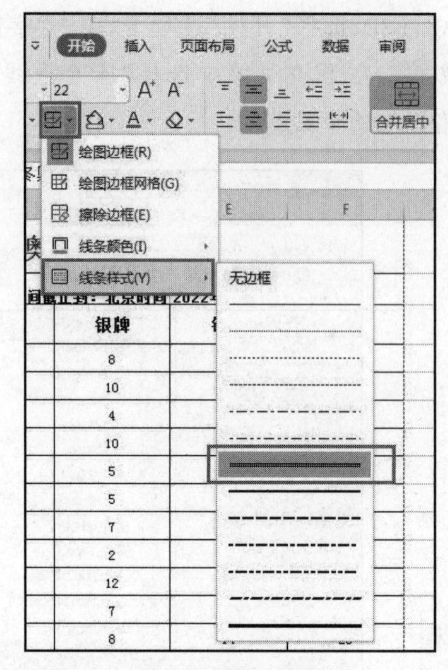

图 9-60 线条样式

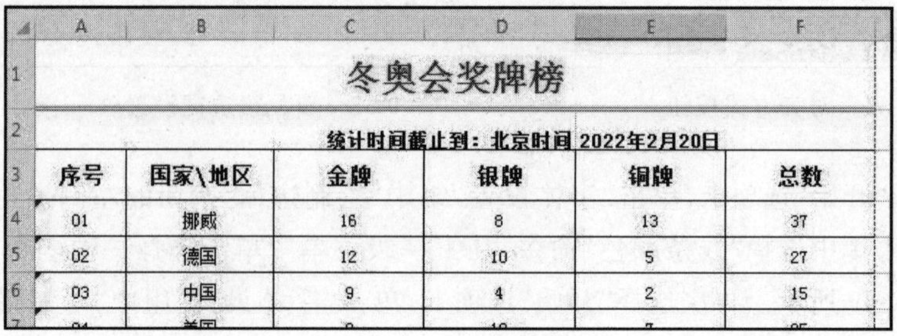

	A	B	C	D	E	F
1	冬奥会奖牌榜					
2	统计时间截止到：北京时间 2022年2月20日					
3	序号	国家\地区	金牌	银牌	铜牌	总数
4	01	挪威	16	8	13	37
5	02	德国	12	10	5	27
6	03	中国	9	4	2	15

图 9-61 边框效果

(13) 选择单元格区域 A4:A32,单击“字体设置”组中“填充颜色”按钮的左侧黑色小三角区域,在弹出的下拉菜单中单击选择一种填充颜色:“浅绿,着色 6,浅色 60%”,如图 9-62

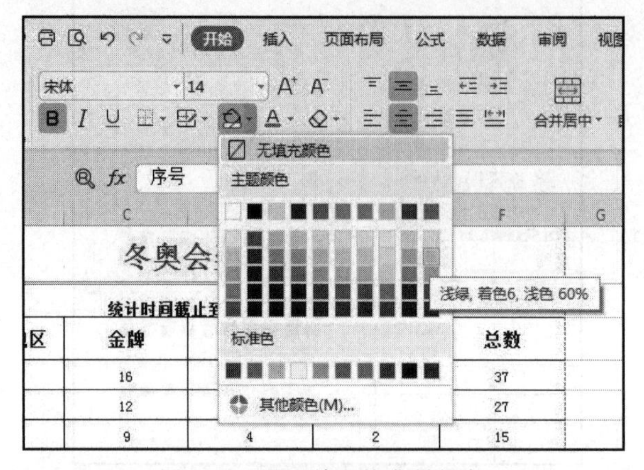

图 9-62 设置单元格背景颜色

所示。用同样的方法，给单元格区域 C4:C32、E4:E32，添加“浅绿，着色 6，浅色 60%”背景颜色；给单元格区域 B4:B32、D4:D32、F4:F32 添加“橙色，着色 4，浅色 80%”背景颜色；给单元格区域 A2:F2 添加“浅绿，着色 6，浅色 40%”背景颜色；给标题单元格 A1 添加“浅绿，着色 6，浅色 60%”背景颜色；给第 2 行添加“白色，背景 1，深色 5%”背景颜色。“冬奥会奖牌榜”最终效果如图 9-63 所示。

冬奥会奖牌榜					
统计时间截止到：北京时间 2022年2月20日					
序号	国家\地区	金牌	银牌	铜牌	总数
01	挪威	16	8	13	37
02	德国	12	10	5	27
03	中国	9	4	2	15
04	美国	8	10	7	25
05	瑞典	8	5	5	18
06	荷兰	8	5	4	17
07	奥地利	7	7	4	18
08	瑞士	7	2	5	14
09	俄罗斯奥运队	6	12	14	32
10	法国	5	7	2	14
11	加拿大	4	8	14	26
12	日本	3	6	9	18
13	意大利	2	7	8	17
14	韩国	2	5	2	9
15	斯洛文尼亚	2	3	2	7
16	芬兰	2	2	4	8
17	新西兰	2	1	0	3
18	澳大利亚	1	2	1	4
19	英国	1	1	0	2
20	匈牙利	1	0	2	3
21	捷克	1	0	1	2
22	斯洛伐克	1	0	1	2
23	比利时	1	0	1	2
24	白俄罗斯	0	2	0	2
25	西班牙	0	1	0	1
26	乌克兰	0	1	0	1
27	波兰	0	0	1	1
28	拉脱维亚	0	0	1	1
29	爱沙尼亚	0	0	1	1

图 9-63　最终效果

知识链接

表格中数据录入完成后，下一步就可以设置表格的字符格式、对齐方式、边框，以达到美化表格的效果，这些设置主要是通过“开始”选项卡下的“字体设置”组和“单元格格式：对齐方式”组中来完成，如图 9-64 所示。

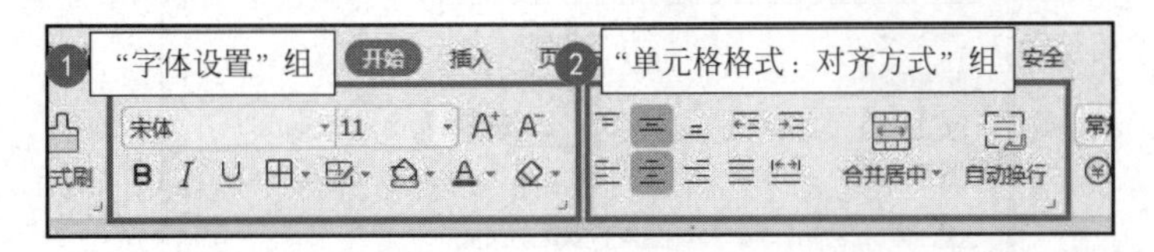

图 9-64　“开始”选项卡下的“字体设置”组和“单元格格式：对齐方式”组

1. 单元格、行和列内数据对齐方式的设置

文本数据（文本型数字）在单元格中默认的对齐方式为左对齐，常规数字和日期类型的

数据在单元格中默认的对齐方式为右对齐。

如果需要不同的对齐方式，就需要设置对齐方式，方法是：选中要设置对齐方式的单元格或单元格区域、行或列，然后，选择“开始”选项卡，在“单元格格式：对齐方式”组中单击选择需要的对齐方式即可。

除与WPS文字软件相同的对齐方式外，WPS表格还有顶端对齐、底端对齐、垂直居中、自动换行和合并居中等。

合并单元格的方法：选中需要合并的单元格区域，选择“开始”选项卡，在“单元格格式：对齐方式”组中单击“合并居中”旁边的黑色三角区域，在弹出的下拉菜单中选择需要的合并单元格的方式，如图9-65所示。

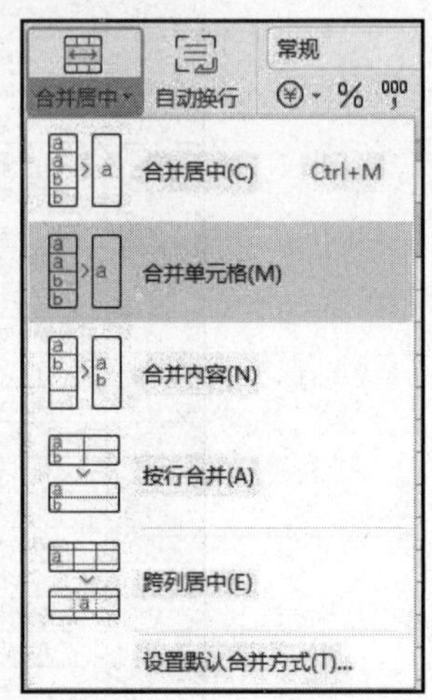

图9-65 “合并单元格”菜单

2. 设置表格的字符格式

方法一：选种要设置字符格式的单元格或单元格区域，在“开始”选项卡的“字体设置”分组中，可以对选中的单元格或单元格内的字符进行字体、字号、字形、字的颜色等的设置。

方法二：选种要设置字符格式的单元格或单元格区域，单击“开始”选项卡下“字体设置”分组右下角的“字体设置”按钮，打开“单元格格式”对话框的“字体”选项，如图9-66所示，进行字体、字号、字形、颜色、下划线、特殊效果等设置，设置完成后单击“确定”按钮即可。

同样，也可以选择要设置数字格式的单元格区域，通过“单元格格式”对话框中的“数字”选项卡对数字格式进行设置，如图9-67所示，数字的分类主要有：常规、数值、货币、日期、时间、百分比、分数、文本、科学记数等，还可以设置数值保留小数的位数等。

图9-66 “单元格格式”对话框→“字体”选项卡

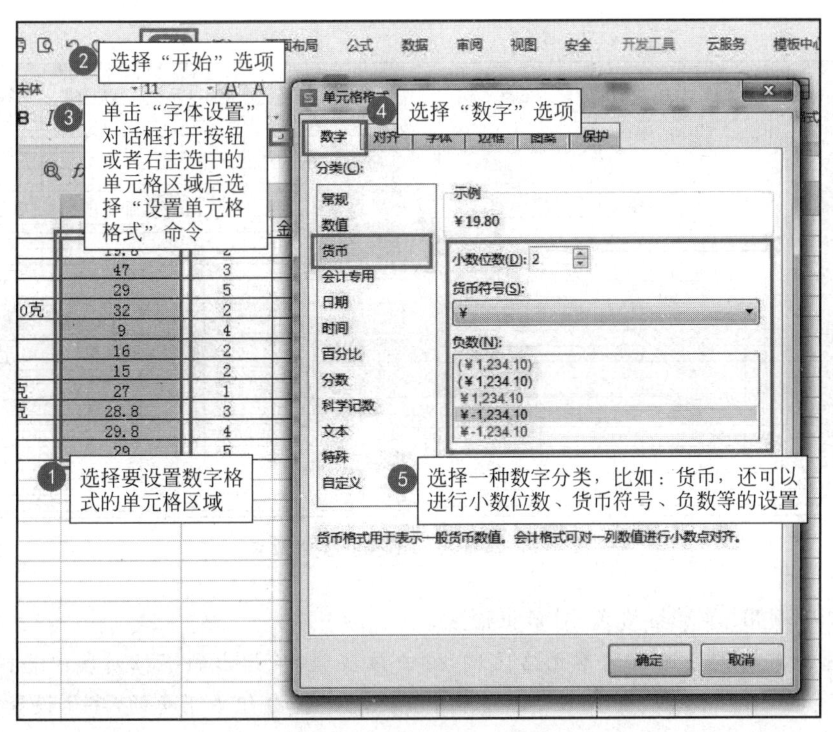

图 9-67　“单元格格式”对话框→“数字”选项卡

3. 设置表格的行高和列宽

设置选定区域行高和列宽的方法：一种是鼠标拖动法，另一种是“行和列”命令精确设置。

1）鼠标拖动改变行高和列宽

操作步骤如下。

(1) 选择要改变行高(或列宽)的单元格、行(或列)，鼠标指针移到行(或列)编号之间的边界线上。

(2) 当鼠标指针变成┿(或╋)，按住鼠标左键拖动到合适的高度(或宽度)。

2）“行和列”命令精确设置行高和列宽

(1) 选定要改变行高(或列宽)的单元格区域。

(2) 在“开始”选项卡中单击“行和列”按钮，在下拉列表中选择“行高”(或列宽)命令，在弹出的“行高”或“列宽”对话框中输入所需的数值，单击“确定”按钮即可。

4. 设置表格的边框和背景

1）设置表格边框的操作方法

方法一：利用“开始”选项“字体设置”组设置。

(1) 选择需要设置边框的单元格区域，在“开始”选项卡的“字体设置”组中单击边框按钮田·的右侧黑色三角区域。

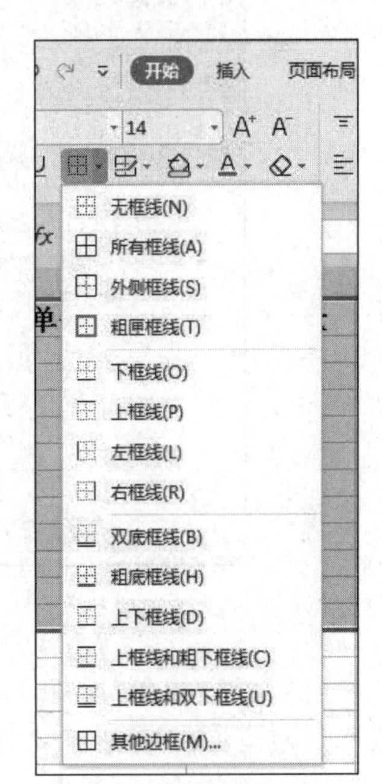

图 9-68　边框列表

(2) 在弹出的下拉列表中选择需要的边框类型，如图 9-68、

图 9-69 所示。

销售商品	单价（元）	订购数量	金额（元）
新良-蛋糕粉500克	¥19.80	2	39.6
安佳-黄油454克	¥47.00	3	141
宅福艺-杏仁片150克	¥29.00	5	145
安佳-无盐动物黄油500克	¥32.00	2	64
舒可曼-糖霜250克	¥9.00	4	36
雀巢-淡奶油250ml	¥16.00	2	32
新良-玉米淀粉1kg	¥15.00	2	30
阿弟仔-蔓越莓干200克	¥27.00	1	27
奈特兰-动物黄油454克	¥28.80	3	86.4
新良-面包粉2.5kg	¥29.80	4	119.2
马苏里拉-奶酪450克	¥29.00	5	145

① 加了外侧框线的表格
② 加了所有框线的表格
③ 外侧框线添加粗匣框线的表格
④ 添加双底框线的单元格区域

图 9-69　添加不同框线的表格效果

方法二：利用"单元格格式"对话框设置。

(1) 选择需要设置边框的单元格区域，右击该区域，从弹出的下拉列表中选择"设置单元格格式"命令。也可以单击"开始"选项卡中"字体设置"分组右下角的"字体设置"按钮，打开"单元格格式"对话框，如图 9-70 所示。

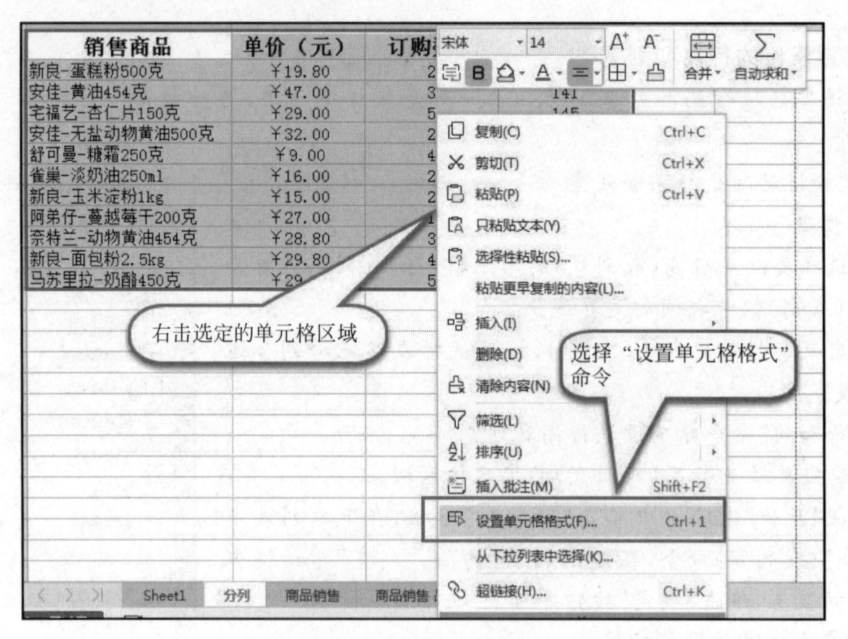

图 9-70　右击下拉列表

(2) 选择"边框"选项，选择线条"样式""颜色"，单击"预置"样式或者单击"边框"预览周围相应的边框按钮，设置完成后单击"确定"按钮即可，如图 9-71 所示。

方法三：绘制边框线。

(1) 单击"开始"选项卡下"字体设置"组中的绘图边框按钮 ⊞ 的右侧黑色三角区域。

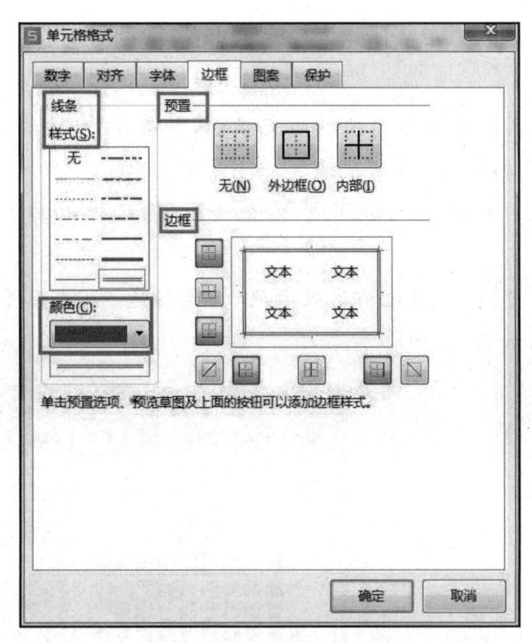

图 9-71　“单元格格式”对话框→“边框”选项卡

(2) 在弹出的下拉列表中选择“线条颜色”设置绘制的线条颜色；选择“线条样式”设置绘制的线条样式，如图 9-72、图 9-73 所示。

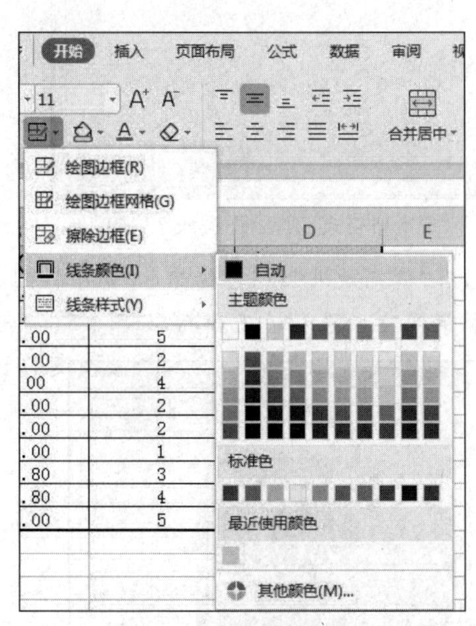

图 9-72　选择“线条颜色”

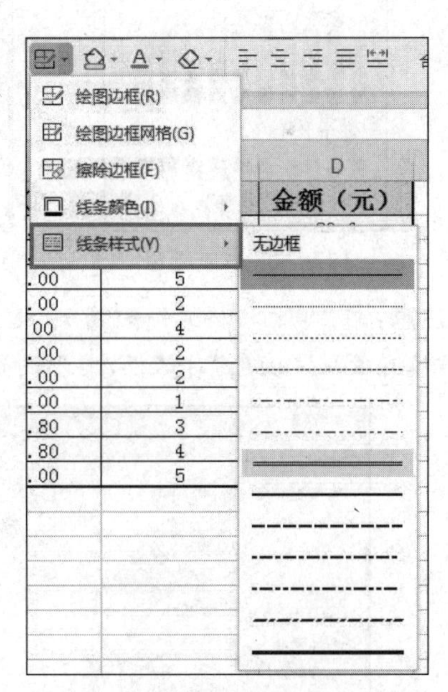

图 9-73　选择“线条样式”

(3) 设置完成后，将鼠标移到需要绘制的单元格边框线上，单击边框线即可。

(4) 完成边框绘制后，再次单击“绘图边框”按钮即可结束绘制。

2) 设置表格背景的操作的方法

方法一：利用“开始”选项卡中的“字体设置”组设置。

(1) 选中需设置边框的单元格区域,单击“开始”选项卡中“字体设置”组的“填充颜色”按钮。

(2) 在弹出的下拉列表中选择需要的填充颜色,如图 9-74 所示,也可设置“其他颜色”。

方法二:利用“单元格格式”对话框设置。

(1) 选择需要设置边框的单元格区域,右击该区域,从弹出的下拉列表中选择“设置单元格格式”命令。

(2) 选择“图案”选项,设置单元格底纹颜色、图案样式、图案颜色或者无图案等,设置完成后,单击“确定”按钮,如图 9-75 所示。

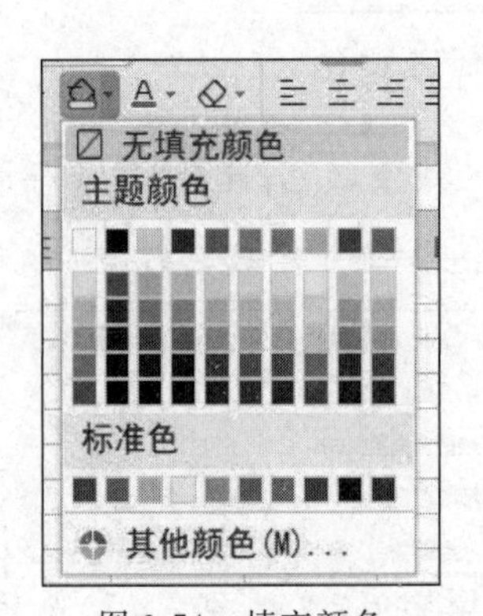

图 9-74　填充颜色

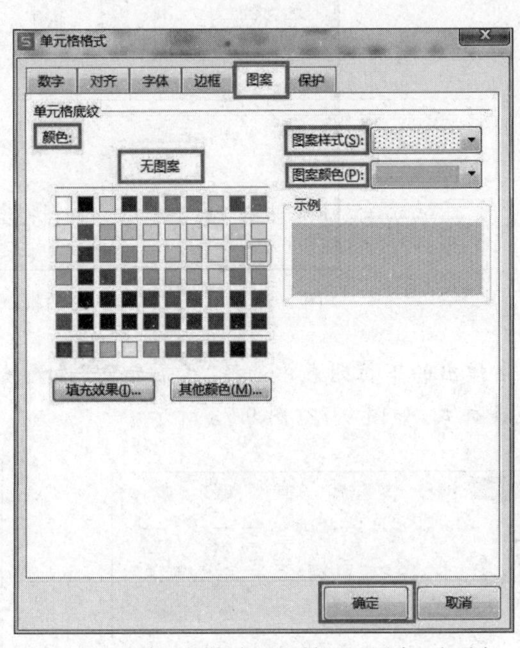

图 9-75　“单元格格式”对话框→“图案”选项卡

注意:在“单元格格式”→“图案”选项卡下,有“填充效果”和“其他颜色”两个按钮,分别打开“填充效果”“颜色”对话框,用于设置单元格的填充效果和填充颜色,如图 9-76 所示。

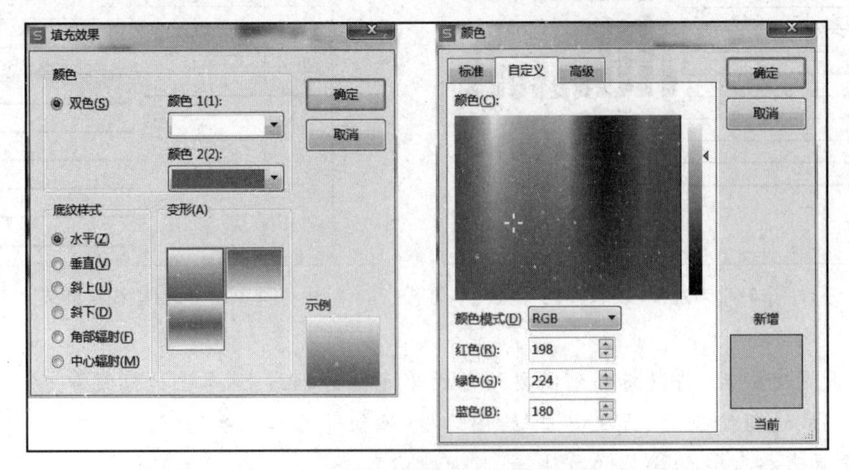

图 9-76　“填充效果”“颜色”对话框

5. 格式刷的使用

(1) 选择要复制格式的单元格或单元格区域。

(2) 选择“开始”选项卡中“剪贴板”组,单击“格式刷”按钮。

(3) 单击需要设置格式的单元格或拖动鼠标选择需要设置格式的单元格区域,即可完成复制单元格或设置单元格区域的格式。使用格式刷时,跟WPS文本软件一样有单击和双击两种方式。

6. 表格样式的使用

WPS表格提供了许多漂亮的预定义表格样式,可以利用这些表格样式快速地对表格格式进行设置。

使用预定义的表格样式操作方法是:单击“开始”选项卡中的“表格样式”按钮,然后,在弹出的下拉列表中选择需要的表格样式即可,如图9-77所示。

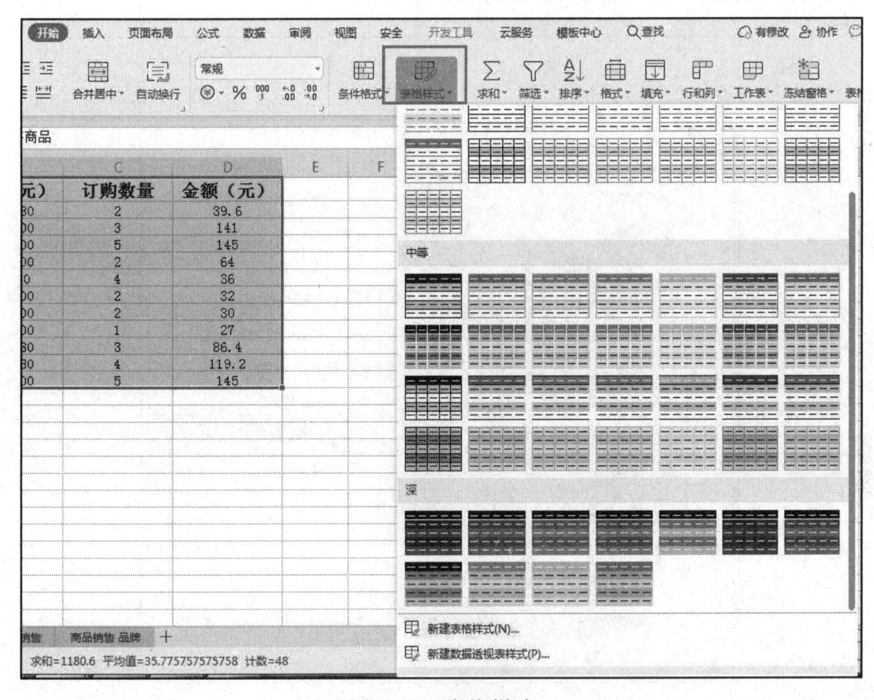

图9-77 表格样式

7. 表格中的转置功能

要将表格中横排数据变成竖排排列或者将竖排数据转变成横排排列,应该如何操作呢?以图9-78所示的“学生成绩表”为例,将表格横排数据转成竖排显示。

(1) 选中横排的单元格区域A1:K6,右击选择“复制”命令,或者按Ctrl+C组合键复制这些数据。

(2) 单击选中任意一个空白单元格,如A9。

(3) 右击,在弹出的菜单中选择“选择性粘贴”→“粘贴内容转置”命令,如图9-79所示,就可以完成横排到竖排的调整。

(4) 置成功后,选中的单元格区域内第一个单元格的内容是原样粘贴的,所以,如果是“斜线表头”标题,还需要将斜线表头的内容进行简单的调整,如图9-80所示。

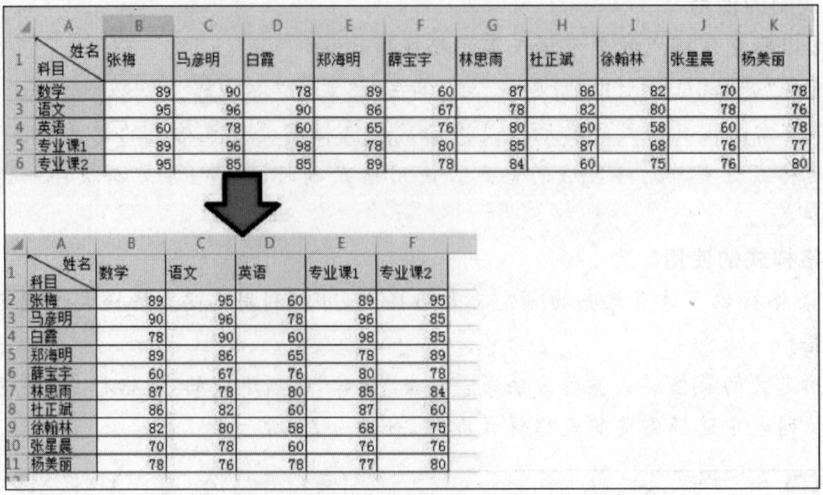

科目＼姓名	张梅	马彦明	白露	郑海明	薛宝宇	林思雨	杜正斌	徐翰林	张星晨	杨美丽
数学	89	90	78	89	60	87	86	82	70	78
语文	95	96	90	86	67	78	82	80	78	76
英语	60	78	60	65	76	80	60	58	60	78
专业课1	89	96	98	78	80	85	87	68	76	77
专业课2	95	85	85	89	78	84	60	75	76	80

科目＼姓名	数学	语文	英语	专业课1	专业课2
张梅	89	95	60	89	95
马彦明	90	96	78	96	85
白露	78	90	60	98	85
郑海明	89	86	65	78	89
薛宝宇	60	67	76	80	78
林思雨	87	78	80	85	84
杜正斌	86	82	60	87	60
徐翰林	82	80	58	68	75
张星晨	70	78	60	76	76
杨美丽	78	76	78	77	80

图 9-78　表格转置案例

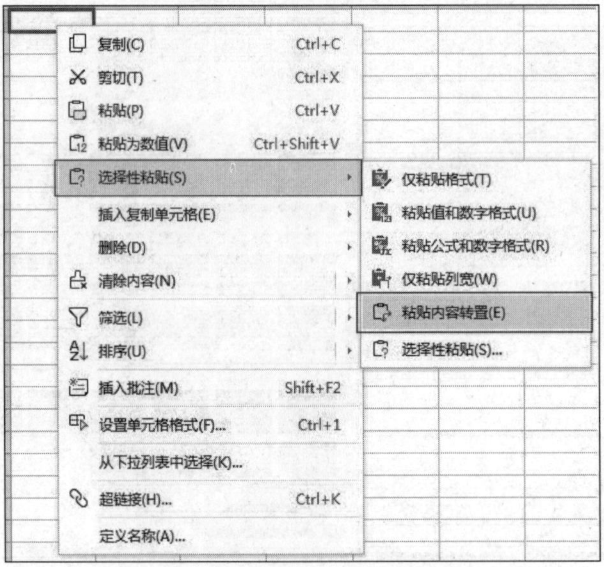

复制(C) Ctrl+C
剪切(T) Ctrl+X
粘贴(P) Ctrl+V
粘贴为数值(V) Ctrl+Shift+V
选择性粘贴(S)
插入复制单元格(E)
删除(D)
清除内容(N)
筛选(L)
排序(U)
插入批注(M) Shift+F2
设置单元格格式(F)... Ctrl+1
从下拉列表中选择(K)...
超链接(H)... Ctrl+K
定义名称(A)...

仅粘贴格式(T)
粘贴值和数字格式(U)
粘贴公式和数字格式(R)
仅粘贴列宽(W)
粘贴内容转置(E)
选择性粘贴(S)...

图 9-79　“粘贴内容转置”命令

同样的方法，我们也可以实现表格竖排到横排的调整。

8. 单元格的条件格式

利用单元格条件格式功能，能将满足条件的单元格用指定的特殊格式显示。操作方法是：选中要设置条件格式的单元格区域，选择“开始”选项卡，单击“条件格式”按钮，在下拉列表中选择“突出显示单元格规则”选项，单击选择相应的条件，并在弹出的对话框中进行相应的设置即可，如图 9-81 所示。

例如，选择“小于”命令，打开“小于”对话框，在对话框中输入小于的数值，比如 60，单击“设置为”右侧的下拉菜单，选择一种单元格格式，即可实现选定区域内数值小于 60 的单元格以选定的格式设置，如图 9-82 所示，效果如图 9-83 所示。

姓名/科目	数学	语文	英语	专业课1	专业课2
张梅	89	95	60	89	95
马彦	90	96	78	96	85
白霞	78	90	60	98	85
郑海	89	86	65	78	89
薛宝	60	67	76	80	78
林思	87	78	80	85	84
杜正	86	82	60	87	60
徐翰	82	80	58	68	75
张星	70	78	60	76	76
杨美	78	76	78	77	80

科目/姓名	数学	语文	英语	专业课1	专业课2
张梅	89	95	60	89	95
马彦明	90	96	78	96	85
白霞	78	90	60	98	85
郑海明	89	86	65	78	89
薛宝宇	60	67	76	80	78
林思雨	87	78	80	85	84
杜正斌	86	82	60	87	60
徐翰林	82	80	58	68	75
张星晨	70	78	60	76	76

图 9-80　调整斜线表头内容

开始　插入　页面布局　公式　数据　审阅　视图　安全　开发工具　云服务　百度网盘　查找　协作　分享

11　合并居中·　自动换行　常规　条件格式·　表格样式·　求和·　筛选·　排序·　格式·　填

78

白霞	郑海明	薛宝宇	林思雨	杜正斌	徐翰林	张星晨	杨美丽
78	89	60	87	86	82	70	78
90	86	67	78	82	80	78	76
60	65	76	80	60	58	60	78
98	78	80	85	87	68	76	77
85	89	78	84	60	75	76	80

突出显示单元格规则(H)　项目选取规则(T)　数据条(D)　色阶(S)　图标集(I)　新建规则(N)...　清除规则(C)　管理规则(R)...

大于(G)...　小于(L)...　介于(B)...　等于(E)...　文本包含(T)...　发生日期(A)...　重复值(D)...　其他规则(M)...

图 9-81　条件格式设置

图 9-82　小于条件格式

科目/姓名	数学	语文	英语	专业课1	专业课2	总分
张梅	89	95	60	89	95	428
马彦明	90	96	78	96	85	445
白霞	78	90	60	98	85	411
郑海明	89	86	65	78	89	407
薛宝宇	52	67	76	80	78	353
林思雨	87	78	80	85	84	414
杜正斌	86	82	56	87	60	371
徐翰林	82	80	58	68	75	363
张星晨	70	78	60	76	76	360
杨美丽	78	76	78	77	80	389

图 9-83　条件格式设置效果

9. 数据的分列和智能拆分

在对数据进行处理时，有时会遇到将一列数据分成多个字段列显示的情况，这种数据处理的方法称为分列。在WPS表格软件“数据”的“分列”选项卡中，包含“分列”和“智能分列”选项，如图9-84所示。分列的操作方法如下。

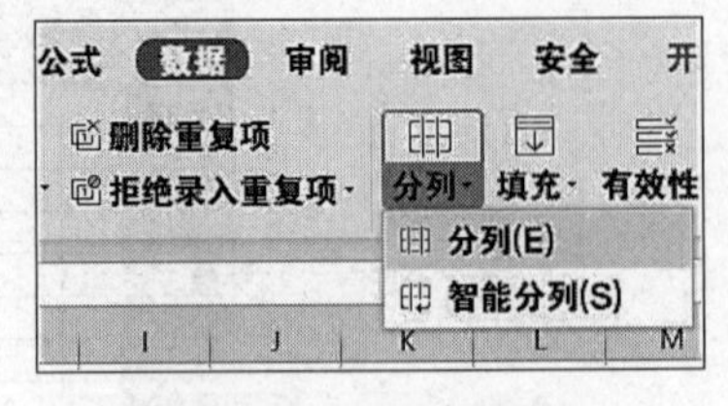

图9-84 “分列”菜单

1）分列

以图9-85为例，进行数据分列设置。

销售商品
新良-蛋糕粉
安佳-黄油
宅福艺-杏仁片
安佳-无盐动物黄油
舒可曼-糖霜
雀巢-淡奶油
新良-玉米淀粉
阿弟仔-蔓越莓干
奈特兰-动物黄油
新良-面包粉
马苏里拉-奶酪

品牌	商品名称
新良	蛋糕粉
安佳	黄油
宅福艺	杏仁片
安佳	无盐动物黄油
舒可曼	糖霜
雀巢	淡奶油
新良	玉米淀粉
阿弟仔	蔓越莓干
奈特兰	动物黄油
新良	面包粉
马苏里拉	奶酪

图9-85 分列案例

(1) 选中要进行数据分列的单元格区域，操作方法如图9-86所示，选择“数据”选项卡，单击“分列”按钮或者单击“分列”按钮下方的黑色三角区域，在下拉菜单中选择“分列”命令，即可打开“文本分列向导-3步骤之1”对话框。

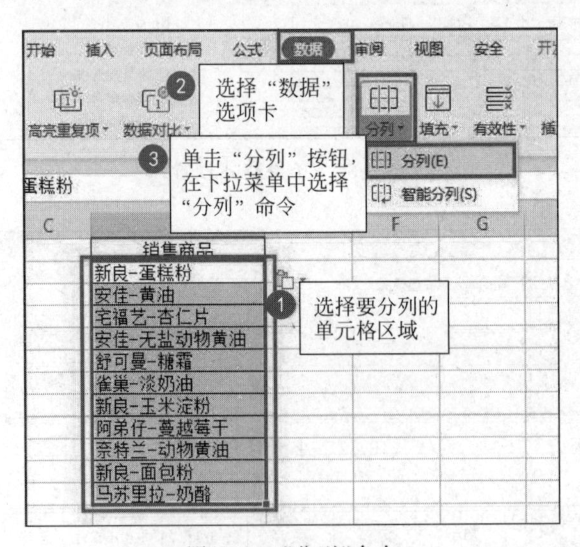

图9-86 “分列”命令

(2) 在“文本分列向导-3步骤之1”对话框中单击选择“分隔符号”前的单选按钮，设置完成后单击“下一步”按钮，如图9-87所示。

(3) 在“文本分列向导-3步骤之2”对话框中设置分隔符号(根据实际需要选择要分开的字段之间的间隔符号)，案例中是利用“-”分开的商品品牌和商品名称，因此，选中“其他”复选框，并在其后的编辑框中输入了分隔符号“-”，在“数据预览”区域可以查看拆分效果，设置完成后单击“下一步”按钮，如图9-88所示。

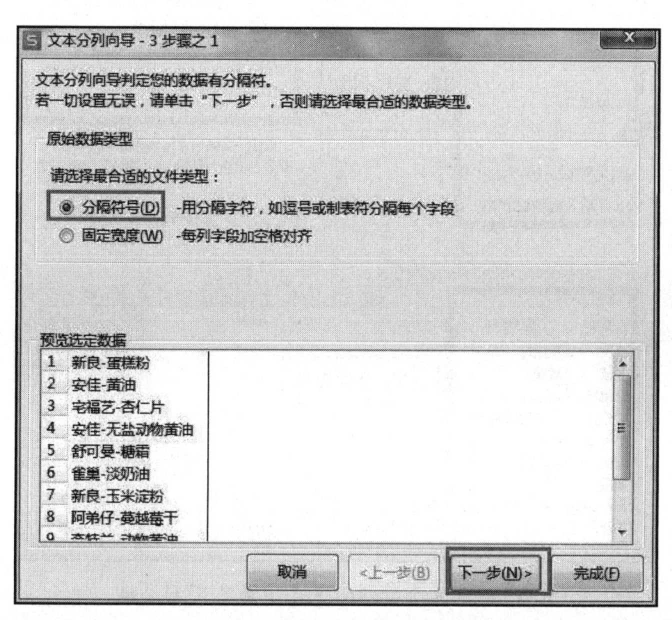

图9-87　“文本分列向导-3步骤之1”对话框

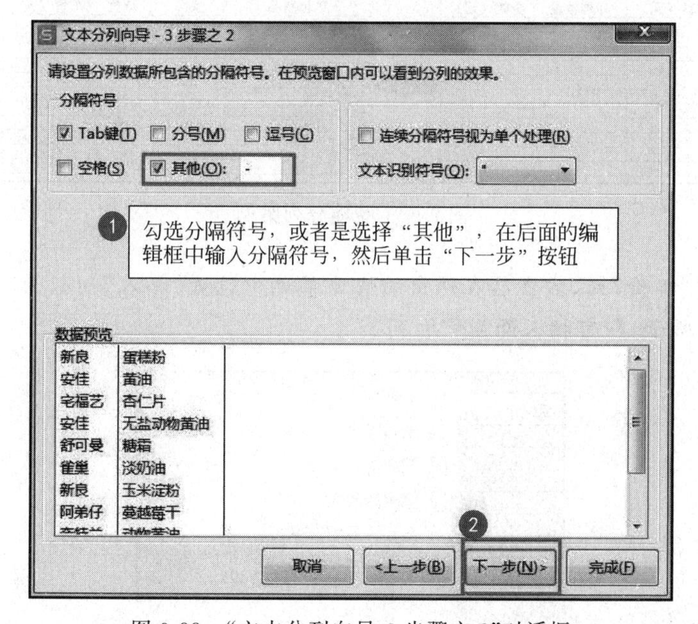

图9-88　“文本分列向导-3步骤之2”对话框

(4) 在“文本分列向导-3步骤之3”对话框中设置数据类型、查看目标区域、预览分列效果，设置完成后单击“完成”按钮，如图9-89所示。

(5) 分列成功后，输入修改列标题即可。

2) 智能分列

以图9-90为例，演示智能分列步骤。

(1) 分列完成后表格比原表格多出两列，所以首先要在“单价”列前方插入两列空白列，

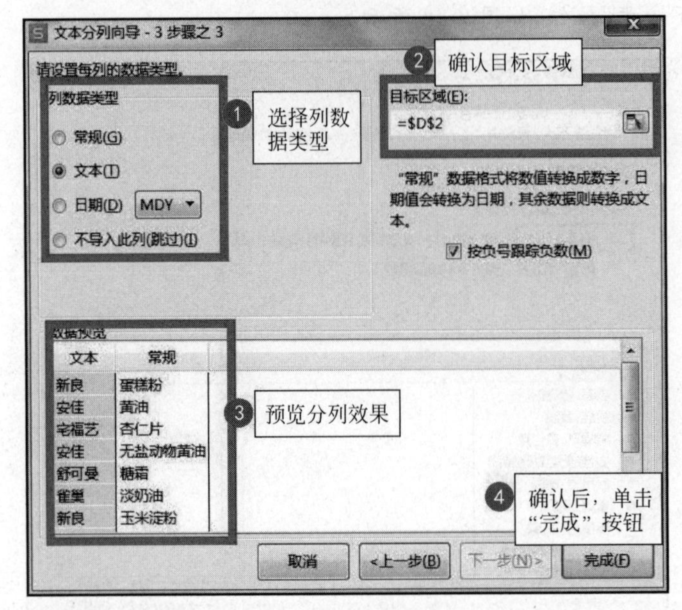

图 9-89 “文本分列向导-3 步骤之 3”对话框

销售商品	单价（元）	订购数量	金额（元）
新良-蛋糕粉500克	￥19.80	2	
安佳-黄油454克	￥47.00	3	
宅福艺-杏仁片150克	￥29.00	5	
安佳-无盐动物黄油500克	￥32.00	2	
舒可曼-糖霜250克	￥9.00	4	
雀巢-淡奶油250ml	￥16.00	2	
新良-玉米淀粉1kg	￥15.00	2	
阿弟仔-蔓越莓干200克	￥27.00	1	
奈特兰-动物黄油454克	￥28.80	3	
新良-面包粉2.5kg	￥29.80	4	
马苏里拉-奶酪450克	￥29.00	5	

销售商品	规格	单位	单价（元）	订购数量	金额（元）
新良-蛋糕粉	500	克	￥19.80	2	
安佳-黄油	454	克	￥47.00	3	
宅福艺-杏仁片	150	克	￥29.00	5	
安佳-无盐动物黄油	500	克	￥32.00	2	
舒可曼-糖霜	250	克	￥9.00	4	
雀巢-淡奶油	250	ml	￥16.00	2	
新良-玉米淀粉	1	kg	￥15.00	2	
阿弟仔-蔓越莓干	200	克	￥27.00	1	
奈特兰-动物黄油	454	克	￥28.80	3	
新良-面包粉	2.5	kg	￥29.80	4	
马苏里拉-奶酪	450	克	￥29.00	5	

图 9-90 智能分列案例

操作方法是选中“单价”列，右击后在弹出的快捷菜单中设置“插入”列数为“2”，选择“插入”命令，如图 9-91 所示，即可插入两列空白列。

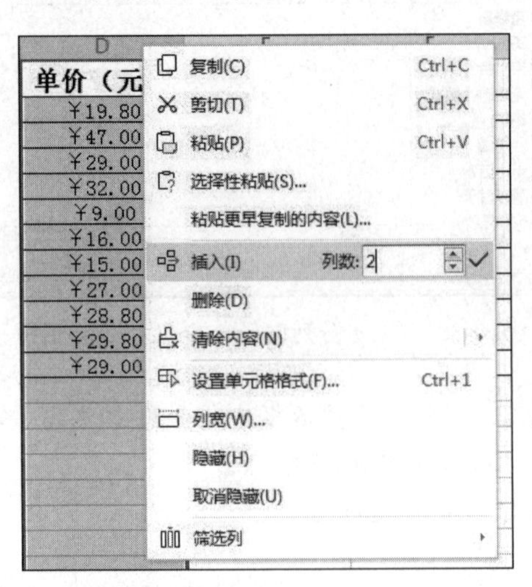

图 9-91 插入两列空白列

(2) 选择要分列的单元格区域A2:A12,选择“数据”选项卡,单击“分列”按钮下方的黑色三角区域,在下拉列表中选择“智能分列”命令,如图9-92所示,打开“智能分列结果”对话框。

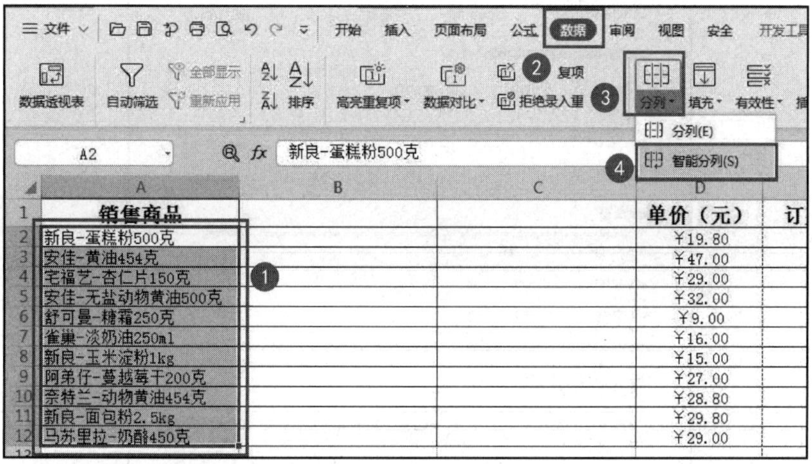

图9-92　“智能分列”命令

(3) 在“智能分列结果”对话框中,单击“手动设置分列”按钮,如图9-93所示,打开“文本分列向导2步骤之1”对话框,选择此对话框中的“文本类型”选项卡,根据实际需要分列文本类型,此案例需要勾选“中文”“数字”“英文”复选框,在“数据预览”区域查看分列效果,设置完成后,单击“下一步”按钮,如图9-94所示。

图9-93　“智能分列结果”对话框

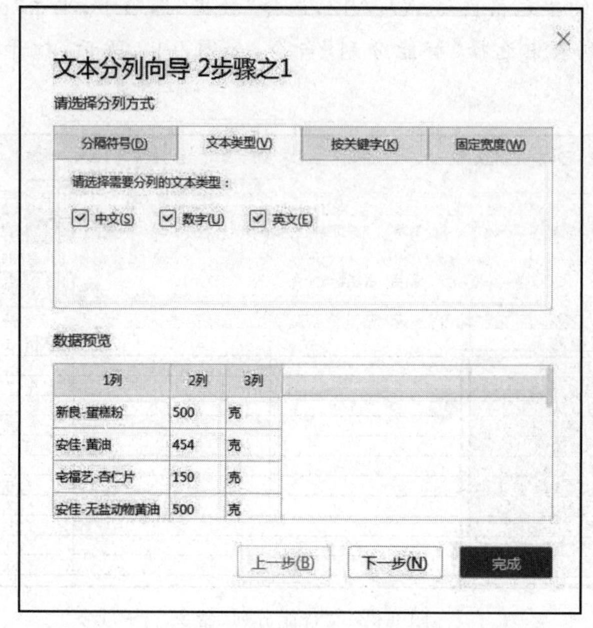

图 9-94 “文本分列向导 2 步骤之 1”对话框

(4) 打开“文本分列向导 2 步骤之 2”对话框，在“列数据类型及预览”区域分别单击预览效果内各列数据，设置每一列数据类型，设置完成后单击“完成”按钮，如图 9-95 所示。

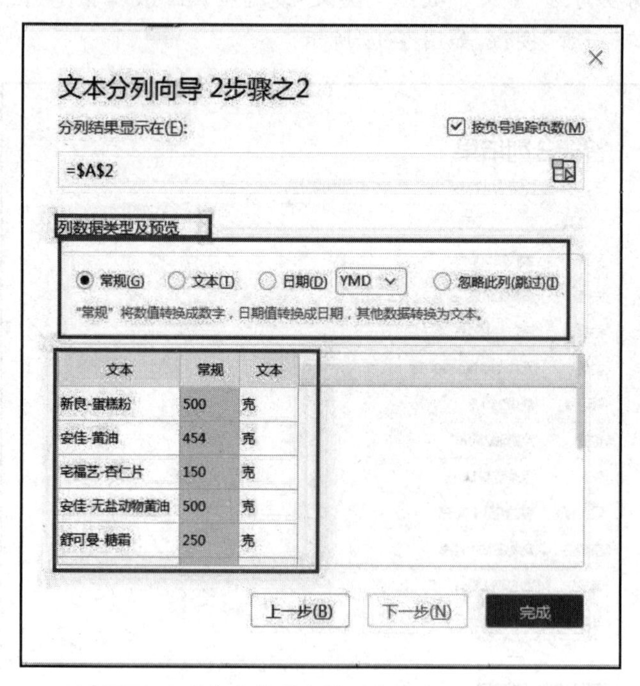

图 9-95 “文本分列向导 2 步骤之 2”对话框

(5) 设置完成后，给拆分的列添加列标题，如图 9-96 所示。

销售商品	规格	单位	单价（元）	订购数量	金额（元）
新良-蛋糕粉	500	克	19.8	2	
安佳-黄油	454	克	47	3	
宅福艺-杏仁片	150	克	29	5	
安佳-无盐动物黄油	500	克	32	2	
舒可曼-糖霜	250	克	9	4	
雀巢-淡奶油	250	ml	16	2	
新良-玉米淀粉	1	kg	15	2	
阿弟仔-蔓越莓干	200	克	27	1	
奈特兰-动物黄油	454	克	28.8	3	
新良-面包粉	2.5	kg	29.8	4	
马苏里拉-奶酪	450	克	29	5	

图 9-96　分列效果

项目评价

考核类型	评价要素及权重	自评 30%	互评 30%	师评 40%
学习任务完成情况	能正确创建表格文件(10 分)			
	能将搜集的数据正确录入电子表格中(20 分)			
	会对单元格、行或列进行复制、插入、删除、合并等操作(30 分)			
	通过设置单元格格式、数据格式美化表格(30 分)			
	数据的整理、表格美化等具有创新性(10 分)			
合计				
总分				

闯关检测

1. 理论题

(1) WPS 表格文件可以称为(　　)。

A. 工作夹文件　　B. 工作袋文件　　C. 工作簿　　D. 工作表文件

(2) 保存 WPS 表格文件时,保存的文件是以(　　)为扩展名的。

A. .docx　　B. .ppt　　C. .xlsx　　D. .jpg

(3) WPS 表格工作表中的每一格称为(　　)。

A. 区域　　B. 单元格　　C. 列　　D. 行

(4) 在 WPS 表格中,要选择不连续的单元格区域,可以按住(　　)键后再选择每一个单元格区域。

A. Shift　　B. Ctrl　　C. Alt　　D. Ctrl + Shift

(5) 在 WPS 表格中数值型数据默认的对齐方式是(　　)。

A. 右对齐　　B. 居中对齐　　C. 两端对齐　　D. 左对齐

(6) 工作表中位于第三行第二列的单元格地址是(　　)。

A. C2　　B. B3　　C. B2　　D. C3

(7) 在 WPS 表格中,以下操作方法不能打开工作簿的是(　　)。

A. 单击“快速访问工具栏”中的“打开”按钮

B. 单击“视图”选项卡下的“打开”按钮

C. 选择“文件”菜单中的“打开”命令

D. 双击工作簿名称

(8) 下列单元格区域的表示方法正确的是(　　)。

A. B3-E9　　B. B3,E9　　C. E9:B3　　D. B3:E9

(9) 对 WPS 表格的单元格的说法不正确的是(　　)。

A. 每张工作表可以有多个单元格,但是任何时刻只有一个活动单元格

B. 用鼠标单击某个单元格,可以选择这个单元格为活动单元格

C. 单元格地址有单元格所在的行号和列标组成,行号在前,列标在后

D. 用鼠标双击某个单元格,可以选择这个单元格为活动单元格

(10) 在 WPS 表格中打开“单元格格式”对话框可以(　　)。

A. 在“页面布局”选项卡下打开

B. 在“插入”选项卡下打开

C. 在“开始”选项卡下打开

D. 在“视图”选项卡下打开

2. 上机实训题

某社区需要制作一个“疫苗接种情况登记表”,用于统计社区居民疫苗接种情况,请帮助他们设计一张疫苗接种情况登记表,如图 9-97 所示。

疫苗接种情况登记表

单位/社区(盖章):						联系人(电话):		时间:　年　月　日	
序号	姓名	性别	身份证号	出生日期	年龄	接种品牌及剂次	工作单位/居住地址	联系电话	受种者/监护人签名
1	赵琳	女	51040319840220	1984-02-20	38	北京生物/3	凯旋花园	1875410	
2	刘强	男	37010519890715	1989-07-15	32	北京生物/2	保利大名湖	1332511	
3	吴起	男	37172219871205	1987-12-05	34	北京生物/3	经十路	1317305	
4	孙斌	男	37172120060814	2006-08-14	15	武汉生物/3	黄台南路	1836412	
5	刘彤	男	37092319990822	1999-08-22	22	武汉生物/2	旅游路4516-1号	1509892	
6	王欣悦	男	37172119980814	1998-08-14	23	武汉生物/3	华能路38号	1826383	
7	岳紫衫	男	13118119961031	1996-10-31	25	武汉生物/2	环山路55号	1836486	
8	沈婉	男	37012619950905	1995-09-05	26	北京生物/3	解放路77号	1358971	
9	李志国	男	37082919850326	1985-03-26	37	北京科兴/3	洪山路702号	1314540	
10	詹姗姗	女	37010319821109	1982-11-09	39	北京科兴/3	明湖东路9号	1550861	
11	赵丽	女	37148119850325	1985-03-25	37	北京科兴/3	新泺大街	1826383	
12	许士林	女	37010219860518	1986-05-18	35	北京科兴/3	科院路3号	1836486	
13	陈瀚文	男	37010219880515	1988-05-15	33	北京科兴/3	棋盘小区3号楼	1516534	
14	凤青城	男	37010319780529	1978-05-29	43	北京科兴/2	明湖北路58号	1519415	
15	李琳琅	男	37132819761020	1976-10-20	45	北京科兴/3	明湖东路126号	1582001	
16	赵娟	男	37172519750714	1975-07-14	46	北京生物/3	山大路184号	1328776	

图 9-97　疫苗接种情况登记表

设计要求:

(1) 利用 WPS 表格软件创建工作簿“疫苗接种情况登记表.xlsx”,工作簿中工作表命名为“疫苗接种登记”。

(2) 按照截图录入数据信息,数据字段至少包含“序号、姓名、性别、身份证号、年龄、接种品牌及剂次、联系电话、受种者/监护人签名”等,注意不同类型的数据的输入格式。

(3) 通过插入列增加“出生日期”字段,并录入相关信息;通过插入行方式增加标题行、单位/社区(盖章)信息行,录入相关信息,并合并相关单元格。

(4) 编辑表格中文本格式、表格样式,使表格界面清晰、易读。

项目十

新聘员工实习考评成绩表
——WPS 表格数据计算与打印

项目描述

为考察新聘员工各方面的能力，用人单位会每隔一段时间会对新聘员工进行考评。“新聘员工实习考评成绩表”，除了简单地录入员工各方面实习成绩外，还需要利用公式计算出员工成绩的总分、平均分、排名、奖金等，此外还可以借助条件格式对考评成绩进行格式化，以便于对比不同员工的优秀程度，给单位领导提供简明、清晰的考评数据。

“2022 年 9—11 月新聘员工实习考评成绩表”工作簿文档制作完成后如图 10-1 所示。

2022年9—11月新聘员工实习考评成绩表											
姓名	出勤情况	协调沟通能力	专业技能水平	行为规范	安全意识	学习态度	生产业绩	考评总分	考评平均分	排名	奖金
赵琳	98	85	89	80	89	98	88	627	89.57	3	1000
刘强	96	86	95	85	86	96	86	630	90.00	2	2000
吴起	86	78	96	86	75	80	80	581	83.00	7	1000
孙斌	100	92	95	90	82	90	90	639	91.29	1	2000
刘彤	89	79	89	85	82	78	75	577	82.43	8	1000
王欣悦	60	70	78	90	80	80	79	537	76.71	17	500
岳紫衫	79	65	80	65	65	86	65	505	72.14	18	500
沈婉	80	78	95	60	70	88	80	551	78.71	14	500
李志国	98	90	96	70	60	89	86	589	84.14	6	1000
詹姗姗	95	85	85	65	78	85	78	571	81.57	9	1000
赵丽	96	68	80	62	89	68	80	543	77.57	15	500
许士林	100	90	89	85	78	78	92	612	87.43	5	1000
陈翰文	98	65	90	80	60	86	80	559	79.86	12	500
凤青城	74	78	85	76	78	92	78	561	80.14	10	1000
李琳琅	65	76	70	56	60	75	75	477	68.14	22	200
赵娟	89	72	65	60	56	72	65	479	68.43	20	200
李国强	58	80	70	69	55	70	58	460	65.71	24	200
曾雨婷	92	66	78	70	85	89	80	560	80.00	11	1000
杨启航	86	62	86	85	85	90	60	554	79.14	13	500
樊梨花	100	63	96	90	90	96	86	621	88.71	4	1000
姚丽丽	59	56	85	68	78	78	59	483	69.00	19	200
周丽	68	66	78	69	60	78	60	478	68.43	20	[illegible]
李皓婷	95	70	80	78	80	70	70	543	77.57	15	500
李有道	55	70	78	70	60	75	68	476	68.00	23	[illegible]
各项平均分	84.00	74.58	84.50	74.75	74.21	82.79	75.75	550.58			
最高分	100	92	96	90	90	98	92	639			
最低分	55	56	65	56	55	68	58	460			

图 10-1　2022 年 9—11 月新聘员工实习考评成绩表效果

项目分解

在制作新聘员工考评成绩表时，单位主管人员需要获取每个实习员工不同考核指标的具体分数，再将这些数据汇总整理，录入表格中，并进行统计计算，设置条件格式，增加表格易读性。制作思路如图 10-2 所示。

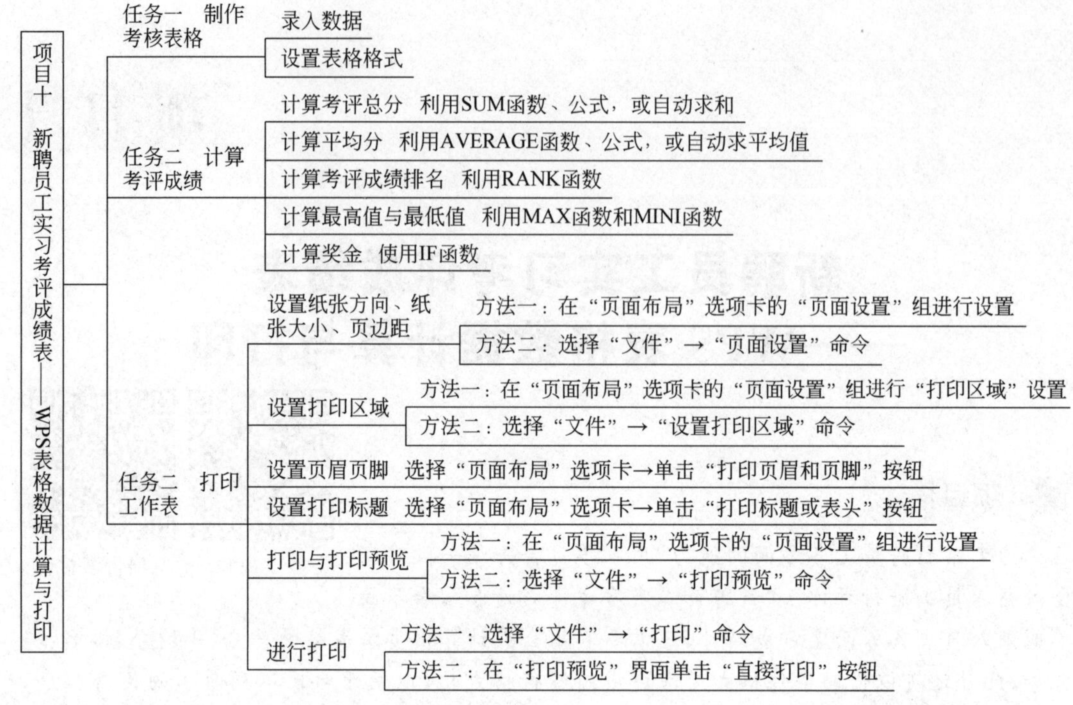

图 10-2 “新聘员工实习考评成绩表——WPS 表格数据计算与打印”项目制作思路

任务一 制作考核表格

在本任务中需要完成以下操作。能熟练创建工作簿、工作表。掌握快速录入数据的技巧。能熟练地编辑和美化表格格式。对数据进行条件格式设置。

1. 创建工作簿文件

在 D 盘新建名称为“数据处理”的文件夹，启动 WPS 表格软件，新建工作簿文件，并将新建文档保存在 D 盘“数据处理”文件夹中，名称为“实习员工考评成绩表.xlsx”。

2. 录入数据

首先，确定“实习员工考评成绩表”主要数据字段，包括工号、姓名、出勤情况、协调沟通能力、专业技能水平、行为规范、安全意识、学习态度、生生产业绩等，然后按照如图 10-3 所示，将数据录入工作表中，注意工号为文本型数据。

3. 表格格式设置

(1) 选中单元格区域 A1:M1，将第一行标题进行合并居中，单元格背景颜色设为“巧克力黄，着色 2，浅色 80%”，并将标题文本格式设置为：宋体，18 号。

(2) 选中单元格区域 A2:M29，利用 WPS 软件系统预设的表格样式，快速美化表格，方法如下。

	A	B	C	D	E	F	G	H	I	J	K	L	M
1	2022年9～11月新聘员工实习考评成绩表												
2	工号	姓名	出勤情况	协调沟通能力	专业技能水平	行为规范	安全意识	学习态度	生产业绩	考评总分	考评平均分	排名	奖金
3	22010101	赵琳	98	85	89	80	89	98	88				
4	22010102	刘强	96	86	95	85	86	96	86				
5	22010103	吴起	86	78	96	86	75	80	80				
6	22010104	孙斌	100	92	95	90	82	90	90				
7	22010105	刘彤	89	79	89	85	82	78	75				
8	22010106	王欣悦	60	70	78	90	80	80	79				
9	22010107	岳紫衫	79	65	80	65	65	86	65				
10	22010108	沈婉	80	78	95	60	70	88	80				
11	22010109	李志国	98	90	96	70	60	89	86				
12	22010110	詹姗姗	95	85	85	65	78	85	78				
13	22010111	赵丽	96	68	80	62	89	68	80				
14	22010112	许士林	100	90	89	85	78	78	92				
15	22010113	陈翰文	98	65	90	80	60	86	80				
16	22010114	凤青城	74	78	85	76	78	92	78				
17	22010115	李琳琅	65	76	70	56	60	75	75				
18	22010116	赵娟	89	72	65	60	56	72	65				
19	22010117	李国强	58	80	70	69	55	70	58				
20	22010118	曾雨婷	92	66	78	70	85	89	80				
21	22010119	杨启航	86	62	86	85	85	90	60				
22	22010120	樊梨花	100	63	96	90	90	96	86				
23	22010121	姚丽丽	59	56	85	68	78	78	59				
24	22010122	周丽	68	66	78	69	60	78	60				
25	22010123	李皓婷	95	70	80	78	80	70	70				
26	22010124	李有道	55	70	78	75	60	75	68				
27		各项平均分											
28		最高分											
29		最低分											

图 10-3　数据录入效果

① 单击“开始”选项卡下的“表格样式”按钮，然后在弹出的下拉列表中选择一种表格样式，如“表样式中等深浅 5”，如图 10-4 所示，弹出“套用表格样式”对话框。

② 在“套用表格样式”对话框中设置“表数据的来源”，选择“转换成表格，并套用表格样式”，如图 10-5 所示，设置完成后单击“确定”按钮。

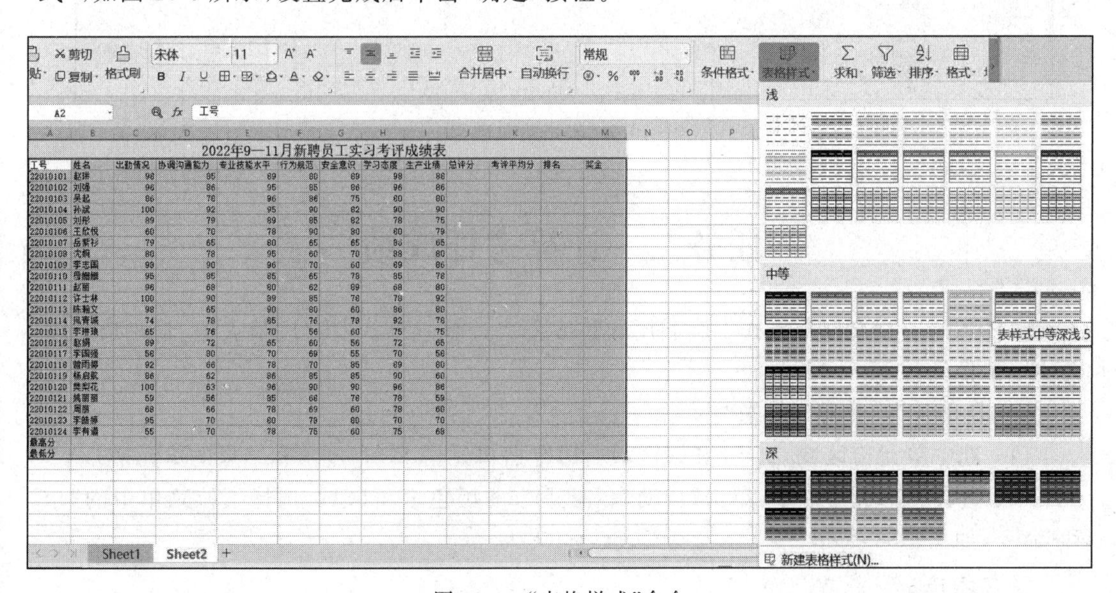

图 10-4　“表格样式”命令

(3) 调整单元格内数据对齐方式为：水平居中、垂直居中，给表头行 A2:M2 添加巧克力色边框线，表格美化效果如图 10-6 所示。

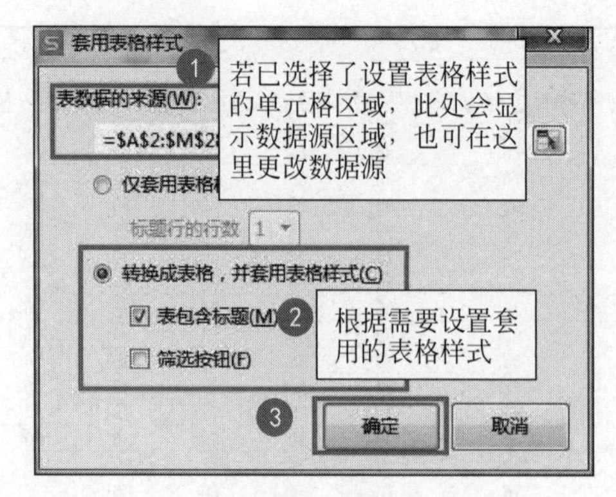

图 10-5 “套用表格样式”对话框

2022年9—11月新聘员工实习考评成绩表

工号	姓名	出勤情况	协调沟通能力	专业技能水平	行为规范	安全意识	学习态度	生产业绩	考评总分	考评平均分	排名	奖金
22010101	赵琳	98	85	89	80	89	98	88				
22010102	刘强	96	86	95	85	86	96	86				
22010103	吴起	86	78	96	86	75	80	80				
22010104	孙斌	100	92	95	90	82	90	90				
22010105	刘彤	89	79	89	85	82	78	75				
22010106	王欣悦	60	70	78	90	80	80	79				
22010107	岳紫衫	79	65	80	65	65	86	65				
22010108	沈婉	80	78	95	60	70	88	80				
22010109	李志国	98	90	96	70	60	89	86				
22010110	詹姗姗	95	85	85	65	78	85	78				
22010111	赵丽	96	68	80	62	89	68	80				
22010112	许士林	100	90	89	85	78	78	92				
22010113	陈翰文	98	65	90	80	60	86	80				
22010114	凤青城	74	78	85	76	78	92	78				
22010115	李琳琅	65	76	70	56	60	75	75				
22010116	赵娟	89	72	65	60	56	72	65				
22010117	李国强	58	80	70	69	55	70	58				
22010118	曾雨婷	92	66	78	70	85	89	80				
22010119	杨启航	86	62	86	85	85	90	60				
22010120	樊梨花	100	63	96	90	90	96	86				
22010121	姚丽丽	59	56	85	68	78	78	59				
22010122	周丽	68	66	78	69	60	78	60				
22010123	李皓婷	95	70	80	78	80	70	70				
22010124	李有道	55	70	78	75	60	75	68				
	各项平均分											
	最高分											
	最低分											

图 10-6 表格美化效果

任务二 计算考评成绩

本任务需要学会以下操作。会利用函数或公式计算总分、平均分、最大值、最小值。学会使用条件函数 IF 计算奖金。

1. “自动求和”计算考评总分

(1) 选中单元格区域 C3:I3 和该区域右边空白单元格 J3(存放求和结果的单元格)。

(2) 选择“公式”选项卡,单击“自动求和”下方的黑色三角区域,选择下拉菜单中的“求和”命令,如图 10-7 所示。

技巧提示

① 选中求和单元格区域和存放结果的单元格后,直接单击“自动求和”按钮上方区域,也可以快速在结果单元格中输入求和公式。

② 如果小括号内的单元格区域不是需要求和的数据,可以在小括号内手动输入求和的

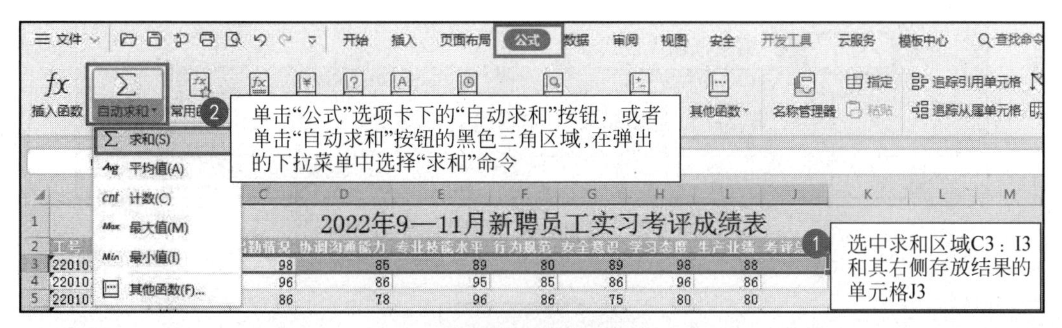

图 10-7　自动求和

单元格区域 C3:I3，或者通过鼠标拖动选择需要求和的单元格区域，设置完成后，按键盘上的 Enter 键确定输入公式。

③"自动求和"下拉列表中，除"求和"外，还可以进行平均值、计数、最大值和最小值的计算，选择下拉列表中的"其他函数"还可以打开"插入函数"对话框，选择插入其他函数。

④ 函数是一些预定义的公式，其使用参数，并按照特定的顺序计算。

(3) 再次选中 J3 单元格，将鼠标移到该单元格右下角，当鼠标指针变成黑色十字时，按住鼠标左键拖动鼠标至最后一条需要输入公式的数据记录，即可快速计算每位新员工的考评总分。

技巧提示

① 这个案例中，WPS 表格公式内"C3:I3"是单元格区域的相对地址，当公式被复制到下方单元格时，公式内单元格地址会随着公式所在单元格地址发生相应的变化，比如公式复制到 J4 单元格时，公式随之变成了"=SUM(C4:I4)"，如图 10-8 所示。

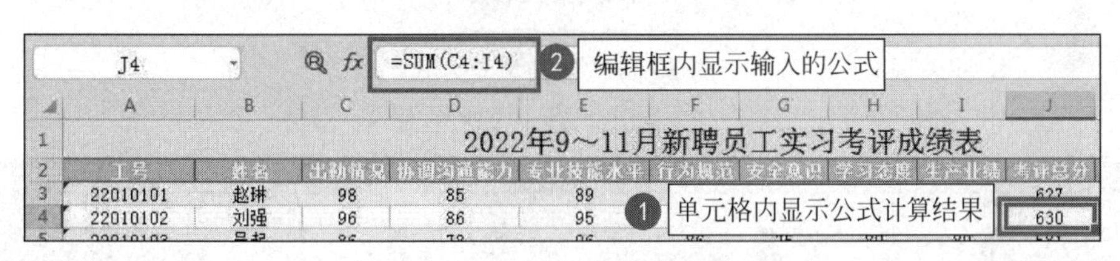

图 10-8　带公式的单元格

② 进行公式快速填充时，在填充区域右下角会出现"自动填充选项"按钮，单击该按钮，在其下拉菜单中选择"不带格式填充"单选项，可以只进行公式填充而不影响表格的格式，如图 10-9 所示。

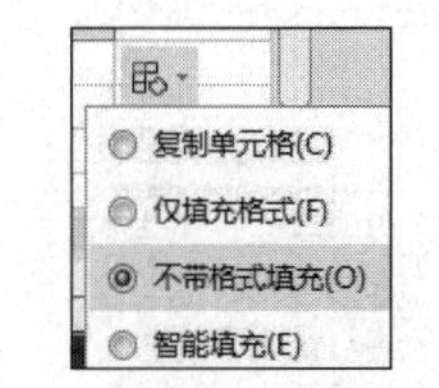

图10-9　自动填充选项下拉菜单

2. 使用公式计算考评平均分

(1) 选择 K3 单元格，在编辑栏输入公式"=J3/7"，输入完成后按 Enter 键，计算出第一条记录的考评平均分，如图 10-10 所示。

(2) 再次选中 K3 单元格，将鼠标移到该单元格右下角，当鼠标指针变成黑色十字时，按住鼠标左键拖动鼠标至最后一条需要输入公式的数据记录，如图 10-11 所示，填充其他新员工的考评平均分，计算结果如图 10-12 所示。

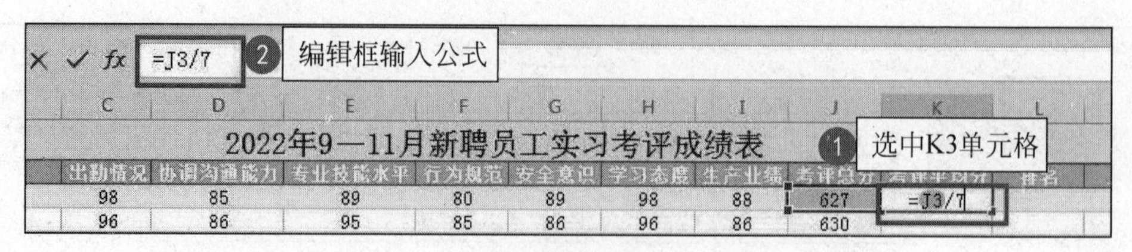

图 10-10 编辑公式计算考评平均分

评总分	考评平均分
627	89.5714286
630	
581	
639	
577	
537	
505	
551	
589	
571	
543	
612	
559	
561	
477	
479	
460	
560	
554	
621	
483	
479	
543	
481	

图 10-11 拖动填充公式

工号	姓名	出勤情况	协调沟通能力	专业技能水平	行为规范	安全意识	学习态度	生产业绩	考评总分	考评平均分
22010101	赵琳	98	85	89	80	89	98	88	627	89.5714286
22010102	刘强	96	86	95	85	86	96	86	630	90
22010103	吴起	86	78	96	86	75	80	80	581	83
22010104	孙斌	100	92	95	90	82	90	90	639	91.2857143
22010105	刘彤	89	79	89	85	82	78	75	577	82.4285714
22010106	王欣悦	60	70	78	90	80	80	79	537	76.7142857
22010107	岳紫衫	79	65	80	65	65	86	65	505	72.1428571
22010108	沈婉	80	78	95	60	70	88	80	551	78.7142857
22010109	李志国	98	90	96	70	60	89	86	589	84.1428571
22010110	詹姗姗	95	85	85	65	78	85	78	571	81.5714286
22010111	赵丽	96	68	80	62	89	68	80	543	77.5714286
22010112	许士林	100	90	89	85	78	78	92	612	87.4285714
22010113	陈翰文	98	65	90	80	60	86	80	559	79.8571429
22010114	凤青城	74	78	85	76	78	92	78	561	80.1428571
22010115	李琳琅	65	76	70	56	60	75	75	477	68.1428571
22010116	赵娟	89	72	65	60	56	72	65	479	68.4285714
22010117	李国强	58	80	70	69	55	70	58	460	65.7142857
22010118	曾雨婷	92	66	78	70	85	89	80	560	80
22010119	杨启航	86	62	86	85	85	90	60	554	79.1428571
22010120	樊梨花	100	63	96	90	90	96	86	621	88.7142857
22010121	姚丽丽	59	56	85	68	78	78	59	483	69
22010122	周丽	68	66	78	69	60	78	60	479	68.4285714
22010123	李皓婷	95	70	80	78	80	70	70	543	77.5714286
22010124	李有道	55	70	78	75	60	75	68	481	68.7142857

图 10-12 公式计算结果

(3) 选中单元格区域 K3:K26，右击，在弹出的快捷菜单中选择“设置单元格格式”命令，如图 10-13 所示，打开“单元格格式”对话框，选择“数字”选项卡，单击“数值”分类，在“小数位数”右侧编辑栏中输入“2”，单击“确定”按钮，如图 10-14 所示，将考评平均分保留两位小数。

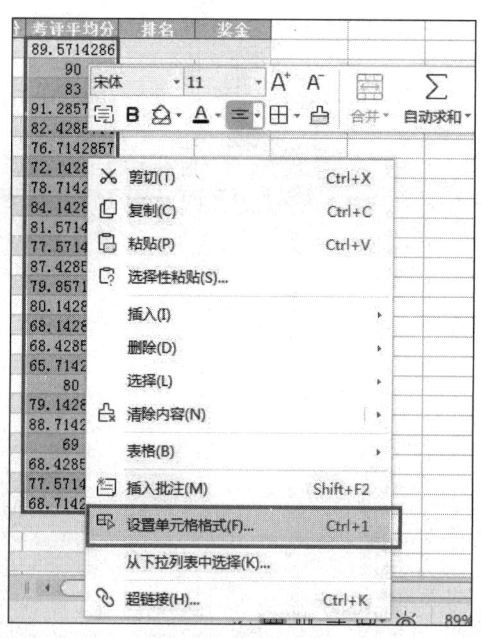

图 10-13　选择“设置单元格格式”命令

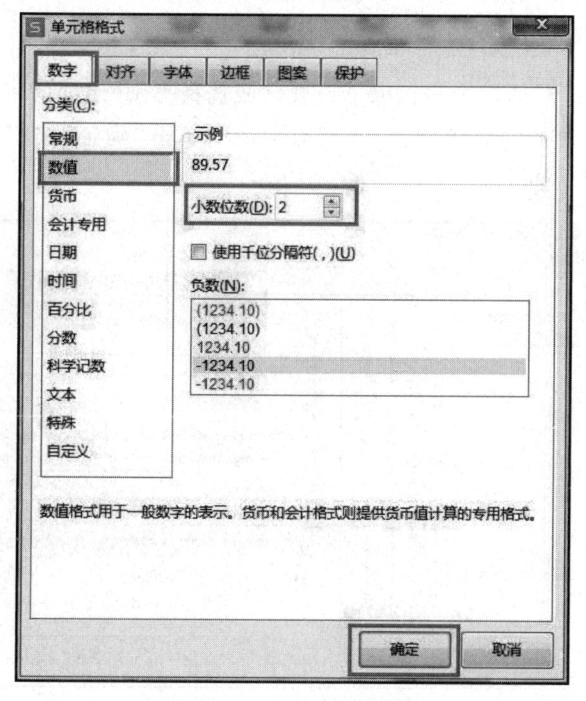

图 10-14　设置数值小数位数

3. 使用"AVERAGE 函数"计算各项平均分

(1) 选中 C27 单元格,单击"编辑框"左侧的 fx 按钮(插入函数按钮)或者单击"公式"选项卡中的"插入函数"按钮,如图 10-15 所示,打开"插入函数"对话框。

方法二:单击"公式"选项卡下的"fx插入函数"按钮

方法一:单击"编辑框"左侧的"插入函数"按钮 fx

	工号	姓名	出勤情	能力	专业技能水平	行为规范	安全意
5	22010103	吴起	86	78	96	86	75
6	22010104	孙斌	100	92	95	90	82
7	22010105	刘彤	89	79	89	85	82
8	22010106	王欣悦	60	70	78	90	80
9	22010107	岳紫衫	79	65	80	65	65
10	22010108	沈婉	80	78	95	60	70
11	22010109	李志国	98	90	96	70	60
12	22010110	詹姗姗	95	85	85	65	78
13	22010111	赵丽	96	68	80	62	89
14	22010112	许士林	100	90	89	85	78
15	22010113	陈翰文	98	65	90	80	60
16	22010114	凤青城	74	78	85	76	78
17	22010115	李琳琅	65	76	70	56	60
18	22010116	赵娟	89	72	65	60	56
19	22010117	李国强	58	80	70	69	55
20	22010118	曾雨婷	92	66	78	70	85
21	22010119	杨启航	86	62	86	85	85
22	22010120	樊梨花	100	63	96	90	90
23	22010121	姚丽丽	59	56	85	68	78
24	22010122	周丽	68	66	78	69	60
25	22010123	李皓婷	95	70	80	78	80
26	22010124	李有道	55			75	60
27		各项平均分					
28		最高分					
29		最低分					

选中C27单元格,作为存放结果的单元格

图 10-15 "插入函数"按钮

(2) 在"插入函数"对话框中进行以下设置,"或选择类别"后面的下拉菜单中选择"常用函数","选择函数"下方的列表中选择"AVERAGE",单击"确定"按钮后即可打开"函数参数"对话框,如图 10-16 左所示。

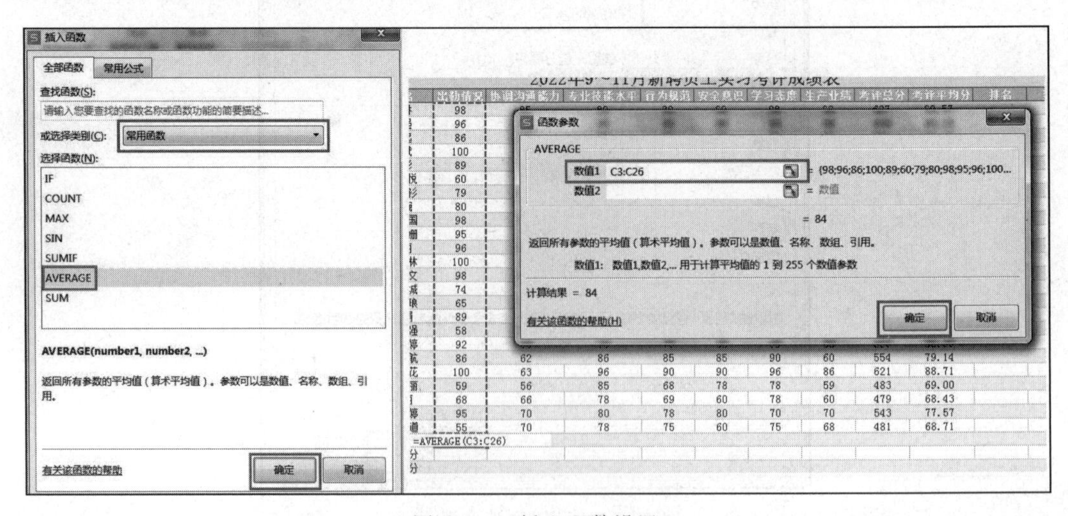

图 10-16 插入函数设置

（3）在“函数参数”对话框中，设置函数参数：在“数值1”后面的编辑框中输入要求平均值的单元格区域C3:C26，或者按住鼠标左键在表格中拖动选择单元格区域C3:C26，设置完成后，单击“确定”按钮，如图10-16右所示。

（4）将鼠标移到C27单元格右下角，当鼠标指针变成黑色十字时，按住鼠标左键向右拖动至J列第27行单元格J27，计算所有新聘员工各项指标的平均值和测评总分的平均值。

（5）选中单元格区域C27:J27，右击该区域，在弹出的快捷菜单中选择“设置单元格格式”命令，打开“单元格格式”对话框，设置“数值”分类的小数位数为2。

4. 使用“MAX函数”计算各项最高分

同样的方法插入函数MAX计算每一项评分的最高分，方法如下。

（1）选中C28单元格，单击“公式”选项卡下的“插入函数”按钮 *fx*，打开“插入函数”对话框，在“选择函数”列表中选择“MAX”，单击“确定”按钮，如图10-17所示。

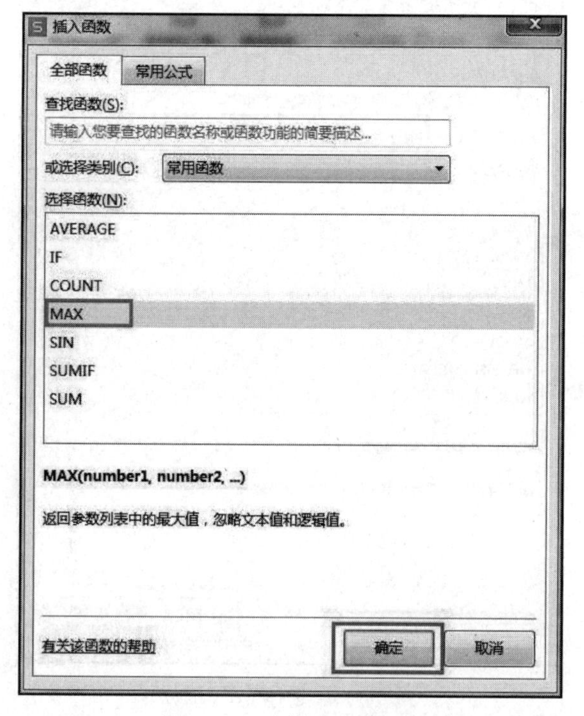

图10-17　选择MAX函数

（2）在“函数参数”对话框中，设置“数值1”参数为单元格区域C3:C26，如图10-18所示，单击“确定”按钮，即可计算出单元格区域内的最大值。

（3）最后使用鼠标拖动填充公式的方式，计算出B28:J28单元格区域内各项的最大值。

5. 使用“MIN函数”计算各项最低分

（1）选中C29单元格，单击“编辑框”左侧的“插入函数”按钮 *fx*，在打开的“插入函数”对话框中选择“统计”类别的MIN函数，选择完毕，单击“确定”按钮，如图10-19所示。

（2）在打开的“函数参数”对话框中设置“数值1”参数值为C3:C26，设置完成，单击“确定”按钮，如图10-20所示。

（3）最后，鼠标拖动填充柄将公式填充至J列J29单元格，计算出每列的最小值。

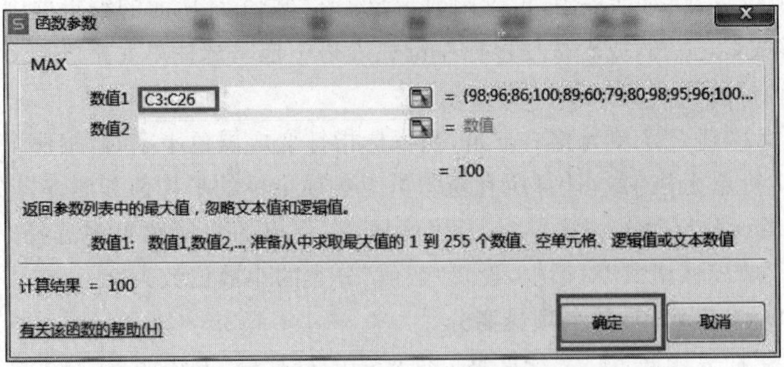

图 10-18 设置 MAX 函数参数

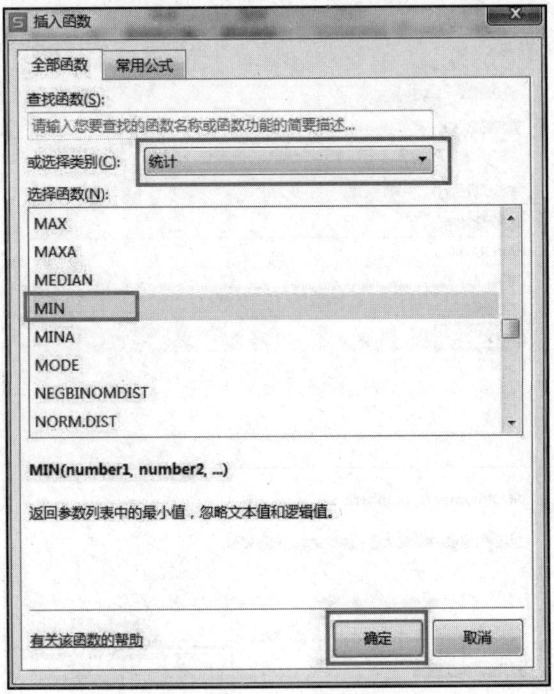

图 10-19 选择 MIN 函数

6. 用“RANK()函数”计算排名

RANK函数使用的语法是：=RANK(Number,Ref,Order)，其中，参数Number表示需要排名的数值；参数Ref表示引用的单元格区域(按照哪些数值的大小进行排名)，Order表示排序方式。排序方式有两种：若是为零或者省略，则为降序排列；若是非零值则是升序排列。

下面对表格内员工按照“考评总分”的大小进行降序排名。

选中第一个排名的单元格L3，将输入法切换到英文状态下，在L3单元格(或编辑框)中输入函数“=RANK(J3,$J$3:$J$26,0)”，如图10-21所示，这个公式表示计算J3单元格数据在单元格区域J3:J26单元格区域中的排名。输入公式后按Enter键完成公式的输入。

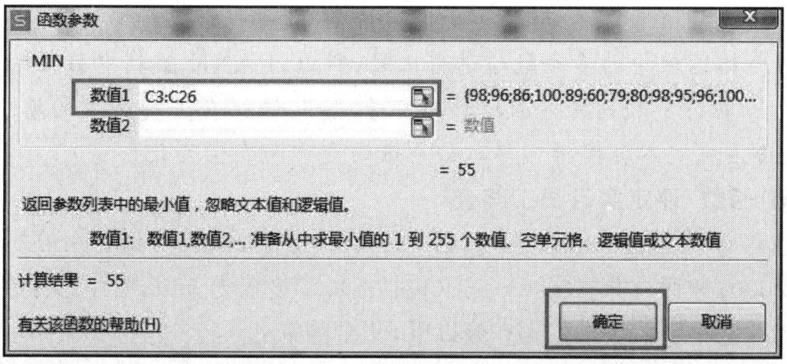

函数参数

MIN

数值1　C3:C26　= {98;96;86;100;89;60;79;80;98;95;96;100...

数值2　　= 数值

= 55

返回参数列表中的最小值，忽略文本值和逻辑值。

数值1：　数值1,数值2,... 准备从中求最小值的 1 到 255 个数值、空单元格、逻辑值或文本数值

计算结果 = 55

有关该函数的帮助(H)　　确定　　取消

图 10-20　设置 MIN 函数参数

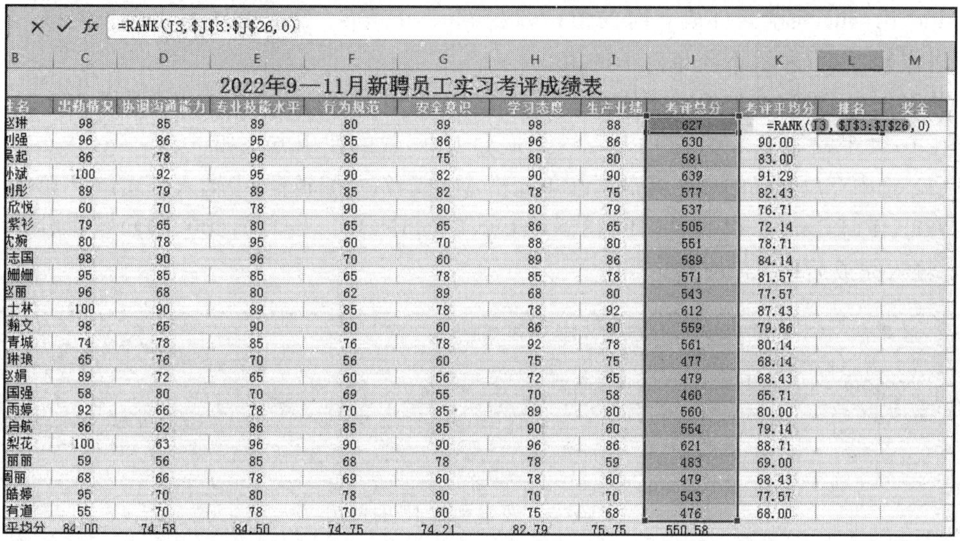

=RANK(J3,$J$3:$J$26,0)

2022年9—11月新聘员工实习考评成绩表

名	出勤情况	协调沟通能力	专业技能水平	行为规范	安全意识	学习态度	生产业绩	考评总分	考评平均分	排名	奖金
琳	98	85	89	80	89	98	88	627	=RANK(J3,$J$3:$J$26,0)		
强	96	86	95	85	86	96	86	630	90.00		
起	86	78	96	86	75	80	80	581	83.00		
斌	100	92	95	90	82	90	90	639	91.29		
彤	89	79	89	85	82	78	75	577	82.43		
欣悦	60	70	78	90	80	80	79	537	76.71		
紫衫	79	65	80	65	65	86	65	505	72.14		
婉	80	78	95	60	70	88	80	551	78.71		
志国	98	90	96	70	60	89	86	589	84.14		
姗姗	95	85	85	65	78	85	78	571	81.57		
丽	96	68	80	62	89	68	80	543	77.57		
士林	100	90	89	85	78	78	92	612	87.43		
翰文	98	65	90	80	60	86	80	559	79.86		
青城	74	78	85	76	78	92	78	561	80.14		
琳琅	65	76	70	56	60	75	75	477	68.14		
娟	89	72	65	60	56	72	65	479	68.43		
国强	58	80	70	69	55	70	58	460	65.71		
雨婷	92	66	78	70	85	89	80	560	80.00		
启航	86	62	86	85	85	90	60	554	79.14		
梨花	100	63	96	90	90	96	86	621	88.71		
丽丽	59	56	85	68	78	78	59	483	69.00		
周丽	68	66	78	69	60	78	60	479	68.43		
皓婷	95	70	80	78	80	70	70	543	77.57		
有道	55	70	78	70	60	75	68	476	68.00		
平均分	84.00	74.58	84.50	74.75	74.21	82.79	75.75	550.58			

图 10-21　输入 RANK 函数

鼠标拖动填充柄至最后一行数据记录对应的 L26 单元格，选择不带格式填充，完成所有新聘员工的考评总分排名，如图 10-22 所示。

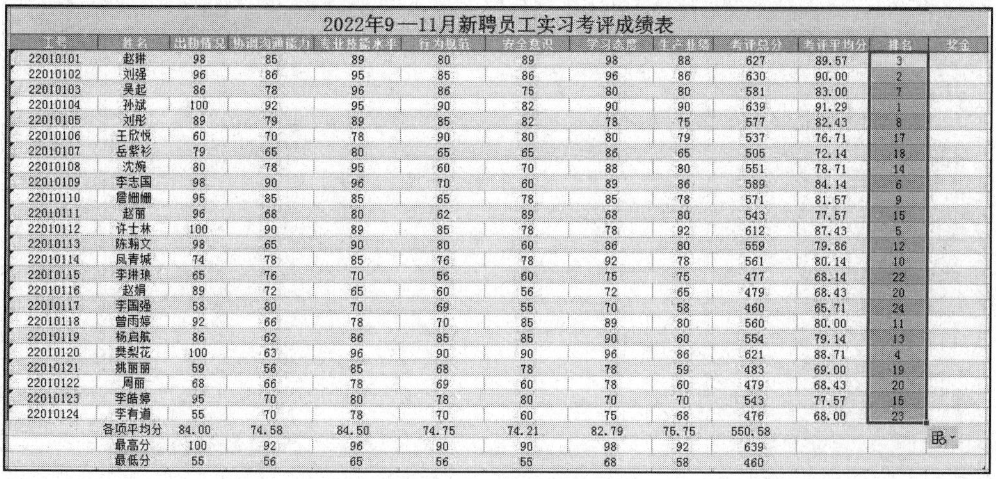

2022年9—11月新聘员工实习考评成绩表

工号	姓名	出勤情况	协调沟通能力	专业技能水平	行为规范	安全意识	学习态度	生产业绩	考评总分	考评平均分	排名	奖金
22010101	赵琳	98	85	89	80	89	98	88	627	89.57	3	
22010102	刘强	96	86	95	85	86	96	86	630	90.00	2	
22010103	吴起	86	78	96	86	75	80	80	581	83.00	7	
22010104	孙斌	100	92	95	90	82	90	90	639	91.29	1	
22010105	刘彤	89	79	89	85	82	78	75	577	82.43	8	
22010106	王欣悦	60	70	78	90	80	80	79	537	76.71	17	
22010107	岳紫衫	79	65	80	65	65	86	65	505	72.14	18	
22010108	沈婉	80	78	95	60	70	88	80	551	78.71	14	
22010109	李志国	98	90	96	70	60	89	86	589	84.14	6	
22010110	詹姗姗	95	85	85	65	78	85	78	571	81.57	9	
22010111	赵丽	96	68	80	62	89	68	80	543	77.57	15	
22010112	许士林	100	90	89	85	78	78	92	612	87.43	5	
22010113	陈翰文	98	65	90	80	60	86	80	559	79.86	12	
22010114	凤青城	74	78	85	76	78	92	78	561	80.14	10	
22010115	李琳琅	65	76	70	56	60	75	75	477	68.14	22	
22010116	赵娟	89	72	65	60	56	72	65	479	68.43	20	
22010117	李国强	58	80	70	69	55	70	58	460	65.71	24	
22010118	曾雨婷	92	66	78	70	85	89	80	560	80.00	11	
22010119	杨启航	86	62	86	85	85	90	60	554	79.14	13	
22010120	樊梨花	100	63	96	90	90	96	86	621	88.71	4	
22010121	姚丽丽	59	56	85	68	78	78	59	483	69.00	19	
22010122	周丽	68	66	78	69	60	78	60	479	68.43	20	
22010123	李皓婷	95	70	80	78	80	70	70	543	77.57	15	
22010124	李有道	55	70	78	70	60	75	68	476	68.00	23	
	各项平均分	84.00	74.58	84.50	74.75	74.21	82.79	75.75	550.58			
	最高分	100	92	96	90	90	98	92	639			
	最低分	55	56	65	56	55	68	58	460			

图 10-22　函数计算效果

注意：因为在按照“考评总分”的大小进行排名时，每一个要排名的“考评总分”值，都需要跟 J3:J26 单元格区域中的多个数值进行比较，所以，RANK 函数中引用的单元格区域使用的是绝对地址，在行号和列标前面增加的符号“$”，这样在进行公式的填充复制时，这个被引用的单元格区域就不会因排名单元格地址的变化而发生变化。

7. 使用“IF 函数”评定实习员工奖金

公司规定，考评总分在 630 以上(包括 630)，奖金为 2000；考评总分在 560～630(包括 560)，奖金为 1000；考评总分在 490～560(包括 490)，奖金为 500；考评总分在 420～490(包括 420)，奖金为 200；考评总分在 420 分以下，奖金为 0。

要实现表格自动逻辑判断，需要使用逻辑函数 IF 函数。IF 函数的语法是：IF(logical_test，value_if_true，value_if_false)，其中，参数 logical_test 表示逻辑表达式(条件判断)；参数 value_if_true 表示条件成立时的值；参数 value_if_false 表示条件不成立时的值。IF 函数可以嵌套，用于表示不同条件下的值。

此案例中，我们首先确定不同条件的分隔点，大于或等于 630，大于或等于 560，大于或等于 490；大于或等于 420；420 以下，这个嵌套 IF 函数的使用方法如下。

(1) 选中存放结果的单元格 M3，在单元格 M3 或者在“编辑框”中输入公式：“＝IF(J3＞＝630，2000，IF(J3＞＝560，1000，IF(J3＞＝490，500，IF(J3＞＝420，200，0))))”，如图 10-23 所示，输入完成后按 Enter 键。

fx =IF(J3>=630, 2000, IF(J3>=560, 1000, IF(J3>=490, 500, IF(J3>=420, 200, 0))))

E	F	G	H	I	J	K	L	M
2022年9～11月新聘员工实习考评成绩表								
专业技能水平	行为规范	安全意识	学习态度	生产业绩	考评总分	考评平均分	排名	奖金
89	80	89	98	88	=IF(J3>=630, 2000, IF(J3>=560, 1000, IF(J3>=490, 500, IF(J3>=420, 200, 0))))			
95	85	86	96	86	630	90.00	2	
96	86	75	80	80	581	83.00	7	
95	90	82	90	90	639	91.29	1	

图 10-23　逻辑函数 IF 的使用

(2) 鼠标拖动填充柄至最后一行数据记录对应的 M26 单元格，完成所有新聘员工的奖金计算，如图 10-24 所示。

2022年9—11月新聘员工实习考评成绩表

姓名	出勤情况	协调沟通能力	专业技能水平	行为规范	安全意识	学习态度	生产业绩	考评总分	考评平均分	排名	奖金
赵琳	98	85	89	80	89	98	88	627	89.57	3	1000
刘强	96	86	95	85	86	96	86	630	90.00	2	2000
吴起	86	78	96	86	75	80	80	581	83.00	7	1000
孙斌	100	92	95	90	82	90	90	639	91.29	1	2000
刘彤	89	79	89	85	82	78	75	577	82.43	8	1000
王欣悦	60	70	78	90	80	80	79	537	76.71	17	500
岳紫衫	79	65	80	65	65	86	65	505	72.14	18	500
沈婉	80	78	95	60	70	88	80	551	78.71	14	500
李志国	98	90	96	70	60	89	86	589	84.14	6	1000
詹姗姗	95	85	85	65	78	85	78	571	81.57	9	1000
赵丽	96	68	80	62	89	68	80	543	77.57	15	500
许士林	100	90	89	85	78	78	92	612	87.43	5	1000
陈翰文	98	65	90	80	60	86	80	559	79.86	12	500
凤青城	74	78	85	76	78	92	78	561	80.14	10	1000
李琳琅	65	76	70	56	60	75	75	477	68.14	22	200
赵娟	89	72	65	60	56	72	65	479	68.43	20	200
李国强	58	80	70	69	55	70	58	460	65.71	24	200
曾雨婷	92	66	78	70	85	89	80	560	80.00	11	1000
杨启航	86	62	86	85	85	90	60	554	79.14	13	500
樊梨花	100	63	96	90	90	96	86	621	88.71	4	1000
姚丽丽	59	56	85	68	78	78	59	483	69.00	19	200
周丽	68	66	78	69	60	78	60	479	68.43	20	200
李皓婷	95	70	80	78	80	70	70	543	77.57	15	500
李有道	55	70	78	70	60	75	68	476	68.00	23	200
各项平均分	84.00	74.58	84.50	74.75	74.21	82.79	75.75	550.58			
最高分	100	92	96	90	90	98	92	639			
最低分	55	56	65	56	55	68	58	460			

图 10-24　公式计算效果

8. 使用条件格式突出显示数据

（1）选中“考评总分”数据列，单击“开始”选项卡，单击“条件格式”按钮，从下拉菜单中选择“色阶”命令，从级联菜单中选择一种色阶颜色，如图10-25所示。

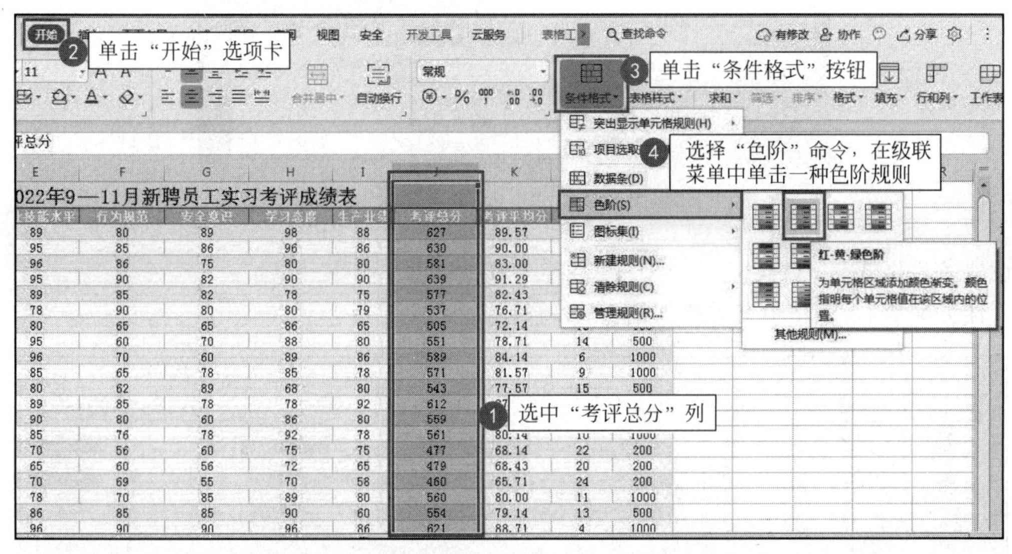

图10-25　条件格式的应用

（2）用同样的方法，为“奖金”列设置色阶条件格式。

（3）选中单元格区域C3:I26，选择“开始”选项卡，单击“条件格式”按钮，在下拉菜单中选择“突出显示单元格规则”，选择“小于”命令，如图2-26所示，在打开的“小于”对话框中输入小于的数值“60”，设置为右侧下拉菜单中选择一种单元格格式，如“浅红填充色深红色文本”，如图10-27所示，或者选择“自定义格式”命令，打开“单元格格式”对话框自定义单元格格式。

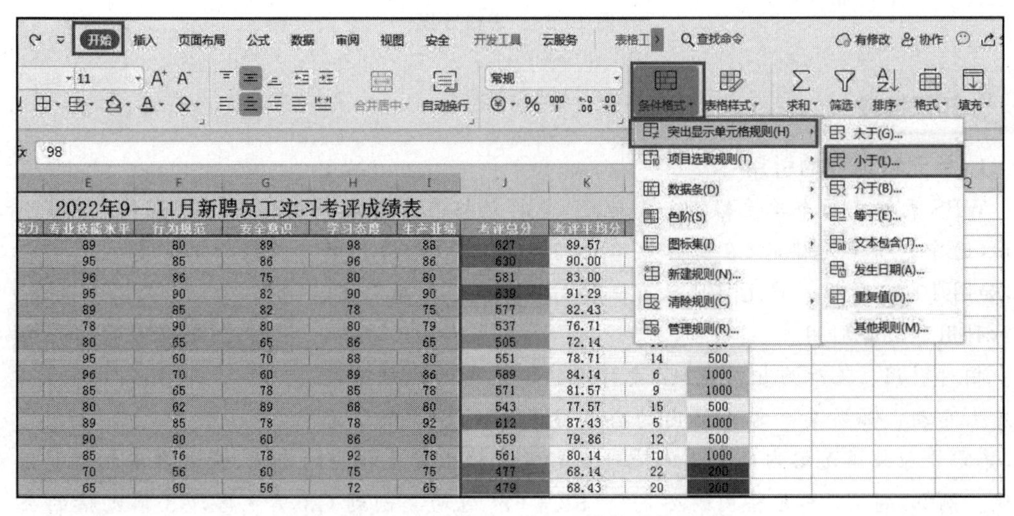

图10-26　条件格式-突出显示单元格规则

（4）用同样的方法，为单元格区域C3:I26内的数值大于90的单元格和80～90的单元

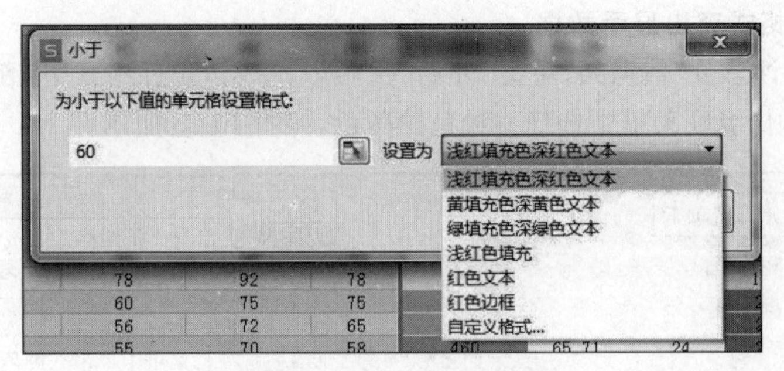

图 10-27 “小于”格式设置

格设置条件格式。

任务完成后，表格最终效果如图 10-28 所示。

	B	C	D	E	F	G	H	I	J	K	L	M
1	2022年9—11月新聘员工实习考评成绩表											
2	姓名	出勤情况	协调沟通能力	专业技能水平	行为规范	安全意识	学习态度	生产业绩	考评总分	考评平均分	排名	奖金
3	赵琳	98	85	89	80	89	98	88	627	89.57	3	1000
4	刘强	96	86	95	85	86	96	86	630	90.00	2	2000
5	吴起	86	78	96	86	75	80	80	581	83.00	7	1000
6	孙斌	100	92	95	90	82	90	90	639	91.29	1	2000
7	刘彤	89	79	89	85	82	78	75	577	82.43	8	1000
8	王欣悦	60	70	78	90	80	80	79	537	76.71	17	500
9	岳紫衫	79	65	80	65	65	86	65	505	72.14	18	500
10	沈婉	80	78	95	60	70	88	80	551	78.71	14	500
11	李志国	98	90	96	70	60	89	86	589	84.14	6	1000
12	詹姗姗	95	85	85	65	78	85	78	571	81.57	9	1000
13	赵丽	96	68	80	62	89	68	80	543	77.57	15	500
14	许士林	100	90	89	85	78	78	92	612	87.43	5	1000
15	陈翰文	98	65	90	80	60	86	80	559	79.86	12	500
16	凤青城	74	78	85	76	78	92	78	561	80.14	10	1000
17	李琳琅	65	76	70	56	60	75	75	477	68.14	22	200
18	赵娟	89	72	65	60	56	72	65	479	68.43	20	200
19	李国强	58	80	70	69	55	70	58	460	65.71	24	200
20	曾雨婷	92	66	78	70	85	89	80	560	80.00	11	1000
21	杨启航	86	62	86	85	85	90	60	554	79.14	13	500
22	樊梨花	100	63	96	90	90	96	86	621	88.71	4	1000
23	姚丽丽	59	56	85	68	78	78	59	483	69.00	19	200
24	周丽	68	66	78	69	60	78	60	479	68.43	20	200
25	李皓婷	95	70	80	78	80	70	70	543	77.57	15	500
26	李有道	55	70	78	70	60	75	68	476	68.00	23	200
27	各项平均分	84.00	74.58	84.50	74.75	74.21	82.79	75.75	550.58			
28	最高分	100	92	96	90	90	98	92	639			
29	最低分	55	56	65	56	55	68	58	460			

图 10-28 表格效果

知识链接

1. 单元格地址的引用

WPS 表格中每个单元格有一个地址，是单元格在工作表中的位置，用“列标”与“行号”表示，选中一个单元格时，在工作表名称框会显示单元格的名称，如图 10-29 所示。单元格地址有三种引用方式：相对引用、绝对引用和混合引用。

A1 名称框 A B 1 序号 用品名称

图 10-29 单元格地址

相对引用：又称为相对地址，被引用的单元格的地址可能会发生变动。如果某个单元格内的公式被复制到另一个单元格，并需要原来单元格内的引用的地址在新单元格中发生相应的变化，就需要用相对引用来实现。例如，将 G2 单元格内的公式“=E2 * F2”拖动复制到 G3 单元格，G3 单元格的公式变成“=E3 * F3”，如图 10-30 所示。

绝对引用：引用单元格的地址不会发生变动的引用。如果希望在移动或复制单元格内

=E3*F3

C	D	E	F	G
单位	单位件数	进货价格（元/单位）	数量	金额
盒	10	20	50	1000
盒	10	20	50	=E3*F3
盒	10	20	30	
盒	10	20	20	
盒	60	30	6	

图 10-30　相对引用

的公式后，仍然使用原来单元格或单元格区域中的数据，就需要使用绝对引用。在使用单元格的绝对引用时须在单元格的列标与行标前加“$”符号，即“$列标$行号”，在英文输入法状态下，按住 Shift+4(主键盘区数字键)快捷键，即可输入“$”符号。例如，将 H2 单元格内的公式“=RANK(G2，$G$2：$G$6，0)”拖动复制到 H3 单元格，H3 单元格的公式变成“=RANK(G3，$G$2：$G$6，0)”，绝对引用的单元格区域$G$2：$G$6 没有发生变化，如图 10-31 所示。

=RANK(G3,$G$2:$G$6,0)

C	D	E	F	G	H	I
单位	单位件数	进货价格（元/单位）	数量	金额	排名	
盒	10	20	50	1000	2	
盒	10	20.5	50	=RANK(G3, $G$2:$G$6, 0)		
盒	10	20	30	RANK（数值, 引用, [排位方式]）		
盒	10	20	20			
盒	60	30	6	180		

图 10-31　绝对引用

混合引用：如果将相对引用与绝对引用混合使用，即为混合引用。在混合引用中绝对引用部分保持不变，而相对引用的部分将发生相应的变化，例如，$E1(列绝对，行相对)，E$1(列相对，行绝对)，$E2：$F6，E$2：F$6 等。如果在 I2 单元格中输入“=E$2/D$2”，那么将 I2 向下拖动到 J2 时，J2 中的公式变成“=F$2/E$2”，将 I2 向下拖动到 I3 时，I3 中的公式还是“=E$2/D$2”，如图 10-32 所示。

=E$2/D$2

C	D	E	F	G	H	I
单位	单位件数	进货价格（元/单位）	数量	金额	排名	单价
盒	10	20	50	1000	2	2
盒	10	20.5	50	1025	1	=E$2/D$2
盒	10	20	30	600	3	
盒	10	20	20	400	4	
盒	60	30	6	180	5	

=F$2/E$2

C	D	E	F	G	H	I	J
单位	单位件数	进货价格（元/单位）	数量	金额	排名	单价	
盒	10	20	50	1000	2	2	=F$2/E$2
盒	10	20.5	50	1025	1	2	
盒	10	20	30	600	3		
盒	10	20	20	400	4		
盒	60	30	6	180	5		

图 10-32　混合引用

2. 输入和编辑公式

公式是由用户根据需求及单元格之间的数据关系，结合常量数据、单元格引用、运算符等元素进行数据处理和计算的算式。WPS 表格的公式都是以"＝"号开头，输入的方法如下。

单击要输入公式的单元格，输入"＝"号，然后在其后输入公式，再按 Enter 键，该公式的计算结果就会出现在选定的单元格中。

要编辑或者修改输入的公式，鼠标双击存放公式的单元格，在单元格中修改或者编辑或者单击存放公式的单元格，在"编辑栏"中进行修改或者编辑。

例如，在单元格 D2 中输入公式"＝(A2＋B2＋C2)/3"，该公式表示求单元格区域 A2:C2 内数据的平均值。构成公式的元素通常包括等号、常量、引用和运算符等元素。其中等号必不可少，而且公式中的符号，包括括号、逗号、运算符号等都必须是半角符号。

3. "自动求和"的使用

使用"自动求和"功能，可以实现对数据的快速求和，以下是具体的操作步骤。

(1) 选择"求和"区域和该区域右边或者下边存放求和结果的空白单元格。

(2) 单击"公式"选项卡→"自动求和"命令按钮，按"行"自动求和的结果默认存放在对应"行"右边的空白单元格，按"列"自动求和的结果默认存放在对应"列"下方的空白单元格内。

单击"自动求和"按钮下方的黑色三角区域，展开其下拉列表，可以对数字进行求和、平均值、计数、最大值和最小值的快速计算。

双击自动求和结果单元格，可以对求和公式进行编辑或者修改，如图 10-33 所示。

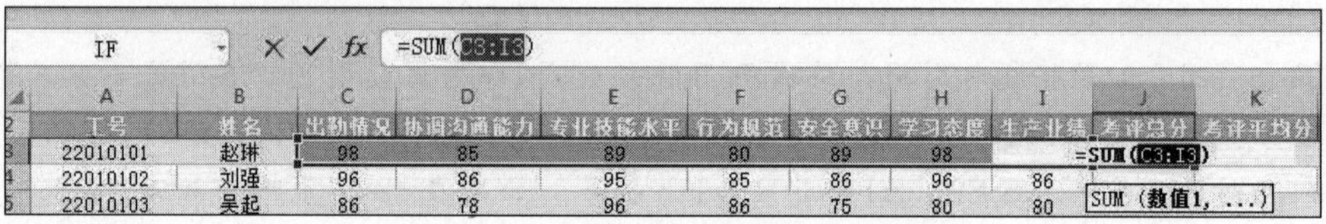

IF　× ✓ fx　=SUM(C3:I3)

	A	B	C	D	E	F	G	H	I	J	K
2	工号	姓名	出勤情况	协调沟通能力	专业技能水平	行为规范	安全意识	学习态度	生产业绩	考评总分	考评平均分
3	22010101	赵琳	98	85	89	80	89	98		=SUM(C3:I3)	
4	22010102	刘强	96	86	95	85	86	96	86		
5	22010103	吴起	86	78	96	86	75	80	80	SUM (数值1, ...)	

图 10-33　编辑求和公式"SUM()函数"

4. 函数的使用

在 WPS 表格中对数据进行复杂计算时，常常使用函数，函数是一些预定义的公式，它使用参数并按照特定的顺序进行计算。常用的参数可以是数字、字符、单元格地址、公式或者其他函数。插入函数的操作步骤如下。

1) 方法一

(1) 选中存放结果的单元格→单击"编辑栏"左侧的"插入函数"按钮 fx 或者选择"公式"选项卡→单击"插入函数"按钮 fx。

(2) 在弹出的"插入函数"对话框中选择函数类别和所用函数，单击"确定"按钮。

(3) 在弹出的"函数参数"对话框中设置函数参数，设置完成后，单击"确定"按钮。

2) 方法二

(1) 选中存放结果的单元格→切换到英文半角输入法状态→在单元格或"编辑栏"中先输入"＝"。

(2) 再输入函数名称和后面的小括号(WPS 表格有函数输入提示功能，可以帮助使用者完成函数的快速录入，当输入函数开始字母时，该软件会自动弹出以这个字母开头的函数列表，双击选择列表中需要的函数，或者多输入几个字母当用到的函数出现在列表第一个位置时按 Enter 键）。

(3) 在小括号中输入函数参数→输入完成后按 Enter 键即可完成函数录入。

WPS 表格提供了大量的函数，常用的函数以下几种。

1）求和函数 SUM

格式：SUM(number1,number2,number3,...)。

功能：计算多个数值、单元格或单元格区域所有数值的和。

2）求平均值

格式：AVERAGE(number1,number2,number3,...)。

功能：计算多个数值、单元格或单元格区域所有数值的算术平均值。

3）求最大值或最小值函数 MAX/MIN

格式：MAX/MIN(number1,number2,number3,...)。

功能：求一组数中的最大值或最小值。

4）按条件求和函数 SUMIF

格式：SUMIF(range,criteria,[sum_range])。

功能：计算单元格区域内所有满足条件的数值的和。

说明：range 是需要根据条件进行计算的单元格区域；criteria 表示求和的条件；sum_range 是要求和的实际单元格区域。

例题如图 10-34 所示。

A	B	C	D	E
序号	用品名称	品牌	规格	数量
01	黑色签字笔	晨光	0.7mm,黑色，10支	50
02	黑色签字笔	晨光	0.5mm,黑色，10支	50
03	蓝色签字笔	晨光	0.5mm,蓝色，10支	30
04	红色签字笔	晨光	0.5mm,红色，10支	20
05	黑色圆珠笔	文正	0.5mm，黑色，60支	6
06	档案袋	得力	A4,50只	5
07	多页文件夹	得力	A4,10个	10
08	便签纸	NVV	76*76mm，100张/本*12本	5
09	打印纸	晨光	A4,70g,8包	10
10	打印纸	晨光	A3,70g,5包	8
11	牛皮纸	天章	A4,80g，100张	6
12	档案盒	得力	A4，55mm，10只	15
13	抽纸	顺清柔	3层，100抽/包*6包，1提	20

图 10-34 条件求和函数应用例题

=SUMIF(C2:C14,"晨光",E2:E14)：求“品牌”列下方“晨光”品牌所有物品的库存数量，如图 10-35 所示。

=SUMIF(C2:C14,"得力",E2:E14)：求“品牌”列下方“得力”品牌所有物品的库存数量。

=SUMIF(B2:B14,"打印纸",E2:E14)：求“用品名称”列下方“打印纸”库存数量。

这三个公式计算结果如图 10-36 所示。

5）条件统计函数 COUNTIF

格式：COUNTIF(range,criteria)。

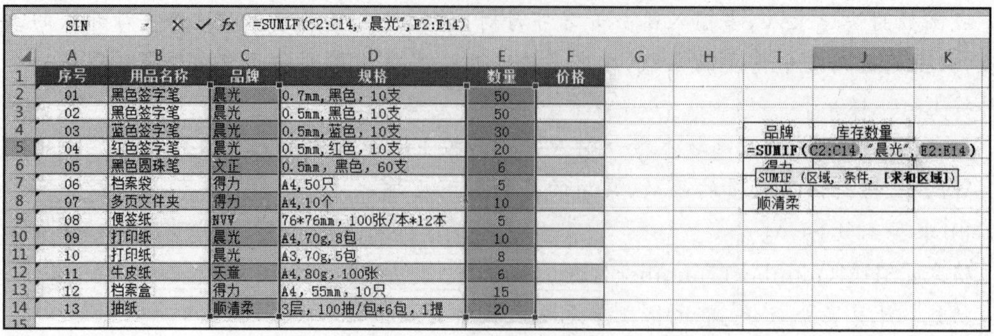

SIN　=SUMIF(C2:C14,"晨光",E2:E14)

	A	B	C	D	E	F
1	序号	用品名称	品牌	规格	数量	价格
2	01	黑色签字笔	晨光	0.7mm,黑色,10支	50	
3	02	黑色签字笔	晨光	0.5mm,黑色,10支	50	
4	03	蓝色签字笔	晨光	0.5mm,蓝色,10支	30	
5	04	红色签字笔	晨光	0.5mm,红色,10支	20	
6	05	黑色圆珠笔	文正	0.5mm,黑色,60支	6	
7	06	档案袋	得力	A4,50只	5	
8	07	多页文件夹	得力	A4,10个	10	
9	08	便签纸	NVV	76*76mm,100张/本*12本	5	
10	09	打印纸	晨光	A4,70g,8包	10	
11	10	打印纸	晨光	A3,70g,5包	8	
12	11	牛皮纸	天章	A4,80g,100张	6	
13	12	档案盒	得力	A4,55mm,10只	15	
14	13	抽纸	顺清柔	3层,100抽/包*6包,1提	20	

品牌	库存数量
=SUMIF(C2:C14,"晨光",E2:E14)	
得力	SUMIF(区域,条件,[求和区域])
文正	
顺清柔	

图 10-35　条件函数应用

品牌	库存数量
晨光	168
得力	30

用品名称	库存数量
打印纸	18

图 10-36　条件求和结果

功能：统计某个单元格区域内符合指定条件的单元格数目。

说明：range 表示单元格区域;criteria 表示条件表达式。

例题如图 10-37 所示。

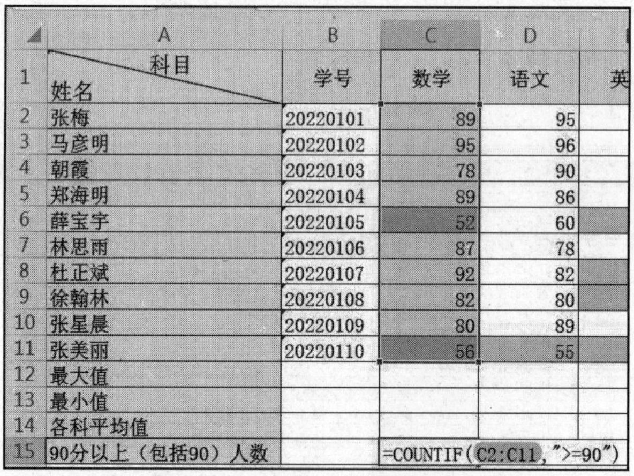

	A	B	C	D	E
1	科目 姓名	学号	数学	语文	英
2	张梅	20220101	89	95	
3	马彦明	20220102	95	96	
4	朝霞	20220103	78	90	
5	郑海明	20220104	89	86	
6	薛宝宇	20220105	52	60	
7	林思雨	20220106	87	78	
8	杜正斌	20220107	92	82	
9	徐翰林	20220108	82	80	
10	张星晨	20220109	80	89	
11	张美丽	20220110	56	55	
12	最大值				
13	最小值				
14	各科平均值				
15	90分以上（包括90）人数		=COUNTIF(C2:C11,">=90")		

图 10-37　条件统计函数案例

=COUNTIF(C2:C11,">=90"),用于统计数学成绩大于或等于 90 分的单元格数目，结果为 2。

6）逻辑函数 IF

格式:IF(逻辑表达式,条件成立时的值,条件不成立时的值)。

功能：对逻辑表达式进行判断,如果成立取第一个值,不成立取第二个值。

例题如图 10-38 所示。

=IF(J3>=20000,"大单","普通")：表示总价下面 J3 单元格的数值大于或等于 20000 元为“大单”,小于 20000 元为“普通”。

逻辑判断函数 IF 可以嵌套,例题如图 10-39 所示。

J	K	L	M	N	O
总价（元）	销售工号	销售员	是否已处理	是否大单	预计送达时间
9200	7365	张琳	是	=IF(J3>=20000,"大单","普通")	
5000	7366	朝云	是	普通	5月2日24:00前
3100	7367	王丝	是	普通	5月2日24:00前
15200	7368	张虹	是	普通	5月2日24:00前
11000	7365	张琳	是	普通	5月2日24:00前
8500	7366	朝云	是	普通	5月2日24:00前
11700	7367	王丝	是	普通	5月2日24:00前
24500	7368	张虹	是	大单	5月2日24:00前
8000	7366	朝云	是	普通	5月3日24:00前
8750	7368	张虹	是	普通	5月3日24:00前
8000	7365	张琳	是	普通	5月3日24:00前
39800	7368	张虹	是	大单	5月3日24:00前
64500	7367	王丝	是	大单	5月3日24:00前

IF（测试条件，真值，[假值]）

图 10-38　逻辑判断函数

=IF(K3>=20000,"大单",IF(K3>=10000,"中单","小单"))

客户订单明细表

F	G	H	I	J	K	L	M	N	O	P
规格型号	客户电话	客户地址	单价(元)	数量	总价（元）	销售工号	销售员	是否已处理	是否大单	预计送达时间
10.2斤装	15895866456	济南山大路	92	100	9200	7365	张琳	是	=IF(K3>=20000,"大单",IF(K3>=10000,"中单","小单"))	
5斤装	15895866457	济南明湖路	50	100	5000	7366	朝云	是		
4种5斤装	15895866458	济南和平路	31	100	3100	7367	王丝	是	小单	
3Kg/盒	15895866459	济南长清区	76	200	15200	7368	张虹	是	中单	

IF（测试条件，真值，[假值]）

图 10-39　IF 函数的嵌套

=IF(J3>=20000,"大单",IF(J3>=10000,"中单","小单"))：表示总价下面 J3 单元格的数值大于或等于 20000 元为“大单”，大于或等于 10000 元并且小于 20000 元为“中单”，小于 10000 元为小单，此公式判断后结果为“小单”。

7）取字符串函数 MID

格式：MID(text,start_num,num_chars)。

功能：返回文本字符串中从指定位置开始的特定数目的字符，该数目由用户指定。此函数支持双字节：即每个汉字、日本假名或朝鲜汉字按 1 个字符算。

例如，=MID("你好 123456",3,6)：将会返回字符串"你好 123456"从第 3 位开始的 6 个字符，返回值为“123456”。

8）修改数值格式函数 TEXT

格式：TEXT(value,format_text)。

功能：根据制订的数值格式将相应的数字转换为文本形式。

例如，用取字符串函数 MID 提取文本型数字身份证号的出生日期 8 位数字，再用 TEXT 函数将出生日期以年月日的格式显示出来，如图 10-40 所示。

=TEXT(MID(D3,7,8),"0000-00-00")：表示将提取的单元格 D3 内从第 7 位开始的 8 位数字“2005026”以"0000-00-00"格式输出，结果为 2005-02-16。

9）DATEDIF 函数

格式：DATEDIF(start_date,end_date,unit)。

功能：计算日期之差，返回两个日期之间的年数、月数或者天数，unit(返回类型)分有

=TEXT(MID(D3,7,8),"0000-00-00")

××××××学校2021级学生学籍信息表							
姓名	身份证号	班级	性别	民族	政治面貌	出生日期	年龄
赵琳	3701022005021	高一	女	汉族	=TEXT(MID(D3,7,8),"0000-00-00")		
刘强	3716252006022	高一	男	蒙族	群众 TEXT（值，数值格式）	2006-0?-20	16
吴起	3709232006082	高一	男	汉族	团员	2006-08-22	15

图 10-40 TEXT 函数的应用

"Y""M""D""YD""YM""MD"等。

例如，=DATEDIF("1988/4/6","2022/5/6","d")，表示计算 1988 年 4 月 6 日—2022 年 5 月6 日相差的天数；= DATEDIF("1988/4/6","2022/5/6","y")，表示计算 1988 年 4 月 6 日—2022 年 5 月 6 日相差的年数。

10）求余数函数 MOD

格式：MOD(number,divisor)。

功能：求出两数相除的余数。

11）数据排名函数 RANK

格式：RANK(number,ref,[order])。

功能：返回某一数值在一列数值中相对于其他数值的排位。

12）VLOOKUP 函数的使用

格式：VLOOKUP(lookup_value,table_array,col_index_num,[range_lookup])。

功能：用于在指定的数据区域中查找符合条件的数据并由此返回数据区域当前行中指定列处的数值。

[range_lookup]包括两种情况 FALSE(0)"精确匹配"和 TRUE(1)"近似匹配"。

例如，使用 VLOOKUP 函数从入库明细中快速查找物资入库数量，如图 10-41 所示。

=VLOOKUP(F25,$F$3:$H$20,3,0)

C	D	F	G	H	I	J	K	L	M
		入库明细					领用明细		
格型号	期初库存	物资编码	物资名称	入库数量	日期	实时库存	物资编码	物资名称	领用数量
\壶	50	220101	消毒液	80	2022年1月10日	130	220102	乳胶防护手套	40
	20	220104	雨衣（防护衣）	50	2022年1月10日	70	220101	消毒液	50
	20	220102	乳胶防护手套	60	2022年1月10日	80	220103	防护帽	50
	20	220105	腋下电子体温计	60	2022年2月13日	110	220105	腋下电子体温计	50
	50	220106	电子测温仪	60	2022年2月13日	70	220108	一次性手套	50
	10	220108	一次性手套	60	2022年2月13日	70	220115	一次性口罩	60
	50	220109	一次性手套	60	2022年2月13日	70	220116	医用酒精	50
	10	220103	防护帽	50	2022年3月18日	70	220117	隔离房	4
	10	220110	洗手液	50	2022年3月18日	100	220109	一次性手套	50
ml\瓶	50	220111	洗手液	50	2022年3月18日	100	220106	电子测温仪	60
g\瓶	50	220112	喷壶	60	2022年3月18日	90	220104	雨衣（防护衣）	50
小	30	220114	垃圾桶	30	2022年3月21日	40	220114	垃圾桶	30
大	30	220113	喷壶	50	2022年3月21日	80	220112	喷壶	40
	10	220116	医用酒精	50	2022年3月21日	53	220113	喷壶	40
(20个\	5	220107	胶鞋	50	2022年4月5日	100	220110	洗手液	50
\桶	3	220117	隔离房	6	2022年4月5日	8	220111	洗手液	50
	2	220115	一次性口罩	100	2022年4月20日	105	220107	胶鞋	50

出入库管理					
物资编码	物资名称	期初库存	入库数量	出库数量	库存数量
220101	消毒液	50	=VLOOKUP(F25,$F$3:$H$20,3,0)		
220102	乳胶防护手套	20	VLOOKUP（查找值，数据表，列序数，[匹配条件]）		
220103	防护帽	20			

图 10-41 VLOOKUP 函数使用

=VLOOKUP(F25,$F$3:$H$20,3,0),表示从单元格区域F3:H20中精确匹配查找单元格F25内的物资编码“220101”的物资“入库数量”。

13) 日期函数

TODY():获得日期,给出系统日期。

NOW():求此刻时间,返回当前系统的日期和时间,时间到分钟。

TIME():获得时间,返回特定时间的十进制数字。例如,=TIME(20,18,35),返回8:18 PM。

MONTH():求月份,返回指定日期或引用单元格中的日期的月份,数值:1~12。例如,MOHTH(NOW()),返回当前月度。

WEEKDAY():求周几,返回对应于某个日期是一周中的第几天。默认情况下,天数是1(星期日)~7(星期六)。

5. 下拉列表的制作

下面以图10-42所示下拉列表为例,进行下拉列表的制作。

姓名	总金额	付款方式
王飞wangfei	2000	微信
李红	5000	
张晓娟	3000	微信
于胜楠	1000	支付宝
邵毅平	2000	
金巧巧	3000	现金　支付宝
朱倩	4000	

图10-42　“插入下拉列表”案例

(1) 选中要插入下拉列表的单元格区域,选择“数据”选项卡,单击“插入下拉列表”按钮 ,如图10-43所示,弹出“插入下拉列表”对话框。

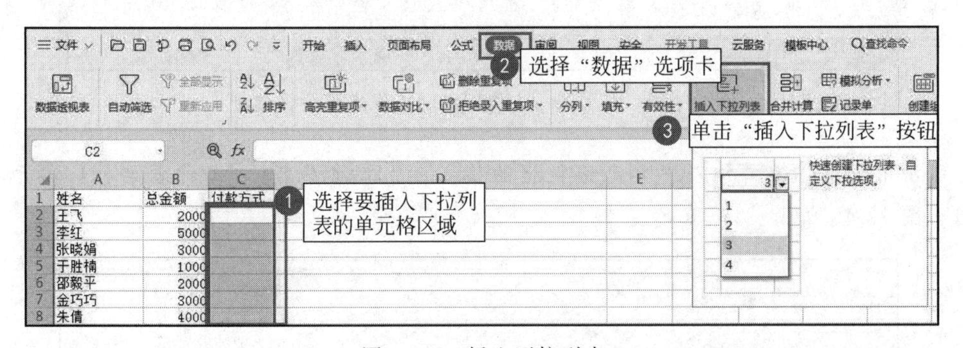

图10-43　插入下拉列表

(2) 在“插入下拉列表”对话框中,选择“手动添加下拉选项”,通过 按钮添加多个列表项,双击添加的列表项编辑框,可以输入列表内容,如图10-44所示,输入完成后,单击“确定”按钮,即可完成下拉列表的设置。

技巧提示

在“插入下拉列表”对话框中,需要逐条输入列表内容,如果要删除列表项目,可以选中要删除的列表项,单击 按钮。

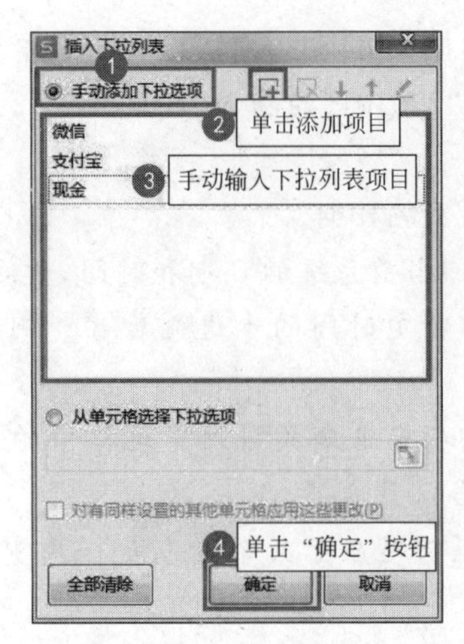

图 10-44　手动添加下拉选项

6. 使用工作表引用多个工作表计算

在 WPS 工作表中，不但可以引用同一个工作表的单元格(内部引用)，还可以引用同一工作簿中不同工作表的单元格，也可以引用不同工作簿中的单元格(外部引用)。

引用同一个工作簿中不同工作表单元格数据的格式：“工作表名称！单元格地址”，如图 10-45 所示。

=VLOOKUP(B2,sheet2!$B$2:$C$11,2,0)

学号	数学	语文	英语	体育	专业课1	专业课2	总分	平均分
20220101	89	95	60	=VLOOKUP(B2,sheet2!$B$2:$C$11,2,0)				85.5
20220102	95	96	78	90	96	85	540	90
20220103	78	90	60	80	98	85	491	81.83333
20220104	89	86	65	85	78	89	492	82
20220105	52	67	76	83	80	78	436	72.66667
20220106				75	85	84	489	81.5
20220107				88	87	60	465	77.5
20220108				70	68	75	433	72.16667
20220109				65	76	76	466	77.66667
20220110		55	50	65	70	65	361	60.16667

学号	体育	音乐	职业生涯规划	心理健康教育
20220103	80	90	85	86
20220102	90	85	75	70
20220106	75	65	70	62
20220104	85	70	65	75
20220105	83	80	85	85
20220107	88			65
20220110	65			90
20220108	70			78
20220109	65			80
20220101	85		80	65

图 10-45　引用同一工作簿不同工作表单元格地址

引用不同工作簿工作表中单元格数据的格式：“[工作簿名称]工作表名称！单元格地址”，如图 10-46 所示。

=VLOOKUP(B2,[音乐成绩表.xlsx]Sheet1!$B$1:$C$11,2,0)

学号	数学	语文	英语	体育	音乐	专业课1	专业课2	总分	平均
20220101	89	95	60	85	=VLOOKUP(B2,[音乐成绩表.xlsx]Sheet1!$B$1:$C$11,2,0)				
20220102	95	96	78	90					
20220103	78	90	60	80					
20220104	89	86	65	85					
20220105	52	67	76	83	80	80	78	516	73.7
20220106	87	78	80	75	65	85	84	554	79.1
20220107	92	82	56	88	65	87	60	530	75.7
20220108	82	80	58	70	85	68	75	518	
20220109	80	89	80	65	63	76	76	529	75.5
20220110	56	55	50	60	62	70	65	418	59.7

VLOOKUP(查找值，数据表，列序数，[匹配条件])

	科目/姓名	学号	音乐
2	朝霞	20220103	90
3	马彦明	20220102	85
4	林思雨	20220106	65
5	郑海明	20220104	70
6	薛宝宇	20220105	80
7	杜正斌	20220107	65
8	杨美丽	20220110	
9	徐翰林	20220108	
10	张星晨	20220109	
11	张梅	20220101	78

图 10-46　引用不同工作簿中工作表内单元格地址

任务三　打印工作表

“实习员工考评成绩表”制作完成后，需要打印出来使用，打印前需要进行打印的相关设置，才能打印出理想的效果。

在本任务中，需要完成以下操作。

(1) 会设置纸张大小、页边距、纸张方向等；

(2) 掌握设置打印区域、页眉页脚、打印标题等操作方法；

(3) 会预览与打印工作表。

打开工作簿“实习员工考评成绩表.xlsx”。

1. 设置纸张方向、纸张大小与页边距

选择“页面布局”功能选项卡中的“页面设置”组，如图10-47所示。

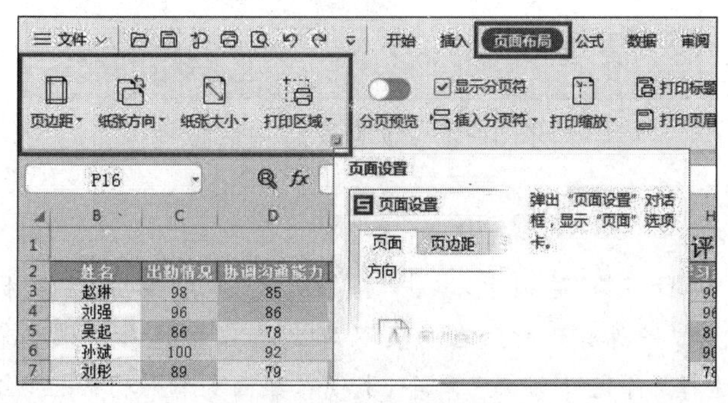

图10-47　页面设置

(1) 单击“纸张方向”按钮，在下拉列表中选择“横向”命令。

(2) 单击“纸张大小”按钮，在下拉列表中选择“A4”。

(3) 单击“页边距”按钮，在下拉列表中选择“窄”命令，也可以选择“自定义页边距”命令，对页边距进行自定义，如图10-48、图10-49所示。

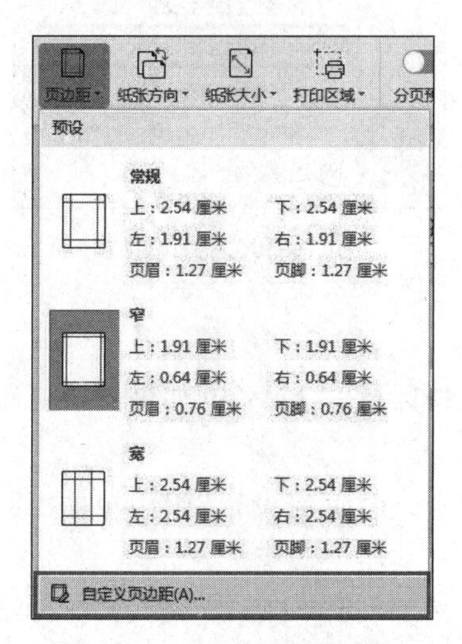

图10-48　页边距下拉列表

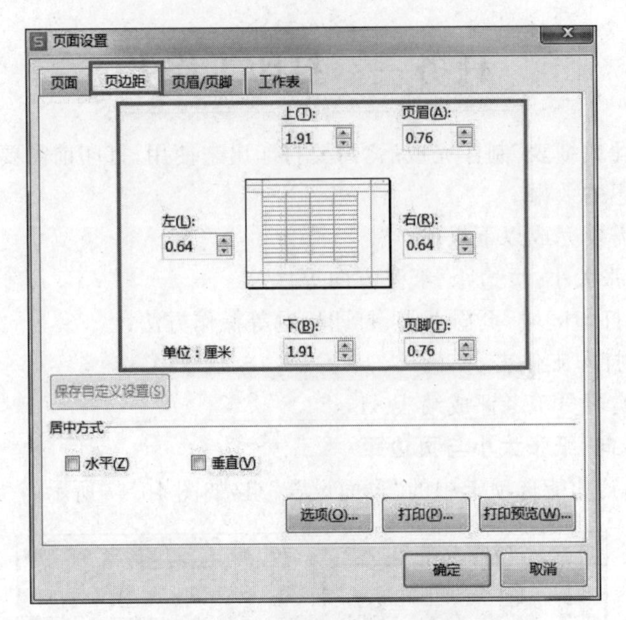

图10-49 “页面设置”对话框

技巧提示

可以通过选择“页面布局”选项卡，单击“打印缩放”命令按钮，在其下拉列表中选择打印缩放的效果，比如选择“将所有列打印在一页”，那么工作表将自动调整表格，将所有列显示在一页中，也可以选择“自定义缩放”命令，打开“页面设置”对话框，自定义缩放效果，如图10-50～图10-52所示。

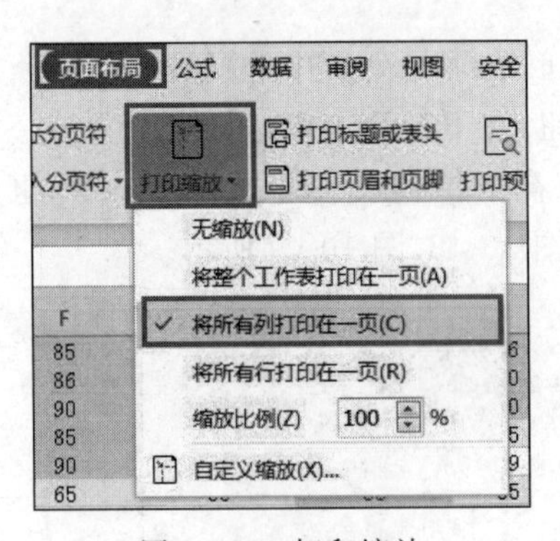

图10-50 打印缩放

2. 设置打印区域

(1) 选中需要打印的单元格区域，A1:M29(如果需要打印图表，还需要选中创建图表的单元格区域)。

(2) 选择“页面布局”选项卡，在“页面设置”组中单击“设置打印区域”菜单命令下部的黑色三角区域。

(3) 在弹出的下拉列表中选择“设置打印区域”命令，如图10-53所示。也可以直接单击“页面设置”组中的“设置打印区域”菜单命令上部区域完成设置打印区域操作。

图 10-51　自定义缩放

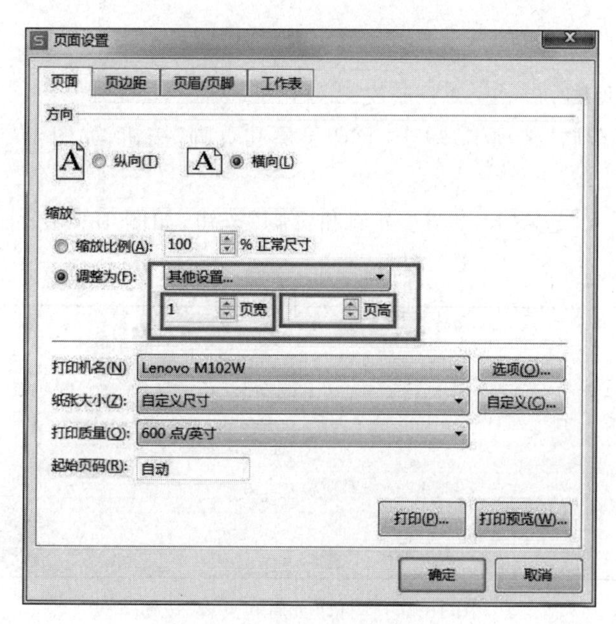

图 10-52　自定义缩放宽和高

技巧提示

① 打印区域的设置是基于页面纸张大小、纸张方向和页边距，然后根据选中的区域规划出打印区域，设置后系统会给出打印区域标记线。

② 要取消打印区域可以再次选择“页面布局”选项卡→单击“设置打印区域”按钮→在下拉列表中选择“取消打印区域”命令。

③ 确认打印区域后，可以参照打印区域标记线调整表格行高列宽达到正确的打印

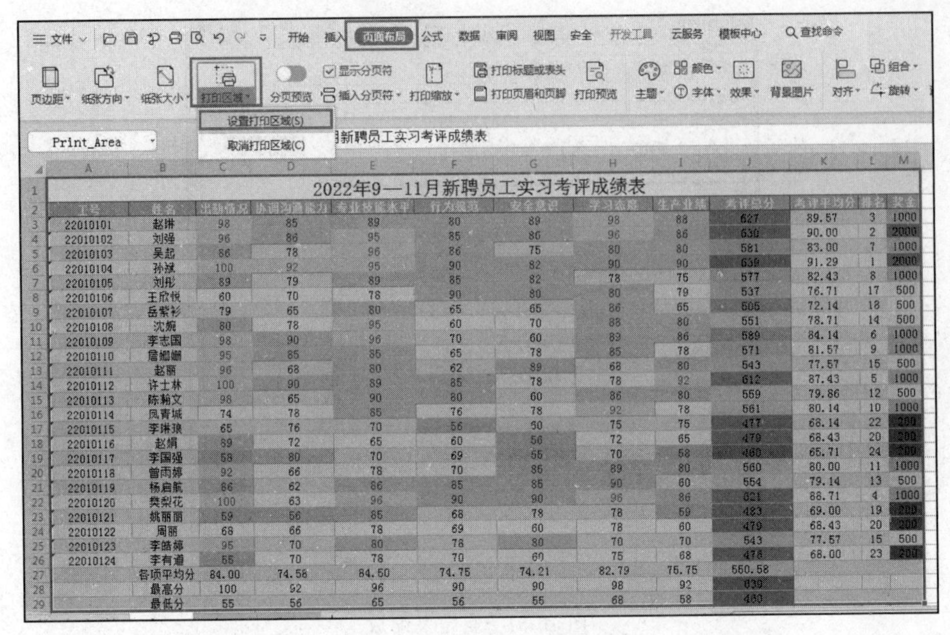

图 10-53　打印区域设置

效果。

3. 设置页眉和页脚

(1) 选择“页面布局”选项卡，单击“打印页眉和页脚”按钮，如图 10-54 所示，打开“页面设置”对话框。

也可以选择“插入”选项卡，单击“页眉和页脚”按钮，如图 10-55 所示，打开“页面设置”对话框。

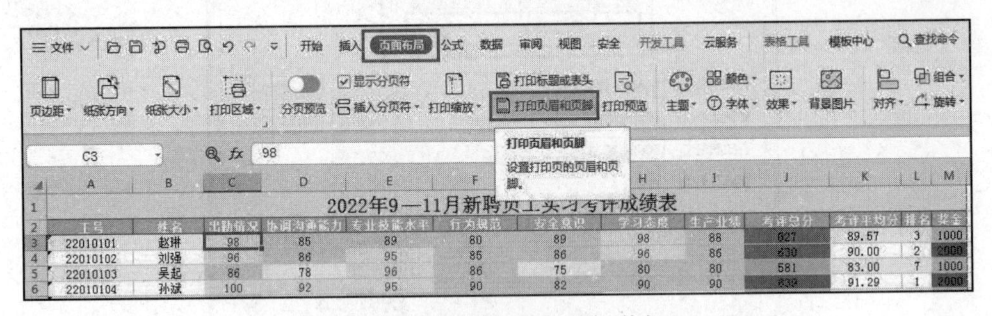

图 10-54　“打印页眉和页脚”按钮

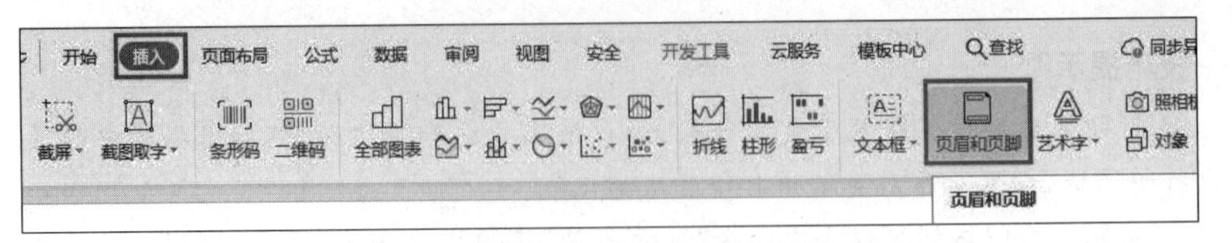

图 10-55　“插入”选项卡→“页眉和页脚”命令

(2) 在“页面设置”对话框的“页眉/页脚”选项卡下，在页眉或页脚右侧的下拉框中选择需要显示的页眉或页脚的内容，如图 10-56 所示。

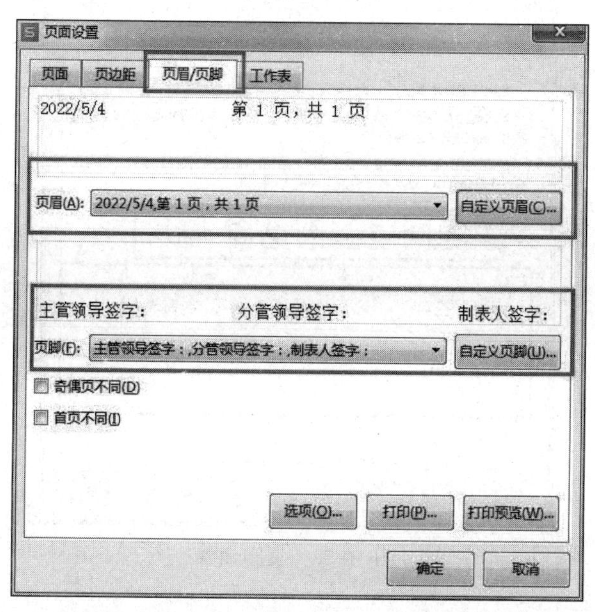

图 10-56　页面设置-页眉/页脚设置

页眉设置：页眉下拉框中选择“第 1 页，共？页”，并单击“自定义页眉”按钮，打开“页眉”对话框，光标定位在左侧编辑框中，单击“插入日期”按钮，插入日期，如图 10-57 所示，完成设置单击“确定”按钮。

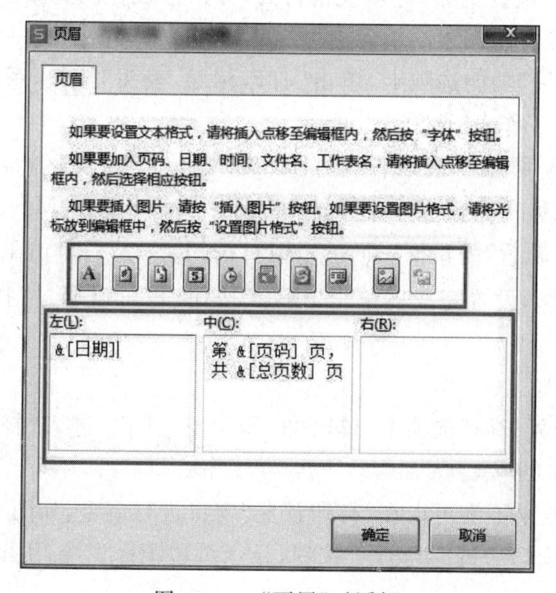

图 10-57　“页眉”对话框

页脚设置：在“页面设置”对话框的“页眉/页脚”选项卡中单击“自定义页脚”按钮，打开“页脚”对话框，如图 10-58 所示，分别在左、中、右编辑框中输入文本“主管领导签字：”“分管领导签字：”“制表人签字：”，完成设置后单击“确定”按钮。

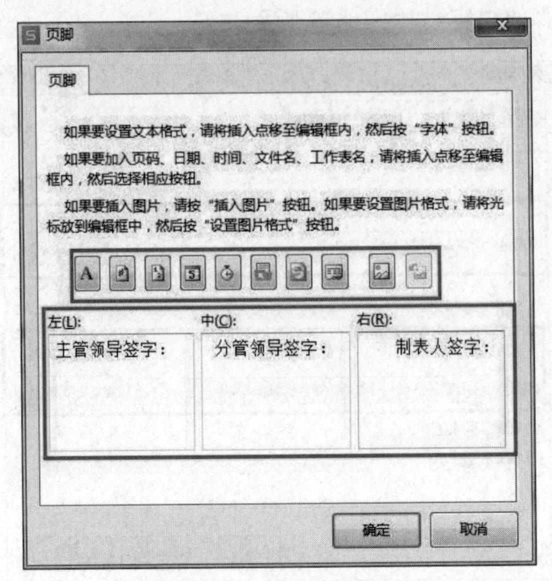

图 10-58　页脚设置

(3) 页眉和页脚都设置完成后，单击“页面设置”对话框中的“确定”按钮，即可完成页眉和页脚的设置。

4. 设置打印标题

有的工作表数据区域较长，需要多页打印，如果想要每一页都显示应该有的标题，需要采用“打印标题”功能解决。例如，调整表格行高，让工作表在两页显示，然后进行以下操作。

(1) 选定需要设置打印标题的单元格区域 A1:M29。

(2) 选择“页面布局”功能选项卡，单击“打印标题/表头”按钮，系统会打开“页面设置”对话框并自动定位到“工作表”选项。

(3) 在“工作表”选项卡中，可以看到打印区域为选中单元格区域，将光标定位在顶端标题后面的编辑框中，然后手动输入标题行绝对地址：$A$2：$M$2，如图 10-59 所示，或者用鼠标单击“顶端标题行”编辑框后面的“选择”按钮，然后单击工作表内标题行的行标 2，再单击“返回”按钮，设置完成后单击“确定”按钮，也可以通过“打印预览”按钮预览打印效果，如图 10-60 所示。

5. 打印与打印预览

(1) 通过选择“页面布局”选项卡，单击“打印预览”按钮，进入“打印预览”窗口，预览表格打印效果，如图 10-61 所示。

(2) 如果对预览效果不满可以在“打印预览”窗口进行调整，如图 10-62 所示。

单击“打印预览”窗口中的“页边距”按钮，显示页边距标识线，用鼠标拖动页边距标识线可以调整页边距。

单击“打印预览”窗口中的“打印缩放”下拉列表，可以进行打印缩放设置，比如，将整个工作表打印在一页上，将所有列打印在一页上或者自定义缩放，如图 10-63 所示。

通过“打印预览”窗口还可以设置纸张大小和方向、打印机、打印页数、打印份数、页眉和

页面设置
页面 页边距 页眉/页脚 工作表
打印区域(A): $A$1:$M$29
打印标题
顶端标题行(R): $2:$2
左端标题列(C):
打印
网格线(G)
单色打印(B)
行号列标(L)
批注(M): (无)
错误单元格打印为(E): 显示值
打印顺序
先列后行(D)
先行后列(V)
选项(O)... 打印(P)... 打印预览(W)...
确定 取消

图 10-59 打印标题设置 1

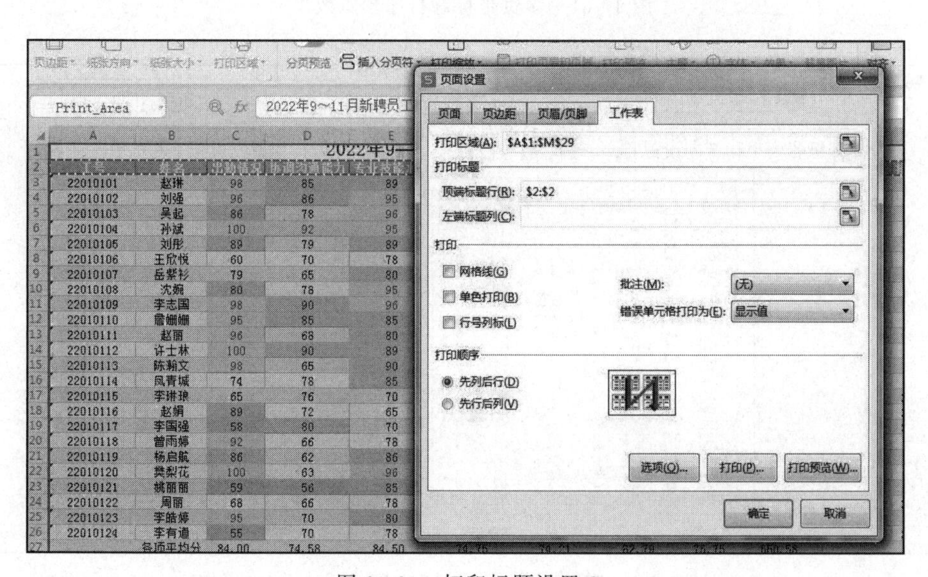

图 10-60 打印标题设置 2

页脚、页边距等,以达到最佳的打印效果。设置完成后,单击“返回”按钮可返回工作表普通视图。

(3) 各项设置完成后,即可进行打印,执行下列方法之一。

方法一:单击“打印预览”窗口中的“直接打印”按钮,直接进行打印。

方法二:在“打印预览”窗口中单击“直接打印”按钮的黑色三角区域打开下拉列表,在下拉列表中选择“打印”命令(快捷键是Ctrl+P),如图10-64所示,系统会自动打开“打印”对话框,进行打印设置后,单击“确定”按钮进行打印,如图10-65所示。

方法三:返回工作表普通视图,单击“文件”按钮,在弹出的下拉菜单中选择“打印”选

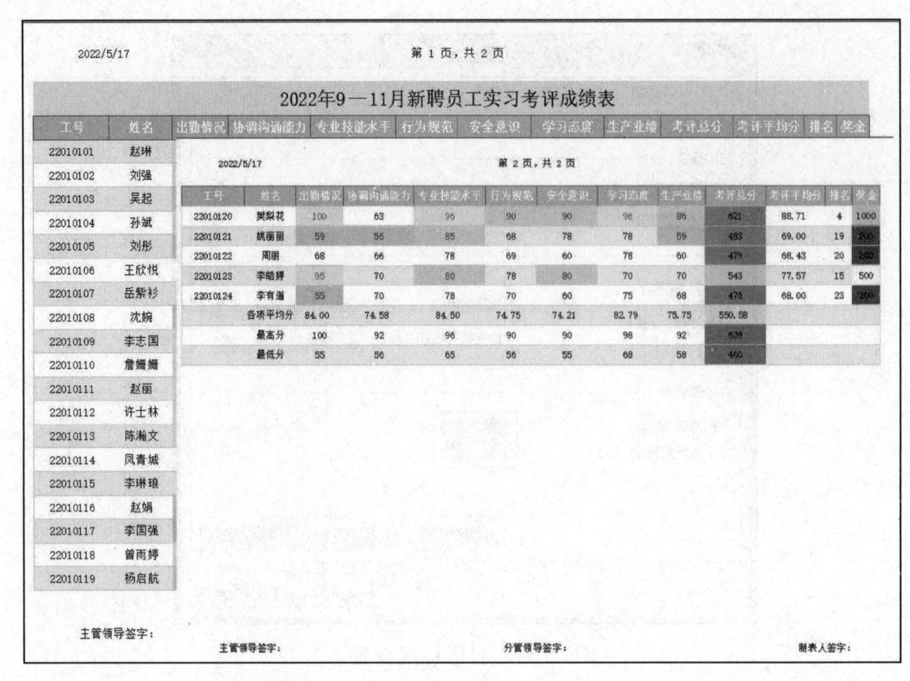

2022/5/17　　第 1 页，共 2 页

2022年9—11月新聘员工实习考评成绩表

工号	姓名
22010101	赵琳
22010102	刘强
22010103	吴起
22010104	孙斌
22010105	刘彤
22010106	王欣悦
22010107	岳紫衫
22010108	沈婉
22010109	李志国
22010110	詹姗姗
22010111	赵丽
22010112	许士林
22010113	陈瀚文
22010114	凤青城
22010115	李琳琅
22010116	赵娟
22010117	李国强
22010118	曾雨婷
22010119	杨启航

主管领导签字：

2022/5/17　　第 2 页，共 2 页

工号	姓名	出勤情况	协调沟通能力	专业技能水平	行为规范	安全意识	学习态度	生产业绩	考评总分	考评平均分	排名	奖金
22010120	樊梨花	100	63	96	90	90	96	86	621	88.71	4	1000
22010121	姚丽丽	59	56	85	68	78	78	59	483	69.00	19	200
22010122	周丽	68	66	78	69	60	78	60	479	68.43	20	200
22010123	李皓婷	95	70	80	78	80	70	70	543	77.57	15	500
22010124	李育道	55	70	78	70	60	75	68	476	68.00	23	200
	各项平均分	84.00	74.58	84.50	74.75	74.21	82.79	75.75	550.58			
	最高分	100	92	96	90	90	98	92	639			
	最低分	55	56	65	56	55	68	58	460			

主管领导签字：　　分管领导签字：　　制表人签字：

图 10-61　多页带标题打印预览效果

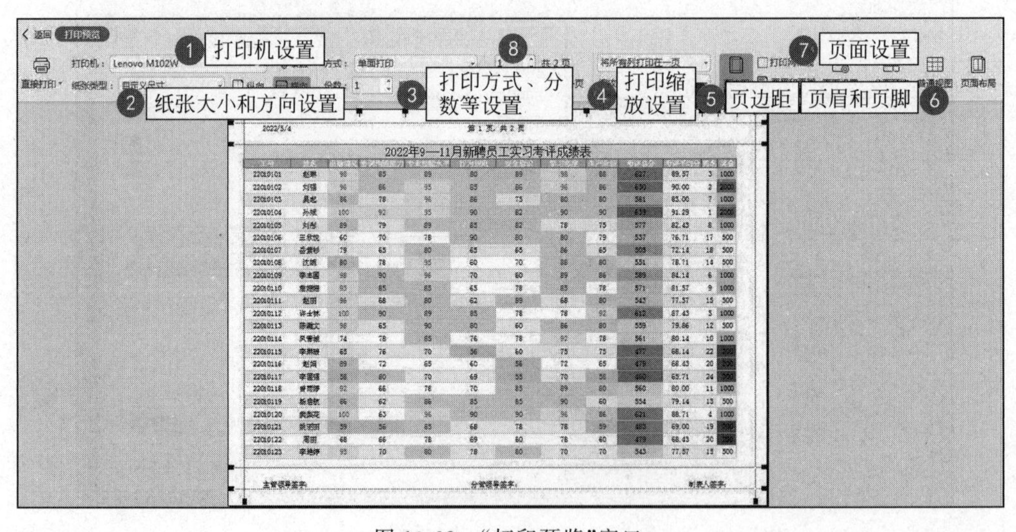

图 10-62　“打印预览”窗口

项，在其级联菜单中选择“打印”命令，如图 10-66 所示，系统会自动打开“打印”对话框，进行打印设置后，单击“确定”按钮进行打印。

知识链接

1. 页面设置

打印工作表前，需要对工作表进行页面设置。

(1) 通过“页面布局”选项卡的“页面设置”组可以设置页边距、纸张方向、纸张大小、打印区域，如图 10-67 所示。

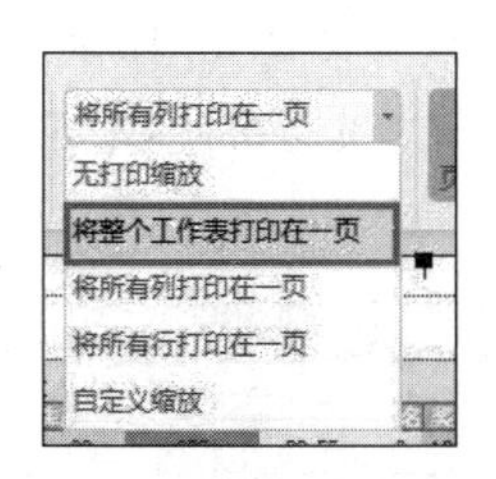

图 10-63　打印缩放设置

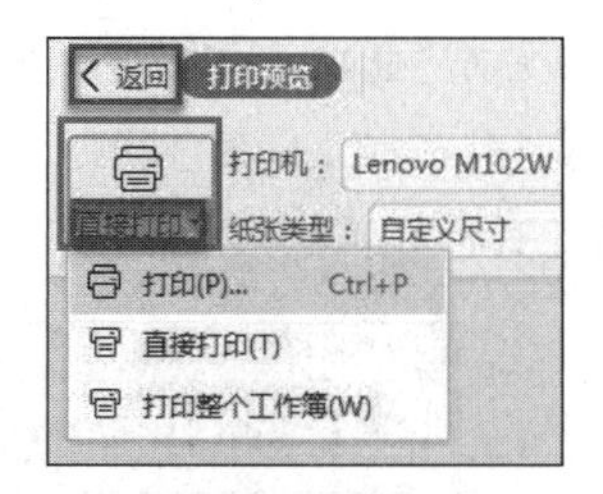

图 10-64　打印预览→直接打印→打印

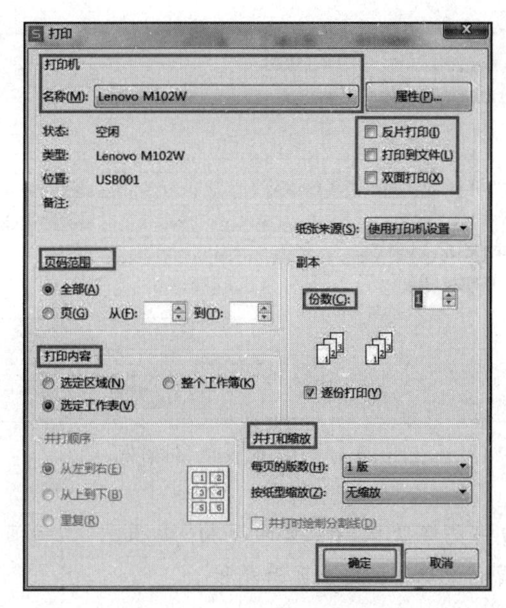

图 10-65　“打印”对话框

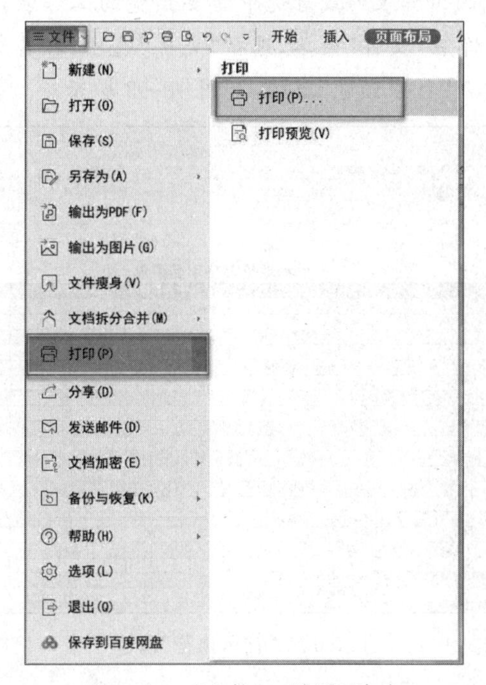

图 10-66　“文件”→“打印”命令

(2) 在“页面布局”选项卡下单击“页面设置”组右下角的“页面设置”按钮 ，系统会自动打开“页面设置”对话框，如图 10-67 所示，可以通过“页面”“页边距”“页眉/页脚”“工作表”等选项卡进行页面设置。

图 10-67 “页面设置”对话框

(3) 选中需要设置的单元格区域，在“页面布局”选项卡下，还可以单击“打印缩放”“打印标题或表头”“打印页眉和页脚”等设置页面属性。

2. 打印预览工作表

光标定位在需要预览的工作表内或者选中需要预览的工作表，单击“页面布局”选项卡下的“打印预览”按钮或者单击“文件”菜单，选择“文件”选项，在其级联菜单中选择“打印预览”命令，系统就会自动打开“打印预览”窗格，如图 10-68 所示。

####单位办公用品清单

序号	用品名称	品牌	规格	单位	单位件数	进货价格（元/单位）	数量	金额	单价
01	黑色签字笔	晨光	0.7mm,黑色，10支	盒	10	20	50		
02	黑色签字笔	晨光	0.5mm,黑色，10支	盒	10	20	50		
03	蓝色签字笔	晨光	0.5mm,蓝色，10支	盒	10	20	30		
04	红色签字笔	晨光	0.5mm,红色，10支	盒	10	20	20		
05	黑色圆珠笔	文正	0.5mm，黑色，60支	盒	60	30	6		
06	档案袋	得力	A4,50只	包	50	35	5		
07	多页文件夹	得力	A4,10个	个	1	59	10		
08	便签纸	NVV	76*76mm，100张/本*12本	盒	12	26	5		
09	打印纸	晨光	A4,70g,8包	箱	8	175	10		
10	打印纸	晨光	A3,70g,5包	箱	5	230	8		
11	牛皮纸	天章	A4,80g，100张	包	100	26	6		
12	档案盒	得力	A4，55mm，10只	包	10	80	15		
13	抽纸	顺清柔	3层，100抽/包*6包，1提	提	1	15	20		
14	纸杯	妙洁	228ML，50只，1包	包	50	16	20		
15	透明胶带	晨光	45mm*100m，6卷装	箱	6	32	10		
16	黑色白板笔	得力	可擦，8黑1蓝1红，1包	包	10	13	5		
17	双面胶	晶华	1.2cm	卷	1	0.8	10		
18	双面胶	晶华	1.8cm	卷	1	1.5	10		
19	胶水	得力	50ML，24支/1盒	盒	24	28	10		
20	固体胶	得力	21g，高粘度，PVA，12支/盒	盒	12	14	10		

图 10-68 “打印预览”窗口

在“打印预览”窗口下，可以设置打印机、纸张类型、纸张方向、打印方式、打印分数、打印缩放、页边距、页眉页脚等项目。

3. 打印工作表

(1) 选择需要打印的工作表，单击“文件”菜单，选择“文件”选项，在其级联菜单中选择“打印”命令，按 Ctrl+P 组合键，即可打开“打印”对话框，如图 10-65 所示。

(2) 在对话框中单击“打印机”下的下拉框，选择所需的打印机。

(3) 设置打印的“页码范围”“打印内容”“打印份数”等，单击“确定”按钮，即可进行打印。

注意：不要忘记打开打印机。

4. 隐藏行、隐藏列

通过隐藏行或者隐藏列可以不显示或者不打印某一些信息，操作方法主要有两种：第一，选项卡功能；第二，鼠标右键快捷菜单。下面以“学籍信息表为例”介绍一下隐藏行或隐藏列功能。

1) 通过选项卡功能设置

(1) 选种要隐藏的行或列，比如“学籍信息表 D 列”，可以多选。

(2) 单击“开始”功能选项卡下的“行和列”按钮，系统会弹出下拉菜单。

(3) 在弹出的下拉菜单中选择“隐藏与取消隐藏”命令，系统会弹出二级下拉菜单。

(4) 在二级菜单中选择“隐藏行”或“隐藏列”命令，这里选择的是 D 列，就需要选择“隐藏列”命令，如图 10-69 所示。此时，D 列就被隐藏了，如图 2-70 所示。

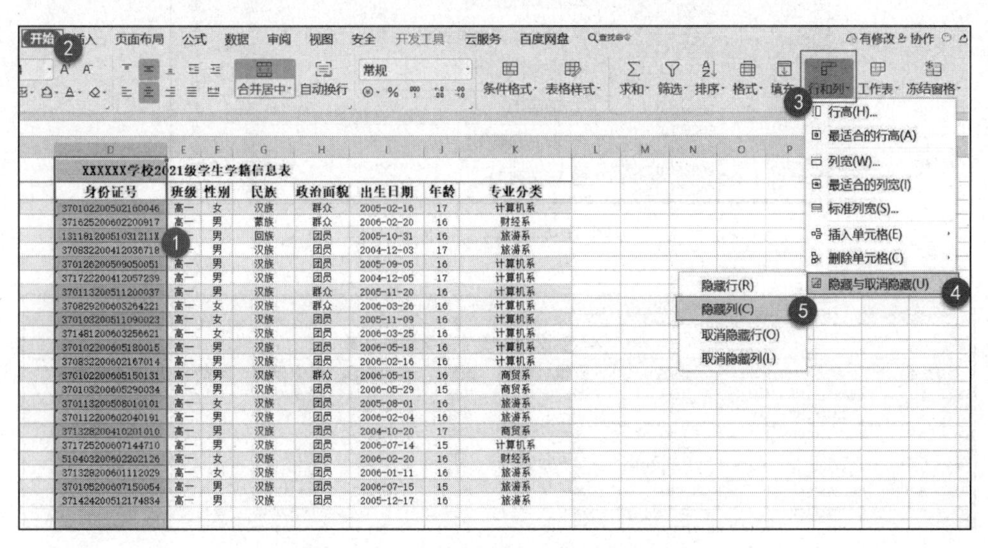

图 10-69　开始-行和列-隐藏与取消隐藏

2) 鼠标右键快捷菜单设置

(1) 选中要隐藏的行或列，比如“学籍信息表”的第 5 行和第 6 行。

(2) 在选中的行或列上右击，系统会弹出右键快捷菜单，如图 10-71 所示。

(3) 在右键快捷菜单中选择“隐藏”菜单命令，此时，选中的第 5 行和第 6 行就被隐藏了，如图 10-72 所示。

	A	B	C	E	F	G	H	I	J	K
1	××××××学校2021级学生学籍信息表									
2	序号	学号	姓名	班级	性别	民族	政治面貌	出生日期	年龄	专业分类
3	1	2022010101	赵琳	高一	女	汉族	群众	2005-02-16	17	计算机系
4	2	2022010102	刘强	高一	男	蒙族	群众	2006-02-20	16	财经系
5	3	2022010103	吴起	高一	男	汉族	团员	2006-08-22	15	计算机系
6	4	2022010104	孙斌	高一	男	汉族	团员	2006-08-14	15	财经系
7	5	2022010105	刘彤	高一	男	回族	团员	2005-10-31	16	旅游系
8	6	2022010106	王欣悦	高一	男	汉族	团员	2004-12-03	17	旅游系
9	7	2022010107	岳紫衫	高一	男	汉族	团员	2005-09-05	16	计算机系
10	8	2022010108	沈婉	高一	男	汉族	团员	2004-12-05	17	计算机系
11	9	2022010109	李志国	高一	男	汉族	群众	2005-11-20	16	计算机系
12	10	2022010110	詹姗姗	高一	女	汉族	群众	2006-03-26	16	计算机系
13	11	2022010111	赵丽	高一	女	汉族	团员	2005-11-09	16	计算机系
14	12	2022010112	许士林	高一	女	汉族	团员	2006-03-25	16	计算机系

图 10-70　隐藏 D 列效果

	A	B	E	F
1				
2	序号	学号		性别
3	1	2022010101		女
4	2	2022010102		男
5	3	2022010103	高一	男
6	4	2022010104	高一	男
7	5	2022010105	高一	男
8	6	2022010106	高一	男
9	7	2022010107	高一	男
10	8	2022010108	高一	男
11	9	2022010109	高一	男
12	10	2022010110	高一	女
13	11	2022010111	高一	女
14	12	2022010112	高一	女
15	13	2022010113	高一	男
16	14	2022010114	高一	男
17	15	2022010115	高一	男
18	16	2022010116	高一	男
19	17	2022010117	高一	女
20	18	2022010118	高一	男
21	19	2022010119	高一	男
22	20	2022010120	高一	男
23	21	2022010121	高一	女
24	22	2022010122	高一	女
25	23	2022010123	高一	男
26	24	2022010124	高一	男

XXXXXX学校2021级学生学

吴起　370923200608222538

宋体　11　合并　自动求和

复制(C)　Ctrl+C
剪切(T)　Ctrl+X
粘贴(P)　Ctrl+V
选择性粘贴(S)...
插入(I)　行数: 2
删除(D)
清除内容(N)
设置单元格格式(F)...　Ctrl+1
行高(R)...
隐藏(H)
取消隐藏(U)
筛选列(L)...

图 10-71　右击→隐藏

	A	B	C	E	F	G	H	I	J	K
1	××××××学校2021级学生学籍信息表									
2	序号	学号	姓名	班级	性别	民族	政治面貌	出生日期	年龄	专业分类
3	1	2022010101	赵琳	高一	女	汉族	群众	2005-02-16	17	计算机系
4	2	2022010102	刘强	高一	男	蒙族	群众	2006-02-20	16	财经系
7	5	2022010105	刘彤	高一	男	回族	团员	2005-10-31	16	旅游系
8	6	2022010106	王欣悦	高一	男	汉族	团员	2004-12-03	17	旅游系
9	7	2022010107	岳紫衫	高一	男	汉族	团员	2005-09-05	16	计算机系
10	8	2022010108	沈婉	高一	男	汉族	团员	2004-12-05	17	计算机系
11	9	2022010109	李志国	高一	男	汉族	群众	2005-11-20	16	计算机系

图 10-72　隐藏第 5 行和第 6 行效果

要取消隐藏，需要鼠标拖动选择包括隐藏的行或列在内的多行或多列，然后执行下列操作之一。

方法一：选择“开始”选项卡，单击“行和列”按钮，在弹出的下拉菜单中选择“隐藏或取消隐藏”选项，在其级联菜单中选择“取消隐藏行”或“取消隐藏列”命令。

方法二：在选中的行或列上右击，在弹出的右键快捷菜单中选择“取消隐藏”命令。

5. 拆分和冻结窗格

当工作表中数据记录较多时，可以将窗口拆分成不同的窗格，这些窗格可以单独滚动显示不同区域的数据。为了在翻看数据时更好地对应纵向的数据栏目或者横向的数据记录，可以采用冻结窗格的方法来进行操作。“冻结窗格”常与“拆分窗格”相结合使用。

1）拆分窗口

（1）选中工作表内某一个单元格，如C3单元格。

（2）单击“视图”功能选项卡标签，系统会打开“视图”选项卡。

（3）单击“视图”选项卡下的“拆分”按钮，如图10-73所示，系统会在选中单元格C3的上方和左侧出现横向和纵向两条分割线，此时，数据显示窗口就被分成了两个可以单独滚动的窗口，并且“拆分”按钮会变成“取消拆分”按钮，如图10-74所示，单击“取消拆分”按钮即可取消拆分。

图10-73　拆分窗口

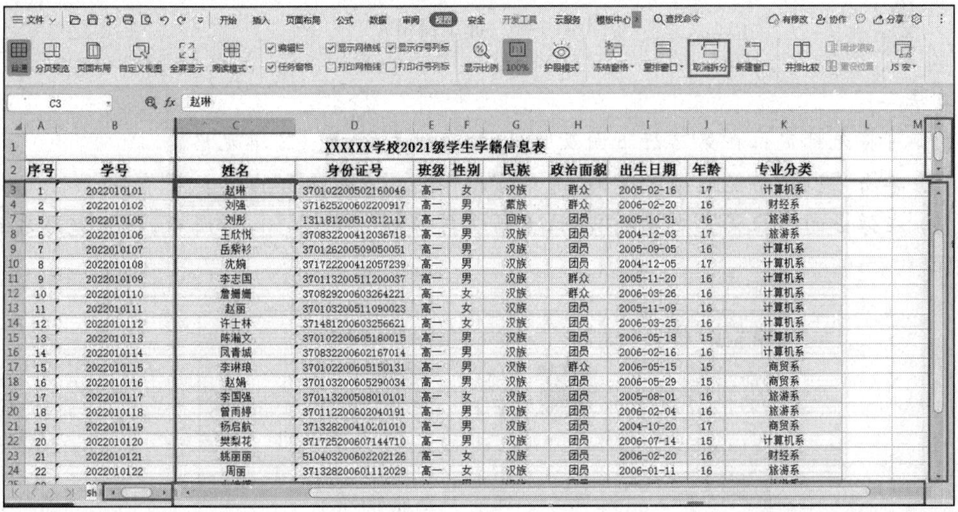

图10-74　拆分效果

技巧提示

① 如果只需要横向拆分，可以选中要和上方拆分的某一行，单击“视图”选项卡下的“拆分”按钮，即可在选中行的上方出现横向分割线。

② 将窗口进行了垂直拆分和横向拆分后，如果只需要垂直拆分，可以直接拖动横向拆分线到工作表顶端(列标)，横向拆分线即会消失；反之，如果只需要横向拆分，也可直接拖动纵向拆分线到工作表右侧(行号)，纵向拆分线即会消失。

③ 拆分窗口只是显示模式的调整，不会对数据产生任何影响。

④ 窗口的拆分一方面是为了在数据较多时对比前后数据或者上下数据记录之间的差别；另一方面是为了能够冻结某些窗格，以便翻页时能够更好地对应相应的标题名称或者记录名称。

2) 冻结窗格

如果要冻结“学籍信息表”第 1 行和第 2 行及 A 和 B 两列，两种方法如下。

方法一：

(1) 可将光标定位在第 2 行下面及 A 和 B 两列右侧，即 C3 单元格，单击“视图”功能选项卡下的“拆分”按钮，拆分窗格。

(2) 单击“视图”功能选项卡标签。

(3) 单击“视图”功能选项卡下的“冻结窗格”按钮，系统会弹出下拉菜单。

(4) 在弹出的下拉菜单中选择“冻结窗格”命令，如图 10-75 所示。

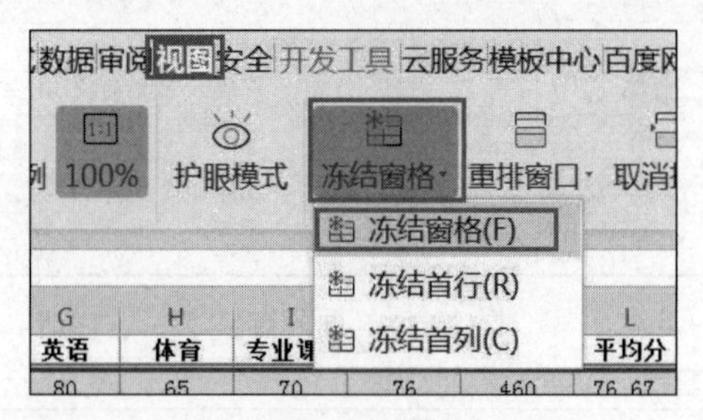

图 10-75 冻结窗格 1

方法二：

(1) 可将光标定位在第 2 行下面及 A 和 B 两列右侧，即 C3 单元格。

(2) 单击“视图”功能选项卡下的“冻结窗格”按钮，系统会弹出下拉菜单。

(3) 在弹出的下拉菜单中选择“冻结至第 2 行 B 列”，如图 10-76 所示，即可完成冻结窗格操作。

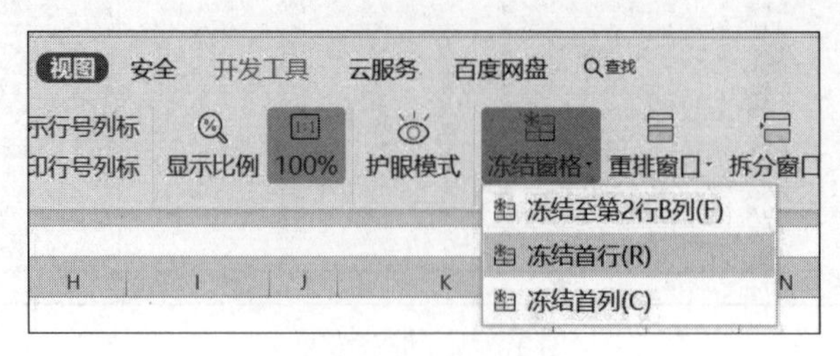

图 10-76 冻结窗格 2

技巧提示

① 单击“冻结窗格”按钮后，在其下拉菜单中选择“冻结首行”或“冻结首列”命令，可以

实现只冻结首行或首列。

② 要取消“冻结窗格”，单击“视图”功能选项卡下的“冻结窗格”按钮，在其下拉菜单中选择“取消冻结窗格”命令，即可取消窗格的冻结。

项目评价

考核类型	评价要素及权重	自评 30%	互评 30%	师评 40%
学习任务完成情况	掌握创建和编辑表格文件的方法(10分)			
	能录入与编辑函数和公式(20分)			
	会运用条件格式功能处理数据(30分)			
	工作表页面格式设置与打印工作表(30分)			
	工作表美观、新颖，可读性强(10分)			
合计				
总分				

闯关检测

1. 理论题

(1) 在WPS表格中，编辑公式表达式时，首先应输入(　　)符号。

A. ＝　　B. ，　　C. ；　　D. /

(2) 在WPS表格中，输入公式时，加减乘除用的是(　　)符号。

A. ＋ － × ÷　　B. ＋ － * ÷　　C. ＋ － × /　　D. ＋ － * /

(3) WPS表格中，“＝SUM(A1:A3)”表达式的数学意义是(　　)。

A. ＝A1＋A3　　B. ＝A1＋B1＋A2＋A3

C. ＝A1＋A2＋A3　　D. ＝A1－A3

(4) 在WPS表格中，计算数据的平均值的函数是(　　)。

A. MAX()　　B. SUM()

C. AVERAGE()　　D. COUNTIF()

(5) 在WPS表格中，在A1单元格中输入公式：＝6＋2*3，则A1单元格中显示的计算结果是(　　)。

A. 12　　B. 10　　C. 11　　D. 20

(6) 在WPS表格中，使用$B$2引用工作表B列第2行的单元格，这称为对单元格地址(　　)。

A. 相对引用　　B. 绝对引用　　C. 混合引用　　D. 交叉引用

(7) 在WPS表格中，要统计全班学生成绩的排名可以使用(　　)函数。

A. MAX()　　B. SUM()　　C. RANK()　　D. TEXT()

(8) 在WPS表格中，计算B3到E3之间所有单元格中数据的和，在结果单元格中应输入(　　)。

A. SUM(B3:E3)　　B. ＝SUM(B3:E3)

C. =SUM(B3+E3)　　　　D. SUM(B3+E3)

(9) 在 WPS 表格中,B1,B2,B3 单元格中都有数值,则与公式"=(B1+B2+B3)/3"等价的表达方式是(　　)。

A. =SUM(B1:B3)/B3　　　　B. =SUM(B1:B3)

C. =AVERAGE(B1:B3)　　　　D. =AVERAGE(B1:B3)/3

(10) 在 WPS 表格中,逻辑函数 IF 的功能是(　　)。

A. 统计某个单元格区域内符合指定条件的单元格数目

B. 对逻辑表达式进行判断,如果成立取第一个值,不成立取第二个值

C. 计算单元格区域内所有满足条件的数值的和

D. 根据制订的数值格式将相应的数字转换为文本形式

2. 上机实训

调查中国各省、自治区、直辖市、特别行政区省会、简称、省会地势、国土面积及第 7 次人口普查人口数量,制作一份“中国各省省情情况登记表”,如图 10-77 所示。操作要求如下。

(1) 计算各地人口密度。

(2) 求出地势、国土面积、人口数量、人口密度的最大值、最小值。

(3) 按照人口密度对各省进行排名。

(4) 最后设置条件格式并进行页面设置。

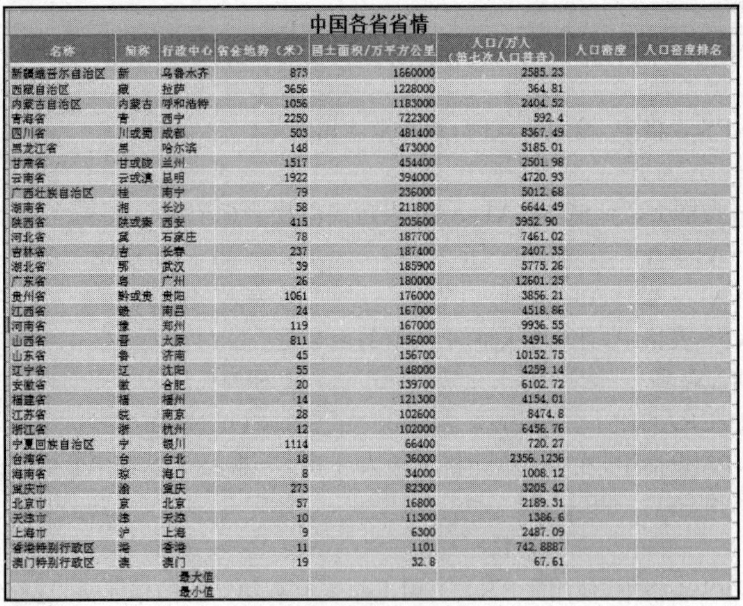

中国各省省情

名称	简称	行政中心	省会地势（米）	国土面积/万平方公里	人口/万人（第七次人口普查）	人口密度	人口密度排名
新疆维吾尔自治区	新	乌鲁木齐	873	1660000	2585.23		
西藏自治区	藏	拉萨	3656	1228000	364.81		
内蒙古自治区	内蒙古	呼和浩特	1056	1183000	2404.52		
青海省	青	西宁	2250	722300	592.4		
四川省	川或蜀	成都	503	481400	8367.49		
黑龙江省	黑	哈尔滨	148	473000	3185.01		
甘肃省	甘或陇	兰州	1517	454400	2501.98		
云南省	云或滇	昆明	1922	394000	4720.93		
广西壮族自治区	桂	南宁	79	236000	5012.68		
湖南省	湘	长沙	58	211800	6644.49		
陕西省	陕或秦	西安	415	205600	3952.90		
河北省	冀	石家庄	78	187700	7461.02		
吉林省	吉	长春	237	187400	2407.35		
湖北省	鄂	武汉	39	185900	5775.26		
广东省	粤	广州	26	180000	12601.25		
贵州省	黔或贵	贵阳	1061	176000	3856.21		
江西省	赣	南昌	24	167000	4518.86		
河南省	豫	郑州	119	167000	9936.55		
山西省	晋	太原	811	156000	3491.56		
山东省	鲁	济南	45	156700	10152.75		
辽宁省	辽	沈阳	55	148000	4259.14		
安徽省	徽	合肥	20	139700	6102.72		
福建省	福	福州	14	121300	4154.01		
江苏省	皖	南京	28	102600	8474.8		
浙江省	浙	杭州	12	102000	6456.76		
宁夏回族自治区	宁	银川	1114	66400	720.27		
台湾省	台	台北	18	36000	2356.1236		
海南省	琼	海口	8	34000	1008.12		
重庆市	渝	重庆	273	82300	3205.42		
北京市	京	北京	57	16800	2189.31		
天津市	津	天津	10	11300	1386.6		
上海市	沪	上海	9	6300	2487.09		
香港特别行政区	港	香港	11	1101	742.8887		
澳门特别行政区	澳	澳门	19	32.8	67.61		
		最大值					
		最小值					

图 10-77　中国各省省情

项目十一

分析整理泉城地下水位调查情况表——排序、筛选、分类汇总与图表制作

教学视频　　项目素材

项目描述

俗话说,“一方水土养一方人”,从古至今,济南泉水川流不息,是全国唯一一个泉水从城里流向城外的城市,“泉城”也成了济南闻名世界的名片,爱护泉水资源就是爱护生命。本项目通过调查收集趵突泉、黑虎泉地下水位2021年1月至2022年2月间的水位数据,整理这些数据制作“泉城地下水位调查表.xlsx”,分析地下水位变化数据,并制作成图表,让更多的人了解泉城地下水位变化情况,效果如图11-1所示。

泉城地下水位调查表

月份	单位	趵突泉水位	警戒线1	黑虎泉水位	警戒线2	平均水位	警戒线3
2021年1月	米	28.0826	黄色警戒线	28.0368	黄色警戒线	28.0597	黄色警戒线
2021年2月	米	28.0821	黄色警戒线	28.0368	黄色警戒线	28.0595	黄色警戒线
2021年3月	米	27.9594	橙色警戒线	27.9063	橙色警戒线	27.9329	橙色警戒线
2021年4月	米	27.8177	橙色警戒线	27.7633	橙色警戒线	27.7905	橙色警戒线
2021年5月	米	27.7958	橙色警戒线	27.7423	橙色警戒线	27.7691	橙色警戒线
2021年6月	米	27.7870	橙色警戒线	27.7350	橙色警戒线	27.7610	橙色警戒线
2021年7月	米	28.1794	正常水位	28.1471	黄色警戒线	28.1633	正常水位
2021年8月	米	28.8555	正常水位	29.9016	正常水位	29.3786	正常水位
2021年9月	米	29.1470	正常水位	29.2390	正常水位	29.1930	正常水位
2021年10月	米	30.0710	正常水位	30.3158	正常水位	30.1934	正常水位
2021年11月	米	29.9807	正常水位	30.2040	正常水位	30.0924	正常水位
2021年12月	米	29.8348	正常水位	30.0468	正常水位	29.9408	正常水位
2022年1月	米	29.5642	正常水位	29.7323	正常水位	29.6483	正常水位
2022年2月	米	29.4236	正常水位	29.5608	正常水位	29.4922	正常水位
2022年3月	米	29.0894	正常水位	29.1687	正常水位	29.1290	正常水位
2022年4月	米	29.0160	正常水位	29.0837	正常水位	29.0498	正常水位
平均地下水位	米	28.7929		28.9138			

图 11-1　统计分析效果图

项目分解

对泉城地下水位数据的分析，可以先通过公式函数处理数据，再通过排序比较每个月平均水位的高低，筛选出地下水位达到橙色警戒线的月份，通过分类汇总获得各种水位情况的地下水位平均值，最后制作趵突泉和黑虎泉每月水位对比柱形图和每月平均水位变化折线图，以便更直观地分析数据。具体制作思路如图 11-2 所示。

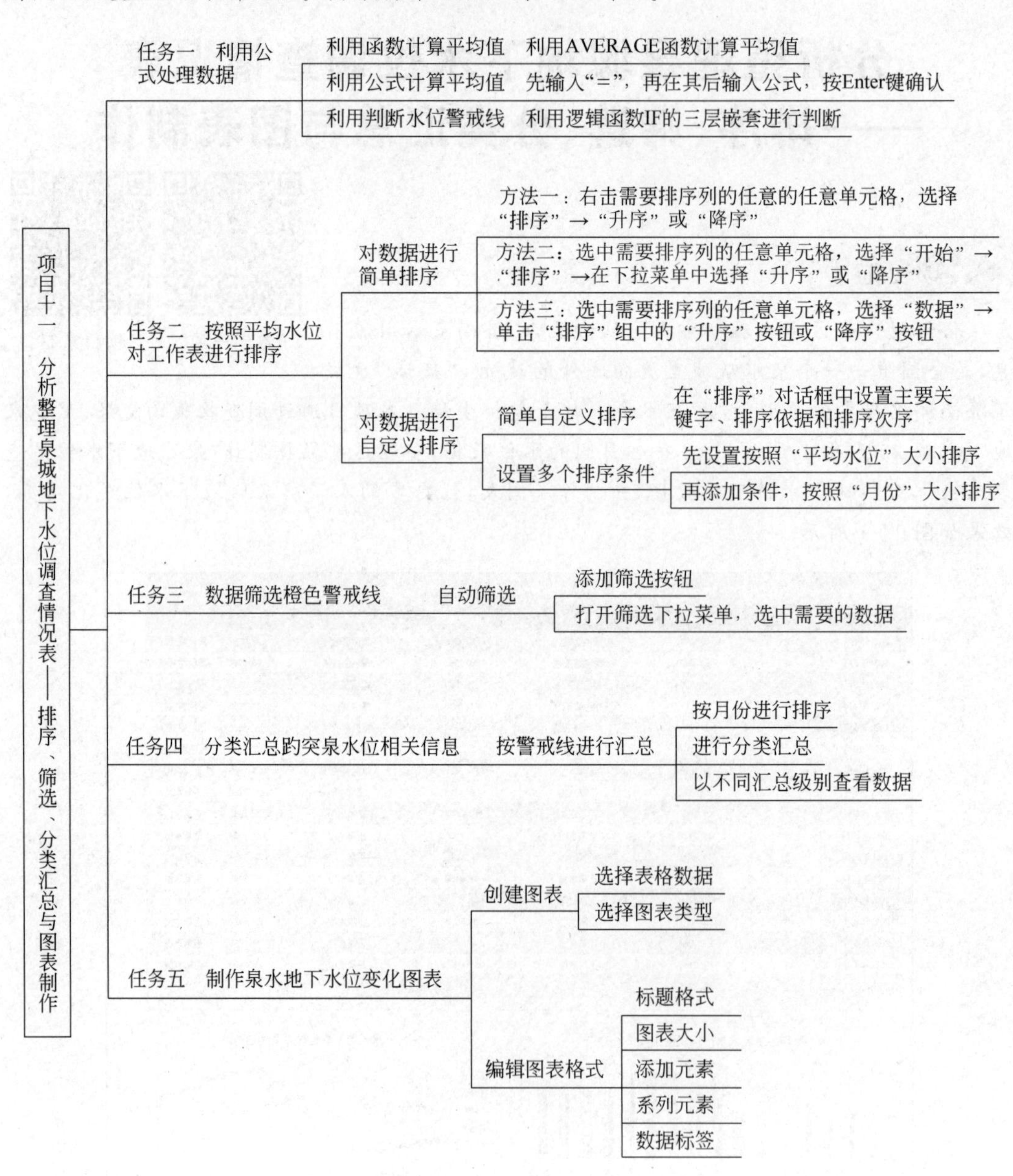

图 11-2 “分析整理泉城地下水位调查情况表——排序、筛选、分类汇总与图表制作”项目制作思路

任务一　利用公式处理数据

在本任务中，需要完成以下操作：熟练使用公式、函数进行数据计算；提高综合使用公式、函数进行数据计算的能力。

（1）打开素材文件夹“项目三\数据分析处理\泉城水位调查表.xlsx”工作簿，选中 C19 单元格，单击“编辑栏”左侧的“插入函数”按钮 *fx*，在弹出的“插入函数”对话框中选择“常用函数”类别下的 AVERAGE 函数，单击“确定”按钮，如图 11-3 所示。

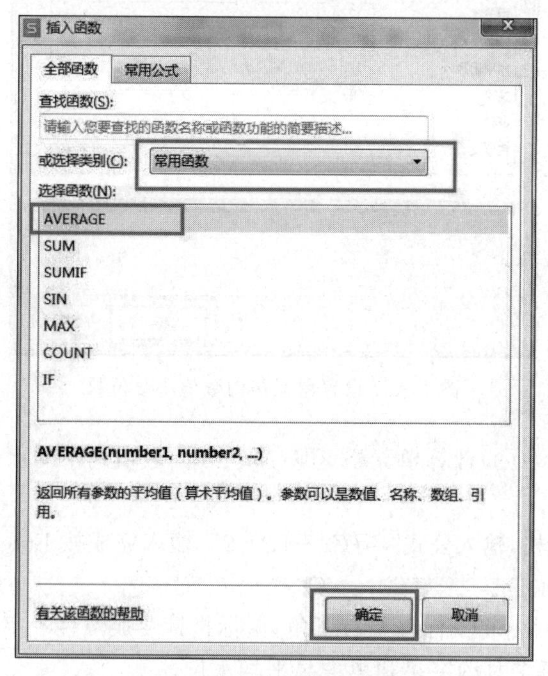

图 11-3　“插入函数”对话框

（2）在弹出的“函数参数”对话框的“数值 1”右侧的文本框中输入参数值为 C3:C18，或者用鼠标拖动选择单元格区域 C3:C18，单击“确定”按钮，如图 11-4 所示，计算出趵突泉的平均水位。

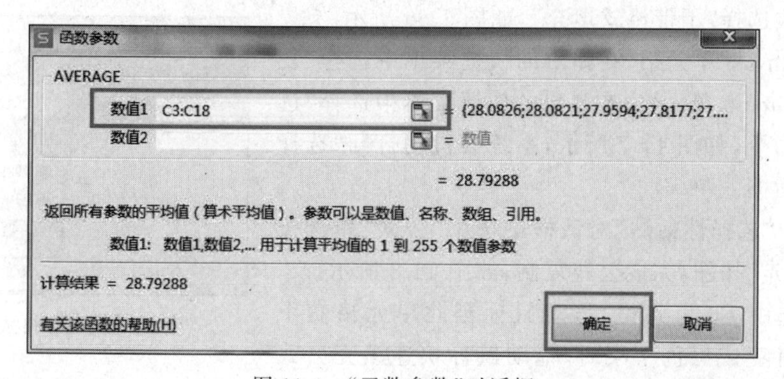

图 11-4　“函数参数”对话框

(3) 右击C19单元格，在弹出的快捷菜单中选择“设置单元格格式”命令，在弹出的“单元格格式”对话框中选择“数字”选项卡，在“分类：”选项区域选择“数值”选项，在“小数位数”右侧文本框中输入“4”，如图11-5所示，单击“确定”按钮完成设置。

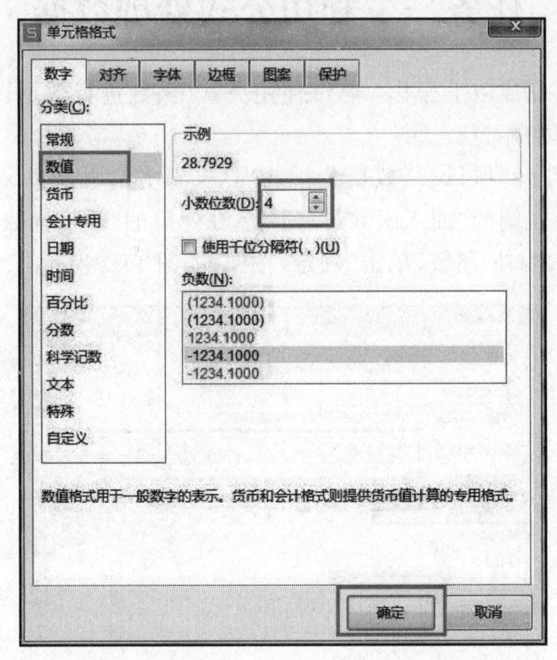

图11-5 设置单元格内数值小数位数

(4) 重复步骤(1)～(3)计算单元格区域E3:E8内数值的平均水位，并设置数值小数位数为4位。

(5) 选中G3单元格，输入公式“=(C3+E3)/2”，输入完成按Enter键，计算2021年1月趵突泉和黑虎泉平均水位。

(6) 选中G3单元格，将鼠标移至右下角，鼠标指针变成黑色十字时，按住鼠标左键拖动至G18单元格，计算每个月趵突泉和黑虎泉平均水位。

(7) 选中D3单元格，输入公式“=IF(C3>28.15,"正常水位",IF(C3>28,"黄色警戒线",IF(C3>27.6,"橙色警戒线","红色警戒线")))”，输入完成按Enter键。

(8) 使用按住鼠标左键拖动填充柄的方式，将D3单元格公式快速填充D4:D18单元格，填充方式选择“不带格式填充”，如图11-6所示。

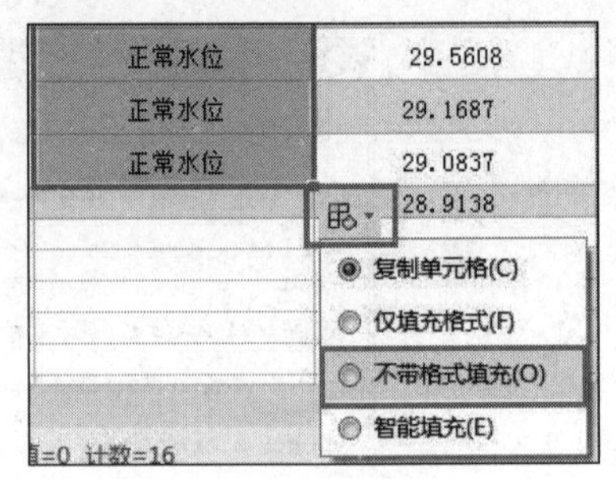

图11-6 不带格式填充

(9) 右击D3单元格，在弹出的快捷菜单中选择“复制”命令，右击F3单元格，在弹出的快捷菜单中选择“选择性粘贴”命令，如图11-7所示，系统会自动打开“选择性粘贴”对话框。

(10) 在“选择性粘贴”对话框中选中“公式”单选按钮，单击“确定”按钮，完成公式复制，如图11-8所示。

(11) 选中F3单元格，移动鼠标至此单元格右下角，鼠标指针变成黑色十字时，拖动鼠标快速填充公式

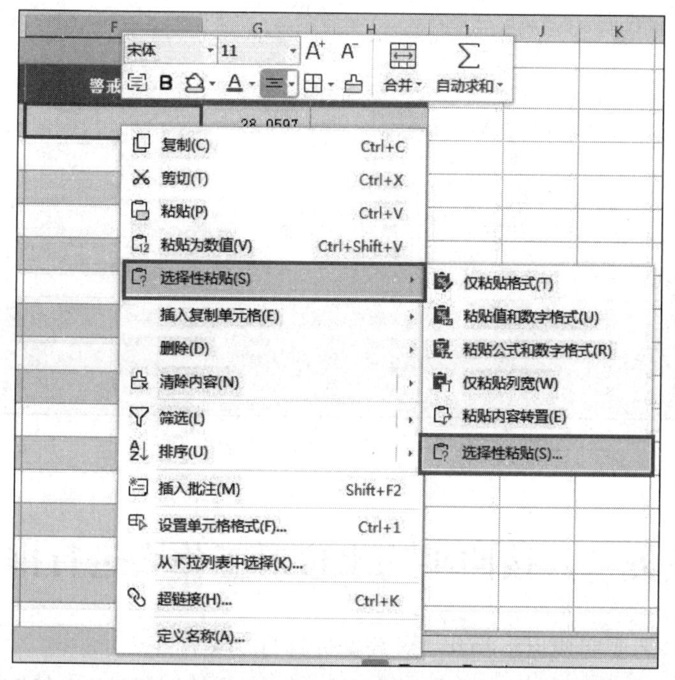

图 11-7　右击→"选择性粘贴"

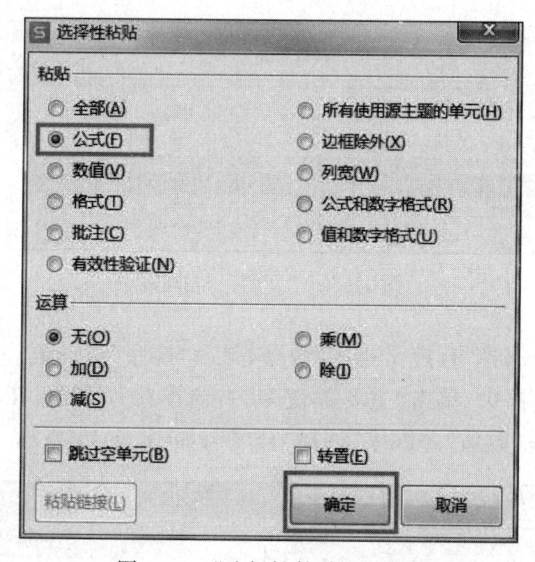

图 11-8　"选择性粘贴"对话框

至 F18 单元格，填充方式选择"不带格式填充"。

(12) 右击 F3 单元格，在弹出的快捷菜单中选择"复制"命令，右击 H3 单元格，在弹出的快捷菜单中选择"选择性粘贴"命令，在打开的"选择性粘贴"对话框中选中"公式"单选按钮，单击"确定"按钮，完成公式复制。

(13) 利用快速填充方式，将 H3 单元格公式复制到 H4:H18 单元格中。

数据计算效果如图 11-9 所示。

月份	单位	趵突泉水位	警戒线	黑虎泉水位	警戒线	平均水位	警戒线
2021年1月	米	28.0826	黄色警戒线	28.0368	黄色警戒线	28.0597	黄色警戒线
2021年2月	米	28.0821	黄色警戒线	28.0368	黄色警戒线	28.0595	黄色警戒线
2021年3月	米	27.9594	橙色警戒线	27.9063	橙色警戒线	27.9329	橙色警戒线
2021年4月	米	27.8177	橙色警戒线	27.7633	橙色警戒线	27.7905	橙色警戒线
2021年5月	米	27.7958	橙色警戒线	27.7423	橙色警戒线	27.7691	橙色警戒线
2021年6月	米	27.7870	橙色警戒线	27.7350	橙色警戒线	27.7610	橙色警戒线
2021年7月	米	28.1794	正常水位	28.1471	黄色警戒线	28.1633	正常水位
2021年8月	米	28.8555	正常水位	29.9016	正常水位	29.3786	正常水位
2021年9月	米	29.1470	正常水位	29.2390	正常水位	29.1930	正常水位
2021年10月	米	30.0710	正常水位	30.3158	正常水位	30.1934	正常水位
2021年11月	米	29.9807	正常水位	30.2040	正常水位	30.0924	正常水位
2021年12月	米	29.8348	正常水位	30.0468	正常水位	29.9408	正常水位
2022年1月	米	29.5642	正常水位	29.7323	正常水位	29.6483	正常水位
2022年2月	米	29.4236	正常水位	29.5608	正常水位	29.4922	正常水位
2022年3月	米	29.0894	正常水位	29.1687	正常水位	29.1290	正常水位
2022年4月	米	29.0160	正常水位	29.0837	正常水位	29.0498	正常水位
平均地下水位	米	28.7929		28.9138			

图 11-9 公式计算完成效果

任务二 按照平均水位对工作表进行排序

在本任务中，需要完成以下操作：对数据进行自定义排序。

(1) 选择需要排序的单元格区域 A2:H18，单击“开始”选项卡中的“排序”命令下方的下三角按钮，弹出下拉菜单，如图 11-10 所示。

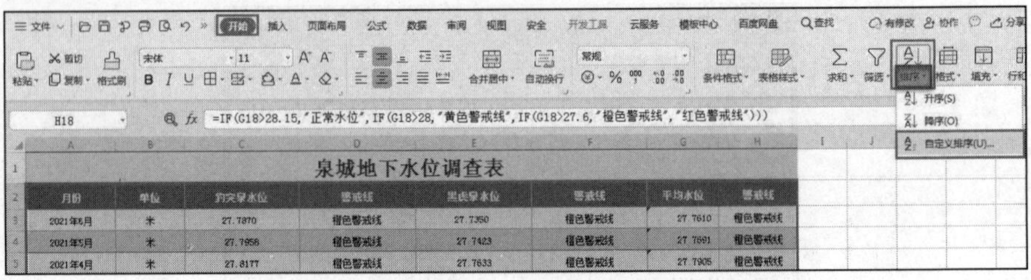

图 11-10 “开始”→“排序”

(2) 在下拉菜单中选择“自定义排序”命令，弹出“排序”对话框。

(3) 在“排序”对话框中，单击“主要关键字”右侧下拉列表框，在下拉菜单中选择“平均水位”，“排序依据”选择“数值”，“次序”选择“升序”，如图 11-11 所示。

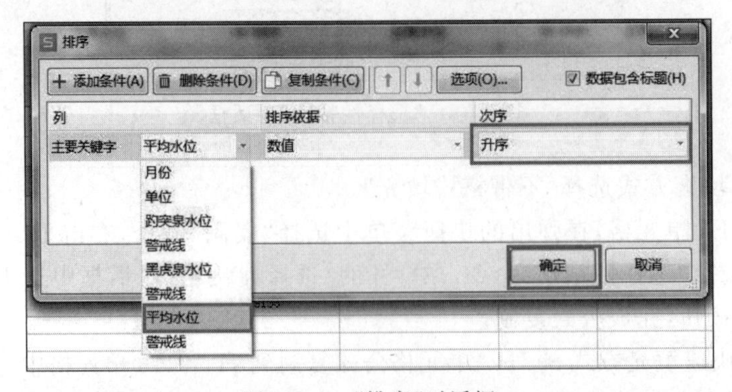

图 11-11 “排序”对话框

(4) 单击“排序”对话框中的“添加条件”按钮，可以添加一个次要关键字，“次要关键字”选择“月份”，“排序依据”选择“数值”，“次序”选择“升序”，如图 11-12 所示。

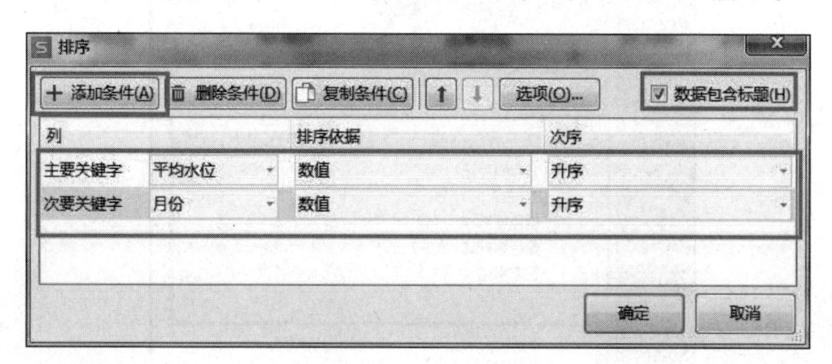

图 11-12　复杂排序

(5) 设置完成后单击“确定”按钮，即可完成排序。

任务三　数据筛选橙色警戒线

在本任务中，需要完成以下操作：按要求筛选出所需数据。

(1) 选择单元格区域 A2:H18，单击“开始”选项卡下的“筛选”按钮(Ctrl＋Shift＋L 组合键)，如图 11-13 所示，系统会在每一列的标题上生成下拉按钮。

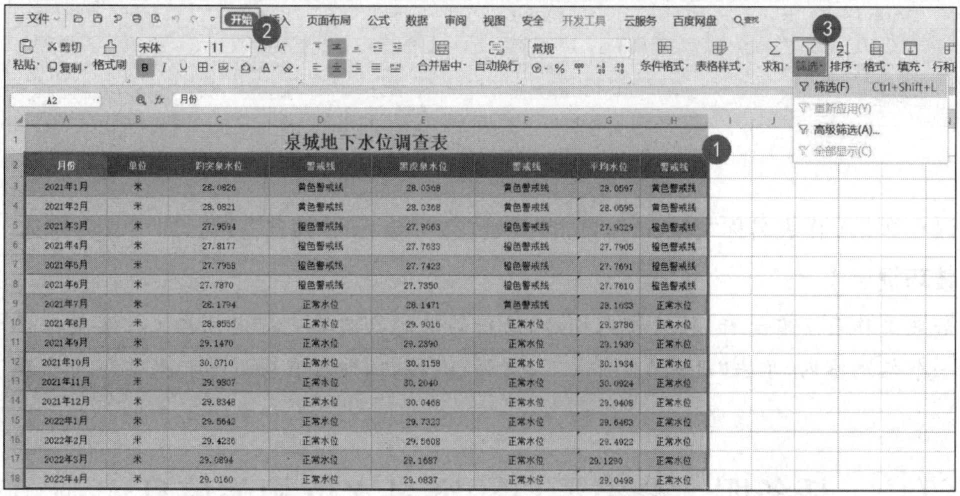

图 11-13　筛选

(2) 单击需要筛选的列标题上的下拉按钮，可弹出下拉菜单，下拉按钮中包含基于本列进行数据筛选的控件和数据。本任务选择“平均水位”列右侧“警戒线”列的下拉按钮，在下拉菜单中取消“全选”复选框，选中“橙色警戒线”复选框，如图 11-14 所示，单击“确定”按钮，完成筛选，如图 11-15 所示。

(3) 单击工作表名称“Sheet1”右侧的 + 按钮，新建工作表“Sheet2”，复制“Sheet1”工作表中筛选出的“橙色警戒线”记录，将这些数据粘贴到“Sheet2”中，并调整工作表格式。

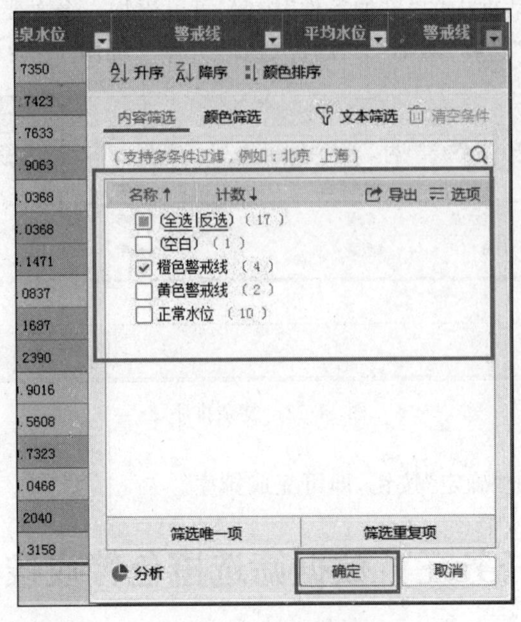

图 11-14　筛选设置

泉城地下水位调查表							
月份	单位	趵突泉水位	警戒线	黑虎泉水位	警戒线	平均水位	警戒线
2021年6月	米	27.7870	橙色警戒线	27.7350	橙色警戒线	27.7610	橙色警戒线
2021年5月	米	27.7958	橙色警戒线	27.7423	橙色警戒线	27.7691	橙色警戒线
2021年4月	米	27.8177	橙色警戒线	27.7633	橙色警戒线	27.7905	橙色警戒线
2021年3月	米	27.9594	橙色警戒线	27.9063	橙色警戒线	27.9329	橙色警戒线

图 11-15　筛选效果

(4) 单击工作表名称“Sheet1”，单击“开始”选项卡下的“筛选”按钮，即可取消筛选。

技巧提示

如果工作表没有大标题，只有列标题，进行筛选时只需要光标定位在工作表数据区域内任意一个单元格内，单击“开始”选项卡下的“筛选”按钮，即可在每列列标题右下角出现下拉按钮。

任务四　分类汇总趵突泉水位相关信息

分类汇总是 WPS 中最常用的功能之一，它能够以某一个字段为分类项，对数据列表中的数值字段进行各种统计计算，如求和、求平均值、求最大值、求最小值、求乘积等。

分类汇总是在排序的基础上进行的，所有进行分类汇总时，先要对汇总字段列进行排序。

在本任务中，需要完成以下操作：按要求对数据进行分类汇总。

为便于区分三列警戒线，将“趵突泉水位”后“警戒线”改为“警戒线 1”，“黑虎泉水位”后“警戒线”改为“警戒线 2”，“平均水位”后“警戒线”改为“警戒线 3”。

(1) 将光标定位在需要排序的趵突泉水位"警戒线 1"一列任意单元格。

(2) 单击"数据"选项卡下"排序"组中的"降序"按钮,工作表即可按照趵突泉水位"警戒线 1"进行降序排列,如图 11-16 所示。

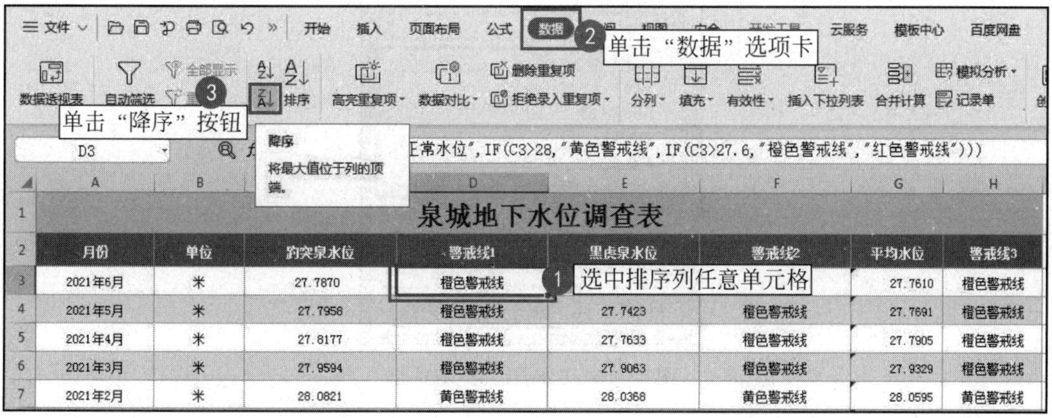

图 11-16　数据排序

(3) 工作表有大标题"泉城地下水位调查表",所以进行分类汇总时,需要拖动鼠标选中需要分类汇总的单元格域 A2:H18。

(4) 单击"数据"选项卡下的"分类汇总"按钮,如图 11-17 所示,系统会自动打开"分类汇总"对话框。

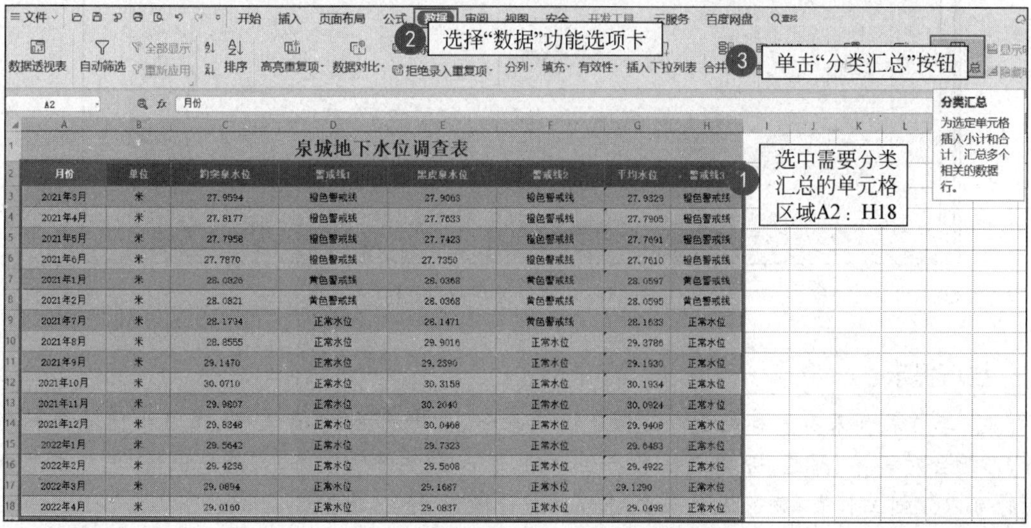

图 11-17　"数据"→"分类汇总"

(5) 在"分类汇总"对话框中,"分类字段"下方下拉列表中选择"警戒线 1","汇总方式"下方下拉列表中选择"平均值","选定汇总项"下方勾选"趵突泉水位"复选框,拖动右侧滑块查看是否还有已勾选的其他选项,取消其他选项的勾选,如图 11-18 所示。

(6) 设置完成后,单击"确定"按钮,即可完成分类汇总统计,如图 11-19 所示。

(7) 新建工作表,命名为"分类汇总",将分类汇总结果复制到新工作表"分类汇总"中。

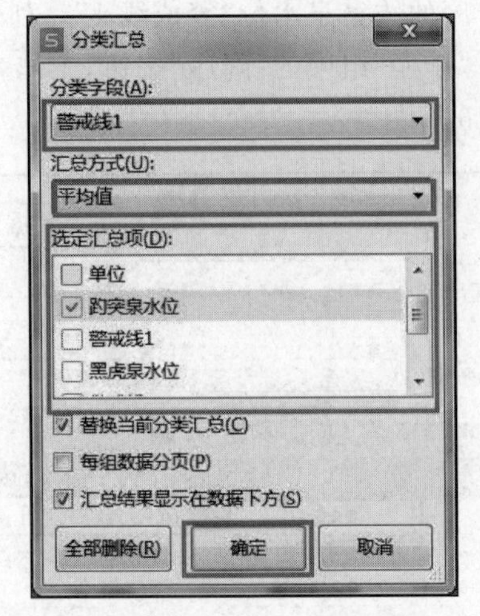

图 11-18 “分类汇总”对话框

	A	B	C	D	E	F	G	H
2	月份	单位	趵突泉水位	警戒线1	黑虎泉水位	警戒线2	平均水位	警戒线3
3	2021年7月	米	28.1794	正常水位	28.1471	黄色警戒线	28.1633	正常水位
4	2022年4月	米	29.0160	正常水位	29.0837	正常水位	29.0498	正常水位
5	2022年3月	米	29.0894	正常水位	29.1687	正常水位	29.1290	正常水位
6	2021年9月	米	29.1470	正常水位	29.2390	正常水位	29.1930	正常水位
7	2021年8月	米	28.8555	正常水位	29.9016	正常水位	29.3786	正常水位
8	2022年2月	米	29.4236	正常水位	29.5608	正常水位	29.4922	正常水位
9	2022年1月	米	29.5642	正常水位	29.7323	正常水位	29.6483	正常水位
10	2021年12月	米	29.8348	正常水位	30.0468	正常水位	29.9408	正常水位
11	2021年11月	米	29.9807	正常水位	30.2040	正常水位	30.0924	正常水位
12	2021年10月	米	30.0710	正常水位	30.3158	正常水位	30.1934	正常水位
13			29.3162	正常水位 平均值				
14	2021年2月	米	28.0821	黄色警戒线	28.0368	黄色警戒线	28.0595	黄色警戒线
15	2021年1月	米	28.0826	黄色警戒线	28.0368	黄色警戒线	28.0597	黄色警戒线
16			28.08235	黄色警戒线 平均值				
17	2021年6月	米	27.7870	橙色警戒线	27.7350	橙色警戒线	27.7610	橙色警戒线
18	2021年5月	米	27.7958	橙色警戒线	27.7423	橙色警戒线	27.7691	橙色警戒线
19	2021年4月	米	27.8177	橙色警戒线	27.7633	橙色警戒线	27.7905	橙色警戒线
20	2021年3月	米	27.9594	橙色警戒线	27.9063	橙色警戒线	27.9329	橙色警戒线
21			27.839975	橙色警戒线 平均值				
22			28.79288468	总平均值				

图 11-19 “分类汇总”效果

技巧提示

① 工作表如果有大标题会或者最下方有求和、求平均值、求最大值、求最小值等非数据行，可能会对排序、筛选、分类汇结果产生影响，所以需要谨慎选择，为避免出错，进行汇总分析时可以复制工作表，删除无关数据行后再进行操作。

② 排序是分类汇总的基础，如果不进行排序，系统将会认为，每一行就是一个类别，这样就失去了分类汇总的意义。

③ 分类汇总的分类字段还可以是其他字段，如“警戒线 2”“警戒线 3”，选择不同的字段会获得不同的分析结果。

④ 分类汇总中的数据是分级显示的，汇总后工作表行号左上方会出现一个分级显示级别标识 1 2 3 。单击标识“1”，在表中只有总计项出现；单击标识“2”，只出现汇总结果，如图 11-20 所示；单击标识“3”，会显示全部汇总结果。

	A	B	C	D	E	F	G	H
1	泉城地下水位调查表							
2	月份	单位	趵突泉水位	警戒线1	黑虎泉水位	警戒线2	平均水位	警戒线3
13			29.3162	正常水位 平均值				
16			28.08235	黄色警戒线 平均值				
21			27.839975	橙色警戒线 平均值				
22			28.79288468	总平均值				
23	平均地下水位	米	28.7825		28.9138			
24								

图 11-20　分级显示汇总结果

⑤ 选中某个分类汇总单元格，会在编辑框中看到其实际内容，由此可以看到，分类汇总实际上是在排序后调用了一个函数 SUBTOTAL。

⑥ 如何将分级“2”汇总结果复制到新的数据表中呢？操作方法是：先选中需要复制的汇总区域(本任务中标识“2”分级下的所有单元格区域)，然后按 Alt＋;(Alt＋分号)组合键选取当前屏幕中显示的内容，按 Ctrl＋C 组合键进行复制，最后在新的工作表中进行粘贴(快捷键：Ctrl＋V)即可完成屏幕显示内容的复制。

⑦ 如果不需要分类汇总了，选中汇总区域任一单元格，单击“数据”选项卡下的“分类汇总”按钮，打开“分类汇总”对话框，单击“全部删除”按钮即可取消分类汇总。

任务五　制作泉水地下水位变化图表

在本任务中，需要完成以下操作：掌握建立图标的方法；对图标中对象的位置、大小及图表的字体进行修饰。

(1) 单击“数据”选项卡下的“分类汇总”按钮，打开“分类汇总”对话框，选择“全部删除”按钮取消任务三分类汇总。

(2) 选中单元格区域 A2:H18，单击“数据”选项卡，单击“排序”按钮下方的下三角按钮，在弹出的下拉菜单中选择“自定义排序”，打开“排序”对话框，“主要关键字”选中“月份”，“排序依据”选择“数值”，“次序”选择“升序”，单击“确定”按钮，如图 11-21 所示，将工作表按月份排序。

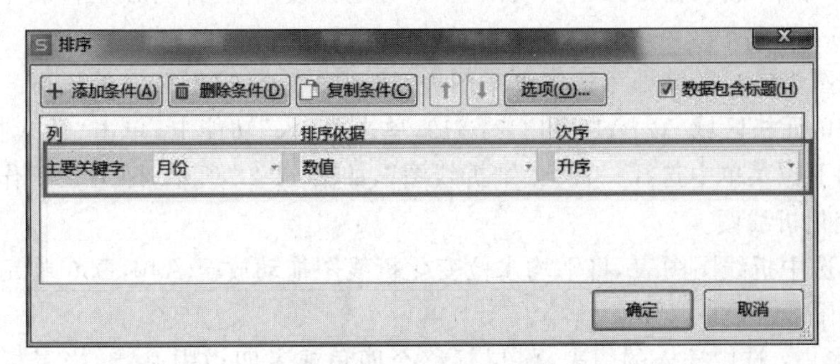

图 11-21　按“月份”排序

(3) 按住 Ctrl 键，鼠标拖动，分别选择制作图表的数据所在的单元格区域 A2:A18、C2:C18 和 E2:E18，如图 11-22 所示。

	A	B	C	D	E	F	G	H
1	泉城地下水位调查表							
2	月份	单位	趵突泉水位	警戒线1	黑虎泉水位	警戒线2	平均水位	警戒线3
3	2021年1月	米	28.0826	黄色警戒线	28.0368	黄色警戒线	28.0597	黄色警戒线
4	2021年2月	米	28.0821	黄色警戒线	28.0368	黄色警戒线	28.0595	黄色警戒线
5	2021年3月	米	27.9594	橙色警戒线	27.9063	橙色警戒线	27.9329	橙色警戒线
6	2021年4月	米	27.8177	橙色警戒线	27.7633	橙色警戒线	27.7905	橙色警戒线
7	2021年5月	米	27.7958	橙色警戒线	27.7423	橙色警戒线	27.7691	橙色警戒线
8	2021年6月	米	27.7870	橙色警戒线	27.7350	橙色警戒线	27.7610	橙色警戒线
9	2021年7月	米	28.1794	正常水位	28.1471	黄色警戒线	28.1633	正常水位
10	2021年8月	米	28.8555	正常水位	29.9016	正常水位	29.3786	正常水位
11	2021年9月	米	29.1470	正常水位	29.2390	正常水位	29.1930	正常水位
12	2021年10月	米	30.0710	正常水位	30.3158	正常水位	30.1934	正常水位
13	2021年11月	米	29.9807	正常水位	30.2040	正常水位	30.0924	正常水位
14	2021年12月	米	29.8348	正常水位	30.0468	正常水位	29.9408	正常水位
15	2022年1月	米	29.5642	正常水位	29.7323	正常水位	29.6483	正常水位
16	2022年2月	米	29.4236	正常水位	29.5608	正常水位	29.4922	正常水位
17	2022年3月	米	29.0894	正常水位	29.1687	正常水位	29.1290	正常水位
18	2022年4月	米	29.0160	正常水位	29.0837	正常水位	29.0498	正常水位
19	平均地下水位	米	28.7929		28.9138			

图 11-22 选择制作图表的数据

(4) 单击“插入”选项卡,单击“全部图表”按钮,系统会打开“图表”对话框,如图 11-23 所示。

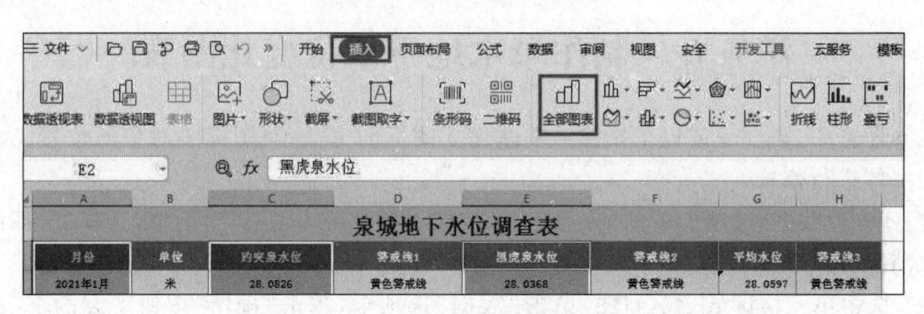

图 11-23 “插入”→“全部图表”

(5) 在“插入图表”对话框中选择左侧“柱形图”项,单击右侧“簇状柱形图”类别,如图 11-24 所示,单击“簇状柱形图”“预设图表”下方的预设图表,即可在工作表中插入一张图表,如图 11-25 所示。

(6) 单击图表空白区域即可选中整个图表,拖动图表至 A22:D38 单元格区域。

(7) 选中单元格区域 A2:A19 和 G2:G19,单击“插入”功能卡,单击“插入折线图”按钮 ,在弹出的下拉菜单中选择一种“二维折线图”,如图 11-26 所示,即可在工作表中插入每月平均水位变化折线图。

(8) 单击选中折线图图表,将平均水位变化折线图拖动放至 A40:D56 单元格区域。

(9) 编辑图表。

① 图表大小:选中插入的图表,将鼠标移至四角或者四边中心点,当鼠标变成黑色双箭头时,拖动鼠标即可调整图表大小。分别适当调整折线图和柱形图的大小,让两个图表盛满所放置的单元格区域。

② 编辑图表标题:单击柱形图中“图表标题”,右击选择“编辑文字”命令,将“图表标题”文本更换为“趵突泉黑虎泉平均水位比较”;单击折线图图表标题文本框“平均水位”,右

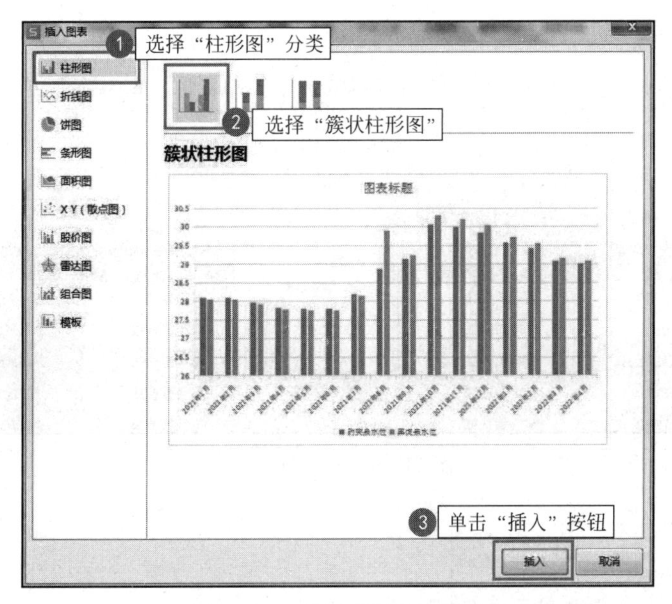

图 11-24　“插入图表”对话框

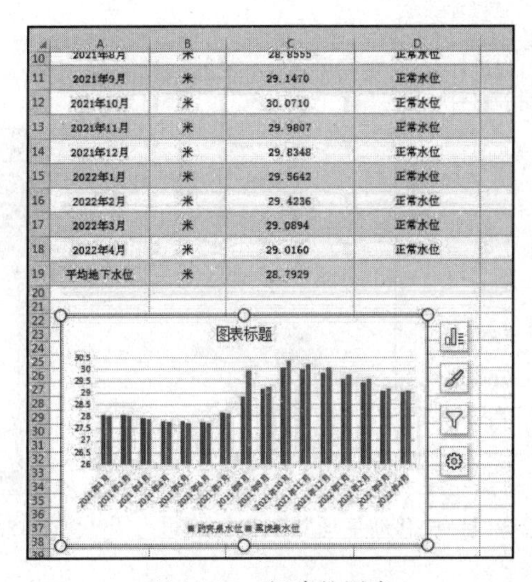

图 11-25　新建的图表

击选择“编辑文字”命令将“平均水位”更改文字为“泉城地下水位每月变化趋势图”。

③ 单击“趵突泉黑虎泉平均水位比较”柱形图，在“图表工具”选项卡中单击“添加元素”按钮，在下拉菜单中选择“趋势线”级联菜单，选择“移动平均”命令，如图 11-27 所示，系统自动弹出“添加趋势线”对话框，选中“趵突泉水位”，单击“确定”按钮，如图 11-28 所示，即可给每月趵突泉水位变化添加一条趋势线。

相同的方法，给黑虎泉水位变化也添加一条趋势线，效果如图 11-29 所示。

④ 双击图表，即可在右侧打开“属性”窗格，单击选中“趵突泉黑虎泉平均水位比较”柱形图的红色柱形，在“属性”窗格中单击“填充与线条”选项，单击“填充”下拉菜单，选中“纯色填充”单选按钮，在下方“颜色”右侧下拉框中选择“橙色”，将红色柱子更改成橙色，如图 11-30 所示。

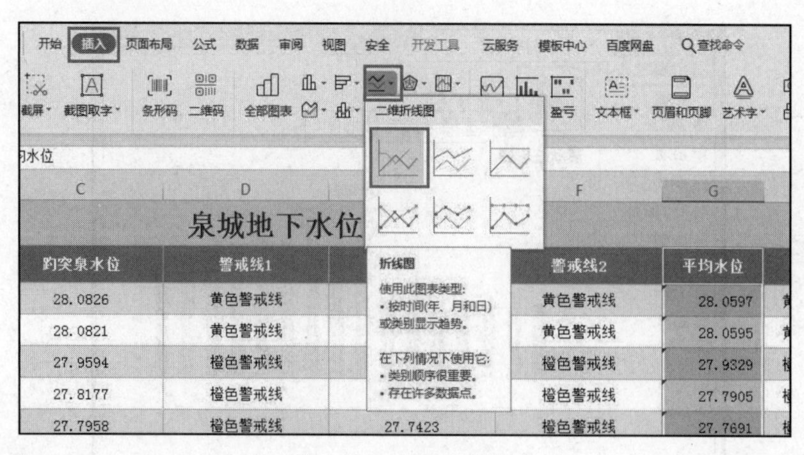

图 11-26 插入折线图

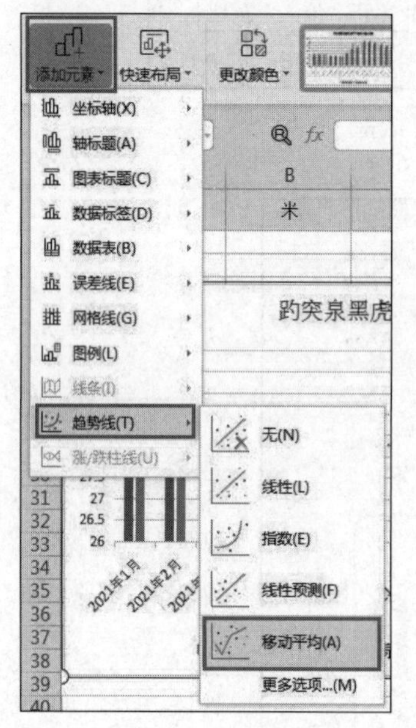

图 11-27 “添加元素”→“趋势线”→“移动平均”

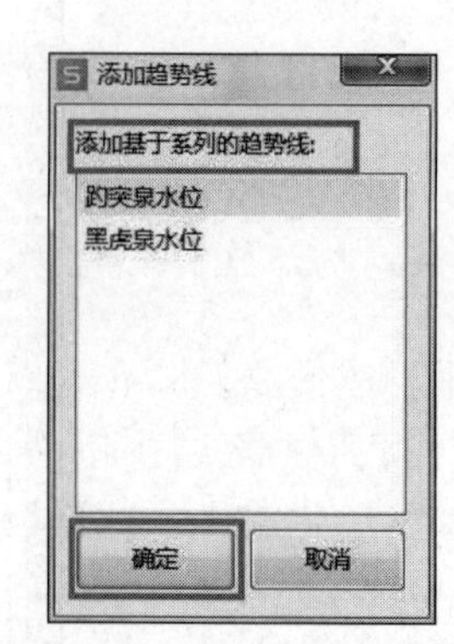

图 11-28 “添加趋势线”对话框

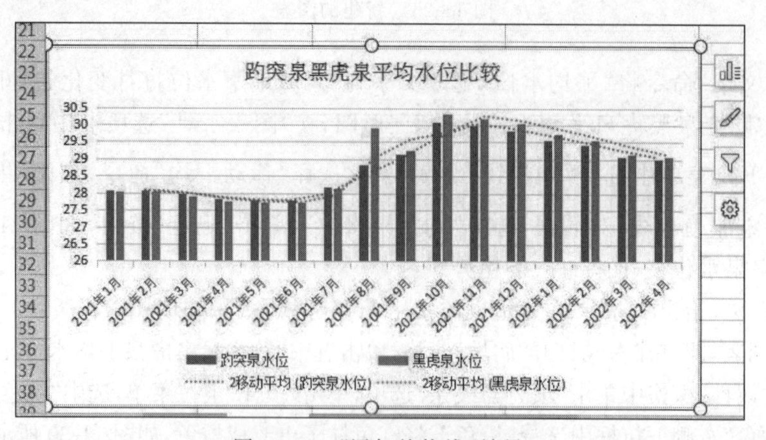

图 11-29 “添加趋势线”效果

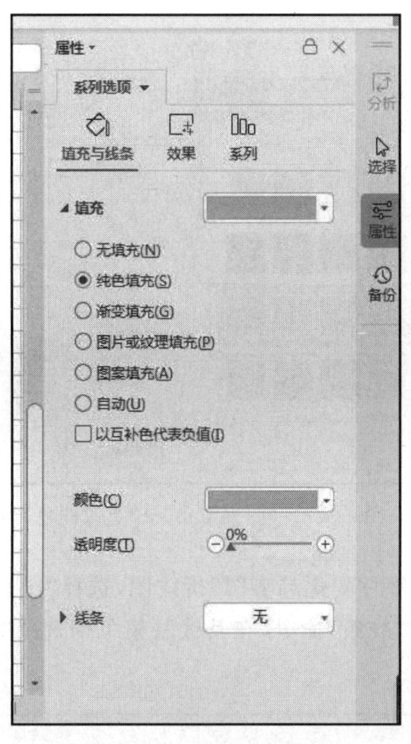

图 11-30　“属性”窗格

⑤ 单击选中“泉城地下水位每月变化趋势图”折线图，在图表右侧会出现“图表元素”按钮、“图表样式”按钮、“图表筛选器”按钮、“设置图表区域格式”按钮等。

单击“图表元素”按钮，在其下拉列表中选择“图表元素”项，勾选“数据标签”复选框，单击其后黑色三角按钮，在其级联菜单中选择“居中”，如图 11-31 所示，为图表添加数据标签。

单击“图标样式”按钮，在其下拉列表中选择“颜色”项，更换图表颜色，如图 11-32 所示。也可以通过“图表工具”选项卡下的“更改颜色”按钮更改图表颜色，如图 11-33 所示。

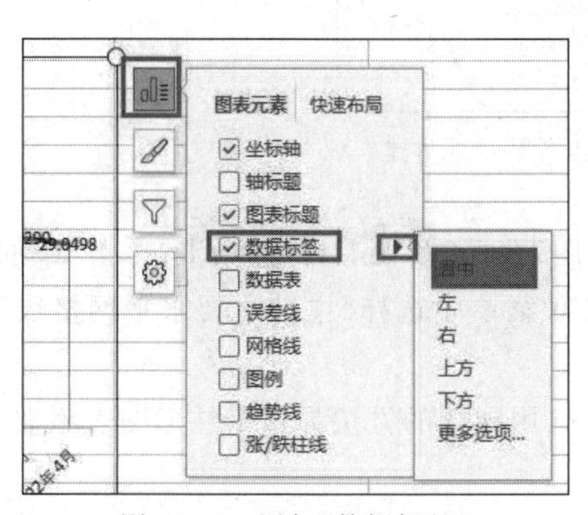

图 11-31　添加“数据标签”

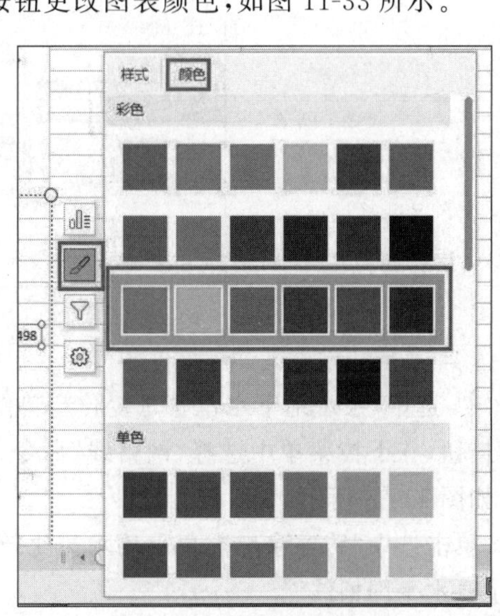

图 11-32　更换图表颜色

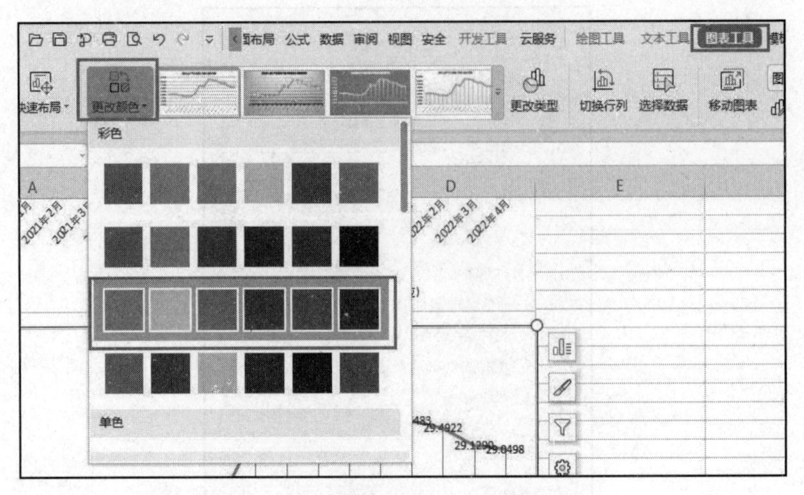

图 11-33 “图表工具”→“更改颜色”

⑥ 选中“泉水地下水位每月变化趋势图”折线图，选择“图表工具”选项卡，单击“添加元素”按钮，在下拉菜单中选择“线条”命令，在其级联菜单中选择“垂直线”命令，如图 11-34 所示，为折线添加垂直线条。

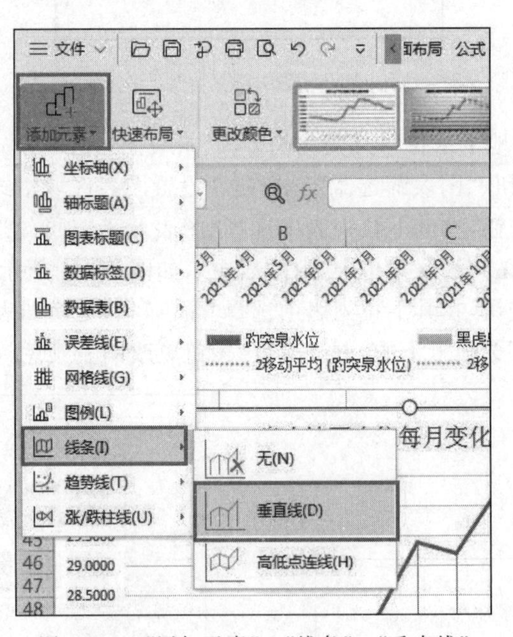

图 11-34 “添加元素”→“线条”→“垂直线”

⑦ 选中“泉水地下水位每月变化趋势图”折线图，选择“图表工具”选项卡，单击“添加元素”按钮，在下拉菜单中选择“网格线”命令，在其级联菜单中选择“主轴主要水平网格线”命令，如图 11-35 所示。

单击选中“趵突泉黑虎泉平均水位比较”柱形图，用同样的方法为这个柱形图表添加“主轴主要水平网格线”。

图表编辑后效果如图 11-36 所示。

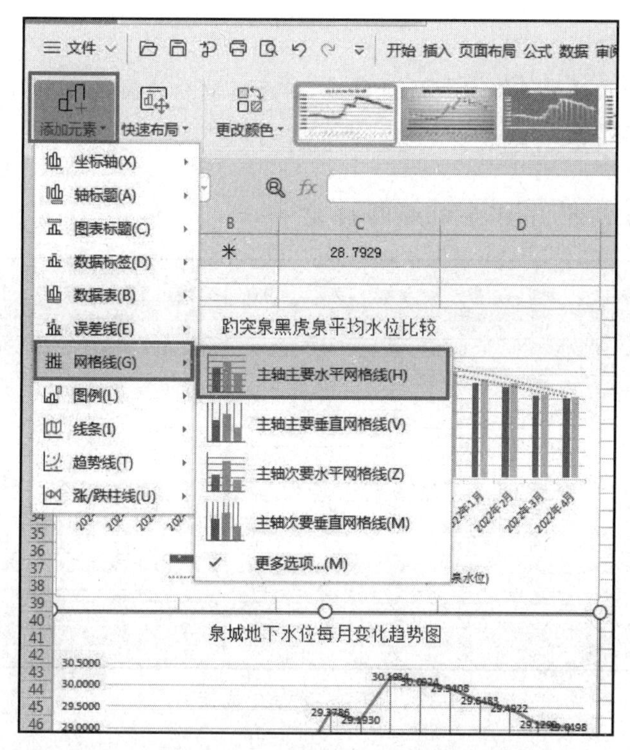

图 11-35　“添加元素”→“网格线”→“主轴主要水平网格线”

图 11-36　图表效果

知识链接

1. 数据排序

WPS 最基本的功能就是对数据进行排序，排序可以分为简单排序、自定义排序，一起来看一下具体的操作步骤。

1）简单排序

以“学生成绩汇总表.xlsx”为例，如图 11-37 所示。

姓名	学号	班级	数学	语文	英语	体育	专业课1	专业课2	总分	平均分	是否合格
张梅	20220101	1班	85	95	60	85	90	95	510	85.00	合格
马彦明	20220102	2班	95	96	80	90	96	88	545	90.83	合格
朝霞	20220103	3班	78	90	60	80	98	85	491	81.83	合格
郑海明	20220104	4班	89	86	65	85	78	88	491	81.83	合格
薛宝宇	20220105	2班	52	60	45	70	60	60	347	57.83	不合格
林思雨	20220106	3班	87	78	80	75	85	84	489	81.50	合格
杜正斌	20220107	4班	92	82	56	88	87	60	465	77.50	合格
徐翰林	20220108	2班	82	80	58	70	68	75	433	72.17	合格
张星晨	20220109	1班	80	89	80	65	70	76	460	76.67	合格
张美丽	20220110	4班	56	55	50	65	70	60	356	59.33	不合格
大白	20220111	3班	78	90	60	80	98	85	491	81.83	合格
贝贝	20220112	2班	52	60	45	70	60	60	347	57.83	不合格
晴空	20220113	1班	87	78	80	70	85	84	484	80.67	合格
可欣	20220114	4班	92	82	56	60	87	60	437	72.83	合格
张艳艳	20220115	2班	82	80	58	75	68	75	438	73.00	合格
吕征	20220116	1班	80	89	80	80	70	76	475	79.17	合格
李大山	20220117	2班	95	96	78	86	96	85	536	89.33	合格
朱明宇	20220118	3班	78	90	60	88	98	85	499	83.17	合格
凤清清	20220119	4班	89	86	65	90	78	88	496	82.67	合格
青峰	20220120	3班	80	98	85	83	95	85	526	87.67	合格

图 11-37 排序案例-学生成绩汇总表

方法一：选择需排序列内的任意单元格，如选择 C2，右击 C2 单元格，在弹出的快捷菜单中选择“排序”选项，在其级联菜单中选“降序”或“升序”，如图 11-38 所示。

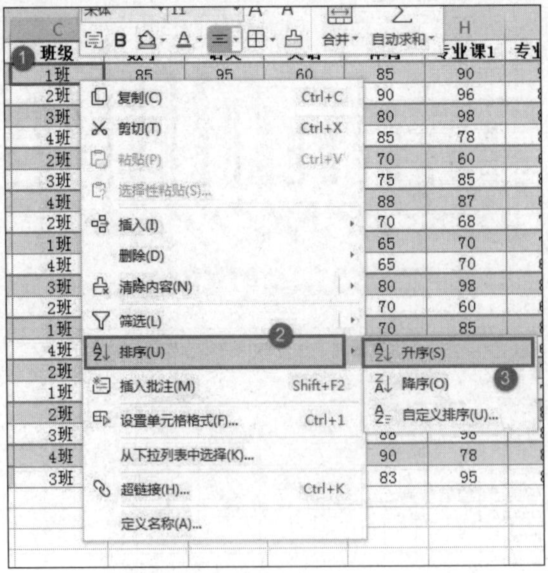

图 11-38 右击打开快捷菜单排序

方法二：选择需要排序列内任意单元格，如 J2，单击“开始”功能选项卡下的“排序”按钮，在其下拉菜单中选择“升序”或“降序”命令，如图 11-39 所示。

文件 开始 插入 页面布局 公式 数据 审阅 视图 安全 开发工具 云服务 模板中心 查找
合并居中 自动换行 常规 条件格式 表格样式 求和 排序 格式 填充 行和列
升序(S)
降序(O)
自定义排序(U)...
J2　=SUM(D2:I2)

	A	B	C	D	E	F	G	H	I	J	K	L
1	姓名	学号	班级	数学	语文	英语	体育	专业课1	专业课2	总分	平均分	是否合格
2	张梅	20220101	1班	85	95	60	85	90	95	510	85.00	合格
3	马彦明	20220102	2班	95	96	80	90	96	88	545	90.83	合格
4	朝霞	20220103	3班	78	90	60	80	98	85	491	81.83	合格

图 11-39　“开始”→“排序”

方法三：选择需要排序列内任意单元格，如 K1，单击“数据”功能选项卡下的“升序”或“降序”按钮，如图 11-40 所示。

文件 开始 插入 页面布局 公式 数据 审阅 视图 安全 开发工具 云服务 模板中心 查找
数据透视表 自动筛选 全部显示 重新应用 排序 高亮重复项 数据对比 删除重复项 拒绝录入重复项 分列 填充 有效性 插入下拉列表 合并计算 模拟分析 记录单
升序
将最小值位于列的顶端。
K1

	A	B	C	D	E	F	G	H	I	J	K	L
1	姓名	学号	班级	数学	语文	英语	体育	专业课1	专业课2	总分	平均分	是否合格
2	张梅	20220101	1班	85	95	60	85	90	95	510	85.00	合格
3	马彦明	20220102	2班	95	96	80	90	96	88	545	90.83	合格

图 11-40　“数据”→“排序”

方法四：添加筛选按钮进行排序。①光标定位在工作表数据区域任意单元格，单击“开始”选项卡下“筛选”按钮下方的下三角按钮，在其下拉菜单中选择“筛选”(Ctrl+Shift+L 组合键)，或者单击“数据”选项卡下的“自动筛选”按钮，工作表每一列标题右下角出现按钮。②单击需要排序列的按钮，在其下拉菜单中单击“升序”或“降序”按钮，如图 11-41 所示。

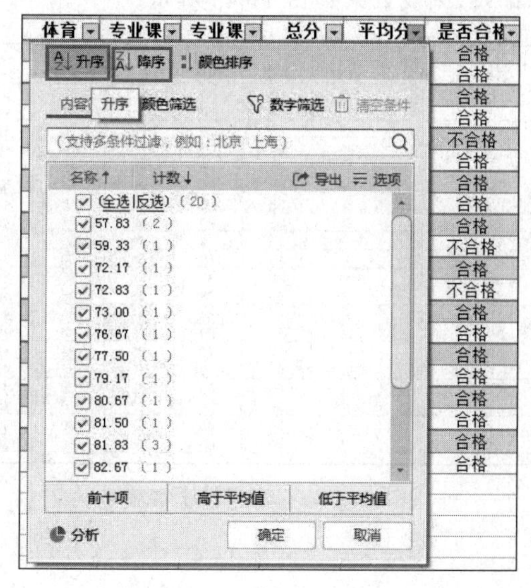

图 11-41　“筛选”→“排序”

2）自定义排序

简单的自定义排序只需要打开“排序”对话框，设置其中排序条件即可，以“学生成绩汇总表”为例,操作步骤如下。

(1) 以下三种方法任选一种打开“排序”对话框。

方法一:右击数据区域任意单元格,在下拉列表中选择“排序”命令,在其级联菜单中选择“自定义排序”命令,打开“排序”对话框。

方法二:选中工作表数据区任意单元格,单击“开始”选项卡下“排序”按钮下方的下三角按钮,在下拉菜单中选择“自定义排序”命令,打开“排序”对话框。

方法三:单击“数据”选项卡下“排序”按钮下方的下三角按钮,打开“排序”对话框。

(2) 在“排序”对话框中,设置“主要关键字”为“班级”,“排序依据”设置为“数值”,“次序”设置为“升序”。

(3) 单击“添加条件”按钮,在“主要关键字”下方添加一行“次要关键字”,设置“次要关键字”为“总分”,“排序依据”为“数值”,“次序”设置为“降序”,如图11-42所示。

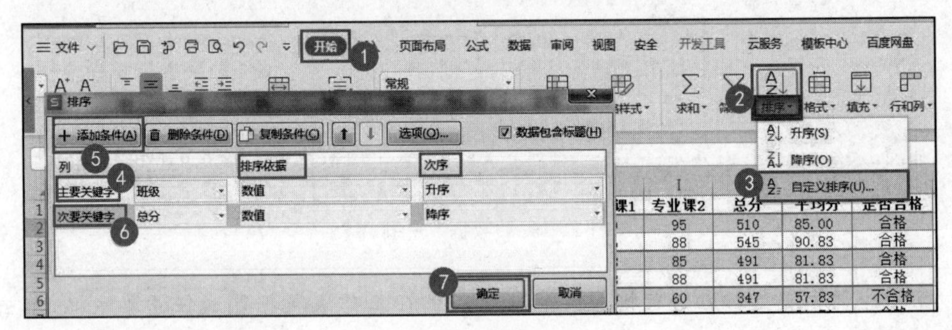

图11-42 自定义排序

(4) 设置完成后,单击“确定”按钮,即可实现按照主要关键字升序排列,主要关键字相同时,按次要关键字降序排列,完成效果如图11-43所示。

	A	B	C	D	E	F	G	H	I	J	K	L
1	姓名	学号	班级	数学	语文	英语	体育	专业课1	专业课2	总分	平均分	是否合格
2	张梅	20220101	1班	85	95	60	85	90	95	510	85.00	合格
3	晴空	20220113	1班	87	78	80	70	85	84	484	80.67	合格
4	吕征	20220116	1班	80	89	80	80	70	76	475	79.17	合格
5	张星晨	20220109	1班	80	89	80	65	70	76	460	76.67	合格
6	马彦明	20220102	2班	95	96	80	90	96	88	545	90.83	合格
7	李大山	20220117	2班	95	96	78	86	96	85	536	89.33	合格
8	张艳艳	20220115	2班	82	80	58	75	68	75	438	73.00	合格
9	徐翰林	20220108	2班	82	80	58	70	68	75	433	72.17	合格
10	薛宝宇	20220105	2班	52	60	45	70	60	60	347	57.83	不合格
11	贝贝	20220112	2班	52	60	45	70	60	60	347	57.83	不合格
12	青峰	20220120	3班	80	98	85	83	95	85	526	87.67	合格
13	朱明宇	20220118	3班	78	90	60	88	98	85	499	83.17	合格
14	朝霞	20220103	3班	78	90	60	80	98	85	491	81.83	合格
15	大白	20220111	3班	78	90	60	80	98	85	491	81.83	合格
16	林思雨	20220106	3班	87	78	80	75	85	84	489	81.50	合格
17	凤清清	20220119	4班	89	86	65	90	78	88	496	82.67	合格
18	郑海明	20220104	4班	89	86	65	85	78	88	491	81.83	合格
19	杜正斌	20220107	4班	92	82	56	88	87	60	465	77.50	合格
20	可欣	20220114	4班	92	82	56	60	87	60	437	72.83	合格
21	张美丽	20220110	4班	56	55	50	65	70	60	356	59.33	不合格

图11-43 自定义排序效果

3) 自定义序列排序

当进行排序的数据不是按照数据的大小排序,而是按照月份、系部、部门、星期等与数据没有直接关系的序列排序,需要重新定义序列进行排序。下面还是以“学生成绩汇总表”为例,学习自定义序列排序。

（1）在“学生成绩汇总表”中，将每个班级的序号更改为汉字，即“一班”“二班”“三班”“四班”，然后，按照自定义排序的方法打开“排序”对话框。

（2）因为前面对“学生成绩汇总表”进行了自定义排序，首先选中“排序”对话框中的“次要关键字”，然后单击“删除条件”按钮，删除“次要关键字”。

（3）在“排序”对话框中，设置排序“主要关键字”为“班级”，单击“次序”下拉按钮，在下拉菜单中选择“自定义序列”命令，如图 11-44 所示，打开“自定义序列”对话框。

图 11-44　“自定义序列”命令

（4）打开“自定义序列”对话框，在“输入序列”下方的编辑框中输入“一班，二班，三班，四班”，班级之间需要使用英文状态下的逗号隔开；输入完成后，单击“添加”按钮，如图 11-45 所示，输入的新班级序列就被添加到“次序”条件中了，单击“确定”按钮，如图 11-46 所示。

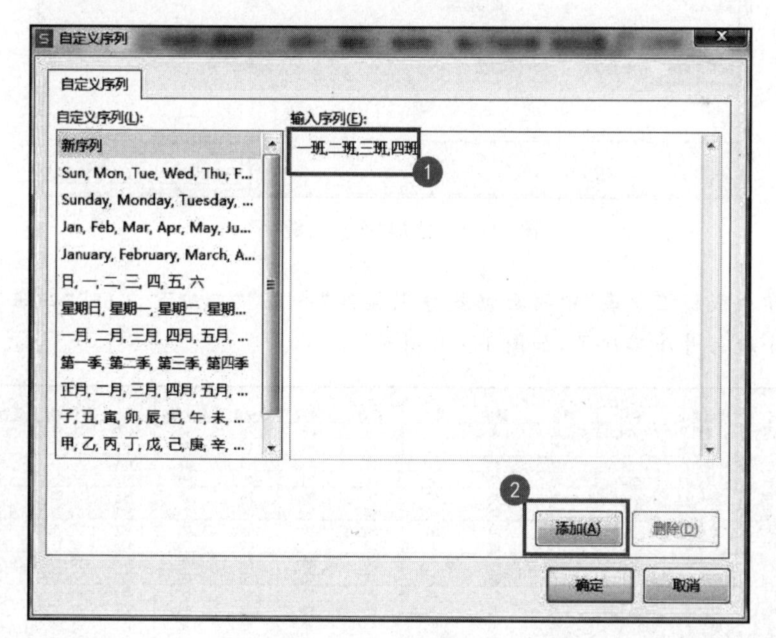

图 11-45　输入序列

（5）返回“排序”对话框中，单击“添加条件”按钮，添加“次要关键字”。

（6）设置“次要关键字”为“专业课 1”，“排序依据”设为“数值”，“次序”设置为“升序”，设置完成后单击“确定”按钮，如图 11-47 所示。

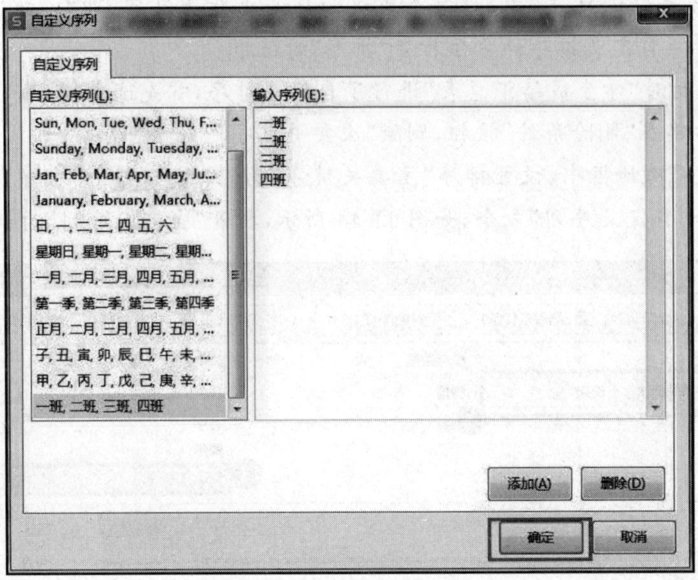

图 11-46　确定序列

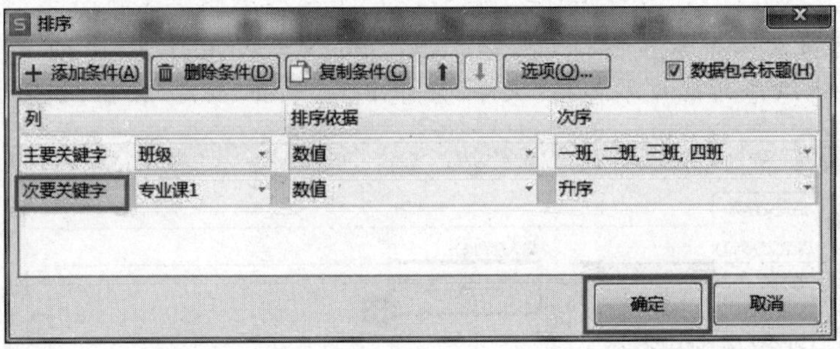

图 11-47　添加“次要关键字”

此时，“学生成绩汇总表”中的数据就分别按照“一班”“二班”“三班”“四班”的“专业课1”分数的大小进行升序排序了，如图 11-48 所示。

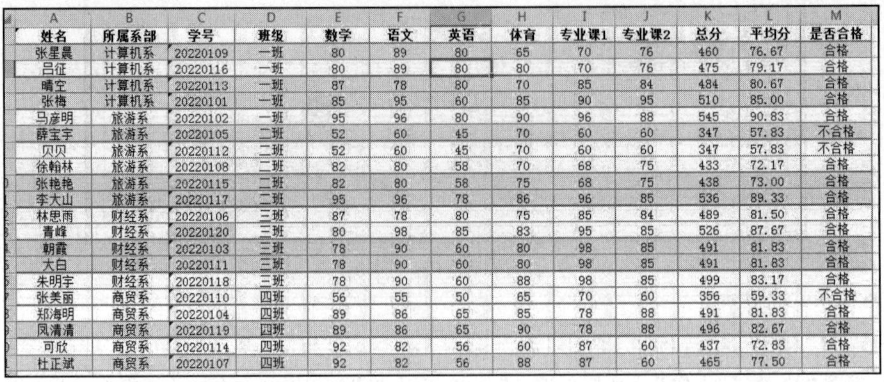

姓名	所属系部	学号	班级	数学	语文	英语	体育	专业课1	专业课2	总分	平均分	是否合格
张星晨	计算机系	20220109	一班	80	89	80	65	70	76	460	76.67	合格
吕征	计算机系	20220116	一班	80	89	80	80	70	76	475	79.17	合格
晴空	计算机系	20220113	一班	87	78	80	70	85	84	484	80.67	合格
张梅	计算机系	20220101	一班	85	95	60	85	90	95	510	85.00	合格
马彦明	旅游系	20220102	一班	95	96	80	90	96	88	545	90.83	合格
薛宝宇	旅游系	20220105	二班	52	60	45	70	60	60	347	57.83	不合格
贝贝	旅游系	20220112	二班	52	60	45	70	60	60	347	57.83	不合格
徐翰林	旅游系	20220108	二班	82	80	58	70	68	75	433	72.17	合格
张艳艳	旅游系	20220115	二班	82	80	58	75	68	75	438	73.00	合格
李大山	旅游系	20220117	二班	95	96	78	86	96	85	536	89.33	合格
林思雨	财经系	20220106	三班	87	78	80	75	85	84	489	81.50	合格
青峰	财经系	20220120	三班	80	98	85	83	95	85	526	87.67	合格
朝霞	财经系	20220103	三班	78	90	60	80	98	85	491	81.83	合格
大白	财经系	20220111	三班	78	90	60	80	98	85	491	81.83	合格
朱明宇	财经系	20220118	三班	78	90	60	88	98	85	499	83.17	合格
张美丽	商贸系	20220110	四班	56	55	50	65	70	60	356	59.33	不合格
郑海明	商贸系	20220104	四班	89	86	65	85	78	88	491	81.83	合格
凤清清	商贸系	20220119	四班	89	86	65	90	78	88	496	82.67	合格
可欣	商贸系	20220114	四班	92	82	56	60	87	60	437	72.83	合格
杜正斌	商贸系	20220107	四班	92	82	56	88	87	60	465	77.50	合格

图 11-48　“自定义序列排序”效果

技巧提示

WPS表格排序不一定要按照“列”排序，还可以按照“行”排序。操作方法是，先打开“排序”对话框，在“排序”对话框中单击“选项”按钮，打开“排序选项”对话框，在此对话框中勾选“方向”下面的“按行排序”单选按钮，单击“确定”按钮，即可实现按行排序。

同样，在“排序选项”对话框中还可以设置排序的方式，“拼音排序”“笔画排序”“区分大小写”等，如图11-49所示。

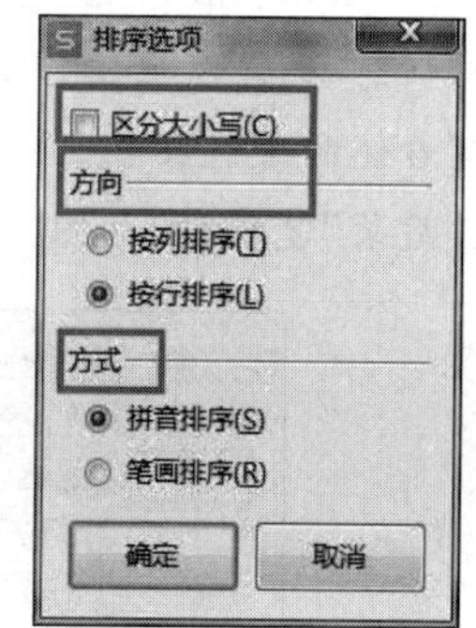

图11-49　排序选项

2. 数据筛选

WPS表格筛选功能可以在众多数据中根据需求快速筛选找到需要的数据，筛选时将不满足条件的数据暂时隐藏起来，只显示符合条件的数据。筛选功能包括自动筛选、自定义筛选和高级筛选。如果进行简单的筛选，如筛选出大于某个数或小于某个数的数据，使用简单筛选功能即可；如果要筛选出符合某条件的数据，就需要用到自定义筛选或高级筛选功能。

以“抗疫保供商品销售情况统计表”为例进行数据筛选，如图11-50所示。

抗疫保供商品销售情况统计表

商品编号	商品名称	商品类别	规格型号	期初库存数量	本月进货量	订单号	单价(元)	本月出货数量	总价（元）	销售工号	销售员	月末结存数量
6540102161	蔬菜组合礼包	蔬菜	10.2斤装	200	1000	AS01001	92	800	73600	7365	张拼	400
6540102162	山东圣女果精选	水果	5斤装	300	1000	AS01002	50	900	45000	7366	朝云	400
6540102163	新鲜蔬菜组合	蔬菜	4种5斤装	400	1000	AS01003	31	900	27900	7367	王丝	500
6540102164	贝贝南瓜	蔬菜	3Kg/盒	300	800	AS01004	76	1000	76000	7368	张虹	100
6540102165	山东紫罗兰紫薯	蔬菜	5斤/盒	300	1000	AS01005	22	1280	28160	7365	张拼	20
6540102166	国产香蕉	水果	5斤/盒	400	1000	AS01006	17	1200	20400	7366	朝云	200
6540102167	普罗旺斯西红柿	蔬菜	5斤/盒	200	800	AS01007	39	900	35100	7367	王丝	100
6540102168	海南小台芒	水果	9斤/箱	100	800	AS01008	49	900	44100	7368	张虹	0
6540102169	海南三亚贵妃芒果	水果	优先 10斤/箱	100	600	AT01001	40	650	26000	7366	朝云	50
6540102170	有机蔬菜套装	蔬菜	8斤/礼盒	200	1000	AT01002	175	1000	175000	7368	张虹	200
6540102171	陕西阎良甜瓜	水果	精选 9斤/箱	300	1000	AT01003	40	1200	48000	7365	张拼	100
6540102172	蔬菜水果组合	蔬果	18斤/箱	200	1000	AT01004	199	1200	238800	7368	张虹	0
6540102173	新鲜蔬菜包	蔬菜	13斤/箱	100	1000	AT01005	129	1050	135450	7367	王丝	50
6540102174	正大 营养套餐	肉食	5.32kg/箱 鸡胸肉、鸡翅中、老母鸡、盐酥鸡、上好椒脆皮鸡、蜀迷小酥肉	100	1000	AT01006	200	1000	200000	7368	张虹	100
6540102175	新鲜蔬菜套餐	蔬菜	12种蔬菜 22斤/箱	100	1000	AT01007	200	800	160000	7367	王丝	300
6540102176	散养土鸡蛋		60枚/箱	100	1000	AT01008	69.9	1000	69900			100
6540102177	油米面调味品组合装	粮油	金龙鱼花生油 5升 长粒香米 5kg 金龙鱼麦芯小麦粉2.5kg 丸庄黑豆高鲜酱油550g 梁汾山西老陈醋550g	100	1000	AT01009	200	1100	220000	7366	朝云	0
6540102178	伊利舒化奶	乳制品	220ml*12盒/箱	100	1500	AT01010	50	1600	80000	7366	张虹	0

图11-50　抗疫保供商品销售情况统计表

注意：工作表中如果存在合并的标题行会影响筛选操作，可以隐藏合并的标题行或者将需要筛选的数据复制到新工作表中，再进行筛选。

这里复制数据到新工作表中，方法为：新建工作表，命名为“商品销售情况筛选”，选中工作表“抗疫保供商品销售情况统计表”数据单元格区域A2:M19，进行复制，然后将复制的数据粘贴到新建的工作表“商品销售统计表筛选”中，并调整数据格式。

1）自动筛选

自动筛选是一个易于操作且经常使用的功能，操作方法如下。

（1）选择数据工作表“商品销售统计表筛选”中的任意一个单元格，执行下列操作之一，给工作表数据各列添加下拉按钮。

方法一：单击“开始”选项卡，单击“筛选”按钮上部。

方法二：单击“开始”选项卡，单击“筛选”按钮黑色下拉三角区域，在下拉菜单中选择

“筛选”命令。

方法三：单击“数据”选项卡，单击“筛选”按钮。

方法四：右击选中单元格→选择“筛选”命令→在其级联菜单中选择“筛选”命令。

(2) 执行以上操作之后，工作表各标题字段右侧会出现一个下拉按钮，单击“商品类别”右侧的筛选按钮，在弹出的下拉列表中，选择“内容筛选”项，取消勾选“全选”复选框，勾选“蔬菜”复选框，如图11-51所示。

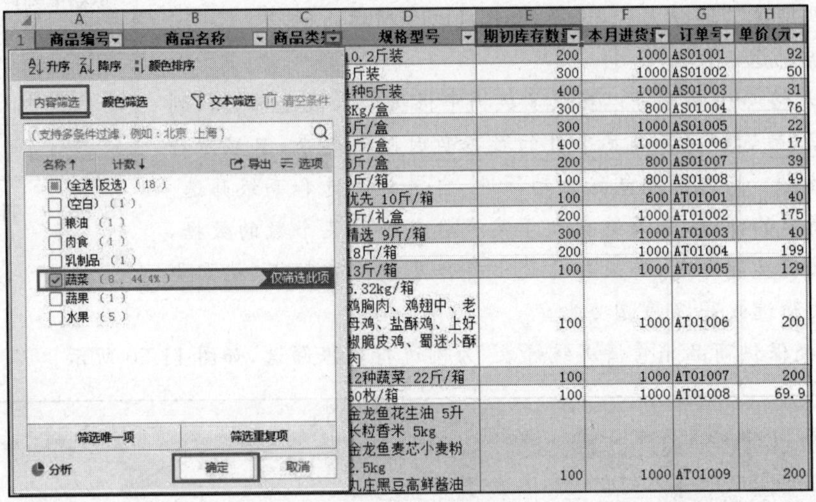

商品编号	商品名称	商品类别	规格型号	期初库存数量	本月进货	订单号	单价(元
			10.2斤装	200	1000	AS01001	92
			5斤装	300	1000	AS01002	50
			4种5斤装	400	1000	AS01003	31
			3Kg/盒	300	800	AS01004	76
			5斤/盒	300	1000	AS01005	22
			5斤/盒	400	1000	AS01006	17
			5斤/盒	200	800	AS01007	39
			9斤/箱	100	800	AS01008	49
			优先 10斤/箱	100	600	AT01001	40
			8斤/礼盒	200	1000	AT01002	175
			精选 9斤/箱	300	1000	AT01003	40
			18斤/箱	200	1000	AT01004	199
			13斤/箱	100	1000	AT01005	129
			5.32kg/箱 鸡胸肉、鸡翅中、老母鸡、盐酥鸡、上好椒脆皮鸡、蜀迷小酥肉	100	1000	AT01006	200
			12种蔬菜 22斤/箱	100	1000	AT01007	200
			60枚/箱	100	1000	AT01008	69.9
			金龙鱼花生油 5升 长粒香米 5kg 金龙鱼麦芯小麦粉 2.5kg 丸庄黑豆高鲜酱油	100	1000	AT01009	200

升序 降序 颜色排序
内容筛选 颜色筛选 文本筛选 清空条件
(支持多条件过滤，例如：北京 上海)
名称↑ 计数↓ 导出 选项
(全选|反选) (18)
(空白) (1)
粮油 (1)
肉食 (1)
乳制品 (1)
蔬菜 (8, 44.4%) 仅筛选此项
蔬果 (1)
水果 (5)
筛选唯一项 筛选重复项
分析 确定 取消

图11-51 自动筛选

(3) 单击“确定”按钮后，就可以筛选出商品类别为“蔬菜”的商品数据。

(4) 要取消筛选，再次执行第(1)步的四种方法中的任意一种即可清除筛选结果，显示出所有的数据。

2) 自定义筛选

在WPS表格中，自定义筛选可以筛选出等于、大于、小于、不等于某数等条件的数据，还可以通过“或”或者“与”这样的逻辑用语筛选数据。

(1) 与自动筛选相同，要进行自定义筛选，首先要在各标题列显示出筛选按钮。

(2) 单击标题“月末结存数量”右侧筛选按钮，在弹出的下拉菜单中单击“数字筛选”项，选择“小于或等于”命令，如图11-52所示，即可打开“自定义自动筛选方式”对话框。

(3) 在“自定义自动筛选方式”对话框的“小于或等于”后面的编辑框中输入数值“50”。

(4) 单击“确定”按钮，如图11-53所示，WPS表中所有“月末结存数量”小于或等于50的商品数据就被筛选了出来。

单击“开始”选项卡，单击“筛选”按钮下方的下三角按钮，在下拉菜单中选择“全部显示”，显示出全部数据。

“数字筛选”的条件除了给出的选择外，还可以“自定义筛选”。方法是：单击“月结存数量”标题所在单元格右侧的筛选按钮，单击“数字筛选”按钮，在弹出的下拉菜单中选择“自定义筛选”选项，如图11-54所示。打开“自定义自动筛选方式”对话框，在此对话框中设置“小于或等于”数值为“100”，勾选“或”单选按钮，单击下方左侧的下三角按钮，设置“大于”数值为“400”，如图11-55所示。单击“确定”按钮，即可筛选出“月结存数量”小于或等于100

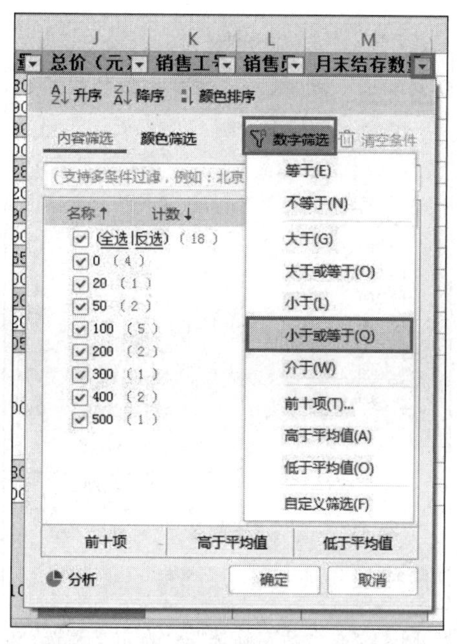

图 11-52　“数字筛选”→“小于或等于”

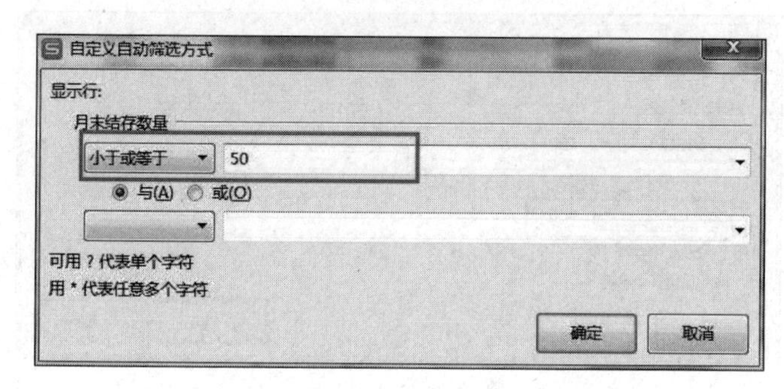

图 11-53　“自定义自动筛选”→“小于或等于”

或者大于 400 的数据，如图 11-56 所示。

3）高级筛选

使用 WPS 高级筛选功能可以根据用户在 WPS 表格中自定义的筛选条件，显示出符合条件的数据，用于复杂筛选条件的数据筛选，方法是先在 WPS 表格中设置筛选条件，然后利用高级筛选功能筛选出符合条件的数据。

(1) 在距离工作表内原始数据区域至少一行或者一列的空白单元格区域输入筛选条件，如图 11-57 所示，根据图中的筛选条件，需要筛选出商品类别为“蔬菜”，并且“月末结存数量”小于 100 的商品数据和商品类别为“水果”，并且“月末结存数量”小于 200 的商品数据。

(2) 选择需要筛选的数据区域任意单元格，如 F2，执行下列操作之一，打开“高级筛选”对话框。

方法一：单击“开始”选项卡，单击“筛选”按钮下方下三角按钮，在弹出的下拉菜单中选择“高级筛选”命令，如图 11-58 所示。

方法二：右击需要筛选的数据区域任意单元格，在弹出的快捷菜单中选择“筛选”命令，

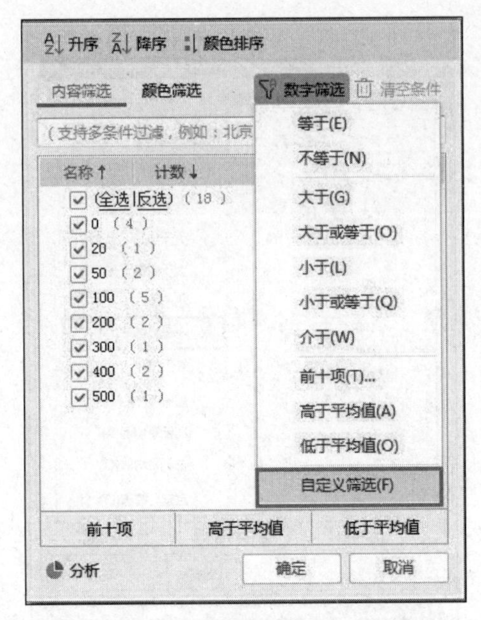

图 11-54 “数字筛选”→“自定义筛选”

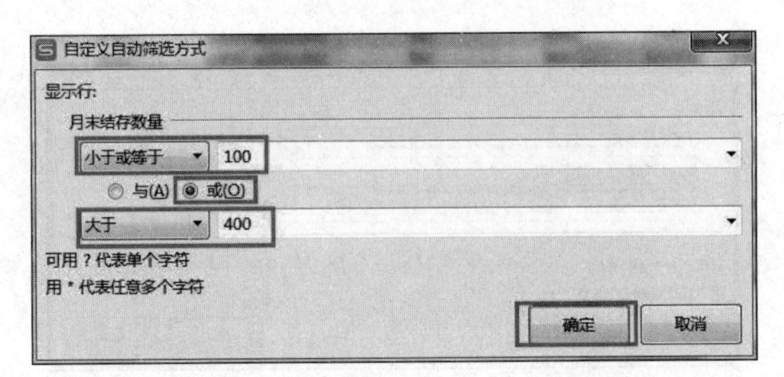

图 11-55 “数字筛选”→自定义筛选条件

商品名称	商品类别	规格型号	期初库存数	本月进货	订单	单价(元	本月出货数	总价（元）	销售工	销售	月末结存数
新鲜蔬菜组合	蔬菜	4种5斤装	400	1000	AS01003	31	900	27900	7367	王丝	500
贝贝南瓜	蔬菜	3Kg/盒	300	800	AS01004	76	1000	76000	7368	张虹	100
山东紫罗兰紫薯	蔬菜	5斤/盒	300	1000	AS01005	22	1280	28160	7365	张琳	20
普罗旺斯西红柿	蔬菜	5斤/盒	200	800	AS01007	39	900	35100	7367	王丝	100
海南小台芒	水果	9斤/箱	100	800	AS01008	49	900	44100	7368	张虹	0
海南三亚贵妃芒果	水果	优先 10斤/箱	100	600	AT01001	40	650	26000	7366	朝云	50
陕西阎良甜瓜	水果	精选 9斤/箱	300	1000	AT01003	40	1200	48000	7365	张琳	100
蔬菜水果组合	蔬果	18斤/箱	200	1000	AT01004	199	1200	238800	7368	张虹	0
新鲜蔬菜包	蔬菜	13斤/箱	100	1000	AT01005	129	1050	135450	7367	王丝	50
正大 营养套餐	肉食	5.32kg/箱 鸡胸肉、鸡翅中、老母鸡、盐酥鸡、上好椒脆皮鸡、蜀迷小酥肉	100	1000	AT01006	200	1000	200000	7368	张虹	100
散养土鸡蛋		60枚/箱	100	1000	AT01008	69.9	1000	69900			100
油米面调味品组合装	粮油	金龙鱼花生油 5升 长粒香米 5kg 金龙鱼麦芯小麦粉 2.5kg 丸庄黑豆高鲜酱油 550g 梁汾山西老陈醋 550g	100	1000	AT01009	200	1100	220000	7366	朝云	0
伊利舒化奶	乳制品	220ml*12盒/箱	100	1500	AT01010	50	1600	80000	7366	张虹	0

图 11-56 “自定义筛选”结果

在其级联菜单中选择“高级筛选”命令，如图 11-59 所示。

6540102171	陕西阎良甜瓜	水果	精选 9斤/箱	300	1000	AT01003	40	1200	48000	7365	张琳	100
6540102172	蔬菜水果组合	蔬果	18斤/箱	200	1000	AT01004	199	1200	238800	7368	张虹	0
6540102173	新鲜蔬菜包	蔬菜	13斤/箱	100	1000	AT01005	129	1050	135450	7367	王丝	50
6540102174	正大 营养套餐	肉食	5.32kg/箱 鸡胸肉、鸡翅中、老母鸡、盐酥鸡、上好椒脆皮鸡、蜀迷小酥肉	100	1000	AT01006	200	1000	200000	7368	张虹	100
6540102175	新鲜蔬菜套餐	蔬菜	12种蔬菜 22斤/箱	100	1000	AT01007	200	800	160000	7367	王丝	300
6540102176	散养土鸡蛋		60枚/箱	100	1000	AT01008	69.9	1000	69900			100
6540102177	油米面调味品组合装	粮油	金龙鱼花生油 5升 长粒香米 5kg 金龙鱼麦芯小麦粉 2.5kg 丸庄黑豆高鲜酱油 550g 梁汾山西老陈醋 550g	100	1000	AT01009	200	1100	220000	7366	朝云	0
6540102178	伊利舒化奶	乳制品	220ml*12盒/箱	100	1500	AT01010	50	1600	80000	7366	张虹	0
				商品类别	月末结存数量							
				蔬菜	<100							
				水果	<200							

图 11-57 输入筛选条件

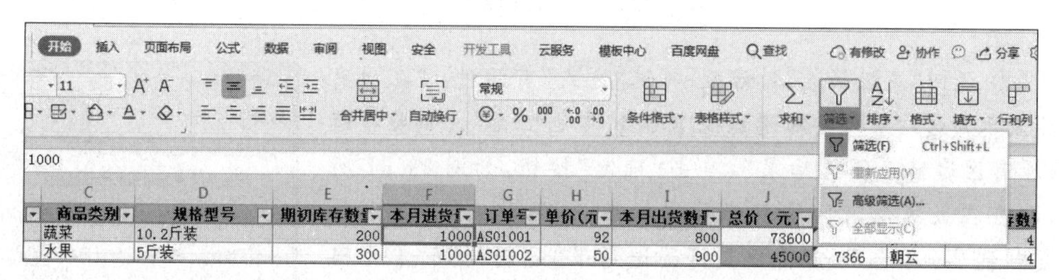

图 11-58 “开始”→“筛选”→“高级筛选”

图 11-59 右击→“高级筛选”

(3) 在打开的“高级筛选”对话框中，确定“列表区域”右侧编辑框中的单元格区域是否是需要筛选的全部数据区域，单击“条件区域”编辑框右侧的折叠区域按钮，按住鼠标拖动选择第(1)步输入的条件单元格区域，如图 11-60 所示。

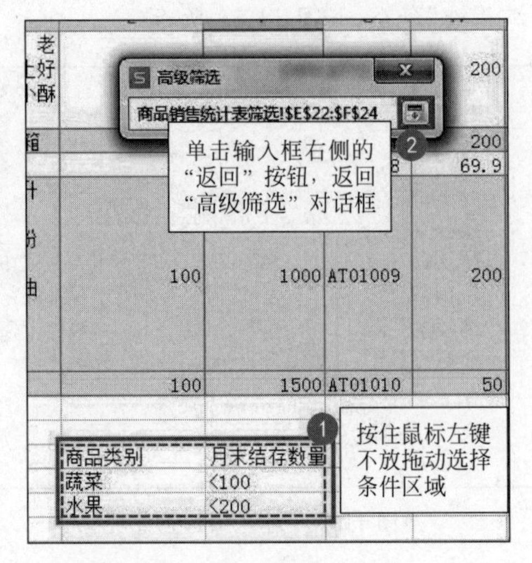

图 11-60　选择条件区域

(4) 返回“高级筛选”对话框，筛选“方式”有两种：“在原有区域显示筛选结果”“将筛选结果复制到其他位置”。如果勾选“在原有区域显示筛选结果”，单击“确定”按钮，如图 11-61 所示，即可在数据原有区域显示筛选结果；如果勾选“将筛选结果复制到其他位置”，需要设置将筛选结果“复制到”的单元格区域，方法是：单击“复制到”右侧的折叠区域按钮，单击选择需要存放筛选结果的空白单元格区域的左上角单元格，如图 11-62所示，返回“高级筛选”对话框，如图 11-63 所示，设置完成后，单击“确定”按钮。

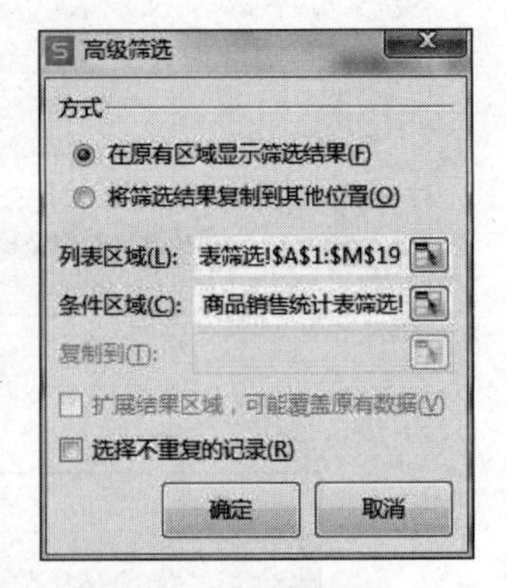

图 11-61　“高级筛选”→原有区域

(5) 此时，“月末结存数量”小于 100 的蔬菜数据和“月末结存数量”小于 200 的水果数据便被筛选出来了，如图 11-64 所示。

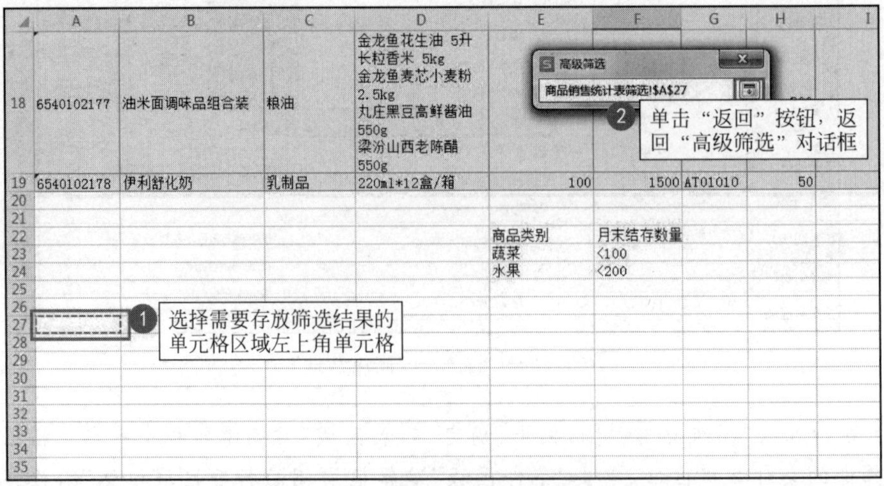

图 11-62　选择存放筛选结果单元格

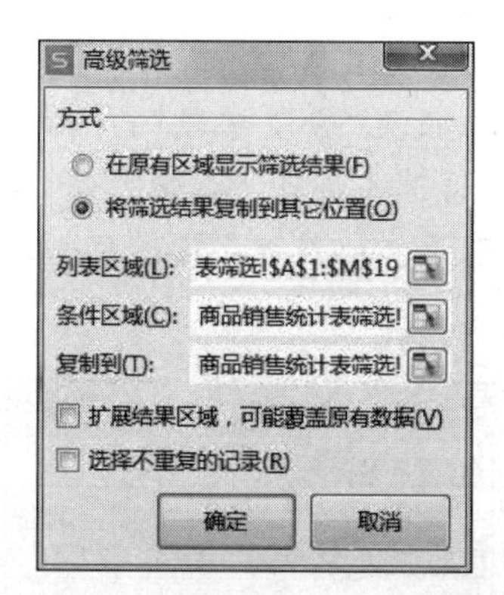

图 11-63　“高级筛选”-复制到其他位置

6540102175	新鲜蔬菜套餐	蔬菜	12种蔬菜 22斤/箱	100	1000	AT01007	200	800	160000	7367	王丝	300
6540102176	散养土鸡蛋		60枚/箱	100	1000	AT01008	69.9	1000	69900			100
6540102177	油米面调味品组合装	粮油	金龙鱼花生油 5升 长粒香米 5kg 金龙鱼麦芯小麦粉 2.5kg 丸庄黑豆高鲜酱油 550g 梁汾山西老陈醋 550g	100	1000	AT01009	200	1100	220000	7366	朝云	0
6540102178	伊利舒化奶	乳制品	220ml*12盒/箱	100	1500	AT01010	50	1600	80000	7366	张虹	0
				商品类别	月末结存数量							
				蔬菜	<100							
				水果	<200							
商品编号	商品名称	商品类别	规格型号	期初库存数量	本月进货量	订单号	单价(元)	本月出货数量	总价（元）	销售工号	销售员	月末结存数量
6540102165	山东紫罗兰紫薯	蔬菜	5斤/盒	300	1000	AS01005	22	1280	28160	7365	张琳	20
6540102168	海南小台芒	水果	9斤/箱	100	800	AS01008	49	900	44100	7368	张虹	0
6540102169	海南三亚贵妃芒果	水果	优先 10斤/箱	100	600	AT01001	40	650	26000	7366	朝云	50
6540102171	陕西阎良甜瓜	水果	精选 9斤/箱	300	1000	AT01003	40	1200	48000	7365	张琳	100
6540102173	新鲜蔬菜包	蔬菜	13斤/箱	100	1000	AT01005	129	1050	135450	7367	王丝	50

图 11-64　筛选结果

3. 数据分类汇总

在日常工作中，为便于更有效地进行数据分析，有时会需要将数据进行分类统计，如按班级汇总学生成绩、按部门汇总商品销售业绩等。WPS 表格的分类汇总功能，就可以帮助用户快速汇总分析数据，比如，使用分类汇总功能对“学生成绩统计表”中的数据按照“所属系部”分类汇总各项成绩的总分，操作步骤如下。

(1) 按照汇总字段排序。选中“所属系部”列任意单元格，在“数据”选项卡下，单击“升序”按钮，或者右击所选单元格，在弹出的快捷菜单中选择“排序”命令，并在其级联菜单中选择“升序”命令，完成排序，如图 11-65 所示。

	A	B	C	D	E	F	G	H	I	J	K	L	M	N	O
1	姓名	所属系部	学号	班级	数学	语文	英语	体育	音乐	职业生涯规划	专业课1	专业课2	总分	平均分	是否合格
2	林思雨	财经系	20220106	三班	87	78	80	75	80	85	85	84	654	81.75	合格
3	朝霞	财经系	20220103	三班	78	90	60	80	75	70	98	85	636	79.50	合格
4	大白	财经系	20220111	三班	78	90	60	80	85	80	98	85	656	82.00	合格
5	朱明宇	财经系	20220118	三班	78	90	60	88	65	65	98	85	629	78.63	合格
6	青峰	财经系	20220120	三班	80	98	85	83	65	78	95	85	669	83.63	合格
7	张星晨	计算机系	20220109	一班	80	89	80	65	85	75	70	76	460	76.67	合格
8	晴空	计算机系	20220113	一班	87	78	80	70	70	65	85	84	619	77.38	合格
9	吕征	计算机系	20220116	一班	80	89	80	80	62	65	70	76	602	75.25	合格
10	张梅	计算机系	20220101	一班	85	95	60	85	90	89	90	95	689	86.13	合格
11	贝贝	计算机系	20220112	二班	52	60	45	70	65	70	60	60	482	60.25	合格
12	徐翰林	旅游系	20220108	二班	82	80	58	70	65	75	68	75	573	71.63	合格
13	张艳艳	旅游系	20220115	二班	82	80	58	75	89	70	68	75	597	74.63	合格
14	薛宝宇	旅游系	20220105	二班	52	60	45	70	70	85	60	60	347	57.83	不合格
15	马彦明	旅游系	20220102	一班	95	96	80	90	78	85	96	88	708	88.50	合格
16	李大山	旅游系	20220117	二班	95	96	78	86	80	90	96	85	706	88.25	合格
17	杜正斌	商贸系	20220107	二班	92	82	56	88	90	85	87	60	465	77.50	合格
18	可欣	商贸系	20220114	四班	92	82	56	60	85	75	87	60	597	74.63	合格
19	张美丽	商贸系	20220110	四班	56	55	50	65	63	65	68	60	356	59.33	不合格
20	郑海明	商贸系	20220104	二班	89	86	65	85	78	80	78	88	649	81.13	合格
21	凤清清	商贸系	20220119	四班	89	86	65	90	86	90	78	88	672	84.00	合格

图 11-65　按“所属系部”排序

(2) 单击“数据”选项卡下的“分类汇总”按钮，打开“分类汇总”对话框。

(3) 在“分类汇总”对话框中，设置“分类字段”为“所属系部”，设置“汇总方式”为“求和”，在“选定汇总项”下方列表中勾选各科目，“数学”“语文”“英语”“体育”“音乐”“职业生涯规划”“专业课 1”“专业课 2”，并取消其他数据字段的勾选，如图 11-66 所示，设置完毕，单击“确定”按钮。

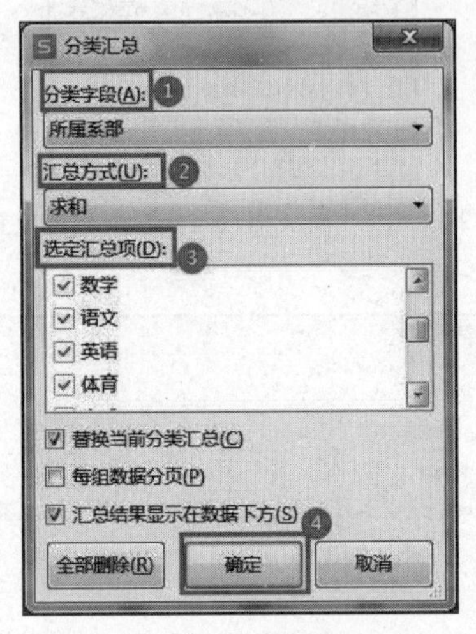

图 11-66 “分类汇总”设置

(4) 查看汇总效果。分类汇总执行后，“学生成绩统计表”中的数据就按照不同系部的各科目成绩进行了汇总，如图 11-67 所示。

	A	B	C	D	E	F	G	H	I	J	K	L	M	N	O
1	姓名	所属系部	学号	班级	数学	语文	英语	体育	音乐	职业生涯规划	专业课1	专业课2	总分	平均分	是否合
2	林思雨	财经系	20220106	三班	87	78	80	75	80	85	85	84	654	81.75	合格
3	朝霞	财经系	20220103	三班	78	90	60	80	75	70	98	85	636	79.50	合格
4	大白	财经系	20220111	三班	78	90	60	80	85	80	98	85	656	82.00	合格
5	朱明宇	财经系	20220118	三班	78	90	60	88	65	65	98	85	629	78.63	合格
6	青峰	财经系	20220120	三班	80	98	85	83	65	78	95	85	669	83.63	合格
7		财经系 汇总			401	446	345	406	370	378	474	424			
8	张星晨	计算机系	20220109	一班	80	89	80	65	85	75	70	76	460	76.67	合格
9	晴空	计算机系	20220113	一班	87	78	80	70	70	65	85	84	619	77.38	合格
10	吕征	计算机系	20220116	一班	80	89	80	80	62	65	70	76	602	75.25	合格
11	张梅	计算机系	20220101	一班	85	95	60	85	90	89	90	95	689	86.13	合格
12	贝贝	计算机系	20220112	二班	52	60	45	70	65	70	60	60	482	60.25	合格
13		计算机系 汇总			384	411	345	370	372	364	375	391			
14	徐翰林	旅游系	20220108	二班	82	80	58	70	65	75	68	75	573	71.63	合格
15	张艳艳	旅游系	20220115	二班	82	80	58	75	89	70	68	75	597	74.63	合格
16	薛宝宇	旅游系	20220105	二班	52	60	45	70	70	85	60	60	347	57.83	不合格
17	马彦明	旅游系	20220102	一班	95	96	80	90	78	85	96	88	708	88.50	合格
18	李大山	旅游系	20220117	二班	95	96	78	86	80	90	96	85	706	88.25	合格
19		旅游系 汇总			406	412	319	391	382	405	388	383			
20	杜正斌	商贸系	20220107	二班	92	82	56	88	90	85	87	60	465	77.50	合格
21	可欣	商贸系	20220114	四班	92	82	56	60	85	75	87	60	597	74.63	合格
22	张美丽	商贸系	20220110	四班	56	55	50	65	63	65	68	60	356	59.33	不合格
23	郑海明	商贸系	20220104	二班	89	86	65	85	78	80	78	88	649	81.13	合格
24	凤清清	商贸系	20220119	四班	89	86	65	90	86	90	78	88	672	84.00	合格
25		商贸系 汇总			418	391	292	388	402	395	398	356			
26		总计			1609	1660	1301	1555	1526	1542	1635	1554			

图 11-67 “分类汇总”结果

单击汇总区域左上角的数字按钮“2”可以查看第 2 级汇总结果，如图 11-68 所示。单击汇总区域左上角的数字按钮“1”可以查看第 1 级汇总结果，如图 11-69 所示。

	A	B	C	D	E	F	G	H	I	J	K	L	M	N	O
1	姓名	所属系部	学号	班级	数学	语文	英语	体育	音乐	职业生涯规划	专业课1	专业课2	总分	平均分	是否合
7		财经系 汇总			401	446	345	406	370	378	474	424			
13		计算机系 汇总			384	411	345	370	372	364	375	391			
19		旅游系 汇总			406	412	319	391	382	405	388	383			
25		商贸系 汇总			418	391	292	388	402	395	398	356			
26		总计			1609	1660	1301	1555	1526	1542	1635	1554			

图 11-68 第 2 级汇总

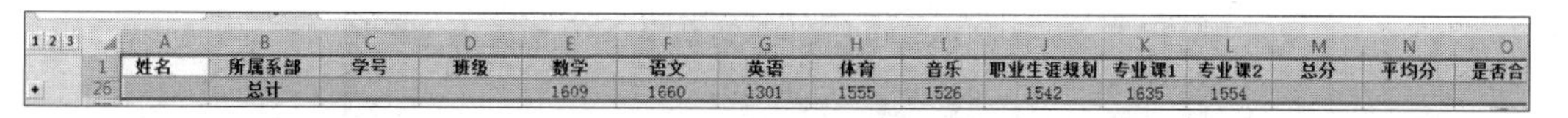

	A	B	C	D	E	F	G	H	I	J	K	L	M	N	O
1	姓名	所属系部	学号	班级	数学	语文	英语	体育	音乐	职业生涯规划	专业课1	专业课2	总分	平均分	是否合
26		总计			1609	1660	1301	1555	1526	1542	1635	1554			

图 11-69　第 1 级汇总

（5）删除汇总。打开“分类汇总”对话框，单击“全部删除”按钮，即可删除之前的汇总统计。

4. 制作图表

1）图表的类型

WPS 表格的图表基于数据表，利用条、柱、点、线、面等图形按双向联动的方式组成，主要包括：柱形图、折线图、饼图、面积图、条形图、散点图、雷达图、组合图等十几种类型，每种图表还包括若干个子类型。这些图形能将数据趋势或者比例相对直观地展示出来，不同类型的图表表达的意义不同，应根据需要建立图表。

（1）柱形图：用来显示一段时期内数据的变化或描述各项之间的比较，它采用分类项水平组织、数据垂直组织的方式，强调数据随时间的变化。

（2）条形图：描述各项之间的差别情况，它采用分类项垂直组织、数据水平组织，突出数值的比较。

（3）饼图：用于显示数据系列中每一项与该系列数值总和的比例关系。

（4）面积图：面积图强调数量随时间而变化的程度，也可用于引起人们对总值趋势的注意。

（5）折线图：以等间隔表示数据变化趋势，如果要表示数据随时间变化的趋势，可以选择折线图。

（6）雷达图：将多个分类的数据量映射到坐标轴上，对比某项目的不同属性的特点，也可以用于了解同类别的不同属性的综合情况，以及比较不同类别的相同属性差异。

（7）散点图：通常用于显示和比较数值，不光可以显示趋势，还能显示数据集群的形状，以及在数据云团中各数据点的关系。

2）创建图表

创建图表的操作方法如下。

（1）选中需要生成图表的数据区域，可以多选，例如，选中“学生成绩统计汇总表”学生“姓名”单元格区域 A1:A21 和“数学”成绩单元格区域 E1:E21。

（2）执行以下方法之一，插入图表。

方法一：单击“插入”选项卡下的“全部图表”按钮，打开“插入图表”对话框，在对话框左侧选择一种需要的图表类别，然后在该对话框右侧单击适合的子类型→单击“插入”按钮，如图 11-70 所示。

方法二：选择“插入”选项卡，在“全部图表”按钮右侧有多个图表类型按钮，如“插入柱形图”按钮、“插入条形图”按钮、“插入折线图”按钮等，单击一种适合的图表类型按钮，在打开的下拉菜单中选择需要的图表类型即可，如选中柱形图，如图 11-71 所示。

3）编辑图表

图表可以作为一个整体进行编辑。选择图表、移动图表位置、改变图表大小、复制图表、删除图表等操作方法都与 WPS 文字中编辑图片的方法相似。

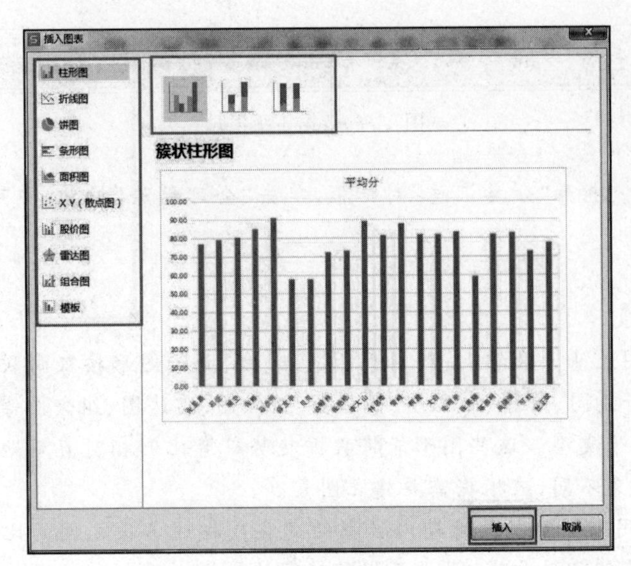

图 11-70 “插入图表”对话框

图 11-71 “插入”→“全部图表”按钮

(1) 利用功能选项卡编辑图表。

选中图表后，在WPS表格软件功能区会多出三个功能选项卡，分别是绘图工具、文本工具、图表工具，如图11-72～图11-74所示。

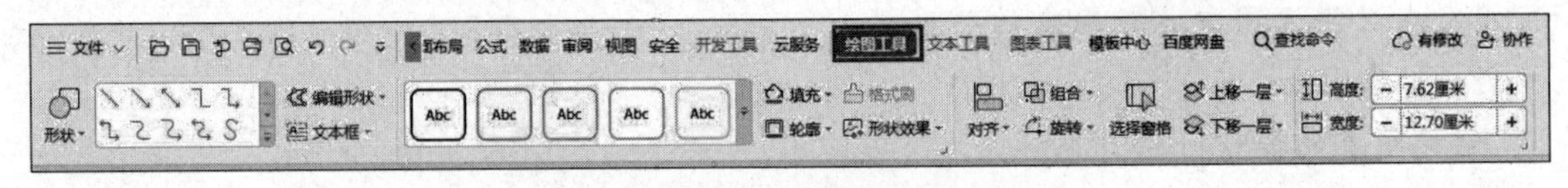

图 11-72 绘图工具

图 11-73 文本工具

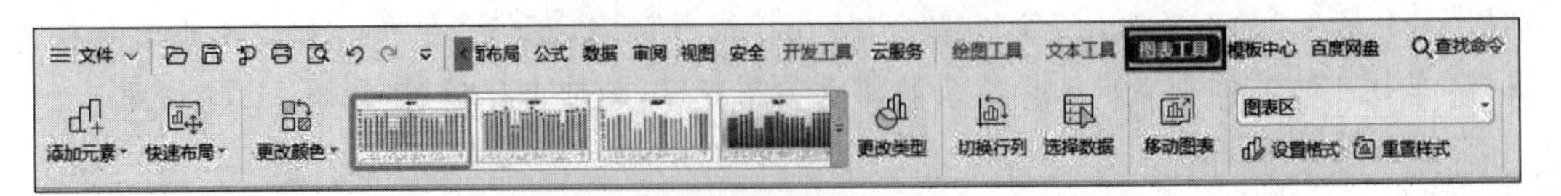

图 11-74 图表工具

利用“绘图工具”选项卡可以编辑图表中被选中的元素的填充、轮廓、形状效果等属性。

利用“文本工具”选项卡可以编辑图表中的文本元素，如图表标题、垂直或水平坐标轴的文本、标签的文本、图例的文本等的属性。编辑方法是：选中图表中需要设置属性的图表元素，在相应的选项卡中进行选择设置即可。

利用“图表工具”选项卡可以对图表进行“添加元素”“快速布局”“更改颜色”“图表样式”“更改类型”“切换行列”“选择数据”“移动图表”等操作，如图 11-75～图 11-80 所示。操作方法是：选中图表，在“图表工具”选项卡中单击相应的按钮，进行选择设置即可。

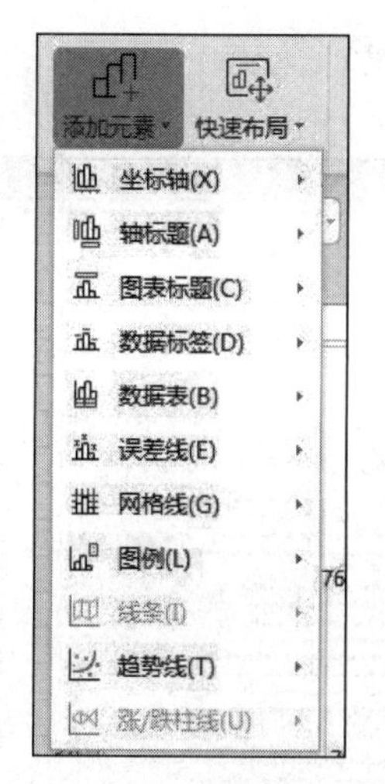

图 11-75　“添加元素”按钮

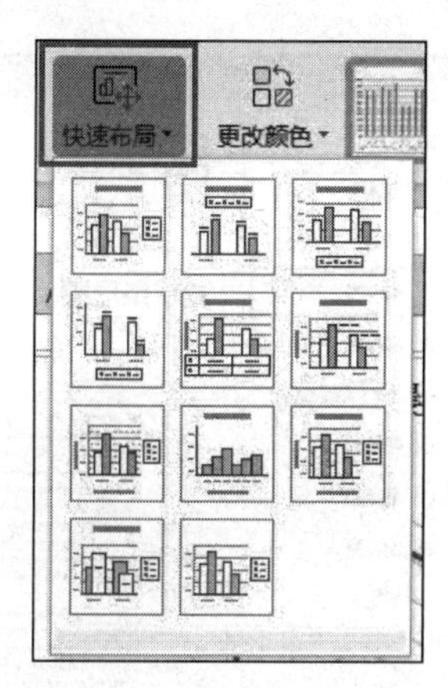

图 11-76　“快速布局”按钮

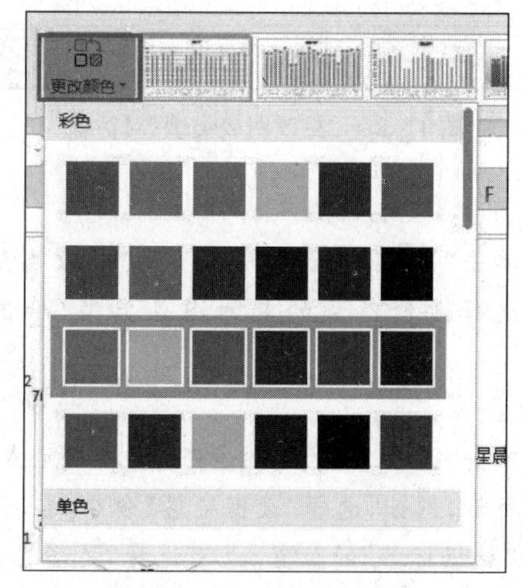

图 11-77　“更改颜色”按钮

图 11-78　“更改类型”“切换行列”“选择数据”“移动图表”按钮

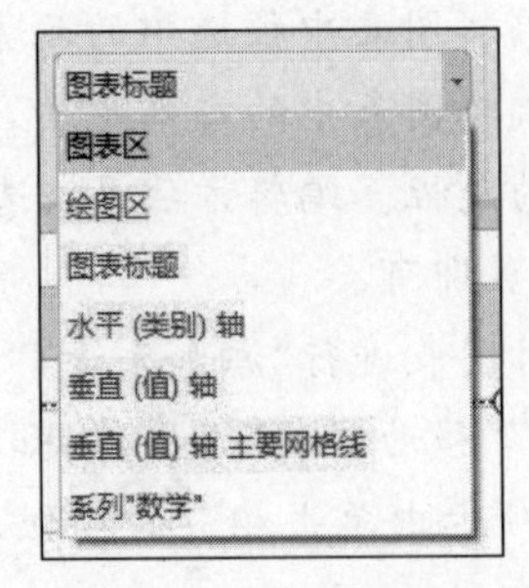

图 11-79 “图表元素”选择

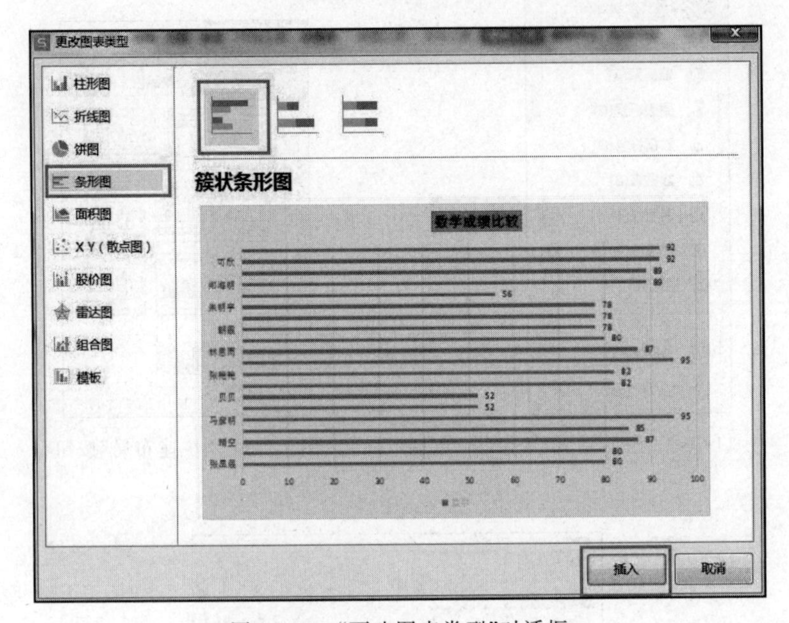

图 11-80 “更改图表类型”对话框

① 更改图表类型。

操作方法：选中图表，单击“图表工具”选项卡下的“更改类型”按钮，打开“更改图表类型”对话框，在此对话框中选择要修改成的其他图表类型，单击“插入”按钮，如图 11-81 所示。

② 添加元素。

操作方法：选中图表，单击“图表工具”选项卡下的“添加元素”按钮，在下拉菜单中选择要添加的元素，如图 11-75 所示，例如，选择“数据标签”命令，在其级联菜单中选择要添加元素的位置或者样式，如选择“数据标签”的位置，也可选择“更多选项”对添加的元素进行自定义设置。

③ 快速布局。

操作方法：选中图表，单击“图表工具”选项卡下的“快速布局”按钮，在下拉菜单中选择要合适的布局样式，如图 11-76 所示。

(2) 利用“属性”窗格编辑图表区域格式。

双击图表空白区域，可以在工作表窗口右侧打开“属性”窗格，如图 11-81 所示。单击

“图表选项”右侧黑色三角区域，可以在打开的下拉列表中切换图表内其他元素的属性设置界面，如图 11-82 所示。

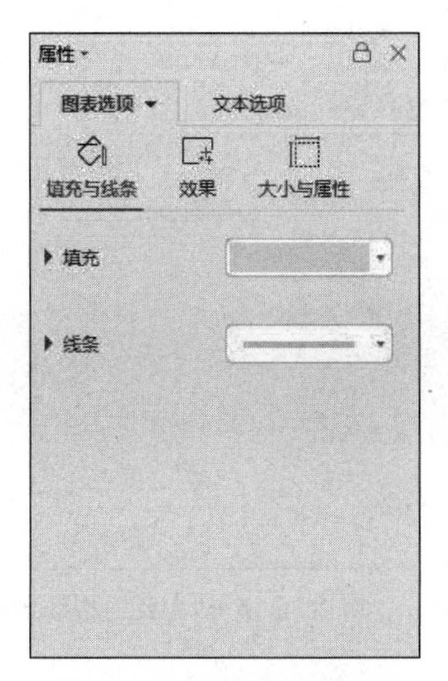

图 11-81　“图表选项”属性

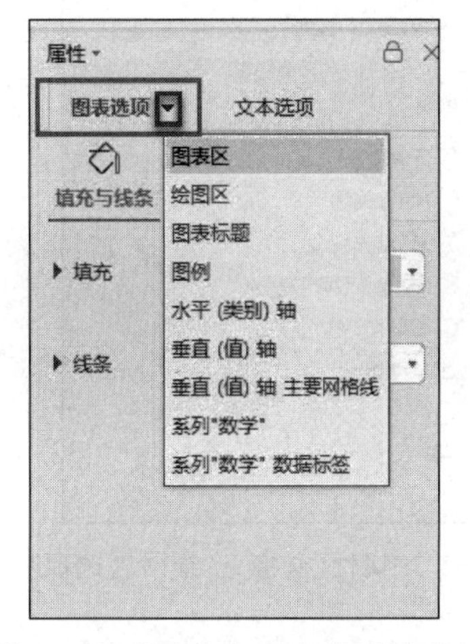

图 11-82　“图表选项”切换下拉列表

不同的图表元素在“属性”面板中会显示不同的设置选项，单击选中图表中的元素，“属性”窗格中就会显示该元素的属性设置选项，如图 11-83～图 11-86 所示。单击“属性”窗格下的“文本选项”，还可以设置图表中选中元素的文本格式，如图 11-87 所示。

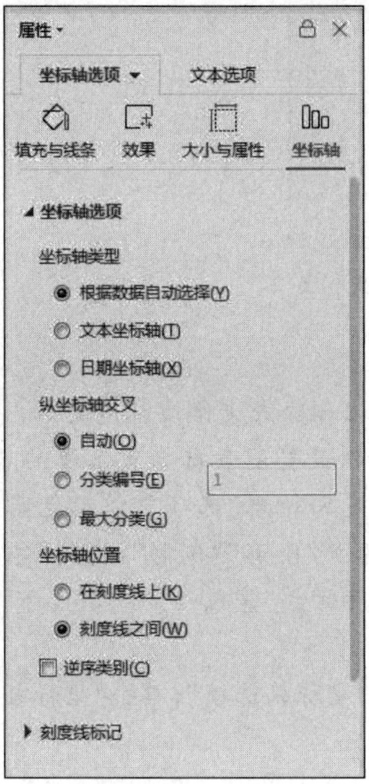

图 11-83　“属性”窗格→“坐标轴选项”

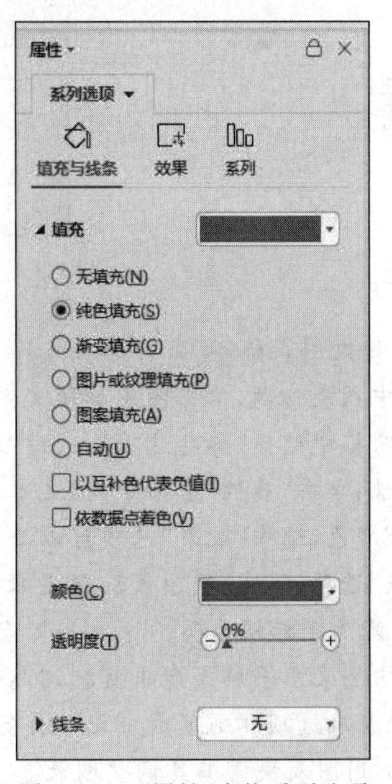

图 11-84　“属性”窗格系列选项

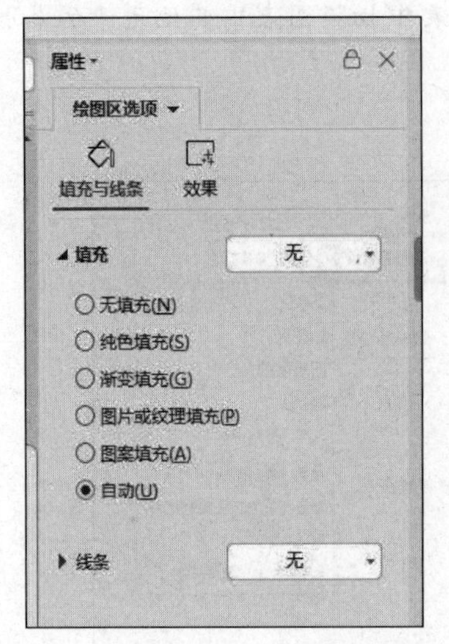

图 11-85 “属性”窗格→“绘图区选项”

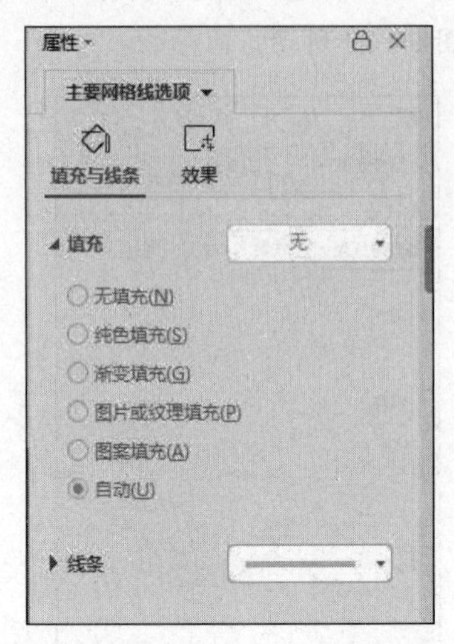

图 11-86 “属性”窗格→“主要网格线选项”

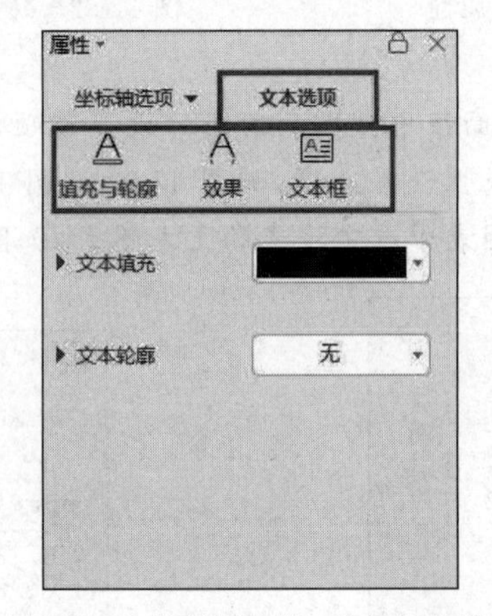

图 11-87 “属性”窗格→“文本选项”

① 修改图表标题。

选中图表标题，单击图表标题文本，定位光标，可以删除或者修改标题文本内容；在右侧“属性”窗格中选择“标题选项”，通过“填充与线条”可以设置图表标题文本框的填充颜色和线条属性；单击“属性”窗格中的“文本选项”，选择“填充与轮廓”选项可以设置图标标题“文本填充”颜色，选中“效果”选项可以给图表标题文本添加“阴影”“倒影”“发光”等效果，选择“文本框”选项可以设置图表标题文本框内文本的“对齐方式”等属性。

② 修改坐标轴选项。

选中图表水平轴或者垂直轴，“属性”窗格会显示“坐标轴选项”，单击“坐标轴”选项可以设置“坐标轴选项”“刻度线标记”“标签”“数字”等。

(3) 用图表快捷工具调整图表。

选中图表时，图表右上角外侧会弹出 4 个快捷工具按钮，如图 11-88 所示，“图表元素”按钮、“图表样式”按钮、“图表筛选器”按钮、“设置图表区域格式”按钮。

① 单击“图表元素”按钮会弹出“图表元素”和“快速布局”选项，在“图表元素”选项下，通过勾选复选框可以增加图表元素；在“快速布局”选项卡下单击相应的布局样式可以实现图表快速布局。

② 单击“图表样式”按钮会弹出“样式”和“颜色”选项，在“样式”选项下，单击适合的图表样式即可快速设置图表样式；在“颜色”选项下，单击选择适合的颜色，可以更改图表系列颜色。

③ 单击“图表筛选器”按钮会弹出“数值”和“名称”选项，如图11-89所示，在“数值”选项下，可以通过勾选或取消勾选复选框，调整“系列”和“类别”的显示项；在“名称”选项可以设置“系列”的“行”和“类别”的“列”的有无；单击“选择数据”按钮可以打开“编辑数据源”对话框，重新选择图表数据区域；设置完成“数值”和“名称”后，单击“应用”按钮，即可应用设置。

④ 单击“设置图表区域格式”工具按钮可以在右侧打开“属性”窗格，进行图表区域格式的设置。

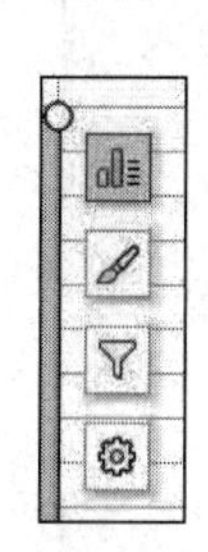

图11-88　快捷工具按钮

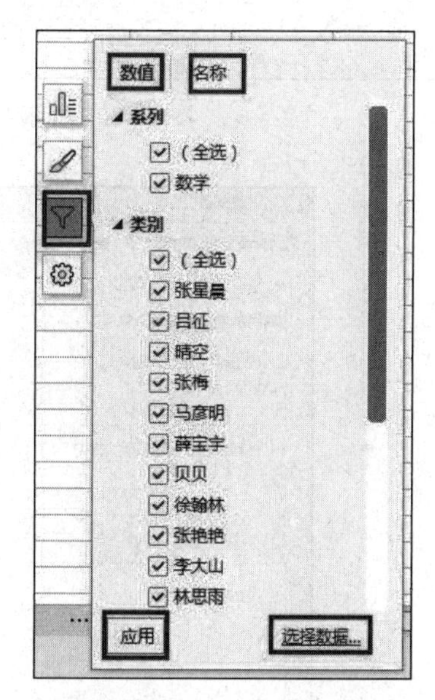

图11-89　“图表筛选器”按钮

技巧提示

① 组成WPS表格图表的布局元素有很多种，如坐标轴、标题、图例等。完成图表创建后，根据实际需求对图标布局进行调整，使其既能满足数据意义表达，又能保证美观整洁。

② 选择图表布局元素的原则是，只选择最必要的元素，否则图表显得杂乱。判断的依据是，如果去除某布局元素，图表能正常表达含义，那么该布局元素最好不要添加。

5. 数据透视表的制作

数据透视表拥有比分类汇总功能更强大的数据分类统计功能，学习数据透视表的第一步是创建数据透视表，下面以图11-90所示“商品销售统计表”为例创建数据透视表。

(1) 选择数据区域中的任意一个单元格，单击“插入”选项卡或者“数据”选项卡。

(2) 单击“数据透视表”按钮，系统弹出“创建数据透视表”对话框。

(3) 在打开的对话框中,“请选择单元格区域”下方已经自动找出了数据透视表需要分析的数据区域,确认或者修改单元格数据区域地址。

(4) 在“创建数据透视表”对话框中选择放置数据透视表的位置,比如,选中“新工作表”单选按钮,单击“确定”按钮,如图11-91所示,创建一个空白数据透视表,如图11-92所示。

机型	商品名称	日期	单价(元)	销售台数	销售金额
台式机	惠普(HP)战99台式	2022/1/20	4099	3	12297
台式机	联想(Lenovo)天逸510S台式	2022/1/10	4329	2	8658
台式机	戴尔DELL灵越3910台式	2022/1/20	4599	3	13797
台式机	机械师(MACHENIKE)未来战舰III代台式	2022/2/5	12999	1	12999
台式机	惠普HP 暗影精灵8 台式电脑	2022/2/10	6799	2	13598
台式机	联想(Lenovo)扬天M3900q速龙版台式机	2022/2/20	2099	5	10495
台式机	惠普HP 暗影精灵8 台式电脑	2022/3/5	9299	2	18598
笔记本	华硕 11700F/RTX3060/12700F/3070TI电脑主机高配台式组装机	2022/3/20	9099	5	45495
台式机	戴尔DELL灵越3910台式	2022/3/2	4399	2	8798
笔记本	华硕天选3 12代英特尔酷睿i7 15.6英寸游戏笔记本电脑	2022/3/20	8999	3	26997
台式机	戴尔dell XPS8940 设计师 游戏台式机	2022/3/10	11699	2	23398
笔记本	华硕(ASUS)	2022/3/15	4399	5	21995
组装机	戴尔(DELL) 台式机电脑主机OptiPlex7090MT	2022/3/15	7999	2	15998
笔记本	苹果(Apple) MacBook Air 13.3英寸 苹果笔记本电脑	2022/4/5	7699	6	46194
笔记本	惠普(HP)暗影精灵8 16.1英寸游戏笔记本电脑	2022/4/16	6799	5	33995
笔记本	华硕(ASUS)天选2 15.6英寸游戏笔记本电脑	2022/4/13	5999	3	17997
笔记本	联想(Lenovo) 威6笔记本电脑	2022/4/22	4499	5	22495
笔记本	荣耀笔记本 MagicBook X 15 2021 15.6英寸全面屏轻薄笔记本电脑	2022/4/28	3499	10	34990
笔记本	戴尔(DELL) 游匣G15 5511 15.6英寸 笔记本电脑	2022/4/10	6999	2	13998
笔记本	ThinkPad 联想 P15V 移动图形工作站CAD制图建模 3D绘图设计师专用笔记本电脑	2022/4/25	7888	3	23664

图11-90 “商品销售统计表”例题

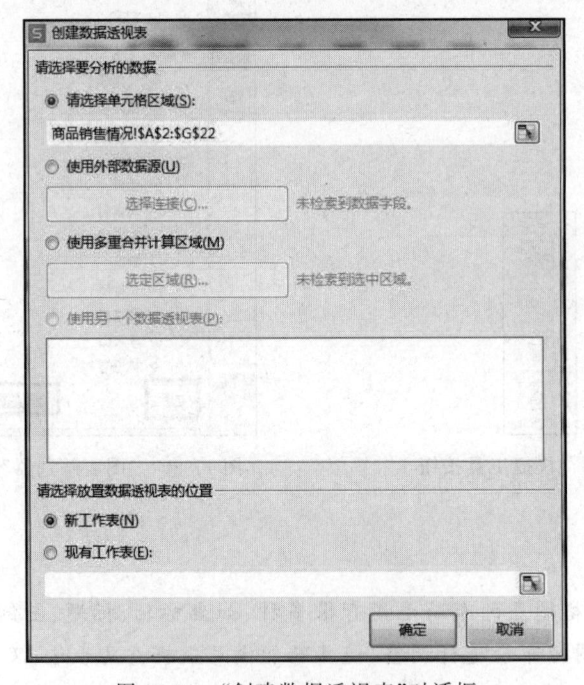

图11-91 “创建数据透视表”对话框

(5) 选择数据透视表内任意单元格,在WPS表格窗口右侧会出现“数据透视表”窗格,如图11-93所示,其中“字段列表”对应原始表格中各列的标题;“数据透视表区域”包括“筛选器”区域(用来对数据进行筛选)、“行”区域和“列”区域(两者是统计维度区域)、“值”区域(数据统计区域)。

(6) 执行下列方法之一,可以进行数据统计。

方法一:拖动“字段列表”下的字段至“数据透视表”区域下的各区域列表中。

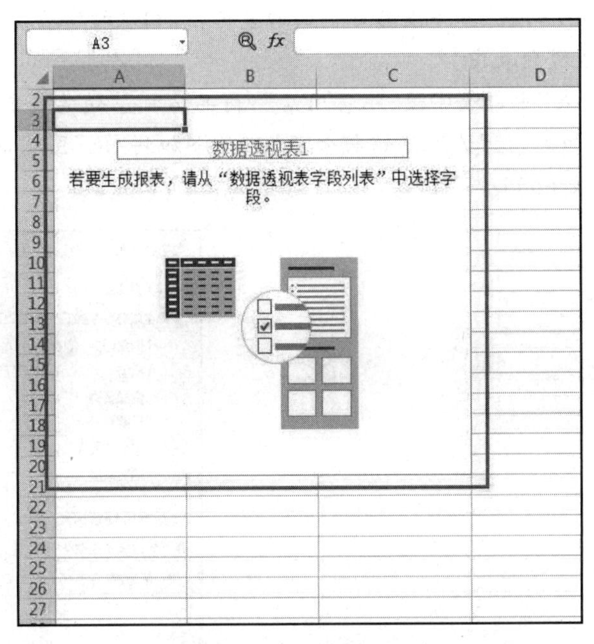

图 11-92　空白数据透视表

例如：拖动“数据透视表”窗格内“字段列表”中的“销售门店”字段至“数据透视表区域”下的“行”区域中；拖动“销售金额”字段至“值”区域中，如图 11-94 所示，简单的数据统计就轻松完成了，效果如图 11-95 所示。

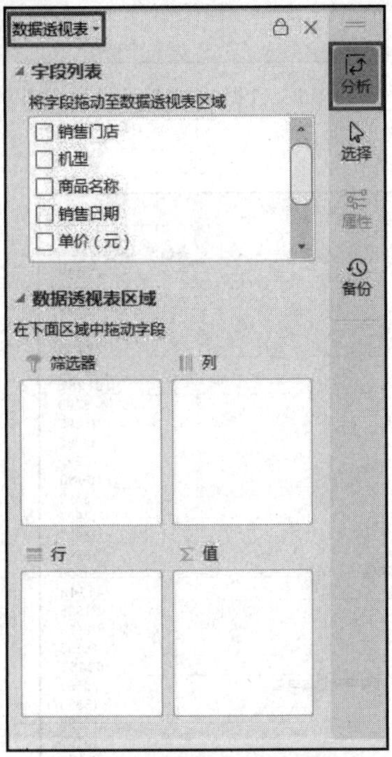

图 11-93　“数据透视表”窗格

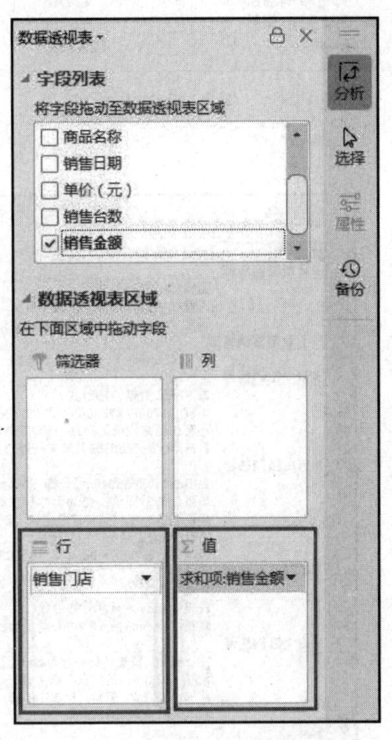

图 11-94　数据透视表区域字段设置

方法二：勾选“字段列表”下字段名称前面的复选框，相应的字段就会自动添加到“数据透视表”区域下的各区域列表中。

例如：在“字段列表”中勾选字段“销售门店”“商品名称”“销售金额”，其中“销售门店”和“商品名称”自动添加到“行”区域，“销售金额”自动添加到“值”区域，如图 11-96 所示，完成的数据透视表效果如图 11-97 所示。

	A	B
2		
3	销售门店	求和项：销售金额
4	凤凰路销售部	77089
5	工业南路销售部	22495
6	和平路销售部	101287
7	历山路销售部	116980
8	明湖路销售部	41148
9	山大路销售部	67457
10	**总计**	**426456**

图 11-95 数据透视表效果

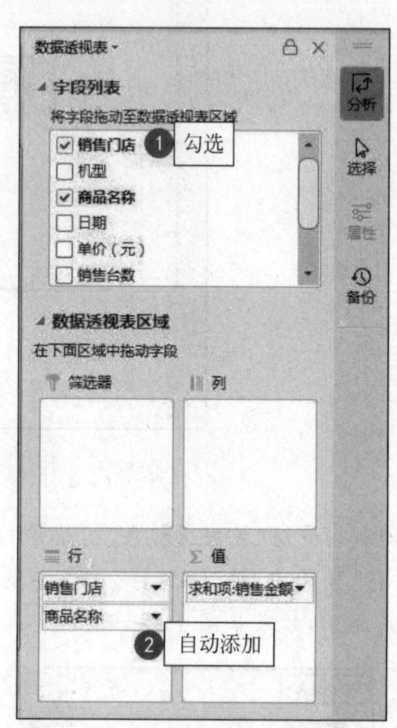

图 11-96 数据透视表字段设置方法

	A	B	C
2			
3	销售门店	商品名称	求和项：销售金额
4	**凤凰路销售部**		**77089**
5		惠普(HP)战99台式	12297
6		惠普HP 暗影精灵8 台式电脑	18598
7		苹果（Apple） MacBook Air 13.3英寸 苹果笔记本电脑	46194
8	**工业南路销售部**		**22495**
9		联想（Lenovo） 威6笔记本电脑	22495
10	**和平路销售部**		**101287**
11		戴尔DELL灵越3910台式	8798
12		华硕 11700F/RTX3060/12700F/3070TI电脑主机高配台式组装机	45495
13		惠普(HP)暗影精灵8 16.1英寸游戏笔记本电脑	33995
14		机械师（MACHENIKE）未来战舰III代台式	12999
15	**历山路销售部**		**116980**
16		戴尔dell XPS8940 设计师 游戏台式机	23398
17		华硕(ASUS)天选2 15.6英寸游戏笔记本电脑	17997
18		华硕天选3 12代英特尔酷睿i7 15.6英寸游戏笔记本电脑	26997
19		惠普HP 暗影精灵8 台式电脑	13598
20		荣耀笔记本 MagicBook X 15 2021 15.6英寸全面屏轻薄笔记本电脑	34990
21	**明湖路销售部**		**41148**
22		华硕（ASUS）	21995
23		联想(Lenovo)天逸510S台式	8658
24		联想(Lenovo)扬天M3900q速龙版台式机	10495
25	**山大路销售部**		**67457**
26		ThinkPad 联想 P15V 移动图形工作站CAD制图建模 3D绘图设计师专用笔记本电脑	23664
27		戴尔（DELL） 台式机电脑主机OptiPlex7090MT	15998
28		戴尔（DELL） 游匣G15 5511 15.6英寸 笔记本电脑	13998
29		戴尔DELL灵越3910台式	13797
30	**总计**		**426456**

图 11-97 数据透视表设置方法效果

技巧提示

① 如果不再需要数据透视表中的某个项，只需要将其拖出字段列表或取消选中该项。

② 单击“值”区域内某个字段，会弹出下拉菜单，在下拉菜单中选择“值字段设置”命令，打开“值字段设置”对话框，在此对话框中设置“值字段汇总方式”，如图 11-98 所示。

图 11-98　“值字段设置”对话框

③ 默认情况下，勾选的非数值字段添加到“行”区域，数值字段添加到“值”区域。

项目评价

考核类型	评价要素及权重	自评 30%	互评 30%	师评 40%
学习任务完成情况	能使用公式、函数等功能对数据进行整理(15 分)			
	掌握了数据排序的方法(10 分)			
	能对数据进行筛选(30 分)			
	会进行数据的分类汇总(30 分)			
	能对数据进行图表制作(15 分)			
合计				
总分				

闯关检测

1. 理论题

(1) 在 WPS 表格中，以下正确的说法是(　　)。

A. 排序确定要有关键字，关键字最多 4 个

B. 数据筛选就是根据需求从记录中选择符合要求的数据，并显示出来

C. 分类汇总中的“汇总”就是求和

D. 在“打印预览”窗口中不能设置“页眉和页脚”

(2) 下列有关WPS表格中数据自动筛选的叙述，正确的是(　　)。

A. 筛选后的表格中只含有符合筛选条件的行(记录)，其他行被删除

B. 筛选后的表格中只含有符合筛选条件的行，其他行被暂时隐藏

C. 筛选条件只能是一个固定的值

D. 筛选条件不能由用户自定义，只能由系统确定

(3) 在WPS表格中对数据进行升序排序，对于排序列中空白单元格的行(　　)。

A. 保持原始次序　　B. 移动到排序后的数据清单的最上面

C. 补0值然后参与排序　　D. 移动到排序后的数据清单的最下面

(4) WPS表格中的分类汇总功能，下列叙述中正确的是(　　)。

A. 可以使用删除行的操作来取消分类汇总的结果，恢复原来的数据

B. WPS分类汇总方式是求和

C. 在分类汇总之前需要按分类的字段对数据排序

D. 在分类汇总之前不需要按分类的字段对数据排序

(5) 新建图表时，应选择(　　)选项卡的图表组，再选中需要的图表类型。

A. 开始　　B. 页面布局　　C. 插入　　D. 视图

(6) 在WPS表格中，要显示数据系列中每一项与该系列数值总和的比例关系，可以选择图表中的(　　)。

A. 柱形图　　B. 面积图　　C. 饼图　　D. 雷达图

(7) 下列关于WPS表格的叙述，错误的是(　　)。

A. 数据透视表是一种对大量数据进行快速汇总和建立交叉列表的交互式表格

B. 分类汇总拥有比数据透视表功能更强大的数据分类统计功能

C. 插入的图表可以作为一个整体进行编辑

D. 图表基于数据表，利用条、柱、点、线、面等图形按双向联动的方式组成

(8) 某次数学考试总成绩为120分，成绩已按列输入WPS工作表中，现在要使用数据筛选功能，选出分数不低于110分以及分数低于72分的学生，在“自定义自动筛选方式”对话框中相应位置应选择或填写(　　)。

A. “大于110”或“小于72”　　B. “大于或等于110”与“小于72”

C. “大于或等于110”或“小于72”　　D. “大于110”与“小于72”

(9) 高一学生期末考试成绩录入WPS表格中后，需要按“总分”字段升序排列，总分一致的按“数学”成绩进行升序排序，这里的升序指的是(　　)。

A. 从大到小排序　　B. 从左到右排序

C. 从小到大排序　　D. 从右到左排序

(10) 在WPS表格中，要使用多列数据作为关键字排序时，应使用“数据”选项卡下“排序”中的(　　)。

A. 升序　　B. 降序

C. 自定义排序　　D. 简单排序

2. 上机实训题

调查某销售公司各门店当年度计算机销售情况，汇集整理成“商品销售情况统计表.xlsx”，具体样式可以参照图 11-99 所示。

志兴销售公司商品销售情况表							
销售部门	机型	商品名称	销售日期	销售月份	单价（元）	销售台数	销售金额
明湖路销售部	台式机	联想(Lenovo)天逸510S台式	2022/1/10	1	4329	2	
工业南路销售部	台式机	惠普(HP)战99台式	2022/1/20	1	4099	3	
山大路销售部	台式机	戴尔DELL灵越3910台式	2022/1/20	1	4599	3	
和平路销售部	台式机	机械师（MACHENIKE）未来战舰III代台式	2022/2/5	2	12999	1	
历山路销售部	台式机	惠普HP 暗影精灵8 台式电脑	2022/2/10	2	6799	2	
明湖路销售部	台式机	联想(Lenovo)扬天M3900q速龙版台式机	2022/2/20	2	2099	5	
和平路销售部	台式机	戴尔DELL灵越3910台式	2022/3/2	3	4399	2	
工业南路销售部	台式机	惠普HP 暗影精灵8 台式电脑	2022/3/5	3	9299	2	
历山路销售部	台式机	戴尔dell XPS8940 设计师 游戏台式机	2022/3/10	3	11699	2	
山大路销售部	组装机	戴尔（DELL） 台式机电脑主机OptiPlex7090MT	2022/3/15	3	7999	2	
明湖路销售部	笔记本	华硕（ASUS）	2022/3/15	3	4399	5	
和平路销售部	笔记本	华硕 11700F/RTX3060/12700F/3070TI电脑主机高配台式组装机	2022/3/20	3	9099	5	
历山路销售部	笔记本	华硕天选3 12代英特尔酷睿i7 15.6英寸游戏笔记本电脑	2022/3/20	3	8999	3	
工业南路销售部	笔记本	苹果（Apple） MacBook Air 13.3英寸 苹果笔记本电脑	2022/4/5	4	7699	6	
山大路销售部	笔记本	戴尔（DELL） 游匣G15 5511 15.6英寸 笔记本电脑	2022/4/10	4	6999	2	
历山路销售部	笔记本	华硕(ASUS)天选2 15.6英寸游戏笔记本电脑	2022/4/13	4	5999	3	
和平路销售部	笔记本	惠普(HP)暗影精灵8 16.1英寸游戏笔记本电脑	2022/4/16	4	6799	5	
历山路销售部	笔记本	联想（Lenovo） 威6笔记本电脑	2022/4/22	4	4499	5	
山大路销售部	笔记本	ThinkPad 联想 P15V 移动图形工作站CAD制图建模 3D绘图设计师专用笔记本电脑	2022/4/25	4	7888	3	
历山路销售部	笔记本	荣耀笔记本 MagicBook X 15 2021 15.6英寸全面屏轻薄笔记本电脑	2022/4/28	4	3499	10	

图 11-99　商品销售情况统计表

（1）用公式计算每种商品的销售金额。

（2）按照主要关键字“销售部门”，次要关键字“销售金额”对工作表进行自定义排序。

（3）筛选出机型为“笔记本”的商品数据，新建工作表，命名为“笔记本电脑销售情况”，将筛选结果复制到新建的工作表“笔记本电脑销售情况”中，并调整单元格格式。

（4）取消筛选，对各个销售部门的销售金额进行分类汇总，汇总出各销售部门的销售总金额和销售台数。

（5）新建工作表，命名为“商品汇总结果”，将第 2 级和第 3 级分类汇总结果复制到工作表“商品汇总结果”中。删除原数据表中的分类汇总结果。

（6）新建工作表，命名为“1—4 月各分店商品销售数量汇总”，根据“商品销售情况表”分别统计出 1 月、2 月、3 月、4 月各门店电脑销售数量，完成“1—4 月各分店商品销售数量汇总”数据统计。

（7）根据统计出的“1—4 月各分店商品销售数量汇总”工作表数据，制作出 1—4 月各销售门店的销售趋势对比图。

（8）设置插入的图表格式，保存工作簿。